ARITHMÉTIQUE

Classes de 8ᵉ et de 7ᵉ (Garçons)
2ᵉ et 3ᵉ Années primaires (Jeunes Filles)

NOUVEAU COURS DE MATHÉMATIQUES
BOREL-MONTEL

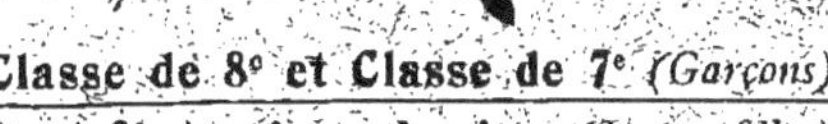

Classe de 8° et Classe de 7° *(Garçons)*
2° et 3° Années primaires *(Jeunes filles)*

ARITHMÉTIQUE

par

Henri GONON

Professeur au lycée Hoche

Librairie Armand Colin

103, Boulevard Saint-Michel, PARIS

1918

PROGRAMME

Garçons.

CLASSE DE HUITIÈME (*4 heures par semaine*).

Révision du programme de la *Deuxième Année préparatoire.*
Mêmes exercices de numération.
Numération des nombres décimaux (sans dépasser les millièmes).
Système métrique : Étude élémentaire du système métrique : mètre, litre, gramme, franc, stère; multiples et sous-multiples.
Calcul mental : Nombreux exercices de calcul mental portant toujours sur de petits nombres.
Calcul écrit : Multiplication et division des nombres entiers avec tous les cas qui peuvent se présenter.
Les quatre opérations sur les nombres décimaux, sans théorie, ou tout au moins en se bornant aux explications les plus élémentaires que les élèves sont à même de saisir.
Petits problèmes utilisant les nombres entiers, puis les nombres décimaux, et donnant l'occasion de faire du calcul écrit. Éviter l'usage trop fréquent des problèmes d'invention; éviter aussi les énoncés trop compliqués; définir toujours les termes employés.
Géométrie intuitive. — Représentation des figures les plus simples de la géométrie plane.
Notions sur les principaux solides, au moyen de modèles en relief.

CLASSE DE SEPTIÈME (*4 heures par semaine*).

Révision rapide du programme de Huitième.
Numération des nombres décimaux. Opérations sur les nombres entiers et décimaux.
Système métrique : Étude du système métrique.
Calcul mental : Continuation des exercices de calcul mental, avec étude des cas particuliers les plus simples.
Idée générale des fractions : Les quatre opérations sur les fractions : règles pratiques. Conversion des fractions ordinaires en fractions décimales.
Règle de trois simple (méthode de réduction à l'unité).
Règle d'intérêt simple.
Calcul écrit : Problèmes usuels et exercices d'application. Solutions raisonnées.
Géométrie intuitive. — Mêmes exercices qu'en *Deuxième Année préparatoire* et en *Huitième.*
Mesures des surfaces au moyen de procédés expérimentaux; mesure des principaux volumes par les mêmes procédés; parallélépipède, cube, prisme, cylindre. Applications au système métrique.

ARITHMÉTIQUE

NUMÉRATION

1. — Nous comptons les élèves de la classe et nous trouvons trente élèves ; nous mesurons la longueur de la salle et nous trouvons huit mètres.

Trente et *huit* sont des *nombres.*

Pour *nommer* tous les nombres que l'on rencontre, il faudrait donner à chacun d'eux un nom spécial. On a établi des règles qui permettent de nommer ces nombres à l'aide de peu de mots.

2. — *La numération parlée est l'ensemble des règles qui apprennent à nommer tous les nombres usuels avec peu de mots.*

3. — En employant les chiffres, nous écrirons que la classe contient **30** élèves, et que la longueur de la salle a **8** mètres.

Pour *écrire* tous les nombres que l'on rencontre, il faudrait représenter chacun d'eux par un signe spécial. On a établi des règles qui permettent d'écrire ces nombres à l'aide de peu de signes.

4. — *La numération écrite est l'ensemble des règles qui apprennent à écrire tous les nombres usuels avec peu de signes.*

NUMÉRATION PARLÉE

NOMBRES INFÉRIEURS A MILLE

5. — *Unités simples*. — Les neuf premiers nombres s'appellent : *un, deux, trois, quatre, cinq, six, sept, huit, neuf.*

Ces nombres représentent les unités simples.

6. — *Dizaines*. — En ajoutant une unité à neuf, on obtient le nombre *dix*, ou *une dizaine.*

Dix unités simples forment une dizaine.

On compte par dizaines comme par unités simples :

> une dizaine   ou   *dix,*
> deux dizaines   ou   *vingt,*
> trois dizaines   ou   *trente,*
> quatre dizaines   ou   *quarante,*
> cinq dizaines   ou   *cinquante,*
> six dizaines   ou   *soixante,*
> sept dizaines   ou   *soixante-dix,*
> huit dizaines   ou   *quatre-vingts,*
> neuf dizaines   ou   *quatre-vingt-dix.*

7. — Entre deux dizaines consécutives, il y a neuf nombres que l'on nomme en plaçant le nom de chaque dizaine devant les noms des neuf premiers nombres.

Exemple. — Entre trente et quarante, il y a neuf nombres que l'on appelle :
> *trente et un, trente-deux, trente-trois,... trente-neuf.*

8. — Remarque. — Entre dix et vingt, il y a neuf nombres : *dix et un, dix-deux, dix-trois, dix-quatre, dix-neuf;* mais on dit, suivant l'usage, *onze, douze, treize,... seize* au lieu de *dix et un, dix-deux,... dix-six.*

Entre soixante-dix et quatre-vingts, il y a neuf nombres que l'on appelle : *soixante et onze, soixante-douze,... soixante-dix-neuf.*

Entre quatre-vingt-dix et cent, il y a neuf nombres que l'on appelle : *quatre-vingt-onze, quatre-vingt-douze,... quatre-vingt-dix-neuf.*

9. — Centaines. — En ajoutant une dizaine à neuf dizaines, on obtient dix dizaines, c'est-à-dire le nombre *cent* ou *une centaine.*

Dix dizaines forment une centaine.

On compte par centaines comme par unités :

une centaine   ou   *cent,*

deux centaines   ou   *deux cents,*

. . . .

neuf centaines   ou   *neuf cents.*

10. — Entre deux centaines consécutives, il y a quatre-vingt-dix-neuf nombres.

On nomme ces nombres en plaçant le nom de chaque nombre de centaines devant les noms des quatre-vingt-dix-neuf premiers nombres.

Ainsi, on dit :

cent un, cent deux,... cent quatre-vingt-dix-neuf,

. . . .

neuf cent un, neuf cent deux,... neuf cent quatre-vingt-dix-neuf.

11. — Ordre.

Les unités simples forment le premier ordre.

Les dizaines d'unités simples forment le deuxième ordre.

Les centaines d'unités simples forment le troisième ordre.

Nous avons vu que dix unités font une dizaine, que dix dizaines font une centaine, ce qui nous conduit au principe suivant :

12. — Principe. — *La réunion de dix unités d'un*

ordre quelconque forme une unité de l'ordre immédiatement supérieur.

13. — **Classe.** — Les trois premiers ordres constituent la *classe des unités simples.*

NOMBRES A PARTIR DE MILLE

14. — **Classe des mille.** — *Dix centaines d'unités simples forment un mille* (unité du quatrième ordre).

On compte par mille comme par unités :

un mille, deux mille,.... neuf cent mille.

15. — Entre deux nombres consécutifs de mille, il y a neuf cent quatre-vingt-dix-neuf nombres.

On nomme ces nombres en plaçant le nom de chaque nombre de mille devant les noms des nombres inférieurs à mille.

16. — *Les dizaines de mille forment les unités du cinquième ordre.*

Les centaines de mille forment les unités du sixième ordre.

Les unités, les dizaines et les centaines de mille constituent la *classe des mille.*

17. — **Classe des millions.** — *Dix centaines de mille forment un million* (unité du septième ordre).

On compte par millions comme par mille :

un million, deux millions,.... neuf cents millions.

18. — Entre deux nombres consécutifs de millions, il y a neuf cent quatre-vingt-dix-neuf mille neuf cent quatre-vingt-dix-neuf nombres.

On nomme ces nombres en plaçant le nom de chaque nombre de millions devant les noms des nombres inférieurs à un million.

19. — *Les dizaines de millions forment les unités du huitième ordre.*

Les centaines de millions forment les unités du neuvième ordre.

Les unités, les dizaines et les centaines de millions constituent la *classe des millions*.

20. — **Billions**. — La classe suivante est celle des billions ou milliards.

Dix centaines de millions, ou mille millions, forment un billion (unité du dixième ordre), etc.

21. — Le tableau suivant résume la division en classes et ordres.

Classe des **Unités simples**.	*unités*	**1**er ordre.
	dizaines	**2**e —
	centaines	**3**e —
Classe des **Mille**	*unités*	**4**e —
	dizaines	**5**e —
	centaines	**6**e —
Classe des **Millions** . . .	*unités*	**7**e —
	dizaines	**8**e —
	centaines	**9**e —
Classe des **Billions** ou **Milliards** . . .	*unités*	**10**e —
	dizaines	**11**e —
	centaines	**12**e —

22. — *Remarque*. — On voit donc qu'à l'aide de vingt-cinq mots différents, on peut nommer tous les nombres jusqu'aux milliards compris.

NUMÉRATION ÉCRITE

23. — **Chiffres**. — Pour représenter les nombres, on se sert des caractères suivants qu'on appelle *chiffres* :

0,   1,   2,   3,   4,   5,   6,   7,   8,   9.
zéro, un, deux, trois, quatre, cinq, six, sept, huit, neuf.

24. — Soient les nombres *cinq* et *cinquante*.

Cinq contient cinq unités et s'écrit **5**.

Cinquante contient cinq dizaines, mais ne contient pas d'unités; pour le distinguer du nombre précédent, nous l'écrirons **50**; le zéro indique qu'il n'y a pas d'unités simples.

Nous allons voir que ces dix chiffres suffisent pour représenter tous les nombres si l'on applique le principe suivant :

25. — **Principe.** — *Tout chiffre placé à la gauche d'un autre représente des unités de l'ordre immédiatement supérieur.*

NOMBRES INFÉRIEURS A MILLE

26. — *Écriture d'un nombre.*

CLASSE DES UNITÉS SIMPLES.		
3e ordre	2e ordre	1er ordre
cent.	diz.	un.
	4	5
2	0	3
6	2	0
8	0	0
	3	9
6	0	5
8	4	3

Exemples. — 1° *Quarante-cinq.*

Ce nombre contient 4 dizaines, 5 unités et s'écrit (voir le tableau ci-dessus) : **45**.

2° *Deux cent trois* s'écrit : **203** (il n'y a pas de dizaines).

3° *Six cent vingt* s'écrit : **620** (il n'y a pas d'unités).

4° *Huit cents* s'écrit : **800** (il n'y a ni dizaines, ni unités).

On indique par des zéros la place des unités qui peuvent manquer.

Le premier chiffre à droite du nombre représente des unités simples.

Ainsi, dans chaque classe, en allant de droite à gauche, le premier chiffre représente des unités ; le deuxième, des dizaines ; le troisième, des centaines.

27. — **Règle.** — *Pour écrire un nombre inférieur à mille, on écrit successivement de gauche à droite les chiffres des centaines, dizaines, unités, en ayant soin de placer un zéro au rang des unités qui manquent.*

28. — **Lecture.** — **Exemples.**

39 se lit (voir le tableau § 26) : *trente-neuf.*

605 — — : *six cent cinq.*

843 — — : *huit cent quarante-trois.*

29. — **Règle.** — *Pour lire un nombre inférieur à mille, on lit successivement les chiffres de gauche à droite en faisant suivre chacun d'eux du nom de l'unité qu'il représente.*

Remarque. — On ne lit pas les zéros et on ne prononce pas le mot *unité* à la fin.

NOMBRES A PARTIR DE MILLE

30. — Le tableau suivant, dans lequel chaque petite colonne représente un ordre, facilite l'écriture et la lecture des nombres.

Tableau de la numération.

CLASSE DES BILLIONS.			CLASSE DES MILLIONS.			CLASSE DES MILLE.			CLASSE DES UNITÉS SIMPLES.		
12e ordre	11e ordre	10e ordre	9e ordre	8e ordre	7e ordre	6e ordre	5e ordre	4e ordre	3e ordre	2e ordre	1er ordre
cent.	diz.	unit.	cent.	diz.	unit.	cent.	diz.	unit.	cent.	diz.	unit.
							7	4	8	0	5
			5	0	9	0	0	0	3	0	1
	1	2	0	4	3	7	0	8	0	0	0
						2	4	6	0	6	5
				7	4	3	0	5	2	0	3
		6	0	0	7	9	4	0	2	3	1

31. — *Écriture.* — **Exemples.**

1° *Soixante-quatorze mille huit cent cinq* s'écrit (voir le tableau ci-dessus) :

$$74.805.$$

2° *Cinq cent neuf millions trois cent un* s'écrit :

$$509.000.301.$$

3° *Douze billions quarante-trois millions sept cent huit mille* s'écrit :

$$12.043.708.000.$$

32. — **Règle.** — *Pour écrire un nombre de plus de trois chiffres, on écrit successivement de gauche à droite les chiffres de chaque classe en commençant par la plus élevée et en ayant soin de remplacer par des zéros les ordres qui peuvent manquer.*

33. — *Lecture.* — **Exemples.**

1° **246.065** se lit (voir le tableau ci-dessus) :
Deux cent quarante-six mille soixante-cinq.

2° **74.305.203** se lit :

Soixante-quatorze millions trois cent cinq mille deux cent trois.

3° **6.007.940.231** se lit :

Six billions sept millions neuf cent quarante mille deux cent trente et un.

34. — **Règle.** — *Pour lire un nombre de plus de trois chiffres, on le partage par des points en tranches de trois chiffres en commençant par la droite, la dernière tranche à gauche pouvant avoir moins de trois chiffres. On lit successivement de gauche à droite chaque tranche en la faisant suivre du nom de la classe qu'elle représente.*

35. — **Remarque.** — On voit que c'est la place occupée par un chiffre qui indique l'ordre des unités qu'il représente. Ainsi **8** représente des unités du 1er, du 2e... ordre suivant qu'il occupe le 1er, le 2e... rang à partir de la droite.

36. — *Chiffres significatifs.* — Le chiffre zéro (**0**) indique l'absence d'unités d'un certain ordre. Les neuf autres chiffres (**1 ; 2 ; 3 ;... 9**) représentent **1 ; 2 ; 3 ;... 9** unités d'un certain ordre. On les appelle *chiffres significatifs.*

37. — **Remarque.** — On voit que **10** signes différents suffisent pour écrire tous les nombres. **12** caractères suffisent pour écrire un nombre de milliards.

38. — *Nombres concrets, nombres abstraits.* — Quand on dit *30 élèves, 8 mètres, 30* et *8* sont des *nombres concrets,* parce que l'on indique la nature des objets comptés ou mesurés.

Quand on dit *30* et *8,* sans rien ajouter, *30* et *8* sont *des nombres abstraits,* parce que l'on n'indique pas la nature des objets comptés ou mesurés.

Les nombres concrets indiquent la nature des objets comptés ou mesurés.

Les nombres abstraits n'indiquent pas la nature des objets comptés ou mesurés.

39. — **Numération décimale.** — Nous avons vu que dix unités d'un ordre quelconque forment une unité de l'ordre immédiatement supérieur, ou encore qu'une unité d'un ordre quelconque égale dix unités de l'ordre immédiatement inférieur.

C'est à cause de ce groupement par *dix* que la numération que nous avons étudiée s'appelle *numération décimale.*

EXERCICES ORAUX

NOMBRES INFÉRIEURS A MILLE

1. — Combien y a-t-il d'unités simples dans une dizaine? deux dizaines? cinq, huit, neuf dizaines?

2. — Combien y a-t-il de dizaines dans une centaine? trois, quatre, sept, neuf centaines?

3. — Combien y a-t-il d'unités simples dans une centaine? deux, trois, cinq, six, sept, neuf centaines?

4. — Combien y a-t-il de dizaines dans dix unités simples? vingt, trente, soixante-dix, quatre-vingts, quatre-vingt-dix unités simples?

5. — Combien dix dizaines de bûchettes, vingt dizaines, trente dizaines, soixante dizaines font-elles de centaines de bûchettes?

6. — Combien faut-il de francs pour faire une centaine de francs? deux centaines, trois, quatre, six, sept, huit centaines de francs?

7. — Nommer les nombres contenant :

quatre dizaines six unités;	sept dizaines;
huit dizaines;	six dizaines;
huit dizaines cinq unités;	sept dizaines huit unités;
neuf dizaines;	six dizaines une unité;
neuf dizaines trois unités;	quatre dizaines neuf unités.

8. — Nommer les nombres contenant :

cinq centaines;

six centaines trois dizaines;

trois centaines deux dizaines quatre unités;

neuf centaines une unité;

sept centaines quatre unités;

une centaine deux dizaines huit unités;

quatre centaines neuf unités;

cinq centaines neuf dizaines.

9. — On appelle nombres *pairs* les nombres 2, 4, 6, 8, 10… et ainsi de suite en comptant par 2 à partir de 2. Quels sont les vingt premiers nombres pairs ?

10. — On appelle nombres *impairs* les nombres 1, 3, 5, 7, 9… et ainsi de suite en comptant par 2 à partir de 1. Quels sont les vingt premiers nombres impairs ?

11. — Dans une rue, les numéros impairs sont à gauche et les numéros pairs à droite. Il y a 12 maisons à gauche et 15 à droite ; quels sont les numéros de chaque côté de la rue ?

12. — (Voir l'exercice 11.) Dire les numéros : 1° de la troisième, de la quatrième, de la cinquième, de la huitième, de la dixième maison à gauche ; 2° de la deuxième, de la sixième, de la huitième, de la dixième, de la quatorzième maison à droite.

13. — Lire les nombres suivants d'abord en les décomposant, puis sans les décomposer : 30 ; 70 ; 85 ; 38 ; 77 ; 800 ; 407 ; 604 ; 965 ; 999 ; 198.

14. — Dire par ordre de grandeur croissante : 1° les nombres de deux chiffres dans lesquels le chiffre des unités est le même que celui des dizaines ; 2° les nombres de trois chiffres dans lesquels le chiffre des unités, celui des dizaines et celui des centaines sont les mêmes.

EXERCICES ÉCRITS

NOMBRES INFÉRIEURS A MILLE

15. — Écrire en chiffres :

1° quatre-vingts unités ;
soixante-huit ;
soixante-dix-sept ;
quatre-vingt-dix ;
quatre-vingt-dix-huit ;
cent ;
deux cents.

2° sept cent trois unités ;
quatre cent quinze ;
six cent quatre-vingt-quatre ;
huit cent trente-six ;
cinq cent quatre-vingt-quinze ;
neuf cent onze ;
neuf cent quatre-vingt-dix-neuf.

16. — Même question.

1° neuf dizaines ;
quatre centaines six unités ;
six cent. sept diz. trois unit. ;
quarante-deux diz. huit unit. ;
trois centaines quatre unités ;
sept centaines deux unités ;
cinquante-sept dizaines.

2° soixante-quinze diz. deux unit. ;
quatre-vingts diz. une unit. ;
soixante-dix-huit diz. sept un. ;
cinquante-neuf diz. neuf unit. ;
quatre-vingt-huit diz. trois un. ;
sept dizaines quatre unités ;
dix dizaines cinq unités.

17. — Nombres à décomposer :
85 ; 67 ; 33 ; 46 ; 88 ; 77 ; 230 ; 450 ; 860 ; 907 ; 739 ; 666 ; 555.

La décomposition peut être faite ainsi :

$$85 \begin{cases} 80 \\ 5 \end{cases}; \qquad 739 \begin{cases} 700 \\ 30 \\ 9 \end{cases}.$$

EXERCICES ORAUX
NOMBRES A PARTIR DE MILLE

18. — Dire combien il y a : 1° de centaines ; 2° de dizaines d'unités simples dans un mille, trois mille, cinq mille, neuf mille, vingt mille, cent mille, huit cent mille.

19. — Combien y a-t-il de mille dans un million ? quatre millions ? cinq millions ? dix millions ? cent millions ? six cents millions ? neuf cents millions ? sept cents millions ?

20. — Dire combien il y a : 1° de dizaines de mille dans un million, cinq millions, huit millions, dix millions ; 2° de centaines de mille dans un million, quatre millions, deux millions, douze millions.

21. — Quels sont les nombres pairs compris entre 1 000 et 1 050 ? entre 8 950 et 9 000 ? entre 125 434 et 125 490 ?

22. — Lire les nombres suivants après les avoir décomposés en tranches de trois chiffres :

1000;	9534;	7206;	65048;	90040;
3000;	8057;	30000;	40006;	79506;
1215;	4003;	90845;	60815;	87999.

23. — Même question.

100008;	709000;	700006;	3215047;	50002087;
620000;	615212;	1000000;	12619008;	900115000;
348000;	408019;	2548000;	46000001;	4528207000.

24. — Quel ordre représentent les plus hautes unités d'un nombre de 4 chiffres ? de 6 chiffres ? de 9 chiffres ? de 5 chiffres ? de 8 chiffres ? de 11 chiffres ? de 10 chiffres ?

25. — Combien y a-t-il de nombres d'un chiffre ? de deux, de trois, de quatre, de cinq, de six, de sept, de huit, de neuf chiffres ?

26. — Combien trace-t-on de chiffres pour écrire les nombres compris entre 10 et 20 ? entre 200 et 300 ?

EXERCICES ÉCRITS
NOMBRES A PARTIR DE MILLE

27. — Écrire en chiffres :

1° mille quatre-vingts ;   2° vingt-sept mille quinze ;
neuf mille sept ;   cinquante mille deux ;
mille soixante-trois ;   dix mille quatre-vingts ;
sept mille deux cents ;   soixante-deux mille dix-sept ;
six mille quatre-vingt-neuf.   quatre-vingt-dix mille trois.

28. — Même question.

trois cent mille unités :

cinq cent neuf mille ;

deux cent douze mille sept cents ;

neuf cent sept mille quatre cent trois ;

cent cinquante-six mille cent quatorze ;

huit cent quatre mille neuf ;

trois cent mille vingt ; /

quatre cent mille soixante-quinze ;

cent mille quatre-vingt-dix-neuf ;

quatre-vingt-dix mille soixante-dix-sept.

29. — Écrire en chiffres :

cinq millions ;

deux millions sept cent douze mille ;

six millions trois cent vingt mille deux cent neuf ;

trois millions huit cent seize mille vingt-neuf ;

dix-huit millions cinq cent quinze mille six ;

quatre-vingts millions six mille quatre-vingt-trois ;

six cent trente millions sept cent vingt-neuf.

huit cents millions quinze mille ;

neuf cent trois millions sept mille douze.

30. — Avec les neuf chiffres significatifs, former : 1° le plus petit 2° le plus grand nombre possible.

31. Former : 1° le plus petit nombre ; 2° le plus grand nombre de quatre chiffres, de cinq chiffres, de six chiffres, de sept chiffres, de huit chiffres, de neuf chiffres.

32. — Écrire par ordre de grandeur croissante les nombres compris entre 1 000 et 10 000 dans chacun desquels tous les chiffres sont les mêmes.

33. — Quel est le nombre obtenu : 1° quand on écrit un, deux ou trois zéros à la droite de 985 ? 2° quand on intercale un zéro entre 8 et 5, entre 9 et 8 ?

NUMÉRATION DES NOMBRES DÉCIMAUX

NOMBRES DÉCIMAUX JUSQU'AUX MILLIÈMES

40. — *Dixièmes*. — Traçons une barre sur le tableau, ce sera l'unité ; divisons-la en dix parties égales ; chaque partie est *un dixième* de la barre ou *un dixième* de l'unité.

41. — *Centièmes*. — Divisons chaque dixième en

dix parties égales (fig. 1). La barre contient dix dizaines ou cent de ces parties. Chacune de ces parties est *un centième* de la barre.

Fig. 1. — Dixième de la barre divisé en centièmes de la barre.

42. — **Millièmes.** — Divisons, sur le papier, un centième de la barre en dix parties égales (fig. 2). La barre contient cent dizaines ou mille de ces parties. Chacune de ces parties est *un millième* de la barre.

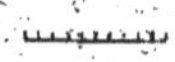

Fig. 2. — Centième de la barre divisé en millièmes de la barre.

43. — Au lieu de cette barre, nous pouvons prendre comme unité une longueur quelconque, ou une bande de papier, un rectangle, etc.; et, en les partageant de la même manière, nous obtiendrons des dixièmes, des centièmes, des millièmes de la longueur, de la bande, du rectangle, etc.

44. — **Unités décimales.** — Un dixième, un centième, un millième sont des *parties décimales* de l'unité.

Le dixième, le centième, le millième sont appelés aussi *unités décimales*.

45. — **Nombres décimaux.** — **Exemples.**

1° 15 unités 125 millièmes est un *nombre décimal*. Il est formé d'une *partie entière*, 15 unités, et d'une *partie décimale*, 125 millièmes.

2° 45 centièmes est aussi un nombre décimal. Il est formé seulement d'une partie décimale.

Les nombres décimaux sont formés d'une partie entière et d'une partie décimale ou seulement d'une partie décimale.

46. — **Nombres entiers.** — Quand il n'y a pas de

partie décimale dans un nombre, on dit que le nombre est *entier*.

Exemples. — 38 litres ; 250 francs.

47. — ***Relations entre les différentes unités.***

1 unité   est formée par la réunion de *10 dixièmes;*
   —   —   —   de *1 00 centièmes;*
   —   —   —   de *1000 millièmes;*
1 dixième est formé   —   de *10 centièmes;*
   —   —   —   de *100 millièmes;*
1 centième   —   —   de *10 millièmes.*

48. — ***Ordre décimal.***

Les dixièmes sont des unités décimales du premier ordre ;
Les centièmes   —   —   *deuxième — ;*
Les millièmes   —   —   *troisième — .*

Ainsi, pour la partie décimale, l'ordre va en *augmentant* quand l'unité devient *plus petite.*

Le premier ordre de la partie entière (ordre des unités simples) est considéré comme *immédiatement supérieur* au premier ordre de la partie décimale (ordre des dixièmes).

49. — On applique donc aux nombres décimaux le principe de la numération des nombres entiers.

Principe. — *La réunion de dix unités décimales de chaque ordre forme une unité de l'ordre immédiatement supérieur.*

50. — Le principe de la numération écrite des nombres entiers s'applique aussi aux nombres décimaux :

Principe. — *Tout chiffre placé à la gauche d'un autre représente des unités décimales de l'ordre immédiatement supérieur.*

On sépare par une virgule la partie entière de la partie décimale.

Donc, en comptant les rangs de *gauche à droite* (et non de droite à gauche comme pour les nombres entiers),

Les dixièmes sont au premier rang à droite de la virgule;
Les centièmes — deuxième — —;
Les millièmes — troisième — —.
On indique par des zéros le rang des unités décimales
qui peuvent manquer.

51. — **Écriture d'un nombre décimal.**

PARTIE ENTIÈRE.		PARTIE DÉCIMALE.	
1er ordre	1er ordre	2e ordre	3e ordre
unités	di-xièmes	cen-tièmes	mil-lièmes
3,	4	2	9
0,	3	1	
0,	0	5	
2,	4	3	8
0,	3	7	
0,	1	0	2

Exemples. — 1° *3 unités 4 dixièmes 2 centièmes 9 millièmes s'écrit* (voir le tableau ci-dessus) :

$$3,429.$$

2° *3 dixièmes 1 centième s'écrit :*
0,31 (le zéro indique qu'il n'y a pas d'unités).

3° *5 centièmes s'écrit :*
0,05 (le premier zéro indique qu'il n'y a pas d'unités, le deuxième indique qu'il n'y a pas de dixièmes).

52. — **Règle.** — *Pour écrire un nombre décimal, on écrit d'abord la partie entière ou un zéro s'il n'y a pas de partie entière et on met une virgule à droite; puis on écrit la partie décimale en plaçant chaque unité à son rang. On indique par des zéros le rang des unités décimales qui peuvent manquer.*

53. — *Lecture d'un nombre décimal.* — Exemples.

1° **2,438** se lit (voir le tableau § 51) :

2 unités 4 dixièmes 3 centièmes 8 millièmes ou *2 unités 438 millièmes.*

2° **0,37** se lit :

0 unité 3 dixièmes 7 centièmes ou *37 centièmes.*

3° **0,102** se lit :

0 unité 1 dixième 0 centième 2 millièmes ou *102 millièmes.*

54. — Règle. — *Pour lire un nombre décimal, on lit la partie entière que l'on fait suivre du mot unité, puis on lit la partie décimale comme si c'était un nombre entier, et on la fait suivre du nom de l'unité décimale représentée par le dernier chiffre à droite.*

S'il y a 0 à la partie entière, on ne lit que la partie décimale.

EXERCICES ORAUX

NOMBRES DÉCIMAUX JUSQU'AUX MILLIÈMES

34. — Jean partage cinq lignes d'une page de son cahier en dix parties égales. Combien y a-t-il de dixièmes dans une ligne? dans trois lignes? dans cinq lignes? dans quatre lignes?

35. — On divise une page de cahier en dixièmes, puis chaque dixième en dix parties égales. Combien y a-t-il de centièmes dans un dixième? dans sept dixièmes? dans trois, dans huit, dans neuf dixièmes de la page?

36. — Chaque centième de la même page étant divisé en 10 parties égales, combien y a-t-il de millièmes : 1° dans la page entière? dans 2 centièmes? dans 5, dans 7, dans 4 centièmes? 2° dans 1 dixième? dans 9, dans 2, dans 4, dans 6, dans 5 dixièmes?

37. — Combien y a-t-il d'unités : 1° dans 10 dixièmes? dans 30, dans 60, dans 380 dixièmes? 2° dans 100 centièmes? dans 900, dans 700, dans 1 400, dans 1 500 centièmes? 3° dans 1 000 millièmes? dans 3 000, dans 14 000, dans 9 000, dans 12 000 millièmes?

38. — Pour faire 1 mètre, combien manque-t-il de dixièmes à 3 dixièmes? de centièmes à 90 centièmes? à 60 centièmes? de millièmes à 400 millièmes de mètre?

39. — Pour faire 1 mètre, combien faut-il enlever de dixièmes à

12 dixièmes? de centièmes à 130 centièmes? à 240 centièmes? de millièmes à 1 500 millièmes de mètre?

40. — Combien pourra-t-on remplir de fois un verre de 1 dixième de litre avec :

1° 1 litre? 5 litres? 7 litres? 5 dixièmes de litre? 2 litres 3 dixièmes?

2° 10 centièmes? 500 centièmes? 700 centièmes de litre?

3° 100 millièmes? 400 millièmes? 800 millièmes de litre?

41. — Lire les nombres suivants en disant ce que représente chaque chiffre : 5,435; 9,058; 0,067; 0,1; 0,01; 0,001.

42. — Lire les nombres en énonçant la partie entière, puis la partie décimale : 105,8; 4,37; 0,09; 5,084; 50,008; 180,09.

EXERCICES ÉCRITS

NOMBRES DÉCIMAUX JUSQU'AUX MILLIÈMES

43. — Écrire les nombres suivants en plaçant la virgule à droite du chiffre des unités :

3 mètres 8 dixièmes;
15 mètres 9 centièmes;
2 mètres 7 millièmes;
11 mètres 25 centièmes;
20 mètres 164 millièmes;

31 litres 209 millièmes;
7 litres 1 dixième 8 millièmes;
13 litres 5 centièmes 1 millième;
6 litres 14 millièmes;
40 litres 15 centièmes.

44. — Même question (virgule à droite des unités).

2 unités 3 millièmes;
1 unité 709 millièmes;
25 dixièmes;
146 centièmes;
7 215 millièmes;

8 dixièmes;
21 centièmes;
3 centièmes;
47 millièmes;
9 millièmes.

45. — Même question (virgule à droite des unités).

7 unités 129 millièmes;
41 dixièmes 2 millièmes;
74 dixièmes 48 millièmes;
5 unités 78 centièmes 7 millièmes;

87 unités 32 millièmes;
13 dixièmes 3 millièmes;
167 dixièmes 18 millièmes;
8 dixièmes 66 millièmes.

NOMBRES DÉCIMAUX AU DELÀ DES MILLIÈMES

55. — *Dix-millièmes.* — En divisant un millième en dix parties égales, chaque partie est un *dix-millième.*

L'unité contient mille dizaines ou dix mille de ces parties.

56. — *Cent-millièmes.* — En divisant un dix-millième en dix parties égales, chaque partie est un *cent-millième*.

L'unité contient dix-mille dizaines ou cent mille de ces parties.

57. — ***Millionièmes***. — En divisant un cent-millième en dix parties égales, chaque partie est un *millionième*.

L'unité contient cent mille dizaines ou un million de ces parties.

58. — En divisant encore la dernière unité décimale obtenue en dix parties égales, on aurait

des *dix-millionièmes*,

puis des *cent-millionièmes*, etc.

59. — ***Relations entre les différentes unités.***

1 unité est formée par la réunion

de   *10 000 dix-millièmes*,

ou de   *100 000 cent-millièmes*,

ou de *1 000 000 de millionièmes*;

1 millième est formé par la réunion

de   *10 dix-millièmes*,

ou de   *100 cent-millièmes*,

où de *1 000 millionièmes*;

1 dix-millième est formé par la réunion

de   *10 cent-millièmes*,

ou de *100 millionièmes*;

1 cent-millième est formée par la réunion

de *10 millionièmes*.

60. — **Ordres.**

Les *dix-millièmes sont des unités décimales du quatrième ordre*;

Les *cent-millièmes sont des unités décimales du cinquième ordre*;

Les *millionièmes sont des unités décimales du sixième ordre*, etc.

20   ARITHMÉTIQUE

On voit que le rang de l'ordre, dans la partie décimale, va en augmentant de gauche à droite. C'est le contraire pour la partie entière.

NUMÉRATION DES NOMBRES DÉCIMAUX AU DELÀ DES MILLIÈMES

61. — Nous appliquerons encore les mêmes règles pour la numération des nombres décimaux au delà des millièmes.

Donc, en comptant les rangs de gauche à droite,

Les dix-millièmes sont au quatrième rang à droite de la virgule;

Les cent-millièmes sont au cinquième rang à droite de la virgule;

Les millionièmes sont au sixième rang à droite de la virgule, etc.

62. — Le tableau suivant facilite l'écriture et la lecture des nombres décimaux.

Tableau de la numération des nombres décimaux.

PARTIE ENTIÈRE.		PARTIE DÉCIMALE.					
2e ordre	1er ordre	1er ordre	2e ordre	3e ordre	4e ordre	5e ordre	6e ordre
dizaines	unités	dixièmes	centièmes	millièmes	dix-millièmes	cent-millièmes	millionièmes
1	2,	0	0	3	4	5	
	0,	8	0	3	9	5	3
	5,	0	0	7	5	0	9
	8,	7	0	0	4	1	2
	4,	0	0	8	3	0	4
	0,	0	0	0	6	2	

63. — *Écriture d'un nombre décimal*. — Exemples.

1º *12 unités 3 millièmes 4 dix-millièmes 5 cent-millièmes* s'écrit (voir le tableau § 62) :

$$12,00345.$$

2º *803953 millionièmes* s'écrit :

$$0,803953.$$

3º *5 unités 7509 millionièmes* s'écrit :

$$5,007509.$$

64. — *Lecture d'un nombre décimal*. — Exemples.

1º 8,700412 se lit (voir le tableau § 62) :

8 unités 7 dixièmes 4 dix-millièmes 1 cent-millième 2 millionièmes, ou 8 unités 700412 millionièmes.

2º 4,008304 se lit :

4 unités 8 millièmes 3 dix-millièmes 4 millionièmes, ou 4 unités 8304 millionièmes.

3º 0,00062 se lit :

6 dix-millièmes 2 cent-millièmes, ou 62 cent-millièmes.

Les règles pour écrire ou pour lire un nombre décimal ont été données plus haut (voir §§ 52 et 54).

65. — Remarque. — *La valeur d'un nombre décimal ne change pas quand on écrit ou efface des zéros à la droite de la partie décimale.*

Soit le nombre 3,8.

3,8 ; 3,80 ; 3,800 ; 3,8000... sont des nombres de même valeur, car chacun d'eux contient 3 unités 8 dixièmes.

EXERCICES ORAUX

NOMBRES DÉCIMAUX AU DELA DES MILLIÈMES

46. — Combien y a-t-il de dix-millièmes, de cent-millièmes, de millionièmes dans 1 unité? dans 1 dixième? dans 1 centième? dans 1 millième?

47. — Combien y a-t-il d'unités dans 10 000 dix-millièmes? dans 30 000 dix-millièmes? dans 100 000 cent-millièmes? dans 800 000 cent-millièmes? dans 1 000 000 de millionièmes? dans 7 000 000 de millionièmes?

48. — Quelle est l'unité décimale : 1° 100 fois plus petite que 1 millième? 10 fois plus petite que 1 cent-millième? 100 fois plus petite que 1 dix-millième? 2° 1.000 fois plus grande que 1 millionième? 10 fois plus grande que 1 cent-millième? 10 fois plus grande que 1 dix-millième? 10 000 fois plus grande que 1 millionième?

49. — Dire combien il y a : 1° de dix-millièmes ; 2° de cent-millièmes ; 3° de millionièmes dans 5 dixièmes, dans 3 unités 5 dixièmes, dans 5 millièmes 4 dix-millièmes, dans 5 centièmes, dans 4 dixièmes 5 centièmes, dans 5 millièmes.

50. — Quelle quantité d'eau reste-t-il dans un bassin après en avoir vidé 300 millièmes? 4 000 dix-millièmes? 600 000 millionièmes? 80 000 cent-millièmes?

51. — Nombres à lire en disant ce que chaque chiffre représente :

1,8193 ;	5,3009 ;	0,00001 ;	9,045008 ;
7,04156 ;	0,7406 ;	0,000004 ;	0,045061 ;
0,705946 ;	0,0001 ;	46,5084 ;	0,400108.

52. — Nombres à lire en énonçant la partie entière, puis la partie décimale :

63,079118 ;	84,500921 ;	782,5019 ;
4,89056 ;	1,434 ;	6,1004054 ;
8,30054 ;	6,240009 ;	18,00417317.

EXERCICES ÉCRITS

NOMBRES DÉCIMAUX AU DELÀ DES MILLIÈMES

53. — Écrire en chiffres en mettant une virgule à droite des unités :

Sept unités quatre cent neuf dix-millièmes ;
huit unités trois millièmes sept cent-millièmes ;
deux cent quinze millièmes six dix-millièmes ;
vingt unités trois cent-millièmes quatre millionièmes ;
six cent huit dix-millièmes trois millionièmes ;
mille sept cent trente centièmes six cent un millionièmes ;
une unité quinze millièmes vingt-neuf cent-millièmes ;
sept cent trois centièmes neuf cent douze millionièmes.

54. — Écrire en chiffres en mettant une virgule à droite des unités :

trois cent mille deux cent quatorze cent-millièmes ;
six cent mille trois cent quatre millionièmes ;
cent soixante-cinq cent-millièmes ;
quatre-vingt-quinze millionièmes ;
huit mille sept cent neuf dix-millièmes ;

soixante-huit millions quatre-vingt-cinq cent-millièmes;
cent quarante mille deux cents millionièmes;
treize millions quatre cent deux mille neuf millionièmes.

55. — Même question.
15 unités 7 centièmes 8 cent-millièmes;
3 unités 17 millièmes 12 millionièmes;
128 centièmes 7 dix-millièmes 4 millionièmes;
5 centièmes 4 cent-millièmes 3 millionièmes 1 dix-millionième;
7.263 cent-millièmes 24 dix-millionièmes;
13 dixièmes 86 millionièmes;
9 347 dix-millionièmes;
710 835 cent-millièmes.

56. — Nombres à classer par ordre de grandeur croissante :

0,976;	83,7;	1,073801;
5,8;	0,0099;	1,207;
3,095768;	0,134;	0,00507.

57. — Nombres à classer par ordre de grandeur décroissante :

7,104;	0,000001;	0,107445;
0,053;	0,4109675;	7,10481;
0,09;	0,00001;	0,41094.

Vous voyez que les lignes sinueuses du serpent,

Fig. 3 (voir §§ 223 et 224, p. 137). — *Lignes courbes.*

Le paysage est plein de courbes : la ligne sinueuse du serpent, les bords arrondis des chapeaux des champignons, les herbes du les branches des arbres, etc. Les arêtes vives des pierres, les bords des feuilles de la plante qui a des fleurs en parasol forment des lignes brisées.

Vous voyez que les lignes droites sont rares dans la nature.

LES QUATRE OPÉRATIONS

ADDITION

66. — Louis avait 6 billes; il en a gagné d'abord 4, puis 3. Combien a-t-il de billes maintenant?

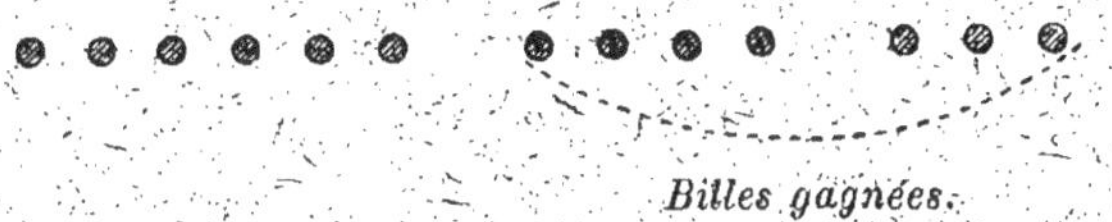

Fig. 4.

Billes gagnées.

Pour obtenir ce nombre de billes, nous réunissons aux 6 premières billes les 4 suivantes et nous comptons 10; puis nous réunissons à ces 10 billes les 3 dernières et nous comptons 13.

Louis a 13 billes.

67. — L'opération que nous venons de faire s'indique de la manière suivante :

$$6 + 4 + 3 = 13;$$

ce qui s'énonce : 6 *plus* 4 *plus* 3 *égale* 13.

Quand nous disons 6 plus 4 égale 10; 10 plus 3 égale 13, nous *ajoutons*, nous *additionnons*, les nombres 6, 4 et 3; nous faisons une *addition*.

Le résultat de l'addition s'appelle *somme* ou *total*.

Ainsi, 13 est la somme des nombres 6, 4 et 3.

68. — Définition. — *Additionner plusieurs nombres, c'est calculer la somme de ces nombres.*

ADDITION DES NOMBRES ENTIERS

69. — 1er cas. — *Addition de deux nombres d'un chiffre.*

On apprend par cœur les sommes de deux nombres d'un chiffre.

70. — **2ᵉ cas.** — *Addition de nombres quel-conques.*

J'ai dépensé successivement **2 585** francs, **874** francs et **83** francs. Quelle est ma dépense totale?

Ma dépense totale est égale à la somme des trois nombres :

$$2\,585 + 874 + 83.$$

$$
\begin{array}{r}
2\,585 \\
874 \\
83 \\
\hline
3\,542 \\
\end{array}
\quad \text{total.}
$$

Je dis : 5 et 4 font 9, et 3 font 12. J'écris 2 (unités) et je retiens 1 (dizaine);

1 de retenue et 8 font 9, et 7 font 16, et 8 font 24 (dizaines). J'écris 4 (dizaines) et je retiens 2 (centaines);

2 de retenue et 5 font 7, et 8 font 15 (centaines). J'écris 5 et je retiens 1 (mille);

1 de retenue et 2 font 3. J'écris 3.

La dépense totale est 3 542 francs.

71. — **Règle.** — *On écrit les nombres à additionner les uns au-dessous des autres, en plaçant les unités de même ordre dans une même colonne. Puis on additionne les chiffres de chaque colonne en commençant par la droite.*

Si le résultat d'une colonne ne dépasse pas 9, on l'écrit au-dessous; s'il dépasse 9, on écrit seulement le chiffre des unités, et on retient les dizaines pour les ajouter à la colonne suivante.

Au bas de la dernière colonne, on écrit le résultat tel qu'on le trouve.

72. — **Remarque.** — *On ne peut additionner que des unités de même espèce.*

Ainsi 8 pommes et 6 poires, cela ne fait pas 14 pommes, ni 14 poires.

ADDITION DES NOMBRES DÉCIMAUX

73. — Paul a une tablette de chocolat de 10 barres et 2 barres, c'est-à-dire une tablette 2 dixièmes ou 1,2. On lui donne encore 2 tablettes et 3 barres, c'est-à-dire 2,3. Combien aura-t-il en tout?

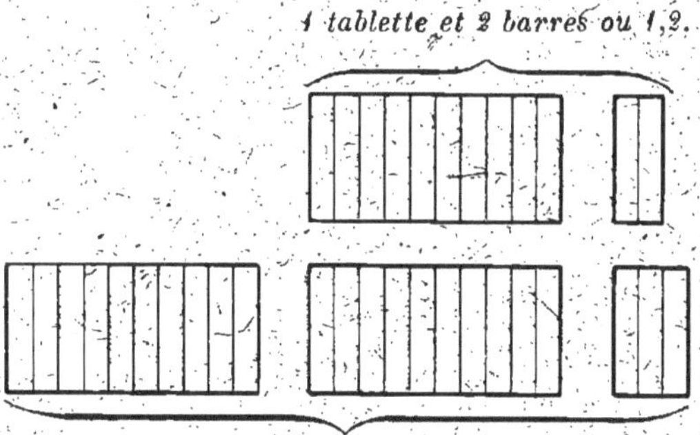

Fig. 5.

On voit qu'il aura 3 tablettes 5 dixièmes ou 3,5.

L'opération que nous venons de faire s'indique ainsi :

$$1,2 + 2,3 = 3,5,$$ ce qui s'énonce :

1,2 *plus* 2,3 *égale* 3,5.

Quand nous disons 1,2 plus 2,3 égale 3,5, nous *ajoutons* les nombres décimaux 1,2 et 2,3, nous faisons une *addition de nombres décimaux*.

3,5 est la *somme* ou le *total* de cette addition.

74. — **Définition.** — *Additionner plusieurs nombres décimaux, c'est calculer la somme de ces nombres.*

Exemple. — $85^m,538 + 9^m,86 + 479^m$

$$
\begin{array}{r}
85,538 \\
9,86 \\
479 \\
\hline
574,398 \quad total.
\end{array}
$$

75. — Règle. — *La règle de l'addition des nombres entiers s'applique aux nombres décimaux.*

Remarque. — Puisque les unités de même ordre sont dans une même colonne, on voit que les virgules doivent être aussi dans une même colonne.

76. — *Preuve de l'addition*. — La *preuve* d'une opération est une autre opération destinée à vérifier la première.

Pour faire la preuve de l'addition, on peut refaire l'addition en comptant de bas en haut dans chaque colonne; on doit trouver le même résultat.

Si l'on a beaucoup de nombres à additionner, on peut les grouper en plusieurs additions partielles et faire le total des sommes de ces additions; on doit trouver le même résultat.

CALCUL MENTAL DANS L'ADDITION

EXERCICES PRÉPARATOIRES

77. — Le calcul mental nous apprend à faire les opérations « de tête », c'est-à-dire sans écrire les nombres.

Pour cela, il est utile de savoir décomposer, de toutes les manières possibles, les nombres de 2 à 9 en sommes de deux autres nombres :

$$2 = 1 + 1.$$
$$3 = 1 + 2.$$
$$4 = 1 + 3 = 2 + 2.$$
$$5 = 1 + 4 = 2 + 3.$$
$$6 = 1 + 5 = 2 + 4 = 3 + 3.$$
$$7 = 1 + 6 = 2 + 5 = 3 + 4.$$
$$8 = 1 + 7 = 2 + 6 = 3 + 5 = 4 + 4.$$
$$9 = 1 + 8 = 2 + 7 = 3 + 6 = 4 + 5.$$

78. — *Complément à 10.*

1	2	3	4	5	6	7	8	9
9	8	7	6	5	4	3	2	1

Dans ce tableau, 10 est décomposé de toutes les manières possibles en sommes de deux nombres placés l'un au-dessous de l'autre. Donc, chaque nombre de la deuxième ligne horizontale ajouté au nombre placé au-dessus donne 10 comme total : $1 + 9 = 10$; $2 + 8 = 10$, etc. On dit que chaque nombre de la deuxième ligne horizontale est le *complément à 10* du nombre placé au-dessus.

Ainsi, le complément à 10 de 1 est 9; celui de 2 est 8; celui de 3 est 7, etc.

79. — *Nombre rond.*

60; 500 sont des *nombres ronds*; 27; 468 ne sont pas des nombres ronds.

Un nombre rond est un nombre terminé par un zéro.

En ajoutant 3 à 27 et 2 à 468, nous obtenons 30 et 470, qui sont des nombres ronds. Nous dirons que nous avons *arrondi* les nombres 27 et 468.

Pour arrondir un nombre, on ajoute à ce nombre le complément à 10 du chiffre des unités.

ADDITION

NOMBRES ENTIERS

80. — *Additionner deux nombres d'un chiffre ou un nombre de deux chiffres et un nombre d'un chiffre.*

Les exercices oraux dans lesquels on compte de 2 en 2, de 3 en 3, etc., nous ont préparés à faire ces additions mentales.

Exemples : 8 et 7 font 15; 24 et 5 font 29; 44 et 7 font 51, etc.

81. — *Additionner deux nombres de deux chiffres.*

On commence l'addition par les plus hautes unités.

Exemples. — 1° 80 + 50.

On dit : 8 dizaines et 5 dizaines font 13 dizaines ou 130.

2° 45 + 70.

On dit : 4 dizaines et 7 dizaines font 11 dizaines ou 110 ; 110 et 5 font 115.

3° 38 + 97.

On dit : 38 et 90 font 128 ; 128 et 7 font 135.

82. — *Additionner deux nombres de trois chiffres.*

Exemples. — 1° 700 + 800.

On dit : 7 centaines et 8 centaines font 15 centaines ou 1 500.

2° 500 + 740.

On dit : 5 centaines et 7 centaines font 12 centaines ou 1 200 ; 1 200 et 40 font 1 240.

(Il faut s'habituer à dire : 500 et 740 font 1 240.)

3° 850 et 370.

On dit : 85 dizaines et 30 dizaines font 115 dizaines ; 115 dizaines et 7 dizaines font 122 dizaines ou 1 220.

4° 648 + 520.

On dit : 64 dizaines et 52 dizaines font 116 dizaines ou 1 160 ; 1 160 et 8 font 1 168.

5° 966 + 817.

On dit : 96 dizaines et 81 dizaines font 177 dizaines ou 1 770 ; 6 et 7 font 13 ; 1 770 et 13 font 1 783.

83. — *Additionner plus de deux nombres.*

En général, on fait la somme des deux premiers nombres ; on ajoute à cette somme le nombre suivant, et ainsi de suite.

Exemples.

1° 438 + 75 + 53.

On a :
$$438 + 75 = 513 ;$$
$$513 + 53 = 566.$$

2° 73 + 508 + 330.

Comme 73 + 30 = 103, on pourra procéder ainsi :

$$73 + 330 = 403;$$
$$403 + 508 = 911.$$

CAS PARTICULIERS.

84. — *Ajouter 11; 101; 1 001*, etc.

11 = 10 + 1; 101 = 100 + 1; 1 001 = 1 000 + 1.

Pour ajouter 11, on ajoute 10, et l'on augmente le résultat de 1.

Pour ajouter 101, on ajoute 100, et l'on augmente le résultat de 1.

Pour ajouter 1 001, on ajoute 1 000, et l'on augmente le résultat de 1.

Exemples.

1° 967 + 11. On a : 967 + 10 = 977; 977 + 1 = 978.

2° 846 + 101. On a : 846 + 100 = 946; 946 + 1 = 947.

3° 3 429 + 1 001. On a : 3 429 + 1 000 = 4 429; 4 429 + 1 = 4 430.

85. — *Ajouter 12; 102; 1 002*, etc.

12 = 10 + 2; 102 = 100 + 2; 1 002 = 1 000 + 2.

Pour ajouter 12, on ajoute 10, et l'on augmente le résultat de 2.

Pour ajouter 102, on ajoute 100, et l'on augmente le résultat de 2.

Pour ajouter 1 002, on ajoute 1 000, et l'on augmente le résultat de 2.

Exemples.

1° 549 + 12. On a : 549 + 10 = 559; 559 + 2 = 561.

2° 834 + 102. On a : 834 + 100 = 934; 934 + 2 = 936.

3° 3 205 + 1 002. On a : 3 205 + 1 000 = 4 205; 4 205 + 2 = 4 207.

NOMBRES DÉCIMAUX

86. — Exemples.

1° 6,4 + 7,8.

On dit : 6 et 7 font 13 (unités) ; 4 dixièmes et 8 dixièmes font 12 dixièmes ou 1,2 ; 13 + 1,2 = 14,2.

2° 9,65 + 7,38.

On dit : 9 et 7 font 16 (unités) ; 65 centièmes et 38 centièmes font 103 centièmes ou 1,03 ; 16 + 1,03 = 17,03.

3° 5,67 + 8,9.

Il faut que les parties décimales des nombres à ajouter expriment des unités de même ordre : 67 représentant des centièmes, on dira 8,90 au lieu de 8,9.

On dit : 5 et 8 font 13 (unités) ; 67 centièmes et 90 centièmes font 157 centièmes ou 1,57 ; 13 + 1,57 = 14,57.

Ainsi, pour additionner mentalement deux nombres décimaux, on additionne séparément les parties entières, puis les parties décimales, et on fait la somme des deux résultats obtenus.

EXERCICES ORAUX

Nombres pairs et nombres impairs.

58. — Quels sont les nombres pairs de 2 à 50 ? de 50 à 100 ?

59. — Quels sont les nombres impairs inférieurs à 49 ? compris entre 49 et 99 ?

60. — Quels sont les nombres pairs inférieurs à 100 dont le chiffre des unités est égal à celui des dizaines ?

61. — Même question pour les nombres impairs inférieurs à 101.

Décomposition des nombres.

62. — Décomposez chaque nombre en somme de deux nombres égaux : 8 ; 12 ; 14 ; 18 ; 20 ; 40 ; 44 ; 48 ; 50 ; 60.

63. — Décomposez chaque nombre en somme de deux nombres dont l'un soit 7 : 9 ; 10 ; 12 ; 14 ; 15 ; 18 ; 20 ; 21 ; 24 ; 30.

64. — Décomposez 12 en somme de deux nombres de toutes les manières possibles.

65. — Décomposez 20 en somme de deux nombres dont l'un soit successivement 8; 11; 10; 1; 15; 18; 7; 14; 16.

66. — Décomposez chaque nombre en somme de trois nombres égaux : 6; 9; 12; 15; 21; 27; 24; 18; 36; 33; 30.

67. — Nombres à décomposer en quatre parties égales :

4; 8; 20; 12; 16; 40; 28; 32; 44; 48.

68. — Nombres à décomposer en cinq parties égales :

10; 15; 25; 20; 45; 50; 30; 35; 55; 60.

69. — Nombres à décomposer en six parties égales :

6; 12; 24; 18; 30; 48; 36; 54; 60.

70. — Nombres à décomposer en sept parties égales :

7; 14; 28; 35; 21; 49; 42; 63; 56.

71. — Nombres à décomposer en huit parties égales :

8; 16; 32; 56; 40; 24; 80; 72; 48.

72. — Nombres à décomposer en neuf parties égales :

9; 18; 45; 36; 63; 54; 81; 27; 72.

73. — Décomposez (oralement) des nombres de la manière suivante : 25 = 20 + 5; 465 = 400 + 60 + 5; 9843 = 9000 + 800 + 40 + 3.

67; 55; 88; 91; 608; 999; 1 534; 8 785; 30 904; 88 888; 90 017.

Exercices préparatoires à l'addition.

Compter (sans dépasser 100) :

74. — de 3 en 3 à partir de 0; 1; 2.
75. — de 4 en 4   —   0; 1; 2; 3.
76. — de 5 en 5   —   0; 1; 2; 3; 4.
77. — do 6 en 6   —   0; 1; 2; 3; 4; 5.
78. — de 7 en 7   —   0; 1; 2; 3; 4; 5; 6.
79. — de 8 en 8   —   0; 1; 2; 3; 4; 5; 6; 7.
80. — de 9 en 9   —   0; 1; 2; 3; 4; 5; 6; 7; 8.

Nota. — Comme moyen de vérification, on peut établir de la manière suivante les séries correspondant à chacune des questions précédentes :

Pour compter par 3, on écrit la suite des nombres (à partir de 0) en colonnes de trois nombres sur trois lignes horizontales. En lisant les nombres suivant les lignes horizontales, on a les séries demandées.

Pour compter par 4, par 5, etc., on fait des colonnes de 4 nombres

On peut dire : 6 est la somme de 3 nombres égaux à 2,
               15   —   3   —   5.

sur 4 lignes horizontales, ou de 5 nombres sur 5 lignes horizontales, etc. Exemple :

(Compter par 3.) 0,   3,   6,   9, 12, 15, 18, 21,
                 1,   4,   7, 10, 13, 16, 19, 22,
                 2,   5,   8, 11, 14, 17, 20, 23, etc.

81. — Compter par 15 de 0 à 150.

82. — Compter par 50 de 0 à 500.

83. — Compter par 20 de 0 à 200.

84. — Compter par 25 de 0 à 200.

85. — Ajouter 6 : 1° à 5 ; 15 ; 25 ; 65 ; 85 ; 45.
                     2° à 6 ; 16 ; 46 ; 36 ; 26 ; 96.
                     3° à 7 ; 17 ; 27 ; 57 ; 87 ; 77.

86. — Ajouter 7 : 1° à 5 ; 25 ; 35 ; 45 ; 55 ; 85.
                     2° à 7 ; 17 ; 47 ; 27 ; 57 ; 87.
                     3° à 8 ; 28 ; 38 ; 68 ; 88 ; 98.

87. — Ajouter 8 : 1° à 3 ; 13 ; 23 ; 43 ; 73 ; 83.
                     2° à 6 ; 26 ; 46 ; 66 ; 96 ; 56.
                     3° à 9 ; 19 ; 39 ; 59 ; 79 ; 99.

88. — Ajouter 9 : 1° à 3 ; 13 ; 23 ; 43 ; 33 ; 93.
                     2° à 6 ; 16 ; 36 ; 26 ; 96 ; 46.
                     3° à 9 ; 19 ; 29 ; 49 ; 79 ; 99.

EXERCICES ORAUX

ADDITION

Nombres entiers.

Effectuer les additions suivantes :

89. — $3+4+5.$ $6+3+7.$ $7+3+6.$ $5+8+6.$
          $8+5+4.$ $6+5+3.$ $7+7+2.$ $9+2+7.$

90. — $7+3+9.$ $9+7+8.$ $3+2+5+4.$ $6+5+2+3.$
          $8+6+7.$ $7+6+9.$ $5+3+6+4.$ $4+5+6+7.$

91. —

$5+6+7+8.$ $9+6+8+5.$ $9+7+5+3.$ $8+7+9+5.$
$7+9+6+8.$ $8+9+7+4.$ $9+4+6+8.$ $8+9+5+8.$

92. — $20+30.$ $40+50.$ $20+40.$ $30+30.$
          $30+40.$ $50+30.$ $60+20.$ $40+40.$

93. — $60+40.$ $40+70.$ $50+70.$ $50+50.$
          $60+30.$ $30+80.$ $60+50.$ $60+70.$

94. — $90+60.$ $70+60.$ $70+70.$ $40+80.$
          $90+20.$ $60+60.$ $80+80.$ $30+90.$

95. — $40+90.$ $70+80.$ $50+80.$ $90+90.$
          $80+90.$ $70+90.$ $60+80.$ $50+90.$

96. —	48 + 60.	57 + 20.	89 + 30.	75 + 50.
	53 + 40.	67 + 40.	94 + 20.	66 + 30.
97. —	40 + 75.	50 + 79.	80 + 77.	30 + 85.
	30 + 62.	90 + 38.	20 + 72.	90 + 67.
98. —	42 + 80.	58 + 80.	72 + 50.	38 + 80.
	90 + 34.	70 + 74.	70 + 49.	95 + 50.
99. —	32 + 56.	27 + 62.	48 + 21.	34 + 52.
	17 + 22.	38 + 31.	66 + 33.	24 + 62.
100. —	26 + 64.	44 + 56.	62 + 28.	34 + 46.
	65 + 25.	43 + 17.	53 + 27.	52 + 38.
101. —	92 + 29.	85 + 36.	71 + 49.	88 + 58.
	86 + 48.	67 + 43.	78 + 35.	72 + 79.

PROBLÈMES ORAUX

Nombres entiers.

102. — Jean a passé 18 jours à la mer et 30 à la montagne. Combien de jours en tout ?

103. — Louis a passé les mois d'août et de septembre dans les Pyrénées. Combien y a-t-il passé de jours ?

104. — On met aux bagages un colis de 25^{kg} et deux de 20^{kg}. Quel est le poids total des colis ?

105. — Dans une excursion, on a fait 30^{km} en chemin de fer, 25^{km} à bicyclette et 20^{km} à pied. Combien de kilomètres en tout ?

106. — On achète à Paul un costume d'été de 31^f, une paire de chaussures de 13^f et un chapeau de 5^f. Quelle est la dépense ?

107. — Léon fait le tour d'un verger triangulaire dont les côtés ont 20^m ; 30^m ; 40^m. Combien a-t-il parcouru de mètres ?

108. — Jules trace un carré dont le côté a 40^{mm}. Quelle est la somme des longueurs de deux côtés ? de trois côtés ? de quatre côtés ?

109. — On met bout à bout une règle de 40^{cm}, une de 30^{cm} et une de 15^{cm}. Quelle est la longueur obtenue ?

110. — Dans une famille, l'aîné des enfants a 18 ans, le deuxième a 12 ans, le troisième a 10 ans et le plus jeune 7 ans. Quelle est la somme des âges des deux premiers ? des trois premiers ? des quatre enfants ?

111. — Faire le total des vers des trois fables suivantes : *La Cigale et la Fourmi* 22 vers, *Le Corbeau et le Renard* 18 vers, *Les Deux Mulets* 19 vers.

112. — Le premier morceau de récitation étudié en 7e avait 18 vers, le deuxième en avait 17 de plus. Dire le nombre de vers de ce dernier et le nombre total de vers des deux morceaux.

113. — Quel est le nombre de jours du 3e trimestre ? du 4e ?

114. — Quel est le nombre de jours du 1er trimestre de 1916 (année bissextile) ? du 2e ?

115. — A combien revient une robe, l'étoffe ayant coûté 60^f, la façon 26^f et les fournitures 23^f?

116. — Deux officiers qui ont fait la campagne de 1870 avaient alors 19 et 20 ans. Ils ont pris part comme généraux à la Grande guerre, 44 ans après. Quel était leur âge en 1914?

117. — L'année dernière, nous avons fait 70 exercices écrits de calcul le 1er trimestre, 78 le 2e et 62 le 3e. Quel est le nombre total des exercices?

118. — Le chimiste Chevreul, qui avait 14 ans en 1800, est mort en 1889. A quel âge est-il mort?

119. — En 1830, Lamartine avait 40 ans, il est mort 39 ans plus tard ;
    — V. Hugo — 28 ans, — 55 ans — ;
    Musset — 20 ans, — 27 ans —.
A quel âge et en quelle année est mort chacun de ces trois poètes?

EXERCICES ORAUX

Nombres entiers.

120. — 300 + 400.   700 + 680.   900 + 800.   300 + 800.
    500 + 200.   500 + 800.   600 + 800.   900 + 800.

121. — 540 + 18.   640 + 56.   840 + 60.   850 + 28.
    570 + 39.   720 + 47.   930 + 54.   720 + 71.

122. — 990 + 19.   870 + 38.   85 + 540.   28 + 640.
    780 + 46.   640 + 73.   35 + 790.   34 + 860.

123. — 500 + 219.   600 + 487.   900 + 240.   500 + 646.
    300 + 412.   800 + 270.   400 + 883.   800 + 383.

124. — 849 + 220.   417 + 320.   436 + 560.   608 + 290.
    485 + 610.   815 + 580.   128 + 870.   721 + 178.

125. — 580 + 347.   660 + 259.   640 + 389.   840 + 279.
    340 + 462.   700 + 154.   750 + 364.   960 + 347.

126. — Ajouter 11 à 15 ; 18 ; 47 ; 68 ; 129 ; 209 ; 284 ; 286 ; 568 ; 739.

127. — Ajouter 101 à 29 ; 65 ; 93 ; 104 ; 567 ; 846 ; 905 ; 943 ; 960.

128. — Ajouter 1 001 à 45 ; 38 ; 77 ; 88 ; 98 ; 1 208 ; 3 234 ; 5 158.

129. — Ajouter 12 à 34 ; 48 ; 53 ; 59 ; 86 ; 95 ; 103 ; 240 ; 465 ; 736.

130. — Ajouter 102 à 84 ; 67 ; 95 ; 128 ; 643 ; 864 ; 945 ; 970.

131. — Ajouter 1 002 à 46 ; 76 ; 198 ; 247 ; 509 ; 1 936 ; 2 348 ; 7 215.

PROBLÈMES ORAUX

132. — Une bibliothèque contenait 700 volumes, on y ajoute 600 volumes. Combien en contient-elle?

133. — Un commerçant avait 900^m de soie, il en a reçu 800^m. Combien a-t-il de mètres en tout?

134. — Trois écoles ont respectivement 500 ; 400 et 300 élèves. Combien d'élèves en tout?

135. — On a pavé une rue de 300^m et une de 593^m. Combien a-t-on pavé de mètres?

136. — Un réservoir contenait 300^l d'eau; un robinet y verse 725^l. Combien contient-il de litres?

137. — Un train a transporté 500 voyageurs à l'aller et 712 au retour. Combien a-t-il transporté de voyageurs en tout?

138. — Un calorifère a consommé 740^{kg} de charbon en décembre et 800^{kg} en janvier. Quel est le poids total du charbon brûlé?

139. — Quelle somme contient ma sacoche où se trouvent 750^f en or et 145^f en argent?

140. — J'achète le grand dictionnaire Larousse qui coûte 480^f, le dictionnaire Littré qui coûte 120^f, plus 16^f pour le supplément. Calculer ma dépense.

141. — La géographie de 6e consacre 150 pages à l'Amérique, 31 à l'Océanie et 180 à d'autres chapitres. Combien a-t-elle de pages?

142. — Il y a 106^{km} de Lyon à Valence par la voie ferrée, 124^{km} de Valence à Avignon et 120^{km} d'Avignon à Marseille. Calculer la distance de Lyon à Marseille.

EXERCICES ORAUX

ADDITION

Nombres décimaux.

Additions à effectuer :

143. — 0,3 + 0,5	4,8 + 0,5	3,8 + 4,9
0,4 + 0,2	0,4 + 3,6	5,7 + 4,6
6,7 + 0,3	5,7 + 8,4	9,8 + 3,8
144. — 0,09 + 0,05	1,09 + 0,07	6,3 + 0,08
0,04 + 0,08	0,06 + 3,06	0,06 + 8,7
0,05 + 0,06	5,09 + 2,09	7,8 + 3,09
145. — 0,41 + 0,3	0,25 + 0,75	0,845 + 0,12
0,72 + 0,4	0,36 + 2,44	0,931 + 0,2
0,67 + 0,5	8,49 + 5,51	0,746 + 0,215

146. — J'achète une gomme de 0^f,20, un cahier de 0^f,30 et un crayon de 0^f,05. Quelle est ma dépense?

147. — Calculer la somme des longueurs des trois côtés d'un triangle qui ont 0^m,06; 0^m,07; 0^m,08.

148. — Trois livres ont 0^m,015, 0^m,02 et 0^m,012 d'épaisseur. Dites l'épaisseur obtenue en les mettant l'un sur l'autre.

149. — La marge supérieure de la page d'un livre a 2^{cm}, la marge inférieure a 1^{cm},4, la partie écrite a une hauteur de 14^{cm},5. Quelle est la hauteur de la page?

150. — Calculer la largeur de la page d'un livre, sachant que la marge de gauche et celle de droite ont chacune 1^{cm},2 et que la largeur de la partie écrite est 8^{cm},8.

151. — Après avoir donné 6ʳ,80 au boucher, 3ʳ,50 à l'épicier, il me reste 8ʳ. Quelle somme avais-je?

152. — Quelle quantité de liqueur faut-il pour remplir trois flacons, le premier de 0ˡ,35, le deuxième de 0ˡ,40, le troisième de 0ˡ,30?

153. — Quelle est la longueur totale de trois coupons de drap ayant 4ᵐ,25; 3ᵐ,30 et 5ᵐ,75?

154. — Calculer le montant de l'emplette suivante : sucre 1ʳ,10; café 5ʳ,80; poivre 0ʳ,40.

155. — Dites le prix du repas suivant : viande 0ʳ,75; légumes 0ʳ,40; dessert 0ʳ,30; vin 0ʳ,40.

156. — Calculer la somme due au libraire pour les livres suivants : dictionnaire 3ʳ,50; grammaire 1ʳ,50; géographie 2ʳ,25; morceaux choisis 2ʳ.

157. — Quelle est la recette d'une fermière qui a vendu pour 28ʳ,75 de beurre, 12ʳ,50 de fromage, 40ʳ,90 d'œufs?

158. — La hauteur d'une salle a 4ᵐ,25, la largeur a 3ᵐ,20 de plus, la longueur a 5ᵐ,80 de plus que la hauteur. Calculer la longueur et la largeur.

159. — On achète 3ᵐ,50 d'étoffe pour 15ʳ,75 et 5ᵐ,80 pour 26ʳ,10. Calculer le nombre total de mètres et la dépense.

EXERCICES ÉCRITS

ADDITION

Nombres entiers.

Additions à effectuer :

160. — 4 853 + 947 + 904 + 528.

161. — 39 504 + 36 743 + 125 + 76.

162. — 2 528 + 47 + 853 + 67 298.

163. — 35 + 22 485 + 3 450 + 7 809.

164. — 83 267 + 74 695 + 4 492 + 783 + 84.

165. — 74 591 + 314 916 + 738 412 + 68 + 9.

166. — 13 901 215 + 7 009 418 + 125 903 214 + 44 267 345.

167. — Effectuer les additions suivantes en les décomposant en deux ou trois additions partielles :

1°	2°	3°
985	94 357	179 347
72	48	5 039
8 435	7 319	57 842
786	836	4 987
39	5 744	618 034
9 018	70 458	549
	4 387	987 065
	645	73 428
		643 071

PROBLÈMES ÉCRITS

Nombres entiers.

168. — Corneille, né en 1606, est mort à 78 ans; Racine, né 33 ans après Corneille, est mort à 60 ans. Quelle est la date de la mort de chacun de ces deux poètes?

169. — Trois batailles se sont livrées près de Poitiers, la 1re en 507; la 2e, 225 ans plus tard, et la 3e, 624 ans après la 2e. Dire les dates des deux dernières batailles.

170. — La Garonne a 650^{km} de longueur, la Seine a 126^{km} de plus que la Garonne, le Rhône a 36^{km} de plus que la Seine, la Loire a 244^{km} de plus que la Seine. Dire les longueurs des trois derniers fleuves.

171. — En 1911, Lille avait 216 897 habitants, Bordeaux avait 44 871 habitants de plus que Lille, Lyon avait 262 378 habitants de plus que Bordeaux, Marseille avait 28 126 habitants de plus que Lyon. Calculer la population de Bordeaux, celle de Lyon et celle de Marseille.

172. — De 1909 à 1913, la production de la France en vin et en blé a été la suivante : hectolitres de vin : 54 400 000; 28 500 000; 44 800 000 et 59 300 000; tonnes de blé : 9 700 000; 6 800 000; 8 700 000; 9 100 000. Calculer la production totale en vin, en blé.

EXERCICES ÉCRITS

ADDITION

Nombres décimaux.

Effectuer les additions suivantes :

173. — 1°

8,453	2° 917,437	3° 345,419
95,61	54,31	812,46
6,059	803,74	854,925
4,812	90,583	32,476

174. — 1°

74,817	2° 5,182	3° 24,8
59,694	0,04	0,532
70,978	78,347	136,43
842	52,91	628,091

175. — 1°

8 152	2° 0,819765	3° 18,45
65,36	37,045	4 973
4,9874	6,490841	56,0496
738,04	49,178	430,584716
0,7926	8,643	0,314092

Additions à effectuer :

176. —   7,38 + 9,45 + 6,7 + 0,849.
177. —   41,85 + 50,42 + 0,98 + 48,309.
178. —   218,9 + 65,3 + 8,476 + 931,615.
179. —   3 945,62 + 3,91 + 764,547 + 0,084.
180. —   7 245,841 + 43,95 + 126 + 0,83 + 91,07.
181. —   74,48 + 72 + 4,38 + 0,9678 + 1815,2096.
182. —   7,2819 + 51,347 + 786,2 + 12,00943 + 9,8654.
183. —   59 + 8,05793 + 0,081092 + 39,8105 + 7,39 + 605.
184. —   76,9 + 47 + 9 850 + 0,457149 + 43,1098.

PROBLÈMES ÉCRITS

Nombres décimaux.

185. — Louis paie une boîte de plumes 1ᶠ,25, un cahier 0ᶠ,40 et un livre 2ᶠ,75. Quelle est sa dépense ?

186. — Jeanne avait 7ᶠ,95 dans sa tirelire. Elle y ajoute 5ᶠ, puis 0ᶠ,65, et 2ᶠ,45. Quelle somme contient alors la tirelire ?

187. — Après avoir versé dans un tonneau 175ˡ,5, puis 29ˡ de vin, il faudrait encore 9ˡ,5 pour le remplir. Quelle est la capacité du tonneau ?

188. — Pendant le mois d'avril, une personne dépense 98ᶠ pour sa nourriture, 24ᶠ,80 pour ses vêtements et 59ᶠ,50 pour autres frais. En mai, les dépenses de même nature s'élèvent à 101ᶠ,50 ; 18ᶠ,40 et 78ᶠ. Calculer la dépense de chaque mois et la dépense totale.

189. — On trouve 97 875,837 comme résultat d'une addition. Mais on a omis d'additionner le nombre 7,85 ainsi que le chiffre des centaines de 843. Corriger l'erreur.

190. — Une somme est partagée entre trois personnes. La 1ʳᵉ reçoit 148ᶠ,50, la 2ᵉ 9ᶠ,85 de plus que la 1ʳᵉ, et la 3ᵉ reçoit les 108ᶠ,80 qui restent. Calculer la part de la 2ᵉ et la somme partagée.

191. — A 11 ans, Jean pesait 34ᵏᵍ,5. A 15 ans, il pesait 19ᵏᵍ de plus ; à 20 ans, son poids avait encore augmenté de 48ᵏᵍ,5. Calculer son poids à 15 ans et à 20 ans.

192. — Un ménage a dépensé 325ᶠ,80 en novembre, 98ᶠ,5 de plus en décembre et autant en janvier qu'en novembre. Quelle est la dépense totale pendant ces trois mois ?

193. — Paul pèse 2ᵏᵍ,4 de moins que Louis, et Louis pèse 0ᵏᵍ,8 de moins que Bernard. Sachant que Paul pèse 34ᵏᵍ,7, calculer le poids de Louis et celui de Bernard.

194. — J'ai prêté de l'argent. On m'a déjà rendu 245ᶠ,50, puis 109ᶠ,80 et l'on me doit encore autant qu'on m'a rendu plus 98ᶠ,70. Quelle somme ai-je prêtée ?

Fig. 6 (voir §§ 226 et 227, p. 137). — *Verticales et horizontales.*

*...ici des verticales aux angles des murs, aux bords de la
...e, aux pieds de la table, aux montants du buffet, etc.; des
...rizontales aux solives du plafond, aux bords de la table et des
...ises, enfin, des courbes formant le contour des vases, des
...res et des cadres.*

...i les lignes droites sont rares dans la nature (voir p. 24)
...voyez qu'elles sont fréquentes dans les œuvres des hommes.

SOUSTRACTION

87. — Jacques avait 8 billes, il en a perdu 5 en jouant. Combien lui en reste-t-il?

Fig. 7.

Jacques a *ôté*, a *retranché* les 5 billes perdues de ses 8 billes pour les donner au gagnant.

Les 5 billes perdues ajoutées à celles qui restent font 8 billes. Je cherche donc le nombre qu'il faut ajouter à 5 pour obtenir 8. Je sais par cœur que $5 + 3 = 8$. Donc, il reste 3 billes.

Quand je cherche le nombre qu'il faut ajouter à 5 pour obtenir 8, je *retranche*, je *soustrais* 5 de 8, je fais une *soustraction*.

La soustraction s'indique de la manière suivante :
$$8 - 5 = 3;$$
ce qui s'énonce :   8 *moins* 5 *égale* 3.

Le résultat de la soustraction s'appelle *différence* ou *reste*.

Dans la soustraction précédente, la différence est 3.

88. — **Définition.** — *Retrancher un nombre d'un autre nombre, c'est en trouver un troisième qui, ajouté au premier, donne le deuxième.*

Exemple : quand on donne une pièce de 20 francs pour payer un achat de 15 francs, le marchand dit : 15 et 5 font 20, et il rend 5 francs, qui est la différence entre 15 et 20.

89. — **Principe.** — *La différence de deux nombres ne change pas quand on ajoute le même nombre à chacun d'eux.*

1ᵉʳ Exemple.

Jean a 5 billes, Paul en a 3; la différence est 5 — 3 = 2 billes.

Si l'on donne 4 billes à chacun d'eux, Jean en aura 9, et Paul 7; la différence sera 9 — 7 = 2 billes.

La différence n'a pas changé.

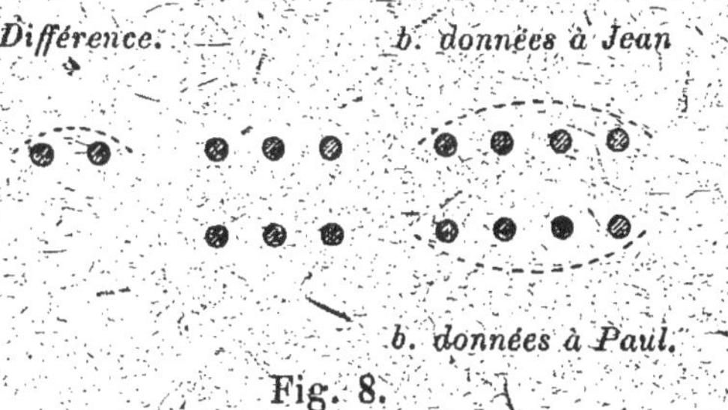

Fig. 8.

2ᵉ Exemple.

Pierre a 12 ans, Charles en a 7; la différence de leurs âges est 12 — 7 = 5 ans.

Dans 3 ans, Pierre aura 15 ans, Charles en aura 10 et la différence sera 15 — 10 = 5 ans.

Ainsi, la différence des âges de deux personnes ne change pas quand les années viennent s'ajouter.

SOUSTRACTION DES NOMBRES ENTIERS

90. — 1ᵉʳ cas. — *Retrancher un nombre d'un chiffre d'un nombre qui le surpasse de moins de 10.*

Exemples :   9 — 5;
                  16 — 8.

La différence est sûrement plus petite que 10, puisque
          10 + 5 = 15 et 10 + 8 = 18.

On fait ces soustractions mentalement.
          9 — 5 = 4;
          15 — 8 = 7.

91. — **2ᵉ cas.** — **Retrancher un nombre de plusieurs chiffres d'un nombre de plusieurs chiffres.**

Exemple.

J'ai récolté 2 534 hectolitres de vin; j'en ai vendu
918 hectolitres. Combien en ai-je encore?

Le nombre d'hectolitres qui me restent est égal à

$$2\,534 - 918.$$

$$
\begin{array}{ll}
2\,534 & \textit{grand nombre.} \\
918 & \textit{petit nombre.} \\
\hline
1\,616 & \textit{différence.}
\end{array}
$$

Je ne peux pas retrancher 8 unités de 4 unités. J'ajoute 10 unités
à 4 et je retranche 8 de 14, il reste 6.

Pour que la différence ne change pas, j'ajoute 10 unités ou 1
dizaine au petit nombre : 1 dizaine et 1 dizaine, 2 dizaines et je
retranche 2 dizaines de 3 dizaines, il reste 1 dizaine.

J'ajoute 10 centaines à 5 centaines et je retranche 9 centaines de
15 centaines, il reste 6 centaines. J'ajoute 10 centaines ou 1 mille
au petit nombre, et je retranche 1 mille de 2 mille, il reste 1.

Dans la pratique, je dis :

8 de 14, reste 6, et je retiens 1;

1 et 1 font 2; 2 de 3, reste 1;

9 de 15, reste 6, et je retiens 1;

1 de 2, reste 1.

J'ai encore 1 616 hectolitres.

92. — **Règle.** — *On écrit le petit nombre au-dessous
du grand en plaçant dans une même colonne les unités
de même ordre et on tire un trait au-dessous du petit
nombre. Commençant par la droite, on retranche, si c'est
possible, chaque chiffre du petit nombre du chiffre écrit
au-dessus.*

*Si un chiffre du petit nombre est plus grand que le
chiffre écrit au-dessus, on ajoute 10 à celui-ci, et on
fait la soustraction; puis on ajoute 1 au chiffre suivant
du petit nombre et on continue l'opération.*

SOUSTRACTION DES NOMBRES DÉCIMAUX

93. — Jean a 2 tablettes de chocolat de 10 barres chacune et 5 barres, c'est-à-dire 2 tablettes 5 dixièmes ou 2,5. Il en donne 1 tablette et 2 barres, c'est-à-dire 1,2 à Louis. Calculer ce qui lui reste.

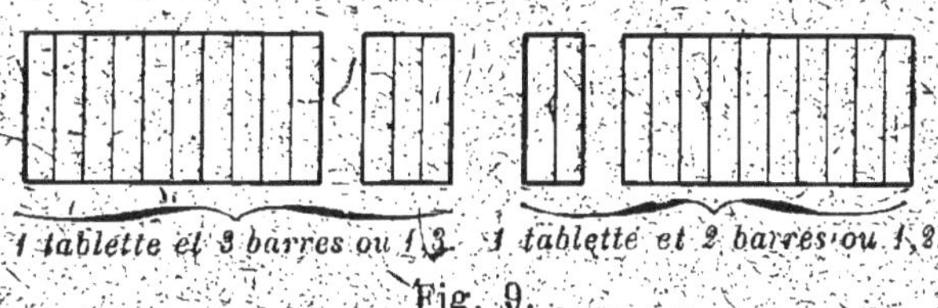

Fig. 9.

On voit qu'il reste à Jean 1 tablette 3 dixièmes ou 1,3.

L'opération que nous venons de faire s'indique ainsi :

$$2,5 - 1,2 = 1,3;$$

ce qui s'énonce : 2,5 *moins* 1,2 *égale* 1,3.

Quand nous disons 2,5 moins 1,2 égale 1,3, nous *retranchons* 1,2 de 2,5, nous faisons une *soustraction de nombre décimaux*.

1,3 est la *différence* ou le *reste* de cette soustraction.

94. — **Définition.** — *Retrancher un nombre décimal d'un autre nombre décimal, c'est en trouver un troisième qui, ajouté au premier, donne le deuxième.*

L'un des nombres donnés peut être entier.

Exemples.

1° 496ᶠ,25 — 28ᶠ,45.

$$
\begin{array}{ll}
496,25 & \textit{grand nombre.} \\
28,15 & \textit{petit nombre.} \\
\hline
468,10 & \textit{différence.}
\end{array}
$$

2° 197ᶠ,25 — 18ᶠ,5.

$$
\begin{array}{ll}
197,25 & \textit{grand nombre.} \\
18,5 & \textit{petit nombre.} \\
\hline
178,75 & \textit{différence.}
\end{array}
$$

Le petit nombre n'a pas de centièmes. Je les représente mentalement par un zéro, et je dis : 0 de 5, reste 5, ou simplement 5, que j'écris au-dessous du trait ; et je continue l'opération :
5 de 12, reste 7 ; 1 et 8 font 9 ; 9 de 17 reste 8, etc.
La différence est 178f,75.

3° 38m,9 — 9m,125.

$$\begin{array}{ll} 38,9 & \textit{grand nombre.} \\ 9,125 & \textit{petit nombre.} \\ \hline 29,775 & \textit{différence.} \end{array}$$

Le premier nombre n'a ni centièmes, ni millièmes. Je les représente mentalement par des zéros, et je dis :
5 de 10 reste 5 ; 1 et 2 font 3 ; 3 de 10 reste 7 ; 1 et 1 font 2 ; 2 de 9 reste 7, etc.
La différence est 29m,775.

95. — **Règle.** — *La règle de la soustraction des nombres entiers s'applique aux nombres décimaux.*

Remarque. — Puisque les unités de même ordre sont dans une même colonne, on voit que les virgules doivent être aussi dans une même colonne.

96. — *Preuve de la soustraction.* — On ajoute le petit nombre à la différence et l'on doit obtenir le grand nombre.

$$\begin{array}{ll} 4\,509 & \textit{grand nombre.} \\ 1\,364 & \textit{petit nombre.} \\ \hline 3\,145 & \textit{différence.} \\ 4\,509 & \textit{somme du petit nombre et de la différence.} \end{array}$$

CALCUL MENTAL
DANS LA SOUSTRACTION

NOMBRES ENTIERS

97. — *Retrancher un nombre d'un chiffre.* — Les exercices oraux dans lesquels on compte, en rétrogradant, de 2 en 2, de 3 en 3. etc., nous ont préparés à ces soustractions mentales (v. p. 52).

Exemples.

1° 59 — 5.

On dit : 5 de 9 reste 4, donc 5 de 59 reste 54.

2° 63 — 7.

On arrondit 7 en ajoutant 3; 7 + 3 = 10. On ajoute aussi 3 à 63; 63 + 3 = 66. On fait la soustraction suivante : 66 — 10 = 56.

3° 925 — 6.

On dit : 6 de 25 reste 19, donc 6 de 925 reste 919.

98. — *Les deux nombres ont deux chiffres.*

Exemples.

1° 80 — 50.

On dit : 5 dizaines de 8 dizaines reste 3 dizaines ou 30.

2° 97 — 40.

On dit : 40 de 90 reste 50, donc 40 de 97 reste 57.

3° 80 — 56.

On arrondit 56 en ajoutant 4; 56 + 4 = 60. On ajoute aussi 4 à 80; 80 + 4 = 84. On fait la soustraction suivante : 84 — 60 = 24.

4° 92 — 48.

On arrondit 48 en ajoutant 2; 48 + 2 = 50. On ajoute aussi 2 à 92; 92 + 2 = 94. On fait la soustraction suivante : 94 — 50 = 44.

99. — *Retrancher un nombre de deux ou de trois chiffres d'un nombre de plus de deux chiffres.*

Exemples.

1° 365 — 42.

On dit : 42 de 65 reste 23, donc 42 de 365, reste 323.

2° 800 — 300.

On dit : 3 centaines de 8 centaines, reste 5 centaines ou 500.

3° 937 — 400.

On dit : 4 centaines de 9 centaines, reste 5 centaines ou 500, donc 400 de 937 reste 537.

4° 760 — 370.

On ajoute 30 aux deux nombres; 760 + 30 = 790; 370 + 30 = 400. On fait la soustraction suivante : 790 — 400 = 390.

5° 984 — 240.

On peut procéder ainsi : 900 — 200 = 700; 84 — 40 = 44; 700 + 44 = 744.

6° 686 — 321.

On ajoute 9 à chaque nombre et l'on fait la soustraction suivante : 695 — 330 = 365.

CAS PARTICULIERS.

100. — **Retrancher : 1° 9; 99; 999....**

2° 19; 29; 39....

On ajoute 1 à chaque nombre de la soustraction et l'on retranche l'un de l'autre les deux nombres ainsi augmentés.

Exemples.

1°   27 —   9. On fait la soustraction suivante :
28 — 10 = 18.

165 —   99. On fait la soustraction suivante :
166 — 100 = 66.

4 314 — 999. On fait la soustraction suivante :
4 315 — 1 000 = 3 315.

2°   86 —   19. On fait la soustraction suivante :
87 — 20 = 67.

435 —   29. On fait la soustraction suivante :
$$436 — 30 = 406.$$
784 —   39. On fait la soustraction suivante :
$$785 — 40 = 745.$$

101. — *Retrancher* : 1° 8 ; 98 ; 998….
$$2° 18 ; 28 ; 38….$$

On ajoute **2** à chaque nombre de la soustraction et l'on retranche l'un de l'autre les deux nombres ainsi augmentés.

Exemples.

1°   85 —   8. On fait la soustraction suivante :
$$87 — 10 = 77.$$
459 —   98. On fait la soustraction suivante :
$$461 — 100 = 361.$$
9 210 — 998. On fait la soustraction suivante :
$$9 212 — 1 000 = 8 212.$$
2°   87 —   18. On fait la soustraction suivante :
$$89 — 20 = 69.$$
746 —   28. On fait la soustraction suivante :
$$748 — 30 = 718.$$
975 —   38. On fait la soustraction suivante :
$$977 — 40 = 937.$$

102. — *Retrancher 11 ; 101 ; 1 001*….
$$11 = 10 + 1 ; 101 = 100 + 1 ; 1 001 = 1 000 + 1.$$
On retranche d'abord **10 ; 100** ou **1 000**, puis on retranche **1** du résultat obtenu.

Exemples.

56 — 11. On a : 56 — 10 = 46 ; 46 — 1 = 45.
389 — 101. On a : 389 — 100 = 289 ; 289 — 1 = 288.
4 036 — 1 001. On a : 4 036 — 1 000 = 3 036 ; 3 036 — 1 = 3 035.

103. — *Retrancher 12; 102; 1 002....*

$12 = 10 + 2$; $102 = 100 + 2$; $1\,002 = 1\,000 + 2$.

On retranche d'abord 10; 100 ou 1 000, puis on retranche 2 du résultat obtenu.

Exemples.

89 — 12. On a : $89 - 10 = 79$; $79 - 2 = 77$.

678 — 102. On a : $678 - 100 = 578$; $578 - 2 = 576$.

4 915 — 1 002. On a : $4\,915 - 1\,000 = 3\,915$; $3\,915 - 2 = 3\,913$.

NOMBRES DÉCIMAUX

104. — Exemples.

1° 8,6 — 5,8.

8,6 = 86 dixièmes; 5,8 = 58 dixièmes. On retranche 58 de 86, ou, en ajoutant 2 à chaque nombre, 60 de 88, il reste 28 dixièmes ou 2,8.

2° 7,85 — 3,6.

Il faut que les parties décimales, dans les deux nombres, représentent des unités de même ordre : 7,85 = 785 centièmes; 3,6 = 360 centièmes. On retranche 360 de 785, il reste 425 centièmes ou 4,25.

Ainsi, pour faire mentalement une soustraction de nombres décimaux, on procède comme pour les nombres entiers et l'on tient compte de la virgule dans le résultat.

ADDITION ET SOUSTRACTION COMBINÉES

105. — *Ajouter 9; 99; 999....*

$9 = 10 - 1$; $99 = 100 - 1$; $999 = 1\,000 - 1$.

On ajoute 10; 100 ou 1 000 et l'on retranche 1 du résultat.

Exemples.

128 + 9. On a : $128 + 10 = 138$; $138 - 1 = 137$.

467 + 99. On a : $467 + 100 = 567$; $567 - 1 = 566$.

7 315 + 999. On a : 7 315 + 1 000 = 8 315 ; 8 315 — 1 = 8 314.

106. — *Ajouter 19 ; 29 ; 39...*
    19 = 20 — 1 ; 29 = 30 — 1 ; 39 = 40 — 1.
On ajoute 20 ; 30 ou 40 et l'on retranche 1 du résultat.

Exemples.

78 + 19. On a : 78 + 20 = 98 ; 98 — 1 = 97.
415 + 29. On a : 415 + 30 = 445 ; 445 — 1 = 444.
653 + 39. On a : 653 + 40 = 693 ; 693 — 1 = 692.

107. — *Ajouter 8 ; 98 ; 998...*
    8 = 10 — 2 ; 98 = 100 — 2 ; 998 = 1 000 — 2.
On ajoute 10 ; 100 ou 1 000 et l'on retranche 2 du résultat.

Exemples.

47 + 8.   On a : 47 + 10 = 57 ; 57 — 2 = 55.
534 + 98. On a : 534 + 100 = 634 ; 634 — 2 = 632.
3825 + 998. On a : 3 825 + 1 000 = 4 825 ; 4 825 — 2 = 4 823.

108. — *Ajouter 18 ; 28 ; 38...*
    18 = 20 — 2 ; 28 = 30 — 2 ; 38 = 40 — 2.
On ajoute 20 ; 30 ou 40 et l'on retranche 2 du résultat.

Exemples.

64 + 18. On a : 64 + 20 = 84 ; 84 — 2 = 82.
713 + 28. On a : 713 + 30 = 743 ; 743 — 2 = 741.
381 + 38. On a : 381 + 40 = 421 ; 421 — 2 = 419.

EXERCICES ORAUX

Exercices préparatoires à la soustraction.

195. — Compter par 2 de 100 à 0 et de 99 à 1.

Compter en rétrogradant [1] :

196. — par 3 à partir de 99, de 98, de 97.

197. — par 4 à partir de 100, de 99, de 98, de 97.

198. — par 5 à partir de 100, de 99, de 98, de 97, de 96.

199. — par 6 à partir de 96, de 95, de 94, de 93, de 92, de 91.

200. — par 7 à partir de 98, de 97, de 96, de 95, de 94, de 93, de 92.

201. — par 8 à partir de 96, de 95, de 94, de 93, de 92, de 91, de 90, de 89.

202. — par 9 à partir de 99, de 98, de 97, de 96, de 95, de 94, de 93, de 92, de 91.

203. — par 10 à partir de 100, de 99, de 98, de 97, de 96, de 95, de 94, de 93, de 92, de 91.

204. — Retrancher 3 : 1° de 12 ; 22 ; 32... ; 2° de 11 ; 21 ; 31... ; 3° de 10 ; 20 ; 30...

205. — Retrancher 4 : 1° de 13 ; 23 ; 33... ; 2° de 12 ; 22 ; 32... ; 3° de 11 ; 21 ; 31... ; 4° de 10 ; 20 ; 30...

206. — Retrancher 5 : 1° de 14 ; 24 ; 34... ; 2° de 13 ; 23 ; 33... ; 3° de 12 ; 22 ; 32... ; 4° de 11 ; 21 ; 31... ; 5° de 10 ; 20 ; 30...

207. — Retrancher 6 : 1° de 15 ; 25 ; 35... ; 2° de 14 ; 24 ; 34... ; 3° de 13 ; 23 ; 33... ; 4° de 12 ; 22 ; 32... ; 5° de 11 ; 21 ; 31... ; 6° de 10 ; 20 ; 30...

208. — Retrancher 7 : 1° de 16 ; 26 ; 36... ; 2° de 15 ; 25 ; 35... ; 3° de 14 ; 24 ; 34... ; 4° de 13 ; 23 ; 33... ; 5° de 12 ; 22 ; 32... ; 6° de 11 ; 21 ; 31... ; 7° de 10 ; 20 ; 30...

209. — Retrancher 8 : 1° de 17 ; 27 ; 37... ; 2° de 16 ; 26 ; 36... ; 3° de 15 ; 25 ; 35... ; 4° de 14 ; 24 ; 34... ; 5° de 13 ; 23 ; 33... ; 6° de 12 ; 22 ; 32... ; 7° de 11 ; 21 ; 31... ; 8° de 10 ; 20 ; 30...

210. — Retrancher 9 : 1° de 18 ; 28 ; 38... ; 2° de 17 ; 27 ; 37... ; 3° de 16 ; 26 ; 36... ; 4° de 15 ; 25 ; 35... ; 5° de 14 ; 24 ; 34... ; 6° de 13 ; 23 ; 33... ; 7° de 12 ; 22 ; 32... ; 8° de 11 ; 21 ; 31... ; 9° de 10 ; 20 ; 30...

211. — Retrancher 10 : 1° de 19 ; 29 ; 39... ; 2° de 18 ; 28 ; 38... ; 3° de 17 ; 27 ; 37... ; 4° de 16 ; 26 ; 36... ; 5° de 15 ; 25 ; 35... ; 6° de 14 ; 24 ; 34... ; 7° de 13 ; 23 ; 33... ; 8° de 12 ; 22 ; 32... ; 9° de 11 ; 21 ; 31...

---

1. Voir la note p. 33 après le numéro 80. Les séries formées pour l'addition sont lues de droite à gauche pour la soustraction.

EXERCICES ORAUX

SOUSTRACTION

Nombres entiers.

Soustractions à effectuer :

212. —   49 — 3   66 — 4   95 — 5   79 — 7
          37 — 5   87 — 2   88 — 6   98 — 4.
213. —   53 — 8   42 — 6   75 — 8   91 — 3
          25 — 9   84 — 7   41 — 5   93 — 7.
214. —   615 — 9   411 — 6   403 — 7   802 — 8
         713 — 8   308 — 9   504 — 6   604 — 5.
215. —   90 — 30   70 — 20   70 — 40   60 — 30
         70 — 50   80 — 70   90 — 50   40 — 20.
216. —   38 — 20   47 — 30   97 — 80   72 — 50
         45 — 40   56 — 40   85 — 60   48 — 10.
217. —   55 — 20   77 — 20   73 — 50   93 — 40
         95 — 80   66 — 30   76 — 20   97 — 60.
218. —   40 — 32   60 — 54   90 — 34   50 — 28
         30 — 21   70 — 62   80 — 22   40 — 12.
219. —   50 — 19   90 — 27   70 — 13   60 — 29
         40 — 14   80 — 17   30 — 19   70 — 46.
220. —   65 — 61   76 — 72   37 — 34   27 — 19
         89 — 81   49 — 43   36 — 27   55 — 48.
221. —   96 — 18   56 — 19   89 — 34   66 — 24
         62 — 47   37 — 25   99 — 47   88 — 59.
222. —   700 — 500 600 — 400 500 — 200 800 — 400
         800 — 300 900 — 500 900 — 800 400 — 200.
223. —   732 — 600 784 — 600 742 — 400 913 — 500
         418 — 300 845 — 500 427 — 300 619 — 400.
224. —   436 — 24   881 — 60   547 — 68   479 — 43
         768 — 35   974 — 18   834 — 25   587 — 56.
225. —   308 — 29   934 — 43   448 — 29   450 — 81
         405 — 17   764 — 75   531 — 63   219 — 45.
226. —   620 — 310 480 — 250 740 — 120 970 — 140
         960 — 330 990 — 530 880 — 210 860 — 520.
227. —   710 — 140 920 — 180 740 — 250 450 — 280
         630 — 360 510 — 460 680 — 190 620 — 450.
228. —   435 — 223 538 — 419 609 — 503 428 — 124
         119 — 146 435 — 217 515 — 207 432 — 215.
229. —   519 — 315 317 — 227 626 — 428 437 — 246
         347 — 256 409 — 105 845 — 234 929 — 492.

230. — Combien font 928 — 28 ? 746 — 46 ? 534 — 34 ? 9 500 — 500 ? 4 720 — 720 ? 8 554 — 554 ?

231. — Combien font 1 000 — 9 ? 1 000 — 99 ? 1 000 — 8 ? 1 000 — 98 ? 1 000 — 7 ? 1 000 — 97 ? 1 000 — 11 ? 1 000 — 111 ?

232. — Combien font 1 000 — 50 ? 1 000 — 250 ? 1 000 — 500 ? 1 000 — 650 ? 1 000 — 25 ? 1 000 — 125 ? 1 000 — 425 ?

233. — Retrancher : 1° 99 ; 2° 98 ; 3° 97 de 200, de 500, de 800, de 430, de 720, de 923, de 604, de 381.

234. — Retrancher : 1° 999 ; 2° 998 ; 3° 997 de 1 200, de 1 400, de 1 800, de 1 700, de 2 350, de 2 920, de 3 160, de 3 245, de 4 643.

235. — Retrancher : 1° 11 ; 2° 12 ; 3° 13 de 21, de 42, de 63, de 124, de 165, de 243, de 782, de 984, de 1 239.

236. — Retrancher : 1° 101 ; 2° 102 ; 3° 103 de 158, de 245, de 384, de 709, de 465, de 208, de 903, de 403, de 502, de 801, de 1 045.

Fig. 10 (voir § 231, p. 143). — *Barres parallèles.*

Voici des barres parallèles formant la clôture d'un pré. Les vaches ne peuvent la franchir. Les poteaux verticaux sont aussi parallèles, ainsi que les ombres que font les barres sur ces poteaux et même les ombres faites sur le sol, s'il était bien plan.

EXERCICES ORAUX

ADDITION ET SOUSTRACTION COMBINÉES

237. — Ajouter 9 à 18 ; 25 ; 47 ; 68 ; 89 ; 106 ; 245 ; 859 [1].

238. — Ajouter 99 à 26 ; 35 ; 48 ; 64 ; 96 ; 209 ; 634 ; 949.

239. — Ajouter 999 à 43 ; 57 ; 68 ; 245 ; 439 ; 658 ; 1 200 ; 3 459.

240. — Ajouter 98 à 34 ; 86 ; 95 ; 205 ; 438 ; 760 ; 835 ; 984.

241. — Ajouter 998 à 25 ; 67 ; 509 ; 843 ; 1 945 ; 2 999 ; 3 508 ; 4 937.

242. — Ajouter 97 à 25 ; 77 ; 288 ; 431 ; 648 ; 826 ; 905 ; 983.

243. — Ajouter 997 à 18 ; 33 ; 249 ; 545 ; 1 637 ; 2 895 ; 3 976 ; 8 703.

244. — Ajouter : 1° 19 ; 2° 29 ; 3° 39 à 64 ; 75 ; 87 ; 246 ; 408 ; 549.

245. — Ajouter : 1° 18 ; 2° 28 ; 3° 38 à 23 ; 45 ; 56 ; 88 ; 124 ; 257.

246. — De 84, retrancher $3 + 8 + 12$; de 129, retrancher $5 + 4 + 15$; de 740, retrancher $20 + 30 + 5$.

247. — De $1 + 2 + 3 + 4 + 20 + 100$, retrancher : 1° 25 ; 2° 40 ; 3° 90 ; 4° 105.

248. — De $20 + 45 + 7 + 200$, retrancher : 1° $25 + 8$; 2° $47 + 3$; 3° $94 - 4$; 4° $168 - 18$.

PROBLÈMES ORAUX

Nombres entiers.

249. — Jacques fait 45^{hm} à l'heure, Paul en fait 39. Calculer la différence.

250. — A la rentrée dernière, il y avait 59 élèves en 7° et 43 en 8°. Combien d'élèves de plus en 7° ?

251. — La fable *Le Chêne et le Roseau* a 32 vers, *L'Hirondelle et les petits Oiseaux* en a 58. Calculer la différence.

252. — Combien y a-t-il de problèmes du numéro 300 non compris au numéro 584 compris ?

253. — Dans un combat, un détachement de 350 hommes en a perdu 70. Combien reste-t-il d'hommes ?

254. — Je donne un billet de 500^f pour payer un achat de 150^f. Combien me rend-on ?

255. — Jean a 11 ans, sa sœur 9 ans. Dans combien d'années chacun aura-t-il 30 ans ?

256. — Quelle est l'année de la naissance de Jean, et celle de la naissance de sa sœur ? (voir problème précédent).

257. — Pasteur est né en 1822, il est mort en 1895. A quel âge est-il mort ?

1. On résout les neuf premières questions en faisant une addition et une soustraction. (Voir §§ 105 à 108.)

258. — La Fontaine est mort en 1695 à l'âge de 74 ans. Quelle est la date de sa naissance?

259. — A quel âge Molière est-il mort? (né en 1622, mort en 1673).

260. — Léon a 12 ans, son père, 48 ans, son grand-père, 75 ans. Quelle est la différence d'âge : 1° entre Léon et son père? 2° entre le petit-fils et le grand-père? 3° entre le père et le grand-père?

261. — Sur 875 moutons, on en vend 98. Combien en reste-t-il?

262. — Le candidat reçu premier à l'examen des bourses a eu 65 points; deux autres candidats ont eu l'un 7 points de moins, l'autre 12 points de moins que le premier. Quels sont les nombres de points de ces deux derniers?

263. — Un porte-bouteilles a 300 cases; 125 sont vides. Quel est le nombre des cases occupées?

264. — Un employé reçoit 208ᶠ par mois. Que lui reste-t-il après avoir dépensé d'abord 115ᶠ, puis 40ᶠ?

265. — D'un tas qui contenait 713 pavés, on a pris 128, puis 60 pavés. Combien en reste-t-il?

266. — De Paris au Havre en passant par Mantes, il y a 228ᵏᵐ; de Paris à Mantes, 60ᵏᵐ. Quelle est la distance de Mantes au Havre?

267. — D'un rouleau de fil de fer de 120ᵐ, on a coupé successivement 15ᵐ, 20ᵐ et 9ᵐ. Quelle longueur reste-t-il?

268. — Deux tonneaux contenaient chacun 250ˡ de vin. De l'un des tonneaux on a tiré 55ˡ que l'on a versés dans l'autre. Combien y a-t-il de litres dans chaque tonneau?

EXERCICES ORAUX

SOUSTRACTION

Nombres décimaux.

269. —	0,6 — 0,2	0,7 — 0,3	0,8 — 0,5	0,9 — 0,6
	0,5 — 0,4	0,6 — 0,4	0,9 — 0,2	0,8 — 0,3.
270. —	0,80 — 0,30	0,77 — 0,31	0,35 — 0,12	0,48 — 0,15
	0,75 — 0,35	0,81 — 0,51	0,59 — 0,36	0,74 — 0,43.
271. —	7,9 — 3	15,82 — 12	8,381 — 6	47,38 — 10
	8,4 — 6	5,03 — 2	7,045 — 3	63,45 — 25.
272. —	5 — 0,2	8 — 0,2	4 — 0,7	17 — 0,8
	4 — 0,3	7 — 0,3	3 — 0,9	26 — 0,7.
273. —	7,60 — 3,40	5,36 — 2,15	4,68 — 1,44	47,33 — 40,20
	9,45 — 3,20	8,77 — 4,45	9,83 — 5,61	38,65 — 30,42.
274. —	12,85 — 8,2	7,42 — 2,29	7,83 — 2,6	10,49 — 3,35
	29,76 — 19,4	8,15 — 5,05	4,18 — 3,09	45,92 — 20,8.
275. —	7,4 — 3,8	10,5 — 3,7	7,1 — 4,2	9,7 — 3,8
	5,6 — 4,9	4,3 — 2,6	5,3 — 2,6	5,5 — 1,9.

276. — Calculer le complément à 1 de : 0,9; 0,5; 0,4; 0,8; 0,3; 0,2; 0,7; 0,1; 0,6.

277. — Vous donnez 1ᶠ à l'épicière; que vous rend-elle quand vous lui devez 0ᶠ,60? 0ᶠ,10? 0ᶠ,30? 0ᶠ,70? 0ᶠ,90? 0ᶠ,40? 0ᶠ,50? 0ᶠ,20?

278. — On remplit un bassin de 1ᵐ de profondeur. Quelle est la hauteur de la partie vide quand le niveau de l'eau s'élève à 0ᵐ,22? 0ᵐ,32? 0ᵐ,38? 0ᵐ,48? 0ᵐ,54? 0ᵐ,65? 0ᵐ,67? 0ᵐ,72? 0ᵐ,83? 0ᵐ,91? 0ᵐ,95?

279. — Pierre a 3ᶠ d'argent de poche par semaine. Que lui reste-t-il quand il a dépensé 0ᶠ,50? 0ᶠ,75? 0ᶠ,90? 1ᶠ,25? 1ᶠ,40? 1ᶠ,50? 1ᶠ,80?

280. — Que vous rend-on sur 5ᶠ quand vous avez à payer 1ᶠ,50? 3ᶠ,50? 2ᶠ,50? 4ᶠ,50? 4ᶠ,75? 3ᶠ,75? 4ᶠ,20? 4ᶠ,60? 4ᶠ,25?

281. — Calculer ce qu'on vous rend sur 50ᶠ quand vous avez à payer 45ᶠ,50; 42ᶠ,20; 35ᶠ,50; 47ᶠ,30; 25ᶠ,50; 29ᶠ,60; 20ᶠ,50; 16ᶠ,80.

282. — Vous devez 9ᶠ,50. Quelle somme vous rend-on si vous donnez 10ᶠ? 20ᶠ? 50ᶠ?

283. — Une bouteille contenait 0ᶠ,75 de vin, on en a bu 0ᶠ,50. Quelle quantité de vin reste-t-il?

284. — Notre livre de géographie coûte 2ᶠ,25; celui d'histoire coûte 0ᶠ,75 de moins. Quel est le prix de celui-ci?

285. — Un plumier et un sous-main coûtent 2ᶠ,60. Le sous-main coûte 1ᶠ,90. Quel est le prix du plumier?

286. — Quel bénéfice réalise-t-on en revendant 1ᶠ,25 le litre de vin qui revient à 0ᶠ,80?

287. — Une boîte pèse 485ᵍ quand elle est pleine de pastilles et 81ᵍ,6 quand elle est vide. Quel est le poids des pastilles?

288. — Papa a 1ᵐ,78, maman a 1ᵐ,64, Jean a 1ᵐ,39. De combien la taille du père et celle de la mère surpassent-elles la taille du fils?

289. — Deux soldats ayant 1ᵐ,81 et 1ᵐ,66 de taille sont debout dans une tranchée de 1ᵐ,55 de profondeur. De combien dépassent-ils la tranchée?

290. — Le mousquet avait 1ᵐ,60 de longueur et pesait 6ᵏᵍ,8; le fusil Lebel a 1ᵐ,40 et pèse 3ᵏᵍ,2. Calculer la différence des longueurs et celle des poids.

291. — Le mousquet avait un calibre de 0ᵐ,016 et portait à 0ᵏᵐ,2; le fusil Lebel a un calibre de 0ᵐ,007 et peut tirer à 3ᵏᵐ,2. Calculer les différences des calibres et des portées.

292. — Joseph veut atteindre un pot de confitures placé à 2ᵐ,38 de hauteur. En se dressant sur la pointe des pieds, sa main n'arrive qu'à une hauteur de 1ᵐ,70. Il atteint le pot en montant sur un tabouret de 0ᵐ,20 de hauteur, qu'il a placé sur une chaise. Dire la hauteur de la chaise.

EXERCICES ÉCRITS

SOUSTRACTION

Nombres entiers.

293. — Soustractions à effectuer ; faire la preuve par l'addition.

4 719	47 265	54 901	81 093
865	19 049	46 167	56 317

294. — Même question.

867 415 — 219 817 ;   715 407 — 91 188 ;

456 310 — 19 346 ;   900 010 — 97 346.

295. — Même question.

4 718 000 — 1 914 216 ;   100 000 000 — 9 108 215 ;

40 509 000 — 27 415 218 ;   407 915 800 — 175 193 210.

296. — Même question.

700 410 000 — 529 438 219 ;   803 040 070 — 19 513 415 ;

600 040 160 — 945 878 ;   1 000 000 000 — 941 060 103.

PROBLÈMES ÉCRITS

Nombres entiers.

297. — De Paris à Nice par Lyon, il y a 1 087^{km} ; de Paris à Lyon, il y a 512^{km}. Quelle est la distance de Lyon à Nice ?

298. — En août 1916, la Grande-Bretagne a exporté en France 2 019 433^t de charbon. En août 1915, elle en avait exporté 121 691^t de moins. Quelle quantité a-t-elle exportée en août 1915 ?

299. — Napoléon, né en 1769, est mort en 1821. A quel âge est-il mort ? Quel âge avait-il quand il a remporté la victoire d'Austerlitz en 1805 ?

300. — En 1911, le département de la Lozère avait 122 738 habitants, soit 17 655 de plus que le département des Hautes-Alpes, et 15 507 de plus que celui des Basses-Alpes. Quelle était la population de ces deux derniers départements ?

301. — Le Mont Blanc a 4 810^m d'altitude, le Pic Néthou a 3 404^m, le Puy de Sancy a 1 886^m, le Ballon de Guebwiller a 1 426^m. De combien la hauteur du Mont Blanc surpasse-t-elle celle de chacun de ces sommets ?

302. — La France avait 38 961 945 habitants en 1901, 39 252 245 en 1906 et 39 604 509 en 1911. Quelle a été l'augmentation de 1901 à 1906 ? de 1906 à 1911 ?

303. — De combien la population de Paris surpassait-elle, en 1911, celle de Marseille ? de Lyon ? de Bordeaux ? de Lille ? Population de Paris 2 888 110 hab., de Marseille 550 619 hab., de Lyon 523 796 hab., de Bordeaux 261 678 hab., de Lille 217 807 hab.

304. — En 1911, le département de la Seine comptait 3 154 042 hab., celui du Nord comptait 2 192 262 hab. de moins, celui du Rhône comptait 1 046 199 hab. de moins que ce dernier. Dire la population du département du Nord et celle du département du Rhône.

305. — Calculer la différence annuelle de la production du vin en France et en Italie de 1909 à 1912 :

	(1909)	(1910)	(1911)	(1912)
France :	54 400 000^{hl}	28 500 000^{hl}	44 800 000^{hl}	59 300 000^{hl}
Italie :	51 700 000^{hl}	29 200 000^{hl}	42 000 000^{hl}	44 000 000^{hl}

EXERCICES ÉCRITS

SOUSTRACTION

Nombres décimaux.

Soustractions à effectuer; faire la preuve par l'addition.

306. —
45,48	67,16	6,47
19,15	9,35	0,65

307. —
4,865	72,86	9,108
1,04	41,417	0,45

308. —
748,6537	81,753	0,41568
49,512	34,0974	0,073146

309. —
0,00053	0,01	4,765
0,000194	0,005786	0,017849

310. — Calculer : 547,68 — 212,94 ; 78,459 — 14,714 ; 43 — 19,546.

311. — Calculer : 4 738 — 0,139 ; 7,541 — 1,087 ; 8,034 — 1,843.

312. — Calculer : 845,07 — 8,916 ; 3,091 — 0,693 ; 9 005 — 8,058.

313. — Calculer : 9 014 378 — 60 400,0956 ; 8,000504 — 0,910073.

314. — Calculer : 4 107 — 2,459846 ; 0,719 — 0,043126.

PROBLÈMES ÉCRITS

Nombres décimaux.

315. — Un matelas revient à 65^f,80. La façon coûte 6^f,75, la toile 10^f,40. Calculer le prix de la laine.

316. — Une personne achète 5^m,80 de drap pour 61^f,45 et 1^m,75 de moins de toile qu'elle paie 53^f,60 de moins. Calculer la longueur et le prix de la toile.

317. — Pour le même trajet en chemin de fer, le billet coûte 57^f,35 en première classe, 38^f,70 en deuxième classe et 25^f,25 en troisième classe. Quelle économie fait la personne qui voyage en 2e classe au lieu de voyager en 1re et celle qui voyage en 3e classe au lieu de voyager en 2e ?

318. — Maman donne 10^f à Jean et l'envoie chez le pharmacien et chez l'épicier. Le pharmacien lui rend 8^f,55. Jean rentre avec 1^f,35. Calculer le prix du médicament et celui de la marchandise prise chez l'épicier.

319. — Paul a trouvé 856,345 comme total d'une addition. Mais il a modifié un des nombres à additionner : il a écrit 95,34 au lieu de 9,534. Corriger l'erreur du total.

320. — Dans une soustraction, le petit nombre est 38,75. Vous le remplacez par 0,3875. Quel nombre retrancherez-vous du reste pour corriger l'erreur ?

321. — Le grand nombre d'une soustraction est 40,18. Ayant mal copié vos chiffres, vous l'écrivez 46,78. Quel nombre retrancherez-vous du reste pour corriger l'erreur ?

EXERCICES ÉCRITS

ADDITION ET SOUSTRACTION

322. — Calculer : 865 + 1 214 + 956 — 783.

323. — Calculer : 475 936 + 8 412 + 97 346 — 59 847.

324. — Calculer : (9 865 + 43 719) — (769 + 27 249) [1].

325. — Calculer : (816 791 + 43 + 78) — (91 247 + 35 + 948).

326. — Calculer : (89 476 + 5 348) — (8 953 + 42 007).

327. — Calculer : (201 600 + 7 000 — 6 974) — (100 000 + 87 219).

PROBLÈMES ÉCRITS

ADDITION ET SOUSTRACTION

328. — Que reste-t-il sur un billet de 1 000^f après avoir donné 192^f au boucher et 47^f,75 à l'épicier ?

329. — Une cuve contenait 2 250^l de vin. On en a tiré successivement 492^l ; 127^l ; 148^l et 270^l. Combien contient-elle encore de litres ?

1. Exemple :
$$(8 + 9 + 3) — (4 + 5 + 2)$$
On effectue d'abord les opérations entre parenthèses :
$$8 + 9 + 3 = 20 ; \quad 4 + 5 + 2 = 11.$$
Puis on retranche le deuxième résultat du premier :
$$20 — 11 = 9.$$

330. — Un négociant achète pour 5 792ᶠ de blé et pour 2 340ᶠ d'avoine. Il revend le blé 6 980ᶠ et l'avoine 2 930ᶠ. Calculer son bénéfice total.

331. — Une fermière a vendu pour 32ᶠ,45 de beurre et pour 12ᶠ,95 d'œufs. Elle donne 19ᶠ,50 au cordonnier et 3ᶠ,85 à l'épicier. Quelle somme a-t-elle encore?

332. — A la quête annuelle pour les pauvres, les élèves du premier rang ont donné 9ᶠ,95, ceux du deuxième, 1ᶠ,40 de plus, ceux du troisième, 2ᶠ,95 de moins que ceux du deuxième et ceux du dernier rang ont donné 4ᶠ,20 de plus que ceux du troisième. Quelle est la somme recueillie?

333. — Une personne a dépensé 850ᶠ,75 pendant le premier trimestre. Elle a dépensé 302ᶠ en janvier, 9ᶠ,45 de moins en février. Quelle est sa dépense en mars?

334. — On partage une somme entre 4 personnes. La première et la deuxième reçoivent chacune 28ᶠ,80, la troisième reçoit 3ᶠ,50 de plus que la deuxième et la quatrième reçoit 6ᶠ,25 de moins que la troisième. Calculer les deux dernières parts et la somme distribuée.

335. — Je paie les achats suivants : une chemise à 6ᶠ,25 et une à 7ᶠ,50, cols 4ᶠ,50, chaussettes 11ᶠ,40, chaussures 26ᶠ,50. Que me rend-on sur un billet de 100ᶠ?

336. — Un caissier avait 1 240ᶠ,95 en caisse le matin; dans la journée, il a reçu 749ᶠ,50 et payé une facture de 129ᶠ,45 et une autre de 457ᶠ,30. Quelle somme a-t-il en caisse le soir?

MULTIPLICATION

109. — Une classe contient 4 bancs avec 8 élèves par banc. Quel est le nombre des élèves de la classe?

Le nombre des élèves est égal à

$$8 + 8 + 8 + 8 = 32 \text{ élèves.}$$

Nous faisons la somme de quatre nombre égaux à 8.

Mais, comme on ajoute des nombres égaux, on dit, plus simplement, 4 fois 8 font 32 et l'on écrit :

$$8 \times 4 = 32;$$

ce qui s'énonce :

8 multiplié par 4 égale 32.

110. — Quand on dit 4 fois 8 font 32, ou 8 multiplié par 4 égale 32, on fait une *multiplication*.

Dans une multiplication, le nombre ajouté plusieurs fois est le *multiplicande*.

Le nombre qui indique combien de fois on ajoute le multiplicande est le *multiplicateur*.

Le résultat de la multiplication s'appelle *produit*.

Le multiplicande et le multiplicateur sont les *facteurs* du produit.

Dans l'exemple précédent, on a :

$$8 \times 4 = 32.$$
$$\text{multiplicande} \quad \text{multiplicateur} \quad \text{produit}$$

8 et 4 sont les deux *facteurs* du produit.

Nous avons vu que, multiplier 8 par 4, c'est faire l'addition

$$8 + 8 + 8 + 8;$$

mais 4 est la somme de 4 unités :

$$1 + 1 + 1 + 1.$$ Donc :

111. — **Définition.** — *Multiplier un nombre appelé multiplicande par un nombre appelé multiplicateur, c'est en trouver un troisième appelé produit, qui soit la somme d'autant de fois le multiplicande que le multiplicateur contient de fois l'unité.*

MULTIPLICATION DES NOMBRES ENTIERS

112. — **1er Cas.** — *Le multiplicande et le multiplicateur ont un chiffre.*

L'opération se fait mentalement quand on a appris par cœur les produits deux à deux des neuf premiers nombres. Ces produits se trouvent dans la *table de multiplication.*

Table de multiplication.

2 fois 1 font 2	3 fois 1 font 3	4 fois 1 font 4
2 — 2 — 4	3 — 2 — 6	4 — 2 — 8
2 — 3 — 6	3 — 3 — 9	4 — 3 — 12
2 — 4 — 8	3 — 4 — 12	4 — 4 — 16
2 — 5 — 10	3 — 5 — 15	4 — 5 — 20
2 — 6 — 12	3 — 6 — 18	4 — 6 — 24
2 — 7 — 14	3 — 7 — 21	4 — 7 — 28
2 — 8 — 16	3 — 8 — 24	4 — 8 — 32
2 — 9 — 18	3 — 9 — 27	4 — 9 — 36
5 fois 1 font 5	6 fois 1 font 6	7 fois 1 font 7
5 — 2 — 10	6 — 2 — 12	7 — 2 — 14
5 — 3 — 15	6 — 3 — 18	7 — 3 — 21
5 — 4 — 20	6 — 4 — 24	7 — 4 — 28
5 — 5 — 25	6 — 5 — 30	7 — 5 — 35
5 — 6 — 30	6 — 6 — 36	7 — 6 — 42
5 — 7 — 35	6 — 7 — 42	7 — 7 — 49
5 — 8 — 40	6 — 8 — 48	7 — 8 — 56
5 — 9 — 45	6 — 9 — 54	7 — 9 — 63
8 fois 1 font 8	9 fois 1 font 9	10 fois 1 font 10
8 — 2 — 16	9 — 2 — 18	10 — 2 — 20
8 — 3 — 24	9 — 3 — 27	10 — 3 — 30
8 — 4 — 32	9 — 4 — 36	10 — 4 — 40
8 — 5 — 40	9 — 5 — 45	10 — 5 — 50
8 — 6 — 48	9 — 6 — 54	10 — 6 — 60
8 — 7 — 56	9 — 7 — 63	10 — 7 — 70
8 — 8 — 64	9 — 8 — 72	10 — 8 — 80
8 — 9 — 72	9 — 9 — 81	10 — 9 — 90

113. — **2ᵉ Cas.** — *Le multiplicande a plusieurs chiffres, le multiplicateur en a un.*

Exemple.

Un cheval coûte 985ᶠ. Quel est le prix de 3 chevaux ?

Le prix de 3 chevaux est égal à la somme de trois nombres égaux à 985 :

$$985 + 985 + 985,$$

c'est-à-dire à 3 fois 985ᶠ, ou 985 × 3.

Comme 985 = 900 + 80 + 5, le produit est
égal à 3 fois 5, ou . . . . 5 × 3 = 15
plus 3 fois 8 dizaines, ou 8 × 3 = 24 dizaines,
ou 240
plus 3 fois 9 centaines, ou 9 × 3 = 27 centaines,
ou 2 700

> 15
> 240 } *Produits partiels.*
> 2 700

2 955 *Produit.*

Car, si l'on paye un cheval avec une pièce de 5ᶠ (unités), 8 pièces de 10ᶠ (dizaines) et 9 billets de 100ᶠ (centaines), il faudra, pour payer les 3 chevaux, 3 pièces de 5ᶠ, 3 fois 8 pièces de 10ᶠ ou 24 pièces, 3 fois 9 billets de 100ᶠ ou 27 billets.

Au lieu d'écrire séparément les produits partiels et de les additionner ensuite, on dispose l'opération de la manière suivante :

985 *multiplicande.*
　3 *multiplicateur.*

2 955 *produit.*

Je dis : 3 fois 5 font 15, j'écris 5 et je retiens 1 ;
3 fois 8 font 24 ; 24 et 1 de retenue font 25, j'écris 5 et je retiens 2 ;
3 fois 9 font 27 ; 27 et 2 de retenue font 29, j'écris 29.
Le prix des 3 chevaux est 2 955ᶠ.

114. — *Règle du 2ᵉ cas.* — *Pour multiplier un nombre de plusieurs chiffres par un nombre d'un chiffre, on multiplie chaque chiffre du multiplicande par le multiplicateur en commençant par la droite.*

Si le produit ne dépasse pas 9, on l'écrit au-dessous du multiplicateur ; s'il est supérieur à 9, on écrit seule-

ment le chiffre des unités et l'on ajoute le chiffre des dizaines au produit suivant. On écrit le dernier produit tel qu'on le trouve.

115. — **3ᵉ Cas.** — *Le multiplicande est un nombre quelconque, le multiplicateur est formé d'un chiffre significatif suivi de zéros.*

Exemples.

1° Soit à multiplier 35 par 10.

Il faut répéter 10 fois 35. Chaque unité répétée 10 fois donne une dizaine; chaque dizaine répétée 10 fois donne une centaine. Donc le produit contient 5 dizaines et 3 centaines, soit 350.

De même 35 × 100 donne un nombre qui contient 5 centaines et 3 mille, soit 3 500.

Donc :

Pour multiplier un nombre par 10, par 100..., on écrit à la droite de ce nombre autant de zéros qu'il y en a dans le multiplicateur.

2° Soit à multiplier 524 par 400.

Le produit est égal à la somme de 400 nombres égaux à 524. Pour calculer cette somme, on peut faire 100 additions de 4 nombres chacune et additionner les résultats trouvés. Le résultat de chacune de ces additions est égal à

$$524 \times 4 = 2\,096.$$

Le produit demandé, qui est la somme des résultats des 100 additions, égale 100 fois 2 096 ou

$$2\,096 \times 100 = 209\,600.$$

116. — **Règle du 3ᵉ cas.** — *Pour multiplier un nombre par un multiplicateur formé d'un chiffre significatif suivi de zéros, on multiplie le multiplicande par ce chiffre et l'on écrit à la droite du résultat autant de zéros qu'il y en a dans le multiplicateur.*

117. — **4ᵉ Cas.** — *Le multiplicande et le multiplicateur ont plusieurs chiffres.*

Exemples.

1° Un industriel paie chaque jour 849ᶠ de salaires à ses ouvriers. Combien a-t-il versé en 234 jours ?

Il a versé 234 fois 849', ou

$$849^f \times 234.$$

Or, $234 = 200 + 30 + 4$.

Le produit cherché est donc égal à

4 fois 849, ou . . .	$849 \times 4 =$	3 396 ; *1er produit partiel.*
plus 30 fois 849, ou . .	$849 \times 30 =$	25 470 ; *2e.*
plus 200 fois 849, ou . . .	$849 \times 200 =$	169 800 ; *3e.*
		198 666 *Produit.*

On écrit :

849	*multiplicande.*
234	*multiplicateur.*
3396	*1er produit partiel.*
2547	*2e*
1698	*3e*
198666	*Produit.*

L'industriel a versé 198 666'.

2° Soit à multiplier 789 par 205.

789
205
3945
1578
161745

Le multiplicateur contient un zéro intercalé. Le produit de 789 par zéro est formé de zéros, on ne l'écrit pas. On place le premier chiffre du produit partiel suivant au-dessous du chiffre 2 du multiplicande.

118. — *Remarques.* — Dans la pratique, on se dispense d'écrire un zéro à la droite du deuxième produit partiel, deux zéros à la droite du troisième, etc.

On place le premier chiffre de droite de chaque produit partiel au-dessous du chiffre du multiplicateur qui a servi à le former.

Si le multiplicateur contient un zéro intercalé, le produit partiel correspondant est formé de zéros et il est inutile de l'écrire.

119. — **Règle du 4ᵉ cas.** — *Pour multiplier un nombre de plusieurs chiffres par un nombre de plusieurs chiffres, on multiplie le multiplicande par chaque chiffre significatif du multiplicateur, en commençant par la droite.*

On écrit les produits partiels obtenus, les uns au-dessous des autres, en plaçant le premier chiffre de droite de chaque produit partiel au-dessous du chiffre du multiplicateur qui a servi à le former. On fait ensuite la somme des produits partiels.

CAS PARTICULIER.

120. — **Les deux nombres sont terminés par des zéros.** — *On fait la multiplication sans tenir compte des zéros et l'on écrit à la droite du résultat autant de zéros qu'il y en a en tout à la droite du multiplicande et du multiplicateur.*

Exemple.

$$4\,800 \times 240.$$

$$
\begin{array}{r}
4800 \\
240 \\
\hline
192 \\
96 \\
\hline
1152000
\end{array}
$$

On aurait trouvé le même résultat en tenant compte des zéros.

MULTIPLICATION DES NOMBRES DÉCIMAUX

121. — Un mètre d'étoffe coûte 2ᶠ,10; quel est le prix de 3 mètres?

3 mètres d'étoffe coûtent 2^f,10 + 2^f,10 + 2^f,10, c'est-à-dire 3 fois 2 francs 10 centimes, ce qui fait 6 francs 30 centimes ou 6^f,30.

L'opération que nous venons de faire est une multiplication de nombres décimaux. Nous avons multiplié 2,10 par 3.

On indique la multiplication des nombres décimaux comme celle des nombres entiers :

$$2,10 \times 3 = 6,30.$$

2,10 est le *multiplicande*, 3 est le *multiplicateur*, 6,30 est le *produit* de cette multiplication.

Autre exemple :

Un kilogramme de café coûte 5^f,80 ; quel est le prix de 3^{kg},5 ?

3^{kg},5 = 35^{hg}. 1 hectogramme coûte 0^f,58, car le kilogramme doit coûter 10 fois plus, c'est-à-dire 5^f,80.

Donc, 3^{kg},5 ou 35^{hg} coûtent

$$0^f,58 \times 35 = 20^f,30 \text{ (cas précédent)}.$$

$$
\begin{array}{r}
5,8 \\
3,5 \\
\hline
2\,9\,0 \\
1\,7\,4 \\
\hline
2\,0,3\,0
\end{array}
$$

122. — Règle. — *On fait la multiplication des nombres décimaux comme celle des nombres entiers, sans tenir compte de la virgule. Puis on sépare à la droite du produit autant de chiffres décimaux qu'il y en a en tout dans les deux facteurs.*

INTERVERSION DES FACTEURS

123. — Principe. — *On ne modifie pas un produit quand on intervertit l'ordre des facteurs.*

Disposons 15 billes de la manière suivante (fig. 11) :

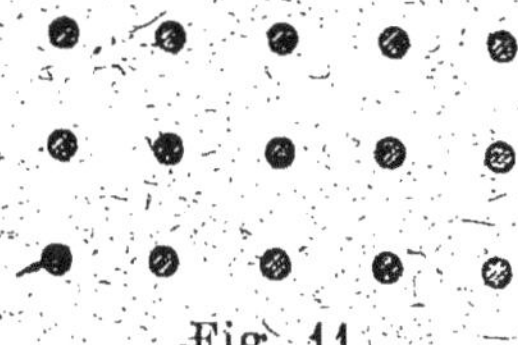

Fig. 11.

En comptant horizontalement, nous avons 3 fois 5 billes, ou 5×3.

En comptant verticalement, nous avons 5 fois 3 billes, ou 3×5.

Le nombre de billes ne change pas, quelle que soit la manière de les compter. Donc :

$$5 \times 3 = 3 \times 5.$$

124. — Dans la pratique, il y a parfois avantage à intervertir l'ordre des facteurs.

Exemples.

1° $7 \times 894.$

$$
\begin{array}{r}
894 \\
7 \\
\hline
6258
\end{array}
$$

L'opération sera plus courte en intervertissant les deux facteurs.

2° $808 \times 958.$

$$
\begin{array}{r}
958 \\
808 \\
\hline
7664 \\
7664 \\
\hline
774064
\end{array}
$$

En effectuant la multiplication comme elle est indiquée, il y aurait trois produits partiels, tous formés de nombres différents. Il y aura seulement deux produits partiels égaux si l'on intervertit les deux facteurs.

125. — *Produit de plusieurs facteurs.*

Dans une classe, il y a 5 rangées de 3 tables à 2 places. Quel est le nombre total des places ?

Nombre des places d'une rangée : $2 \times 3 = 6$ places.
            dans la classe : $6 \times 5 = 30$ places.

Nous avons fait deux multiplications successives, ce que l'on peut indiquer de la manière suivante :

$$2 \times 3 \times 5 = 30.$$

30 est un produit de trois facteurs. Pour trouver ce produit, nous avons multiplié :

1° Le premier facteur par le deuxième ;

2° Le produit obtenu par le troisième facteur.

126. — *Preuve de la multiplication.* — On intervertit l'ordre des facteurs et l'on refait l'opération. On doit trouver le même produit.

Multiplication.	Preuve.
584	48
48	584
4672	192
2336	384
28032	240
	28032

127. — *Preuve par 9.* — On fait généralement la preuve par 9.

1° *Multiplicande*. J'additionne les chiffres du multiplicande sauf les 9; chaque fois que j'obtiens un total formé de deux chiffres, je le remplace par la somme de ces chiffres.

Je dis : 5 et 8, 13; 1 et 3, 4; 4 et 4. . . . . 8.

2° *Multiplicateur*. J'opère de même.

Je dis : 4 et 8, 12; 1 et 2 . . . . 3.

3° Je fais le produit des deux nombres obtenus : $8 \times 3 = 24$. J'opère sur 24 comme sur le multiplicande : 2 et 4 . . . . . . 6.

4° *Produit*. J'opère sur le produit comme sur le multiplicande.

Je dis : 2 et 8, 10; 1 et 0, 1; 1 et 3, 4; 4 et 2. . . . . . . 6.

Quand les deux derniers nombres sont égaux, la multiplication est *probablement exacte*.

On a l'habitude d'écrire les quatre nombres obtenus dans les angles d'une croix, comme ci-dessus.

128. — *Remarque*. — Quand les deux derniers nombres de la preuve par 9 ne sont pas égaux, il est certain que la multiplication est inexacte; quand ils sont égaux, la multiplication n'est pas forcément exacte. Ainsi, si l'on avait trouvé 20 832 ou 21 732, la preuve réussirait encore.

CALCUL MENTAL
DANS LA MULTIPLICATION

NOMBRES ENTIERS

129. — *Le multiplicateur a un chiffre*. — **Exemples.**

1° 8×6.

La table de multiplication nous a appris les produits deux à deux des neuf premiers nombres : $8 \times 6 = 48$.

2° 50×7.

On dit 7 fois 5 dizaines font 35 dizaines ou 350.

3° 86×4.

$86 = 80 + 6$. On multiplie 80 et 6 par 4 et l'on additionne les deux produits :

$80 \times 4 = 320$; $6 \times 4 = 24$; $320 + 24 = 344$.

4° 800×9.

On dit : 9 fois 8 centaines font 72 centaines ou 7 200.

5° 750×3.

$750 = 700 + 50$. On multiplie 700 et 50 par 3 et l'on additionne les deux produits :

$700 \times 3 = 2 100$; $50 \times 3 = 150$; $2 100 + 150 = 2 250$.

6° 246×4.

$246 = 240 + 6$. On multiplie 240 et 6 par 4 et l'on additionne les deux produits :

$240 \times 4 = 960$; $6 \times 4 = 24$; $960 + 24 = 984$.

130. — *Remarque.* — Soit le produit 398×6.

Comme $398 = 400 - 2$, on multiplie 400 et 2 par 6, puis on retranche le deuxième produit du premier :

$400 \times 6 = 2 400$; $2 \times 6 = 12$; $2 400 - 12 = 2 388$.

131. — *Le multiplicateur est formé d'un chiffre significatif suivi de zéros.* — **Exemples.**

1° 43×20.

On a : $43 \times 2 = 86$; $86 \times 10 = 860$.

2° 52×400.

On a : $52 \times 4 = 208$; $208 \times 100 = 20 800$.

132. — *Le multiplicateur est formé de deux chiffres significatifs.* — **Exemple.**

36×23.

$23 = 20 + 3$. On multiplie 36 par 20, puis par 3 et l'on additionne les deux produits :

$36 \times 20 = 720$; $36 \times 3 = 108$; $720 + 108 = 828$.

CAS PARTICULIERS.

133. — *Le multiplicateur est 11; 21; 31....*

$11 = 10 + 1$; $21 = 20 + 1$; $31 = 30 + 1$.

Pour multiplier un nombre par :

11, on le multiplie par 10 et on l'ajoute au résultat;

21,   —   20   —   —

31,   —   30   —   —

Exemples.

1° 57×11.

On a : $57 \times 10 = 570$; $570 + 57 = 627$.

2° 39×21.

On a : $39 \times 20 = 780$; $780 + 39 = 819$.

3° 62×31.

On a : $62 \times 30 = 1860$; $1860 + 62 = 1922$.

Remarque. — Le produit d'un nombre d'un chiffre par 11 est formé de deux fois ce chiffre.

Exemples : $5 \times 11 = 55$; $7 \times 11 = 77$.

Pour multiplier par 11 un nombre de deux chiffres dont la somme est inférieure à 10, on met cette somme au milieu du nombre.

Exemple : $34 \times 11 = 374$, car $3 + 4 = 7$.

134. — *Le multiplicateur est 9 ; 99 ; 999....*

$9 = 10 - 1$; $99 = 100 - 1$; $999 = 1\,000 - 1$

Pour multiplier un nombre par :

9, on le multiplie par 10 et on le retranche du résultat ;

99, — 100 —

999, — 1 000 —

Exemples.

1° 24×9.

On a : $24 \times 10 = 240$; $240 - 24 = 216$.

2° 38×99.

On a : $38 \times 100 = 3\,800$; $3\,800 - 38 = 3\,762$.

3° 45×999.

On a : $45 \times 1\,000 = 45\,000$; $45\,000 - 45 = 44\,955$.

135. — *Le multiplicateur est 19 ; 29 ; 39....*

$19 = 20 - 1$; $29 = 30 - 1$; $39 = 40 - 1$.

Pour multiplier un nombre par :

19, on le multiplie par 20 et on le retranche du résultat ;

29, — 30 —

39, — 40 —

Exemples.

1° 37×19.

On a : $37 \times 20 = 740$; $740 - 37 = 703$.

2° 26×29.

On a : $26 \times 30 = 780$; $780 - 26 = 754$.

3° 42×39.

On a : $42 \times 40 = 1\,680$; $1\,680 - 42 = 1\,638$.

NOMBRES DÉCIMAUX

136. — Dans la multiplication des nombres décimaux par le calcul mental, on emploie les mêmes procédés que pour les nombres entiers. On fait la multiplication sans tenir compte de la virgule, puis on sépare par la pensée, à la droite du produit, autant de chiffres décimaux qu'il y en a, en tout, dans les deux facteurs.

Exemples.

1° $45 \times 0,1 = 4,5$; $7,8 \times 0,1 = 0,78$.

Pour obtenir le produit, on sépare un chiffre décimal à la droite du multiplicande s'il est entier ; on porte la virgule du multiplicande d'un rang vers la gauche s'il est décimal.

2° $38 \times 0,3$.

On multiplie 38 par 3 et l'on sépare un chiffre décimal à la droite du produit :

$38 \times 3 = 114$.

Le produit demandé est 11,4.

3° $5,4 \times 1,2$.

On multiplie 54 par 12 et l'on sépare deux chiffres décimaux à la droite du produit :

$54 \times 10 = 540$; $54 \times 2 = 108$; $540 + 108 = 648$.

Le produit demandé est 6,48.

Fig. 12 (voir § 237, p. 144).

Triangle.

C'est un gracieux paysage d'Alsace peuplé de triangles : les faces de la flèche élancée du clocher, le dessus de la fenêtre qui s'ouvre sur les fleurs, les côtés de l'auvent et la partie du toit qui abrite la charmante Alsacienne coiffée du papillon noir aux larges ailes.

EXERCICES ORAUX

MULTIPLICATION

Nombres entiers.

337. — Multiplier 20 par chacun des 9 premiers nombres.
338. —   —   30
339. —   —   40
340. —   —   50
341. —   —   60
342. —   —   70
343. —   —   80
344. —   —   90

Multiplications à effectuer :

345. — 27×3 54×2 36×5 15×6
        45×4 18×6 59×2 27×4.
346. — 48×3 17×6 49×3 68×3
        34×4 14×8 56×4 39×4.
347. — 28×4 15×6 47×3 78×7
        83×3 27×5 86×6 91×5.
348. — 59×9 96×5 61×9 93×4
        84×6 75×8 57×7 88×6.

349. — Combien font 2 fois; 3; 4; 5; 6; 7; 8; 9 fois 200 ?
350. —   —   300 ?
351. —   —   400 ?
352. —   —   500 ?
353. —   —   600 ?
354. —   —   700 ?
355. —   —   800 ?
356. —   —   900 ?

357. — Calculer les produits de 2 000; 3 000; 4 000; 5 000; 6 000; 7 000; 8 000; 9 000 par 2, par 3, par 4, par 5.
358. — Calculer les produits des mêmes nombres par 6; 7; 8; 9.

359. — Multiplications à effectuer :
        110×2 170×4 240×2 630×3
        320×3 180×2 450×3 760×2.
360. — 540×4 920×5 660×4 780×5
        710×5 880×4 550×5 940×4.
361. — 240×8 430×7 290×5 340×7
        650×9 870×6 910×6 780×6.

362. — Doubler les nombres suivants :

118	345	527	831	290
243	254	348	546	849.

363. — Tripler les nombres suivants :

401	114	337	531	529
304	412	419	416	637.

364. — Quadrupler les nombres entiers de 310 à 320, de 450 à 460.

365. —

311×9	215×4	421×8	309×4
308×9	448×5	412×6	$518 \times 6.$

366. — Nombres à multiplier par 10, par 100, par 1 000 :
46 ; 651 ; 709 ; 438 ; 785.

367. — Multiplier par 20 les nombres de 31 à 39, de 412 à 420.

368. — Multiplier par 30 les nombres de 45 à 55, de 240 à 250.

369. —

74×40	70×60	79×50	91×50
85×50	80×40	46×60	$83 \times 60.$

370. —

21×70	63×90	44×80	39×70
45×80	57×80	61×90	$47 \times 90.$

371. —

270×60	700×32	420×50	123×300
280×40	860×20	904×20	$708 \times 200.$

372. — Multiplier les nombres suivants par 9 :

42,	58,	45,	71,	26,
38,	33,	32,	95,	81.

373. —

26×19	44×29	51×29	86×19
33×29	27×19	37×19	$92 \times 29.$

374. — Multiplier par 99 :
4 ; 6 ; 7 ; 8 ; 12 ; 14 ; 30 ; 45 ; 150 ; 180 ; 250 ; 500.

375. — Multiplier par 999 :
2 ; 3 ; 4 ; 8 ; 13 ; 15 ; 20 ; 22 ; 60 ; 80 ; 90 ; 98.

376. — Multiplier par 11 :
8 ; 9 ; 12 ; 33 ; 51 ; 44 ; 62 ; 36 ; 67 ; 83 ; 120 ; 240.

377. —

12×21	24×21	16×31	90×31
15×21	26×21	43×31	$84 \times 31.$

378. — Combien y a-t-il d'œufs dans 2 douzaines ? 4 d. ? 5 d. ?
6 d. ? 8 d. ? 12 d. ? 24 d. ? 30 d. ? 500 d. ?

379. — Combien font 12 multiplié par 11 ? par 12 ? par 15 ? par
14 ? par 26 ? par 43 ? par 65 ?

380. — Effectuer en prenant les facteurs dans l'ordre qui facilite le plus les calculs :

$8 \times 5 \times 3 \times 2$;	$4 \times 7 \times 25$;	$19 \times 5 \times 6 \times 2$;
$14 \times 4 \times 6 \times 5$;	$2 \times 3 \times 5 \times 75$;	$2 \times 3 \times 4 \times 5 \times 6.$

PROBLÈMES ORAUX

Nombres entiers.

381. — Des élèves traversent le couloir par rangs de 3. Combien y a-t-il d'élèves dans 11 rangs? dans 12; 15; 16; 18; 25 rangs?

382. — Des soldats défilent par 4 de front. Dire le nombre des soldats dans 5 rangs; 6; 8; 12; 17; 20; 25; 30; 40; 50; 52 rangs.

383. — Quand des soldats défilent par 8 de front, combien est-il passé de soldats quand vous avez compté 6 rangs? 7 r.? 8 r.? 10 r.? 11 r.? 12 r.? 15 r.? 20 r.? 25 r.? 30 r.? 40 r.? 44 r.? 50 r.? 58 r.?

384. — En prenant 8 minutes de récréation le matin et 8 minutes l'après-midi, quelle est la durée totale des récréations pendant les 5 jours de classe de la semaine? pendant 2 semaines? 3 semaines?

385. — Combien y a-t-il d'œufs dans 5 caisses contenant chacune 8 douzaines?

386. — Dans le format in-douze, la feuille d'imprimerie forme 12 feuillets. Quel est le nombre de feuillets d'un livre pour lequel on a employé 11 feuilles? Quel est le nombre de pages?

387. — Notre livre de morceaux choisis a 11^{mm} d'épaisseur. Dire la hauteur d'une pile formée de 9 volumes? de 12 v.? de 13 v.? de 15 v.? de 17 v.? de 18 v.? de 20 v.? de 24 v.?

388. — Un dictionnaire a 63^{mm} d'épaisseur. Quelle hauteur obtient-on en empilant 4 v.? 6 v.? 8 v.? 9 v.? 12 v.?

389. — Les lignes d'un livre ont 8^{cm} de longueur. Une page contenant 32 lignes, calculer la longueur totale des lignes de 1 page? de 2 p.? de 4 p.? de 5 p.?

390. — Les deux escaliers de l'Orangerie (à Versailles) ont chacun 103 marches. Quel est le nombre total des marches?

391. — Le Tapis-Vert (parc de Versailles) a 330^m de long. Quelle distance parcourt-on quand on va et vient 2 fois en suivant l'une des allées qui le longent?

392. — Chaque marche de l'escalier de l'Orangerie (à Versailles) a 20^m de long. Quelle est la somme des longueurs des 103 marches?

393. — La galerie des glaces (Versailles) est éclairée par 17 fenêtres ayant chacune 46 carreaux. Quel est le nombre total des carreaux?

394. — Une avenue est plantée de 4 rangées de 139 arbres chacune. Combien y a-t-il d'arbres dans l'avenue?

395. — Pour clore un champ, on plante autour 534 piquets espacés de 3^m. Quelle sera la longueur de la clôture?

396. — Une chambre est payée 3^f par jour. Que paye-t-on pendant 12 jours? 20 j.? 24 j.? 29 j.?

397. — Une personne dépense 5^f par jour. Que dépense-t-elle pendant le mois de janvier? de février? d'avril?

398. — Quand le prix de la pension dans un établissement scolaire s'élève à 75ᶠ par mois, que paye-t-on pour 2 mois? 3 mois? 4 mois? 5 mois? 7 mois? 9 mois? 10 mois?

399. — Un commis-voyageur a 55ᶠ de frais d'hôtel et 30ᶠ de frais de voyage par semaine. A combien s'élèvent ses frais pendant 2 semaines? 4 sem.? 5 sem.? 8 sem.?

400. — Le prix d'achat représentant 8 fois le bénéfice, calculer le prix d'achat quand le bénéfice s'élève à 10ᶠ; 12ᶠ; 13ᶠ; 15ᶠ; 18ᶠ; 20ᶠ; 24ᶠ.

401. — On revend 15ᶠ du drap acheté 12ᶠ le mètre. Quel est le bénéfice sur 20ᵐ? 22ᵐ? 25ᵐ? 28ᵐ? 30ᵐ? 35ᵐ? 40ᵐ? 48ᵐ? 50ᵐ? 52ᵐ?

402. — Un fonctionnaire retraité touche 425ᶠ de pension par trimestre. Que touche-t-il pendant 2 trimestres? 3 trimestres? pendant 1 an?

403. — Même question, quand la pension s'élève à 635ᶠ par trimestre.

404. — On occupe 12 manœuvres payés chacun 5ᶠ par jour. Calculer la dépense pendant 1 jour, pendant une semaine de 6 jours de travail, pendant 2 semaines, pendant 3 semaines.

405. — Une lampe qui brûle 20ᵍ d'huile par heure est allumée 4 heures par jour. Combien de grammes consomme-t-elle en 1 semaine? en 12 jours? en 2 semaines?

406. — Quand l'hectolitre de blé coûte 21ᶠ, quel est le prix de 20ʰˡ? de 30ʰˡ? de 50ʰˡ? de 15ʰˡ? de 150ʰˡ?

407. — 15 caisses contiennent chacune 12 boîtes de sucre pesant 8ᵏᵍ la boîte. Calculer le poids total.

408. — 6 enfants ont hérité chacun 24 000ᶠ de leurs parents. Quel est le montant de l'héritage?

409. — Pour payer 9ᵐ de drap à 12ᶠ le mètre, un acheteur donne 22 pièces de 5ᶠ. Combien lui rend-on?

410. — Combien y a-t-il de plumes dans 3 boîtes de 12 douzaines chacune?

411. — Combien y a-t-il de litres d'essence dans 120 bidons contenant chacun 19ˡ?

412. — Il faut 13ᵍ de café pour une tasse; quel est le poids du café consommé en une semaine dans une famille où l'on prend 5 tasses de café par jour?

EXERCICES ORAUX

MULTIPLICATION

Nombres décimaux.

413. — Multiplier les nombres suivants par 2 :
0,2..... 0,9; 0,15; 0,45; 0,51; 1,4; 2,6; 8,4.

414. — Multiplier les nombres suivants par 3 :

0,2..... 0,9; 0,07; 1,3; 5,6; 15,3; 2,05; 7,04.

415. — Multiplier les nombres suivants par 4 :

0,2..... 0,9; 0,03; 0,06; 1,07; 3,15; 5,21; 8,04.

416. — Multiplier les nombres suivants par 5, par 6, par 7 :

0,2..... 0,9; 1,02; 3,04; 5,07; 8,09; 7,15.

417. — Multiplier les nombres suivants par 8, par 9 :

0,2..... 0,9; 0,02; 2,03; 7,06; 4,02; 9,04.

418. — Multiplier les nombres suivants par 10, par 100, par 1 000 :

0,9; 0,71; 0,45; 3,178; 0,0156; 4,003.

419. — Multiplier les nombres suivants par 0,1, par 0,01, par 0,001 :

9 000; 8 500; 3 740; 5 094; 700; 340; 20; 9.

420. — Multiplier par 20, par 30, par 40 :

0,2; 0,3..... 0,9; 0,15; 0,12; 0,14; 0,21; 1,7; 2,6.

421. — Avant 1917, une dépêche d'au moins 10 mots coûtait 0^f,05 par mot. Que payait-on pour une dépêche de 11 mots? de 12 mots? de 15 mots? de 20 mots? de 30 mots? de 46 mots?

422. — Le prix des billets de chemin de fer (3e classe) était calculé (jusqu'en 1918) à raison de 0^f,05 par kilomètre. Calculer le prix d'un billet pour les trajets suivants : de Paris à Versailles, 18^{km}; de Paris à Melun, 44^{km}; de Paris à Lyon, 512^{km}; de Paris à Rouen, 140^{km}.

423. — Le prix des billets de deuxième classe était calculé à raison de 0^f,075 par kilomètre. Quel était le prix d'un billet pour un trajet de 10^{km}? de 20^{km}? de 30^{km}? de 50^{km}?

424. — Les marches d'un escalier ont 0^m,16 de hauteur. De quelle hauteur s'est-on élevé quand on a gravi 10 marches? 20 marches? 60 marches? 80 marches? 90 marches?

425. — En faisant des pas de 0^m,75, quelle distance a-t-on parcourue quand on a fait 2 pas? 3 pas? 8 pas? 10 pas? 20 pas? 50 pas?

426. — Quel est le prix du carnet de 20 timbres à 0^f,05 le timbre? à 0^f,10? à 0^f,15?

427. — Quel est le volume du vin contenu dans 10, dans 20, dans 30 bouteilles de 0^f,60?

428. — Un livre a 0^m,065 d'épaisseur. Quelle est la hauteur d'une pile formée de 4, de 8, de 10, de 20 de ces livres?

429. — Une orange coûtant 0^f,10, quel est le prix de 8, de 10, de 13, de 25, de 48 oranges?

430. — A 1^f le litre de vin, quel est le prix de la bouteille de 0^f,80? de 2 bouteilles? de 3, de 4, de 6 de 12 bouteilles de 0^f,80?

431. — Une femme de service est payée 0^f,40 l'heure. Que lui est-il dû pour une semaine? pour 2, pour 3, pour 4, pour 5 semaines? Compter 5 heures par jour.

432. — Une personne boit 0ˡ,9 de vin chaque jour. Quelle quantité de vin consomme-t-elle en une semaine? en 1 mois? en 1 trimestre? en 1 semestre?

433. — Jean a donné chaque fois 0ˡ,20 à la quête hebdomadaire pendant la guerre. Quelle somme a-t-il donnée en 3 semaines? en 4, en 5, en 7, en 9, en 11, en 12, en 15 semaines?

434. — Quand le mètre d'étoffe vaut 12ˡ,25, quel est le prix de 3ᵐ? de 4ᵐ? de 8ᵐ? de 10ᵐ? de 20ᵐ?

435. — Quand le raisin coûte 0ˡ,50 le demi-kilog., calculer le prix de 4ᵏᵍ; de 5ᵏᵍ; de 7ᵏᵍ,5; de 9ᵏᵍ,5.

436. — Quand le kilog. de sel coûte 0ˡ,25, quel est le prix de 8ᵏᵍ? de 9ᵏᵍ? de 10ᵏᵍ? de 20ᵏᵍ?

437. — Quand un repas coûte 3ˡ,25, que payera-t-on pour 2; 3; 4; 6; 12; 16; 20 repas?

438. — Un ouvrier payé 0ˡ,60 l'heure travaille 5 heures le matin et 5 heures l'après-midi. Que gagne-t-il pendant 1 semaine? 3 semaines? 5 semaines? Compter 6 jours de travail par semaine.

439. — Quel est le poids de 12 colis pesant chacun 3ᵏᵍ,9?

440. — Un paquet de tabac de 0ᵏᵍ,040 coûte 0ˡ,50. Calculer le poids et le prix de 2, de 3, de 8, de 10, de 12, de 50, de 60 paquets.

441. — Louis a dans son porte-monnaie 2 pièces de 0ˡ,50, 5 pièces de 0ˡ,25 et 9 de 0ˡ,05. Quelle somme possède-t-il?

442. — La pièce de 20ˡ a un diamètre de 0ᵐ,024. On aligne en les faisant toucher 20 pièces de 20ˡ. Quelle longueur obtient-on?

●

EXERCICES ÉCRITS

MULTIPLICATION

Nombres entiers.

443. — 9 784 × 7; 3 904 × 6; 5 967 × 8.
444. — 91 874 × 8; 45 096 × 9; 91 084 × 5.
445. — 946 × 60; 748 × 30; 809 × 70.
446. — 438 × 700; 904 × 900; 746 × 800.
447. — 875 × 9 000; 638 × 6 000; 985 × 7 000.
448. — 91 045 × 92; 81 057 × 83; 71 985 × 79.
449. — 498 × 304; 934 × 206; 756 × 408.
450. — 1 953 × 345; 2 934 × 467; 9 738 × 536.
451. — 70 385 × 938; 87 506 × 498; 59 087 × 789.
452. — 83 950 × 8 400; 397 000 × 780; 397 800 × 73 400.
453. — 3 976 × 507; 89 426 × 7 006; 48 156 × 40 009.
454. — 805 307 × 3 802; 5 009 040 × 702; 72 040 × 4 038.
455. — 48 × 4 × 6; 205 × 34 × 5; 932 × 65 × 47.
456. — 904 × 7 × 8 × 15; 842 × 29 × 7 × 6; 809 × 97 × 9 × 4.

457. — Effectuer les opérations suivantes[1] :

$(89 + 65 + 809) \times 28$; $(495 + 2\,045 + 964) \times 46$.

458. — $(9\,152 - 4\,213) \times 34$; $(9\,214 + 805 - 3\,729) \times 57$.

PROBLÈMES ÉCRITS

Nombres entiers.

459. — Quel est le prix de 8 douzaines de poupées à 9f la poupée?

460. — Quand un vase coûte 18f, que doit payer un marchan qui a reçu 4 grosses de ces vases? (Une grosse contient 12 douzaines

461. — Combien y a-t-il de secondes dans un jour? Une heu contient 60 minutes, une minute 60 secondes.

462. — Un internat compte 824 pensionnaires payant chacun 8 par mois. Combien payent-ils en tout pendant 10 mois?

463. — Dans 6 classes de 38 élèves chacune, on a remplacé l bancs par des chaises coûtant 9f chacune. Quelle est la dépense?

464. — Un facteur rural fait 18km par jour. Combien fait-il c kilomètres pendant 9 semaines?

465. — Combien y a-t-il de cigarettes dans 28 boîtes, chaque bo contenant 18 paquets de 20 cigarettes?

466. — Une vache consomme par jour 2 bottes de foin pesa 8kg chacune; quel est le poids du foin nécessaire pour nour 19 vaches pendant les trois premiers mois de l'année?

467. — Un homme pouvant porter 75kg, quelle sera la char totale portée par 15 équipes de 12 hommes chacune?

468. — Quelle est la charge transportée par 14 convois de 30 camio chacun, chaque camion transportant 3 200kg?

EXERCICES ÉCRITS

MULTIPLICATION

Nombres décimaux.

469. —	$45,6 \times 32$;	$7,69 \times 43$;	$0,864 \times 67$.
470. —	$392 \times 4,5$;	$705 \times 0,48$;	$934 \times 0,008$.
471. —	$43,8 \times 7,2$;	$95,34 \times 5,6$;	$83,4 \times 7,05$.
472. —	$8\,500 \times 1,43$;	$1\,580 \times 2,07$;	$79\,000 \times 2,85$.
473. —	$4,58 \times 0,903$;	$0,9507 \times 750$;	$3,108 \times 8\,600$.
474. —	$543,862 \times 76,05$;	$783,006 \times 0,067$;	$0,00789 \times 584$.
475. —	$14,0058 \times 3,009$;	$4\,792,8 \times 0,00807$;	$954\,000 \times 0,00936$.
476. —	$4,58 \times 7 \times 9$;	$74 \times 5 \times 6,7$;	$9,1 \times 7,3 \times 2 \times 8$.

1. Exemple : $(4 + 7 + 3) \times 5$. On fait l'opération entre parenthèses $4 + 7 + 3 = 14$. Puis on multiplie par 5 le résultat obtenu : $14 \times 5 = 70$.

PROBLÈMES ÉCRITS

Nombres décimaux.

477. — Un cycliste parcourt 18^{km},9 par heure. Quelle distance parcourt-il en 8 heures?

478. — Quand les œufs valent 1',80 la douzaine, quel est le prix de 48 douzaines?

479. — Paul a compté 948 pas de 0^m,55 pour faire le tour du verger. Quelle est la longueur du pourtour du verger?

480. — Une automobile fait en moyenne 0^{km},85 par minute. Quelle distance parcourt-elle en 4 heures et demie?

481. — Dans une pension qui compte 248 élèves, chaque élève boit 0',45 de vin par jour. Quelle est la quantité de vin bue en une semaine? en un mois?

482. — On vend le litre d'huile d'olive 2',45. Quel sera le prix de 12^l,8?

483. — Une rame de papier contient 20 mains, une main contient 24 feuilles et coûte 0',45. Quel est le prix de 15 rames? Combien contiennent-elles de feuilles?

484. — Une usine occupe 309 ouvriers payés 6',75 par jour de travail. Quelle est la dépense pendant 4 semaines? Compter 6 journées par semaine.

485. — Une source débite 1^{hl},08 d'eau par minute. Quel est son débit en 3 heures et quart?

486. — Pendant la récréation, les élèves ont parcouru une allée qui a 20^m,8 de long en faisant 27 voyages aller et retour. Combien ont-ils parcouru de mètres?

PROBLÈMES ÉCRITS

ADDITION, SOUSTRACTION, MULTIPLICATION

487. — Un employé gagne 195' par mois et dépense 4',75 par jour. Quelle somme peut-il économiser en un an?

488. — Quel bénéfice réalise-t-on en revendant 0',15 la pièce 8 douzaines d'œufs achetés 1',60 la douzaine?

489. — J'avais 20'; j'ai acheté un livre que j'ai payé 5',50 et une paire de gants, et il me reste 11'. Quel est le prix des gants?

490. — Un marchand a acheté un tas de bois pour 348'. Pour transporter ce bois, un charretier a fait 12 voyages et a été payé 75' par voyage. A combien revient le bois, le marchand ayant encore payé 65' pour le débiter?

491. — On achète 28^{hl} de vin à 45' l'hectolitre et 12^{hl},5 à 42'. Quel est le prix total d'achat?

492. — J'achète 4 pièces de vin de $2^{hl},2$ et 3 pièces de $2^{hl},5$ chacune à 45^f l'hectolitre. Quelle est ma dépense ?

493. — Un libraire vend $0^f,05$ pièce, des crayons qu'il a payés $4^f,80$ la grosse (une grosse contient 12 douzaines). Quel est son bénéfice sur une grosse ?

494. — Je donne deux billets de 100^f pour payer 28^m d'étoffe à $3^f,45$ le mètre et 18^m de toile à $1^f,95$ le mètre. Quelle somme me rend-on ?

495. — Calculer le prix d'une robe, sachant qu'il faut $6^m,9$ d'étoffe valant $3^f,25$ le mètre, $3^m,80$ de doublure à $1^f,30$ le mètre, la façon coûtant 26^f.

496. — Une villageoise vend au marché 2 paires de poulets à $2^f,60$ le poulet et 7 douzaines d'œufs à $1^f,20$ la douzaine. Elle fait, chez l'épicier, un achat de $4^f,75$. Quelle est la somme qui lui reste ?

497. — Une ouvrière payée $4^f,50$ par jour de travail a travaillé 23 jours en février. Elle dépense $2^f,50$ par jour. Que lui reste-t-il à la fin du mois de février ?

498. — Un ouvrier gagne $1\,945^f$ par an et économise $1^f,25$ par jour. Combien dépense-t-il par an ?

499. — Dans une famille, le père gagne $7^f,50$ par jour, les deux fils gagnent chacun $2^f,35$ de moins que le père et une fille gagne 2^f de moins que chacun des fils. Quel est le gain total pendant 3 mois, en comptant 25 jours de travail par mois ?

500. — Je donne une pièce de 5^f en payement de 12 timbres-poste de $0^f,15$, 18 de $0^f,10$ et 21 de $0^f,05$. Combien doit-on me rendre ?

501. — J'achète 8 douzaines de chapeaux de paille à $3^f,50$ le chapeau. Je les revends en gagnant $0^f,70$ par chapeau. Calculer : 1° le prix d'achat ; 2° le prix de vente des chapeaux.

502. — Un fournisseur livre 18 costumes à 75^f chacun, 14 chemises à $6^f,45$ chacune et 26 cravates à $1^f,95$ la cravate. Quelle est la somme qui lui est due ?

503. — On achète $34^m,50$ de toile à $1^f,85$ le mètre pour faire 12 chemises. La façon coûtant $1^f,80$ par chemise, à quel prix reviennent les 12 chemises ?

504. — Quel bénéfice réalise un coquetier qui paye 650 œufs 12^f le cent et les revend $0^f,15$ pièce ?

505. — Un ouvrier a travaillé pendant l'année 320 jours chez un fermier à $2^f,75$ la journée. Le fermier a fourni du lait pendant toute l'année pour la famille de l'ouvrier. A la fin de l'année, l'ouvrier reçoit $827^f,50$. Quelle est la quantité de lait fournie, un litre valant $0^f,15$?

DIVISION

137. — On partage également 12 pastilles entre 4 enfants. Combien chaque enfant reçoit-il de pastilles?

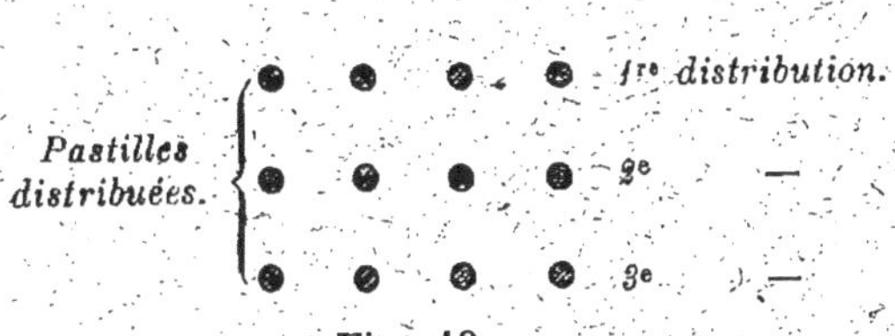

Fig. 13.

Donnons d'abord une pastille à chaque enfant et répétons cette distribution autant de fois que possible.

Après la première distribution, chaque enfant a reçu 1 pastille, les 4 enfants ont reçu 4 pastilles.

Après la deuxième distribution, chaque enfant a reçu 2 pastilles, les 4 enfants ont reçu 4 fois 2 pastilles, ce qui fait 8 pastilles.

Après la troisième distribution, chaque enfant a reçu 3 pastilles, les 4 enfants ont reçu 4 fois 3 pastilles, ce qui fait 12 pastilles, c'est-à-dire le nombre de pastilles à distribuer.

Chaque part est égale à 3 pastilles.

Comme à chaque distribution de 4 pastilles, un enfant reçoit 1 pastille, nous trouverons la part de chaque enfant en cherchant combien de fois 4 est contenu dans 12.

138. — Quand nous cherchons combien de fois 4 est contenu dans 12, nous faisons une *division*, nous divisons 12 par 4.

La division s'indique de la manière suivante :

$$12 \; : \; 4 = 3;$$

ce qui s'énonce *12 divisé par 4 égale 3*.

12 est le *dividende*, **4** est le *diviseur*, **3** est le *quotient*

Le dividende est le nombre à diviser.

Le diviseur est le nombre par lequel on divise.

Le quotient est le nombre qui indique combien de foi le diviseur est contenu dans le dividende.

139. — **Définition.** — *Diviser un nombre appelé divi dende par un nombre appelé diviseur, c'est trouver u nombre appelé quotient, qui indique combien de fois l diviseur est contenu dans le dividende.*

140. — Dans le problème sur les pastilles, nous avon trouvé que **12** contient **3** fois **4**. En multipliant **4** par **3** nous retrouverons le dividende **12** :

$$12 = 4 \times 3.$$

Donc :
Le dividende est égal au produit du diviseur par l quotient.

141. — **Division avec reste.** — Dans l'exemple pré cédent **12** contient **4** exactement **3** fois ; on dit que la division se fait *exactement.*

Il n'en serait pas de même si le nombre des pastilles était **14**. Après avoir donné **3** pastilles à chaque enfant, il resterait **2** pastilles.

On dit encore, dans ce cas, que l'on fait une division dont **14** est le dividende et **4** le diviseur. On dit encore que **3** est le quotient de la division de **14** par **4**, car **3** indique bien que le diviseur est contenu **3** fois dans le dividende.

On dit que **2** est le *reste* de la division.

Dans ce dernier exemple on s'est arrêté quand on ne pouvait plus faire de distribution ; c'est donc qu'il restait moins de **4** pastilles.

Le reste est toujours inférieur au diviseur.

142. — Dans la division de **14** par **4**, on retrouvera le dividende **14** de la manière suivante :

$$14 = 4 \times 3 + 2.$$

Car, en reprenant à chaque enfant les 3 pastilles qu'il a reçues et en les réunissant aux 2 qui restent, on retrouve les 14 pastilles.

Quand une division donne un reste, on retrouve le dividende en ajoutant le reste au produit du diviseur par le quotient.

143. — **Remarque.** — La division de 12 par 4 ne donne pas de reste : on dit que 12 est *divisible* par 4.

Un nombre est divisible par un autre nombre quand la division du premier par le deuxième se fait exactement.

DIVISION DES NOMBRES ENTIERS

144. — **1ᵉʳ Cas.** — *Le diviseur et le quotient ont un chiffre.*

Exemples.

1° Diviser 35 par 7.

La table de multiplication nous a appris que 5 fois 7 font 35.

Donc, le quotient de 35 par 7 est 5.

2° Diviser 50 par 8.

50 contient 8 six fois, car 6 fois 8 font 48, tandis que 7 fois 8 font 56, nombre supérieur à 50.

Donc, le quotient de 50 par 8 est 6; le reste est 2.

Ainsi, dans ce premier cas, la table de multiplication permet de faire immédiatement l'opération.

145. — **2ᵉ Cas.** — *Le diviseur a plusieurs chiffres, le quotient en a un.*

Exemple.

Avec 687 litres de vin, combien peut-on remplir de fûts de 95 litres chacun?

Le nombre de fûts est égal au quotient de 657 par 95.

Le quotient est inférieur à 10 et n'a par conséquent qu'un chiffre, car 10 fois le diviseur, 95×10, égale 950, nombre supérieur au dividende.

Dividende.	657	95	diviseur.
	570	6	quotient.
Reste.	87		

On prend à la gauche du dividende un ou deux chiffres pour former un nombre contenant le premier chiffre de gauche du diviseur, mais moins de 10 fois.

Je dis : En 65 combien de fois 9? Il y a 7 fois.

J'essaye 7, pour voir s'il n'est pas trop fort, en multipliant 95 par 7; $95 \times 7 = 665$, nombre plus grand que le dividende. Donc 7 est trop fort.

J'essaye le nombre immédiatement inférieur, 6; $95 \times 6 = 570$, nombre plus petit que le dividende. Donc, 6 est le quotient.

Je retranche 570 de 657 pour obtenir le reste, 87.

Dans la pratique, on n'écrit pas le produit du diviseur par le quotient; on le retranche à mesure qu'on le forme, et on n'écrit que le reste, comme ci-dessous.

Dividende.	657	95	diviseur.
Reste.	87	6	quotient.

Je dis : 6 fois 5, 30; 30 de 37 reste 7, je retiens 3; 6 fois 9, 54; 54 et 3 (de retenue), 57; 57 de 65 reste 8.

146. — **Règle du 2ᵉ cas.** — *On prend à la gauche du dividende un ou deux chiffres pour former un nombre contenant le premier chiffre de gauche du diviseur, mais moins de dix fois. On divise ce dividende partiel par ce chiffre.*

Le quotient trouvé peut être trop fort. Pour l'essayer, on multiplie le diviseur par ce quotient. Si le produit peut se retrancher du dividende, le quotient convient. S'il ne peut pas se retrancher, on diminue le quotient d'une unité, et on essaye de nouveau.

On continue ainsi jusqu'à ce qu'on ait obtenu le quotient cherché.

147. — **3ᵉ cas.** — **Le diviseur et le quotient ont plusieurs chiffres.**

Exemple.

Avec 645 314ᶠ, combien pourra-t-on secourir de familles en donnant 825ᶠ à chacune?

Le nombre des familles secourues sera égal au quotient de 645 314 par 825.

Le quotient sera supérieur à 100, car $825 \times 100 = 82\,500$, nombre inférieur au dividende. Il sera inférieur à 1000, car $825 \times 1000 = 825\,000$, nombre supérieur au dividende. Le quotient sera donc compris entre 100 et 1 000 et aura 3 chiffres.

1ᵉʳ dividende partiel.

Dividende.	6 4 5 3 1 4	825 diviseur,
2ᵉ dividende partiel.	6 7 8 1	782 quotient.
3ᵉ —	1 8 1 4	
Reste.	1 6 4	

On décompose l'opération en trois divisions du 2ᵉ cas, parce que le quotient a trois chiffres.

1ʳᵉ division. 6 453 divisé par 825. On applique la règle du 2ᵉ cas.

Le quotient est 7, le reste 678.

7 est le chiffre des centaines du quotient cherché.

2ᵉ division. 6 781 divisé par 825 (division du 2ᵉ cas).

6 781 est formé du reste précédent, 678, à droite duquel on a écrit 1, chiffre suivant du dividende.

Le quotient est 8, le reste 181.

8 est le chiffre des dizaines du quotient cherché.

3ᵉ division. 1 814 divisé par 825 (division du 2ᵉ cas).

1 814 est formé du reste précédent, 181, à droite duquel on a écrit 4, chiffre suivant du dividende.

Le quotient est 2, c'est le chiffre des unités du quotient cherché.

Le reste, 164, est le reste de la division proposée.

Le quotient de 645 314 par 825 est 782, le reste est 164.

Le nombre des familles est 782; il reste 164ᶠ.

148. — **Règle du 3ᵉ cas.** — *On sépare à la gauche du dividende assez de chiffres pour former un nombre contenant le diviseur, mais moins de dix fois, et on divise ce premier dividende partiel par le diviseur. On obtient le premier chiffre de gauche du quotient.*

A droite du reste obtenu, on abaisse le chiffre suivant

du dividende. On divise ce deuxième dividende partiel par le diviseur. On obtient le chiffre suivant du quotient.

On continue ainsi jusqu'à ce que tous les chiffres du dividende aient été abaissés. Le dernier reste obtenu est le reste de la division.

149. — **Remarque I.** — Si l'un des dividendes partiels est inférieur au diviseur, on met un zéro au quotient, et l'on écrit à droite de ce dividende partiel le chiffre suivant du dividende. On continue l'opération avec ce nouveau dividende partiel.

Exemple.

Diviser 592 783 par 842.

$$\begin{array}{r|l} 5\,9\,2\,7\,8\,3 & 842 \\ 3\,3\,8\,3 & \overline{704} \\ 1\,5 & \end{array}$$

Le 1er reste est **33**; en écrivant **8** à droite, on a **338**, qui est inférieur au diviseur **842**. On met zéro au quotient, on écrit **3** à côté de **338**, et on divise **3 383** par **842**. En appliquant la règle, il faudrait écrire deux fois **338**.

150. — **Remarque II.** — Soit à diviser **28 634** par **396**.

$$\begin{array}{r|l} 2\,8\,6\,3\,4 & 396 \\ 9\,1\,4 & \overline{72} \\ 1\,2\,2 & \end{array}$$

Quand le deuxième chiffre de gauche du diviseur est **9** ou voisin de **9** et que le premier chiffre est **1** ou voisin de **1**, on évite les tâtonnements en divisant par le premier chiffre du diviseur augmenté de **1**.

Au lieu de diviser **28** par **3**, on divise **28** par **4**, et on trouve immédiatement le premier chiffre du quotient, **7**. De même, on divise **9** par **4** pour trouver le deuxième chiffre du quotient. Cela tient à ce que le diviseur est voisin de **400**. Le chiffre du quotient ainsi obtenu peut être trop faible. Dans ce cas, on s'en aperçoit parce que le reste est plus grand que le diviseur.

151. — **Remarque III.** — Quand le dividende et le diviseur sont terminés par des zéros, on peut supprimer le même nombre de zéros à la droite de chacun d'eux. Le quotient ne change pas.

Soit à diviser **239 000** par **9 500**.

On supprime deux zéros à la droite du dividende et du diviseur, et l'on fait la division suivante :

$$\begin{array}{r|l} 2\,3\,9\,0 & 95 \\ 4\,9\,0 & \overline{25} \\ 1\,5 & \end{array}$$

15 est le reste de la division telle qu'elle a été faite. Pour obtenir le reste de la division proposée, **239 000** divisé par **9 500**, il faut ajouter à **15** les deux zéros supprimés au dividende.

Le quotient de **239 000** par **9 500** est **25**, le reste est **1 500**.

Car, puisque **2 390** contient **25** fois **95** augmenté de **15**, cela veut dire que **2 390** centaines contiennent **25** fois **95** centaines augmenté de **15** centaines.

DIVISION DES NOMBRES DÉCIMAUX

152. — On a **2** tablettes de chocolat de **10** barres chacune et **4** barres, c'est-à-dire 2 tablettes 4 dixièmes, ou **2,4**. On les divise en parts de chacune **6** barres ou **0,6**. Calculer le nombre des parts.

Nous trouverons le nombre des parts en cherchant combien de fois 6 barres sont contenues dans 2 tablettes et 4 barres, ou combien de fois 6 est contenu dans 24, c'est-à-dire 4 fois.

On voit que **0,6** est contenu 4 fois dans **2,4**.

L'opération que nous venons de faire est une *division de nombres décimaux*.

On l'indique comme celle des nombres entiers :

$$2,4 : 0,6 = 4.$$

2,4 est le *dividende*, **0,6** est le *diviseur*, 4 est le *quotient* de cette division.

153. — *Division avec reste.* — Dans l'exemple précédent, si nous avions eu 2 tablettes et 5 barres, c'est-à-dire 2,5 au lieu de 2,4, le nombre des parts aurait été le même, mais il serait resté 1 barre ou 0,1.

On dit encore, dans ce cas, que l'on fait une division de nombres décimaux. Dans cette division, 2,5 est le dividende, 0,6 est le diviseur.

On dit encore que 4 est le quotient de 2,5 par 0,6.

On dit que 0,1 est le *reste* de la division.

154. — Dans la division de 2,4 par 0,6, nous retrouverons le dividende en multipliant le diviseur par le quotient : $2,4 = 0,6 \times 4$.

Dans la division de 2,5 par 4, nous retrouverons le dividende en ajoutant le reste, 0,1, au produit du diviseur par le quotient : $2,5 = 0,6 \times 4 + 0,1$.

155. — **1ᵉʳ Cas.** — *Le dividende seul est décimal.*

1ᵉʳ Exemple. — Un manœuvre reçoit 28ᶠ,75 pour 5 journées. Calculer son salaire quotidien.

Nous obtiendrons le salaire quotidien en divisant 28,75 par 5.

$$\begin{array}{r|l} 2\,8,7\,5 & \underline{5} \\ 3\,7 & 5,75 \\ 2\,5 & \\ 0 & \end{array}$$

Je divise **28** par **5**, le quotient est **5** unités, le reste **3** unités ; je mets une virgule à droite du chiffre des unités du quotient. J'abaisse **7** dixièmes, *je* divise **37** par **5**, le quotient est **7** dixièmes. Je continue la division.

Le salaire quotidien est **5ᶠ,75** exactement, car **2 875** centimes divisé par **5** donne exactement **575** centimes.

2ᵉ Exemple. — Une demi-douzaine de mouchoirs coûte 5ᶠ,15. A combien revient le mouchoir ?

Nous obtiendrons le prix d'un mouchoir en divisant 5ᶠ,15 par 6.

$$\begin{array}{r|l} 5,15 & \underline{6} \\ 35 & 0,858 \\ 50 & \\ 2 & \end{array}$$

Je dis : En **5** il y a **0** fois **6**, je mets zéro au quotient et une virgule à droite. En **51** il y a **8** fois **6**, il reste **3**. En **35** il y a **5** fois **6**, il reste **5**. J'écris un zéro à droite du reste et je divise **50** par **6** ; le quotient est **8**, le reste **2**.

Un mouchoir revient à 0ᶠ,858 ; le reste est 0ᶠ,002.

On fait la division comme si la virgule n'existait pas, c'est-à-dire comme si l'on comptait en centimes.

156. — Règle. — *Pour diviser un nombre décimal par un nombre entier, on divise la partie entière du dividende par le diviseur. Arrivé à la virgule du dividende, on en met une au quotient à droite du dernier chiffre, et l'on continue la division comme celle des nombres entiers.*

Quand tous les chiffres du dividende ont été abaissés, s'il y a un reste, on peut continuer la division après avoir écrit un zéro à la droite du reste. On continue ainsi tant qu'il y a un reste, pour chaque nouveau chiffre qu'on veut obtenir au quotient.

157. — Remarque. — Dans la division précédente, il y a un reste; le quotient $0^f,858$ est inférieur au prix exact d'un mouchoir; mais $0^f,859$ serait supérieur à ce prix. Donc, le prix exact d'un mouchoir est entre $0^f,858$ et $0^f,859$; il diffère de $0^f,858$ de moins de $0,001$. Nous dirons que le prix d'un mouchoir est $0^f,858$ *à un millième près par défaut.*

Dans une division, si l'on s'arrête :

aux *dixièmes*, on a le quotient *à un dixième près par défaut*; aux *centièmes*, on a le quotient *à un centième près par défaut*; aux *millièmes*, on a le quotient *à un millième près par défaut*, etc.

Ainsi, le prix d'un mouchoir est $0^f,8$ à un dixième près par défaut; $0^f,85$ à un centième près par défaut, etc.

158. — 2º Cas. — *Le diviseur seul est décimal.*

Exemple. — Une cravate coûte $1^f,25$. Combien pourra-t-on en acheter avec 28^f?

Nous obtiendrons le nombre des cravates en divisant 28 par 1,25. $1^f,25 = 125$ centimes; $28^f = 2\,800$ centimes.

En exprimant les sommes en centimes, le nombre des cravates achetées ne change pas. Par conséquent, ce nombre est le quotient de 2 800 par 125.

$$\begin{array}{r|l} 2\,8\,0\,0 & 125 \\ 3\,0\,0 & 22 \\ 5\,0 & \end{array}$$

Nous sommes ramenés à une division de nombres entiers.

Le nombre des cravates est **22**.

Donc **28ᶠ** contiennent **22** fois **1ᶠ,25**, il reste **0ᶠ50**.

159. — Règle. — *Pour diviser un nombre entier par un nombre décimal, on barre la virgule du diviseur, et l'on ajoute à la droite du dividende autant de zéros qu'il y avait de chiffres décimaux au diviseur. On est alors ramené à une division de nombres entiers.*

160. — 3ᵉ Cas. — *Le dividende et le diviseur sont décimaux.*

1ᵉʳ Exemple. — Dans un ruban de **6ᵐ,5**, combien peut-on tailler de rubans de **1ᵐ,55** ?

Le nombre des rubans est égal au quotient de **650** centièmes de mètre par **155** centièmes. Nous faisons une division de nombres entiers.

$$\begin{array}{r|l} 6\,5\,0 & 155 \\ 3\,0 & 4 \end{array}$$

On peut tailler **4** rubans. **6ᵐ,5** contiennent **4** fois **1ᵐ,5**, il reste **0ᵐ,30**. Nous dirons que nous avons divisé **6,5** par **1,55**.

2ᵉ Exemple. — Avec **9ˡ,25** de vin, combien peut-on remplir de bouteilles de **0ˡ,65** ?

Le nombre des bouteilles est égal au quotient de **925** centièmes de litre par **65** centièmes. Nous faisons encore une division de nombres entiers.

$$\begin{array}{r|l} 9\,2\,5 & 65 \\ 2\,7\,5 & 14 \\ 1\,5 & \end{array}$$

On peut remplir **14** bouteilles, il reste **15** centièmes ou **0ˡ,15**.

3ᵉ Exemple. — On a payé **5ᶠ,85** un poids de **6ᵏᵍ,5** de sucre. Quel est le prix du kilogramme ?

Si l'on achète dix fois plus de sucre, on payera une somme dix fois plus forte. Donc on payera **58ᶠ,50** pour **65ᵏᵍ** de sucre.

$$\begin{array}{r|l} 5\,8,5\,0 & 65 \\ 0\,0\,0\,0 & 0,9 \end{array}$$

Pour avoir le prix d'un kilogramme, nous diviserons **58,50** par **65** (1ᵉʳ cas).

Un kilogramme coûte **0ᶠ,90**.

La marche suivie dans les exemples qui précèdent nous conduit à la règle suivante :

161. — **Règle.** — *Pour diviser un nombre décimal par un nombre décimal, on barre la virgule du diviseur et l'on avance celle du dividende d'autant de rangs vers la droite que le diviseur avait de chiffres décimaux.*

Si le dividende n'a pas assez de chiffres décimaux, on écrit des zéros à sa droite.

On est ramené à une division dont le diviseur est entier.

162. — **Remarque.** — On peut obtenir un quotient décimal dans une division de nombres entiers.

1er Exemple. — 12 plumiers coûtent 9ᶠ. Quel est le prix d'un plumier ?

Nous trouverons le prix d'un plumier en divisant 9 par 12.

Je dis : 9 ne contient pas 12, je mets un zéro au quotient et une virgule à droite du zéro. J'écris un zéro à droite du dividende et je divise 90 par 12; le quotient est 7, le reste 6. J'écris un zéro à droite de 6 et je divise 60 par 12, le quotient est 5.

Le prix d'un plumier est 0ᶠ,75 exactement.

2e Exemple. — Une pièce de drap a été payée 297ᶠ à raison de 15ᶠ le mètre. Quelle est la longueur de la pièce ?

Nous trouverons la longueur en mètres en divisant 297 par 15.

Après avoir abaissé le dernier chiffre du diviseur, nous avons 19 au quotient et 12 comme reste. Nous mettons une virgule à droite de 19, nous écrivons un zéro à droite du reste et nous continuons la division.

La pièce a 19ᵐ,8 exactement.

CAS PARTICULIERS.

Division par 10 ; 100 ; 1 000....

163. — **1er Exemple.** — Le dividende est un nombre entier : 85.

1° 85 : 10 = 8,5.

2° 85 : 100 = 0,85.

3° 85 : 1 000 = 0,085.

On le voit en faisant la division suivant la règle.

164. — **Règle.** — *Pour diviser un nombre entier par 10, 100, 1000..., on sépare à la droite du nombre un, deux, trois... chiffres décimaux.*

Si le nombre n'a pas assez de chiffres, on écrit des zéros à sa gauche.

165. — **2ᵉ Exemple.** — Le dividende est un nombre décimal **48,7**.

1° 48,7 : 10 = 4,87.
2° 48,7 : 100 = 0,487.
3° 48,7 : 1 000 = 0,0487.

166. — **Règle.** — *Pour diviser un nombre décimal par 10, 100, 1000..., on porte la virgule d'un rang, de deux, de trois... rangs vers la gauche.*

Si le nombre n'a pas assez de chiffres, on écrit des zéros à sa gauche.

167. — **Preuve de la division.** — *On multiplie le diviseur par le quotient; on ajoute le reste au produit, et l'on doit obtenir le dividende.*

Cette règle est une application du n° 142 p. 86.

	Division.			Preuve.
Dividende.	1 3 4 1 7 9	**543** *diviseur.*	**543** *diviseur.*	
	2 5 5 7	**247** *quotient.*	**247** *quotient.*	
	3 8 5 9		3801	
Reste.	5 8		2172	
			1086	
			134121	*produit du diviseur par le quotient.*
			58	*reste.*
			134179	*dividende.*

168. — **Remarque I.** — On fait la preuve d'une division sans reste en multipliant le diviseur par le quotient : il faut retrouver le dividende.

169. — *Remarque II.* — Quand on fait la preuve d'une division, il faut faire attention à l'ordre des unités représentées par le reste avant de l'ajouter au produit du diviseur par le quotient.

Soit à diviser 3,85 par 27.

Division.

Dividende. 3,8 5 | 27 *diviseur.*
    1 1 5 | 0,14 *quotient.*
      7 |

Le chiffre 7 du reste est au deuxième rang à droite des unités du dividende, il représente des centièmes. Le reste est donc 7 centièmes ou 0,07.

Preuve.

  2 7 *diviseur.*
0,1 4 *quotient.*
—————
1 0 8
2 7 .
—————
3,7 8 *produit du diviseur par le quotient.*
0,0 7 *reste.*
—————
3,8 5 *dividende.*

170. — *Preuve par 9.* — On opère sur le diviseur, le quotient, le reste et le dividende comme sur le multiplicande dans la preuve par 9 de la multiplication (p. 70, § 127).

2 6 3 9 | 46
  3 3 9 | 57
    1 7 |

1° *Diviseur.* 4 et 6, 10; 1 et 0 . . . . 1.
2° *Quotient.* 5 et 7, 12; 1 et 2 . . . . 3.
3° Produit des deux nombres obtenus $1 \times 3 =$ . . . . 3.
4° *Reste.* 1 et 7 . . . . 8.
5° Somme des deux derniers nombres, 3 et 8, 11; 1 et 1 . . . . 2.
6° *Dividende.* 2 et 6, 8; 8 et 3, 11; 1 et 1 . . . . 2.

Quand les deux derniers nombres sont égaux, la division est *probablement exacte.*

On a l'habitude d'écrire le premier nombre obtenu,

le deuxième et les deux derniers dans les angles d'une croix, comme ci-dessus.

171. — *Remarque.* — Quand les deux derniers nombres de la preuve par 9 ne sont pas égaux, il est certain que la division est inexacte; quand ils sont égaux, la division n'est pas forcément exacte. Ainsi, on peut intervertir l'ordre des chiffres dans le quotient ou dans le reste, la preuve par 9 réussira encore.

CALCUL MENTAL DANS LA DIVISION

NOMBRES ENTIERS

172. — La table de multiplication utilisée pour la division donne les quotients qu'on obtient en divisant les produits des neuf premiers nombres entre eux par chacun de ces nombres.

Exemples. — $40 : 8 = 5$ et $40 : 5 = 8$, car $5 \times 8 = 40$. $63 : 9 = 7$ et $63 : 7 = 9$, car $7 \times 9 = 63$, etc.

173. — *Diviser par 2.* — **Exemples.**

1° $60 : 2$.

On dit : La moitié de 6 diz. est 3 diz. ou **30**.

2° $84 : 2$.

On dit : La moitié de 8 diz. est 4 diz. ou 40, la moitié de 4 est 2; le quotient est $40 + 2 = 42$.

3° $45 : 2$.

$45 = 44 + 1$. On dit : La moitié de 44 est 22, la moitié de 1 est 0,5; le quotient est $22 + 0,5 = 22,5$.

4° $946 : 2$.

$946 = 940 + 6$. On dit : La moitié de 94 diz. est 47 diz. ou 470; la moitié de 6 est 3; le quotient est $470 + 3 = 473$.

5° $649 : 2$.

$649 = 648 + 1$. On dit : La moitié de 648 est 324, la moitié de 1 est 0,5; le quotient est $324 + 0,5 = 324,5$.

Ainsi, quand le nombre à diviser est impair (3e et 5e ex.), on prend la moitié du nombre pair immédiatement inférieur, et l'on ajoute 0,5 au quotient.

174. — *Diviser par 3.* — Exemples.

1° 90 : 3.

On dit : Le tiers de 9 diz. est 3 diz. ou 30.

2° 48 : 3.

48 = 30 + 18. 30 est le plus grand nombre de dizaines exactement divisible par 3 contenu dans 48. On dit : Le tiers de 30 est 10, le tiers de 18 est 6 ; le quotient est 10 + 6 = 16.

3° 159 : 3.

159 = 150 + 9. 150 est le plus grand nombre de dizaines exactement divisible par 3 contenu dans 159. On dit : Le tiers de 15 diz. est 5 diz. ou 50, le tiers de 9 est 3 ; le quotient est 50 + 3 = 53.

175. — *Diviser par 4.* — On peut prendre la moitié du nombre, puis la moitié du quotient obtenu.

Exemples. — 1° 52 : 4. On a : 52 : 2 = 26 ; 26 : 2 = 13.

2° 124 : 4. On a : 124 : 2 = 62 ; 62 : 2 = 31.

3° 206 : 4. On a : 206 : 2 = 103 ; 103 : 2 = 51,5.

176. — *Diviser par 8.* — On peut prendre la moitié du nombre, puis la moitié du quotient obtenu et enfin, la moitié du deuxième quotient.

Exemples. — 1° 96 : 8. On a : 96 : 2 = 48 ; 48 : 2 = 24 ; 24 : 2 = 12.

Le quotient de 96 par 8 est 12.

2° 184 : 8. On a : 184 : 2 = 92 ; 92 : 2 = 46 ; 46 : 2 = 23.

Le quotient de 184 par 8 est 23.

177. — *Diviser par 9.* — On peut prendre le tiers du nombre, puis le tiers du quotient obtenu.

Exemples. — 1° 189 : 9. On a : 189 : 3 = 63 ; 63 : 3 = 21.

Le quotient de 189 par 9 est 21.

2° **378 : 9.** On a : 378 : 3 = 126; 126 : 3 = 42.

Le quotient de **378** par **9** est **42.**

178. — *Diviser par 6, par 12.*

1° Pour diviser un nombre par **6**, on prend la moitié du nombre, puis le tiers du quotient obtenu.

204 : 6. On a : 204 : 2 = 102; 102 : 3 = 34.

Le quotient de **204** par **6** est **34.**

2° Pour diviser un nombre par **12**, on prend le tiers du nombre, puis le quart du quotient obtenu.

180 : 12. On a : 180 : 3 = 60; 60 : 4 = 15.

Le quotient de **180** par **12** est **15.**

179. — *Diviser par 20; 30; 40.*

On prend la moitié, le tiers ou le quart du nombre, puis on divise le quotient obtenu par **10.**

Exemples. — 1° **320 : 20.** On a : 320 : 2 = 160; 160 : 10 = 16.

Le quotient de **320** par **20** est **16.**

2° **216 : 30.** On a : 216 : 3 = 72; 72 : 10 = 7,2.

Le quotient de **216** par **30** est **7,2.**

3° **412 : 40.** On a : 412 : 4 = 103; 103 : 10 = 10,3.

Le quotient de **412** par **40** est **10,3.**

NOMBRES DÉCIMAUX

180. — Dans la division des nombres décimaux par le calcul mental, ou emploie les mêmes procédés que pour les nombres entiers. On tient compte de la virgule au quotient.

Exemples. — 1° **8,6 : 2.** On dit : La moitié de 8 est **4,** la moitié de 6 dixièmes est **3** dixièmes. Le quotient est **4** unités **3** dixièmes ou **4,3.**

On peut dire aussi : La moitié de 86 dixièmes est **43** dixièmes ou **4,3.**

2° **2,73 : 3.** On a : 2,73 = 273 centièmes. On dit : Le

tiers de **270** centièmes est **90** centièmes, le tiers de **3** centièmes est **1** centième. Le quotient est **91** centièmes ou **0,91**.

MULTIPLICATION ET DIVISION

Cas particuliers.

181. — *Multiplier par 5; 50; 25; 250.*

1° Pour multiplier un nombre par **5**, on le multiplie par **10** et l'on prend la moitié du produit.

Ex. 39×5. On a : $39 \times 10 = 390$; $390 : 2 = 195$.

2° Pour multiplier un nombre par **50**, on le multiplie par **100** et l'on prend la moitié du produit.

Ex. $0,98 \times 50$. On a : $0,98 \times 100 = 98$; $98 : 2 = 49$.

3° Pour multiplier un nombre par **25**, on le multiplie par **100** et l'on prend le quart du produit.

Ex. $4,8 \times 25$. On a : $4,8 \times 100 = 480$; $480 : 4 = 120$.

4° Pour multiplier un nombre par **250**, on le multiplie par **1 000** et l'on prend le quart du produit.

Ex. $1,64 \times 250$. On a : $1,64 \times 1 000 = 1 640$; $1 640 : 4 = 410$.

182. — *Multiplier par 0,5; 1,5; 2,5.*

1° Pour multiplier un nombre par **0,5**, on prend la moitié de ce nombre.

Ex. $140 \times 0,5$. On a : $140 : 2 = 70$.

2° Pour multiplier un nombre par **1,5**, on ajoute la moitié de ce nombre à lui-même.

Ex. $42 \times 1,5$. On a : $42 : 2 = 21$; $42 + 21 = 63$.

3° Pour multiplier un nombre par **2,5**, on ajoute la moitié du nombre au double de ce nombre.

Ex. $2,6 \times 2,5$. On a : $2,6 \times 2 = 5,2$; $2,6 : 2 = 1,3$; $5,2 + 1,3 = 6,5$.

On peut aussi multiplier le nombre par **10** et prendre

le quart du produit. Dans l'exemple précédent, on
aurait : $2,6 \times 10 = 26$; $26 : 4 = 6,5$.

183. — *Diviser par 5; 50; 25; 250.*

1° Pour diviser un nombre par 5, on double le nombre
et l'on divise le produit par 10.

Ex. $6,4 : 5$. On a : $6,4 \times 2 = 12,8$; $12,8 : 10 = 1,28$.

2° Pour diviser un nombre par 50, on double le
nombre et l'on divise le produit par 100.

Ex. $47 : 50$. On a : $47 \times 2 = 94$; $94 : 100 = 0,94$.

3° Pour diviser un nombre par 25, on quadruple le
nombre et l'on divise le produit par 100.

Ex. $52 : 25$. On a : $52 \times 4 = 208$; $208 : 100 = 2,08$.

4° Pour diviser un nombre par 250, on quadruple le
nombre et l'on divise le produit par 1 000.

Ex. $1\,200 : 250$. On a :

$$1\,200 \times 4 = 4\,800; \quad 4\,800 : 1\,000 = 4,8.$$

184. — *Diviser par 0,1; 0,01; 0,001.*

Pour diviser un nombre par 0,1; 0,01; 0,001, on le
multiplie par 10; 100 ou 1 000.

Ex. $5,4 : 0,1 = 5,4 \times 10 = 54$.

$0,9 : 0,01 = 0,9 \times 100 = 90$.

$0,65 : 0,001 = 0,65 \times 1\,000 = 650$.

185. — *Diviser par 0,2; 0,3; 0,4.*

Pour diviser un nombre par 0,2; 0,3; 0,4, on le multiplie par 10 et l'on divise le produit par 2, 3 ou 4.

Ex. $46 \quad : 0,2$. On a : $46 \times 10 = 460$; $460 : 2 = 230$.

$18 \quad : 0,3 \quad - \quad 18 \times 10 = 180$; $180 : 3 = 60$.

$3,2 : 0,4 \quad - \quad 3,2 \times 10 = 32$; $32 : 4 = 8$.

186. — *Diviser par 0,5; 0,25.*

Pour diviser un nombre par 0,5, on le multiplie par 2.

Ex. $3 : 0,5 = 3 \times 2 = 6$; $9,5 : 0,5 = 9,5 \times 2 = 19$.

2° Pour diviser un nombre par 0,25, on le multiplie
par 4.

Ex. $6 : 0,25 = 6 \times 4 = 24$; $0,9 : 0,25 = 0,9 \times 4 = 3,6$.

Fig. 14 (voir § 242, p. 148). — *Rectangle.*

La petite fille qui réfléchit travaille au milieu de rectangles : les feuilles blanches sur lesquelles elle va écrire, les faces du plumier, toutes les faces de la table, la croisée avec ses carreaux carrés, le cadre du tableau.

Comparez la sévérité de cet intérieur où dominent les rectangles à la grâce riante du paysage alsacien (fig. 12, p. 75).

EXERCICES ORAUX

DIVISION

Nombres entiers.

506. — Prendre les moitiés des nombres pairs inférieurs à 50.

507. — Même question, nombres pairs de 50 à 100.

508. — Même question, nombres impairs inférieurs à 50.

509. — Même question, nombres impairs compris entre 50 et 100.

510. — Diviser par 3 les nombres compris entre 3 et 30. Indiquer les restes s'il y a lieu.

On dira par exemple : Le quotient de 14 par 3 est 4, reste 2.

25 — 4 — 6, — 1 ; etc.

511. — Même question, diviser par 4 dix nombres inférieurs à 40.

512. — Même question, diviser par 6 dix nombres inférieurs à 60.

513. — Même question, diviser par 7 dix nombres inférieurs à 70.

514. — Même question, diviser par 8 dix nombres inférieurs à 80.

515. — Même question, diviser par 9 dix nombres inférieurs à 90.

516. — Dire quelles sont les moitiés de :

100 ; 400 ; 600 ; 200 ; 300 ; 4 000 ; 5 000 ; 3 800 ; 546 ; 503 ; 709.

517. — Dire quels sont les tiers de :

60 ; 90 ; 120 ; 150 ; 306 ; 600 ; 900 ; 630 ; 912 ; 810.

518. — Calculer les quarts de :

1° 40 ; 44 ; 48 ; 60 ; 100 ; 140 ; 420 ; 1 200 ; 2 400 ; 1 600 ; 4 000.

2° 1 ; 3 ; 7 ; 9 ; 13 ; 21 ; 34 ; 45 ; 49 ; 54 (quotients décimaux).

519. — Diviser par 6 :

80 ; 66 ; 78 ; 96 ; 84 ; 300 ; 240 ; 600 ; 900 ; 1 200 ; 666 ; 336 ; 996.

520. — Diviser par 9 :

90 ; 900 ; 180 ; 1 800 ; 360 ; 3 600 ; 720 ; 7 200 ; 99 ; 108 ; 801.

521. — Diviser par 12 :

36 ; 48 ; 72 ; 60 ; 96 ; 84 ; 120 ; 216 ; 540 ; 960.

522. — Diviser par 15 :

30 ; 60 ; 45 ; 75 ; 90 ; 105 ; 150 ; 300 ; 900 ; 750 ; 210 ; 345.

523. — Diviser par 20 :

40 ; 80 ; 60 ; 100 ; 200 ; 140 ; 280 ; 440 ; 580 ; 600 ; 700 ; 1 000.

524. — Diviser par 30 :

60 ; 90 ; 120 ; 210 ; 180 ; 540 ; 450 ; 750 ; 690 ; 900 ; 660 ; 1 200.

525. — Diviser par 40 :

80 ; 120 ; 400 ; 160 ; 440 ; 480 ; 200 ; 460 ; 900 ; 1 000 ; 1 220.

PROBLÈMES ORAUX

Nombres entiers.

526. — Une allée est plantée de deux rangées d'arbres contenant 424 arbres en tout; combien y a-t-il d'arbres par rangée?

527. — 240 élèves défilent 4 par 4; quel est le nombre des rangs?

528. — Avec 840ᶠ, combien peut-on acheter de bouteilles de vin à 4ᶠ la bouteille?

529. — A 2ᶠ la cravate, combien pourra-t-on en acheter avec 50ᶠ? 68ᶠ? 120ᶠ? 84ᶠ?

530. — 6 chapeaux coûtent 90ᶠ; quel est le prix de 3 chapeaux? d'un chapeau?

531. — 5 grandes croisées ont 180 carreaux de vitre, disposés sur 4 rangées verticales. Dire : 1° le nombre des carreaux d'une croisée; 2° le nombre des carreaux d'une rangée.

532. — Papa a 45 ans; Jean a le tiers de l'âge de son père et Louis a le tiers de l'âge de Jean. Calculer l'âge de Jean et celui de Louis.

533. — Un train a fait 350ᵏᵐ en 7 heures. Calculer sa vitesse à l'heure.

534. — Grand'mère a 72 ans. Son fils a la moitié de son âge, sa petite-fille a le sixième et son petit-fils a le huitième de son âge. Calculer les âges de ces trois derniers.

535. — Je pense un nombre, je le multiplie par 8 et j'obtiens 136. Quel est le nombre que j'ai pensé?

536. — En triplant un nombre, puis en multipliant le produit obtenu par 2, on obtient 126. Quel est ce nombre?

537. — Quand 4 paires de canards coûtent 28ᶠ, quel est le prix d'un canard?

538. — 4 mètres d'étoffe valent 36ᶠ; combien aura-t-on de mètres pour 81ᶠ?

539. — Quand le blé vaut 20ᶠ l'hectolitre, combien peut-on acheter d'hectolitres avec 200ᶠ? 500ᶠ? 800ᶠ? 1 800ᶠ?

540. — Quel est le traitement mensuel d'un fonctionnaire qui gagne 2 400ᶠ par an? 3 600ᶠ? 4 800ᶠ? 1 800ᶠ?

541. — 12 pièces de vin contiennent 2 400 litres et valent 960ᶠ. Dire la contenance et la valeur d'une pièce.

542. — Plusieurs personnes voyageant ensemble dépensent chacune 12ᶠ par jour. Quel est le nombre de ces personnes, sachant qu'en 3 jours elles ont dépensé 144ᶠ?

543. — Une rame de papier se compose de 20 mains. Combien 140 mains font-elles de rames?

544. — Combien peut-on acheter de timbres de 5 centimes avec 30 centimes? 55 centimes? 90 centimes? 75 centimes?

545. — Combien peut-on acheter de timbres de 15 centimes avec 45 centimes? avec 60 centimes? avec 90 centimes?

546. — 4 voisins ont acheté en commun 804ˡ de vin qui leur reviennent à 1 244ᶠ. Calculer : 1° la part de chacun; 2° la somme que chacun doit payer. (Les parts sont égales.)

EXERCICES ORAUX

DIVISION

Nombres décimaux.

547. — Calculer les moitiés de :

0,4; 0,8; 0,5; 0,7; 0,9; 0,12; 0,08; 0,06; 0,07; 0,15; 0,25.

548. — Même question.

5,8; 4,6; 9,2; 5,08; 6,34; 8,24; 4,3; 5,7; 8,1; 6,05; 9,07.

549. — Prendre les tiers de :

0,6; 0,12; 0,18; 0,9; 0,36; 0,48; 1,5; 4,2; 15,06; 21,12.

550. — Diviser par 6 :

0,18; 0,42; 5,4; 7,2; 8,4; 7,8; 4,8.

551. — Diviser par 4 :

0,4; 0,2; 0,16; 0,24; 0,8; 0,36; 0,48; 1,24; 8,04; 4,16; 16,08.

552. — Prendre les huitièmes de :

0,8; 0,24; 0,16; 0,56; 3,2; 4,8; 6,4; 8,8.

PROBLÈMES ORAUX

Nombres décimaux.

553. — 2ᵐ de ruban coûtent 2ᶠ,20, quel est le prix du mètre?

554. — 2 chapeaux coûtent 8ᶠ,50, quel est le prix d'un chapeau?

555. — Avec 1ˡ,5 de vin, on remplit deux bouteilles de même capacité. Dire la contenance d'une bouteille.

556. — Deux costumes de même prix coûtent 164ᶠ? Quel est le prix de chaque costume?

557. — Partagez 12ᶠ,60 en 4 parties égales.

558. — Pour un même trajet en chemin de fer, 3 billets de troisième classe coûtent 2ᶠ,70. Quel est le prix du billet?

559. — 6 voyageurs faisant le même trajet en chemin de fer ont payé en tout 43ᶠ,2 pour leurs 6 billets. Quel est le prix d'un billet?

560. — Une personne dépense 38ᶠ,50 en 7 jours. Quelle est sa dépense quotidienne?

561. — Quand le café coûte 5ʹ,60 le kilogramme, quel est le prix du demi-kilogramme? du quart d'un kilogramme? du huitième d'un kilogramme?

562. — Quand la demi-douzaine de faux-cols coûte 4ʹ,50, quel est le prix de 3 faux-cols? de 1 faux-col?

563. — Un tonneau contient 480ˡ de vin. On en met la moitié dans des bouteilles de 0ˡ,80 et le reste dans des bouteilles de 0ˡ,60. Combien faut-il de bouteilles de chaque sorte?

564. — 20ˡ de vin coûtant 9ʹ,60, combien aura-t-on de litres pour 19ʹ,20? pour 96ʹ? pour 4ʹ,80? pour 2ʹ,40? pour 1ʹ,20?

EXERCICES ORAUX

MULTIPLICATION ET DIVISION

565. — Nombres à multiplier par 5 :

16; 40; 44; 50; 64; 82; 104; 240; 0,2; 0,4; 0,8; 0,24; 1,8; 8,4.

566. — Combien font 25 fois 4? 8? 12? 16? 20? 60? 80? 120?

567. — Nombres à multiplier par 50 :

8; 12; 46; 58; 66; 0,6; 0,16; 1,4; 6,8; 9,6.

568. — Calculer les produits des nombres suivants par 250 :

12; 16; 20; 32; 56; 72; 80; 92; 4,8; 6,8; 0,88.

569. — Multiplier par 500 chacun des nombres suivants :

14; 18; 24; 30; 42; 50; 66; 124; 0,8; 2,8; 4,2.

570. — Un litre de vin vaut 0ʹ,50; calculer le prix de :

2ˡ; 4ˡ; 6ˡ; 8ˡ; 10ˡ; 16ˡ; 24ˡ; 40ˡ; 1ˡ; 3ˡ; 5ˡ; 7ˡ; 9ˡ; 15ˡ; 25ˡ; 95ˡ.

571. — Quand un mètre de doublure coûte 0ʹ,50, dire le prix de :

0ᵐ,8; 0ᵐ,9; 0ᵐ,5; 0ᵐ,7; 1ᵐ,2; 4ᵐ,4; 2ᵐ,6; 8ᵐ,7; 9ᵐ,8.

572. — En distribuant 0ʹ,50 par personne, calculer la somme que recevront 21; 62; 102; 140; 250; 500; 800; 1 220; 1 500 personnes.

573. — Un cahier coûte 0ʹ,25; dire ce qu'on payera pour :

3 cahiers; 5; 7; 11; 13; 15; 37; 59; 87 cahiers.

574. — Une bouteille a une contenance de 1ˡ,25; calculer la contenance de 4; 8; 12; 20; 24; 36; 40; 48; 52 bouteilles.

575. — On paye 2ʹ,25 pour un repas; combien payera-t-on pour 2; 10; 12; 18; 24; 36; 58; 3; 5; 9; 15; 21; 25 repas?

576. — En vendant 4ʰˡ,5 de bière chaque jour, dire la quantité vendue en 2; 4; 6; 8; 10; 14; 20; 30; 48; 60; 98 jours.

577. — Un colis pèse 2ᵏᵍ,5; calculer le poids de 2; 4; 8; 14; 16; 22; 30; 3; 5; 11; 15; 17; 25 colis semblables.

578. — Un œuf revient à 0ʳ,125; calculer le prix de :

8; 16; 24; 32; 40; 48; 64; 80; 96 œufs.

(Pour multiplier un nombre par 0,125, on peut diviser ce nombre par 8.)

579. — Prendre les cinquièmes de 60; 80; 100; 400; 500; 700; 1 000; 4 000; 55; 45; 35; 85; 75; 95; 105; 125; 625.

580. — Même question :

1; 2; 3; 4; 7; 17; 31; 51; 54; 67; 88; 92; 99.

581. — Diviser par 50, par 500 :

1 000; 1 500; 2 000; 2 500; 3 500; 16; 22; 23; 32; 48; 65; 154.

(On peut diviser par 100 ou par 1 000 et doubler le résultat.)

582. — Diviser par 25 :

100; 400; 300; 200; 250; 500; 220; 40; 20; 10; 75; 125; 625.

583. — Diviser par 250 :

1 000; 3 000; 2 000; 5 000; 500; 25; 125; 625; 1 250; 1 500; 2 500.

584. — Diviser par 5 :

0,5; 0,25; 1,05; 1,25; 22,5; 0,4; 0,3; 0,2; 0,1; 3,4; 5,6.

585. — Diviser par 25 :

0,5; 0,8; 0,9; 0,2; 0,7; 0,6; 5,2; 4,3; 7,1.

586. — Diviser par 0,1; 0,01; 0,001 :

4; 7; 38; 0,719; 0,485; 0,08; 0,05; 1,07; 34,15; 7,028.

587. — Diviser par 0,2; 0,3 :

3; 6; 12; 18; 21; 36; 72; 1,2; 2,4; 0,6; 0,48.

588. — Diviser par 0,5 :

3; 7; 15; 50; 54; 76; 81; 100; 234; 8,5; 7,5; 4,5; 1,2; 4,3; 7,15.

589. — Diviser par 0,25 :

4; 5; 8; 12; 15; 25; 30; 120; 130; 7,5; 3,25; 0,75; 0,25; 1,25.

590. — On partage 185ᶠ entre un certain nombre de personnes en donnant 5ᶠ à chacune. Quel est le nombre des personnes ?

591. — Dans une usine, 25 ouvriers reçoivent 300ᶠ par jour; 250 reçoivent 2 250ᶠ et 500 reçoivent 3 000ᶠ. Calculer le salaire d'un ouvrier de chaque catégorie.

592. — Combien 6 000 hommes forment-ils de compagnies de 250 hommes chacune ?

593. — 25 mètres de calicot coûtent 16ᶠ; 25 mètres de doublure coûtent 20ᶠ. Calculer le prix du mètre de calicot et celui du mètre de doublure.

594. — Une main de papier se compose de 25 feuilles. Combien 225 feuilles forment-elles de mains ?

595. — Combien 1 500 feuilles forment-elles de mains? de rames? (Une rame se compose de 20 mains.)

596. — Quand l'hectolitre de vin coûte 50ᶠ, quelle quantité pourra-t-on en acheter avec 300ᶠ? 280ᶠ? 180ᶠ?

597. — Avec 400ᶠ de vin, on remplit 500 bouteilles : dire la contenance d'une bouteille.

598. — 5 cahiers coûtent 1ᶠ,25. Quel est le prix d'un cahier?

599. — Au Théâtre-Français, 5 billets de parterre coûtent 12ᶠ,50. Quel est le prix du billet?

600. — 5 douzaines d'œufs valent 7ᶠ,50; quel est le prix de la douzaine?

601. — Un carnet de timbres de 0ᶠ,10 coûte 2ᶠ. Quel est le nombre des timbres?

602. — On gagne 0ᶠ,10 sur une douzaine de noix; combien faut-il vendre de douzaines pour gagner 1ᶠ? 3ᶠ?

603. — Combien peut-on acheter de cahiers à 0ᶠ,20 avec 1ᶠ? avec 2ᶠ? avec 5ᶠ?

604. — Un marchand de journaux gagne 0ᶠ,01 par journal. Combien doit-il vendre de journaux pour gagner 1ᶠ? 1ᶠ,50? 1ᶠ,75? 3ᶠ?

605. — On échange une pièce de 1ᶠ contre des pièces 0ᶠ,05 et une de 2ᶠ contre des pièces de 0ᶠ,10; combien aura-t-on de pièces de 0ᶠ,05? de 0ᶠ,10?

606. — Combien aura-t-on de pièces de 0ᶠ,50 en échange d'une pièce : de 1ᶠ? de 5ᶠ? de 20ᶠ?

607. — Combien faut-il donner de pièces de 0ᶠ,25 en échange d'une pièce : de 1ᶠ? de 5ᶠ? de 10ᶠ?

608. — Combien peut-on remplir de flacons de 0ᶠ,2 avec 1ᶠ? avec 3ᶠ? avec 7ᶠ? avec 0ᶠ,8? avec 0ᶠ,6 de liqueur?

609. — Une femme de ménage est payée 0ᶠ,40 l'heure. Combien d'heures doit-elle travailler pour gagner 4ᶠ? 8ᶠ? 12ᶠ? 40ᶠ? 0ᶠ,80? 1ᶠ,20? 2ᶠ? 2ᶠ,40? 3ᶠ,60? 4ᶠ,40?

EXERCICES ÉCRITS

DIVISION

Nombres entiers.

(Quand e diviseur est un nombre d'un chiffre, on peut faire la division *sans écrire les dividendes partiels.* Soit à diviser 3 285 par 3. On dit : le tiers de 3 est 1; le tiers de 2 est 0 et il reste 2; le tiers de 28 est 9 et il reste 1; le tiers de 15 est 5. Le quotient est 1 095.)

610. —	920 : 5	726 : 6	837 : 9.
611. —	5 971 : 7	3 645 : 5	2 208 : 6.
612. —	11 942 : 2	70 464 : 8	31 257 : 9.
613. —	578 431 : 4	930 874 : 5	470 182 : 8.
614. —	932 806 : 9	410 792 : 6	710 348 : 7.

615. — 105 : 21   132 : 22   217 : 31   132 : 33.
616. — 210 : 42   215 : 43   306 : 51   212 : 53.
617. — 205 : 41   176 : 44   162 : 54   275 : 55.
618. — 616 : 88   474 : 79   544 : 68   406 : 58.
619. — 282 : 47   234 : 39   414 : 69   343 : 49.
620. — 140 : 28   114 : 19   108 : 18   162 : 27.

621. — 2 005 : 401   1 896 : 632   3 620 : 724.
622. — 3 045 : 435   1 557 : 519   5 124 : 854.
623. — 3 624 : 453   4 837 : 691   4 656 : 582.
624. — 1 925 : 275   41 447 : 5 921   25 776 : 2 864.
625. — 9 265 : 1 853   25 480 : 2 935   23 406 : 3 901.
626. — 16 308 : 1 812   11 016 : 1 836   27 335 : 3 905.

627. — 308 : 22   810 : 45   567 : 27.
628. — 810 : 54   1 066 : 41   1 200 : 48.
629. — 31 915 : 491   17 976 : 749   40 725 : 543.
630. — 119 683 : 4 127   520 064 : 8 126   236 466 : 8 154.

631. — 35 904 : 48   7 293 : 51   17 976 : 24.
632. — 13 608 : 63   17 696 : 28   18 144 : 48.
633. — 370 185 : 435   251 160 : 728   417 186 : 462.
634. — 38 912 : 128   58 194 : 549   49 932 : 114.
635. — 201 436 : 967   385 917 : 391   244 084 : 278.
636. — 83 827 : 17   109 592 : 28   54 768 : 14.
637. — 121 743 : 27   85 260 : 28   418 122 : 58.

638. — 28 636 287 : 7 143   4 531 324 : 854.
639. — 128 800 245 : 42 805   346 590 688 : 89 456.
640. — 4 225 288 : 298   59 178 730 : 845.
641. — 40 662 140 : 428   29 794 888 : 7 432.
642. — 69 841 575 : 8 703   2 258 626 120 : 27 905.
643. — 336 818 127 : 18 709   869 841 575 : 8 025.

644. — 2 083 526 890 : 29 305   27 338 799 525 : 39 005.
645. — 164 269 863 : 1 809   723 693 872 : 4 906.

646. — 8 660 : 2 150; 9 720 : 900; 21 000 : 150.
647. — 413 000 : 4 200; 8 014 500 : 71 000; 159 000 : 21 000.
648. — 158 300 : 1 900; 301 000 : 2 900; 670 900 : 26 000.

649. — (49 + 56) : 5 [1]; (98 — 28) : 7.
650. — (47 + 35 — 22) : 4; (195 — 105) : 15.
651. — (439 + 61 + 500) : 25; (438 — 95 + 72 + 500) : 6.

1. (Soit (12 + 8) : 2. — Procédé : 12 + 8 = 20; 20 : 2 = 10.)

PROBLÈMES ÉCRITS

Nombres entiers.

652. — Une personne gagne 3 000ᶠ par an et économise 720ᶠ. Calculer son gain et ses économies par mois.

653. — Du drap acheté 132ᶠ les 11ᵐ a été revendu 182ᶠ les 14ᵐ. Calculer le prix d'achat et le prix de vente d'un mètre.

654. — Combien faut-il de trains de 24 wagons chacun pour transporter 3 264 chevaux, si l'on met 8 chevaux par wagon?

655. — En 1 heure, un coureur a parcouru 22 500ᵐ en faisant 18 tours de piste. Calculer : 1° la longueur de la piste ; 2° le nombre de mètres qu'il a faits en un quart d'heure.

656. — De Marseille à Bombay, il y a 9 496ᵏᵐ par le canal de Suez et 22 600ᵏᵐ par le cap de Bonne-Espérance. Combien un paquebot faisant 34ᵏᵐ à l'heure gagne-t-il d'heures en passant par le canal de Suez? (Donner un nombre entier d'heures.)

657. — 2 personnes se partagent également le tiers d'un héritage de 24 000ᶠ, et 5 autres personnes se partagent le reste en parts égales. Calculer la valeur d'une part dans les deux cas.

658. — 4 pièces de drap ont coûté 3 808ᶠ, à raison de 14ᶠ le mètre. Calculer la longueur et le prix d'une pièce.

659. — 4 bataillons de chasseurs alpins comptent 6 000 hommes, un bataillon est formé de 6 compagnies ; dire l'effectif d'un bataillon, celui d'une compagnie.

660. — On achète deux pardessus pour 195ᶠ. Quel est le prix de chaque pardessus, l'un coûtant le double de l'autre?

661. — On partage également 274 noisettes entre plusieurs enfants. S'il y avait 6 noisettes de plus à partager, chaque enfant en aurait 35. Quel est le nombre des enfants?

662. — Un domestique a 900ᶠ de gages par an. Mais il n'est pas resté toute l'année, et on lui a donné 675ᶠ. Combien est-il resté de mois?

663. — Faites la division 3 600 : 24. Quel sera le quotient si l'on multiplie 3 600 par 2 sans toucher au diviseur? si on multiplie 3 600 par 3?

664. — Divisez 3 850 par 35. Quel sera le quotient si l'on a comme dividende : 1° un nombre 5 fois plus petit que 3 850? 2° un nombre 4 fois plus grand que 3 850?

665. — Divisez 1 155 par 77. Quel sera le quotient si l'on divise 1 155 par un nombre 3 fois plus grand que 77? par un nombre 7 fois plus petit que 77?

EXERCICES ÉCRITS

DIVISION

Nombres décimaux.

Calculer les quotients à 0,1 près :

666. —   548 : 7   9 815 : 9   41 283 : 8.
667. —   9 458 : 13   2 310 : 17   8 312 : 23.

Calculer les quotients à 0,01 près :

668. —   425 : 36   719 : 24   809 : 18.
669. —   9 325 : 45   8 020 : 30   1 507 : 29.

Calculer les quotients à 0,001 près :

670. —   74 : 33   59 : 27   86 : 18.
671. —   978 : 47   5 916 : 210   45 900 : 490.

Calculer les quotients à 0,0001 près :

672. —   3 : 7   5 : 9   6 : 7   4 : 11.
673. —   9 : 14   7 : 15   3 : 22   5 : 26.
674. —   21 : 59   12 : 47   15 : 290   17 : 91.

Calculer les quotients exacts :

675. —   49,8 : 2   50,7 : 3   68,4 : 4.
676. —   52,65 : 5   91,56 : 6   15,54 : 7.
677. —   72,096 : 8   60,894 : 9   29,548 : 4.
678. —   2,035 : 5   1,904 : 2   2,301 : 3.
679. —   5,06 : 4   2,403 : 9   3,072 : 6.
680. —   1,4 : 8   0,41 : 5   0,21 : 15.
681. —   65,7 : 375   45,9 : 1 125   1,025 : 41.
682. —   3,003 : 210   3,96 : 240   0,126 : 35.

Donner les quotients avec 5 chiffres décimaux :

683. —   2,119 : 254   4,544 : 95   9,664 : 290.
684. —   32,914 : 746   9,805 : 187   0,9 : 435.
685. —   6,3481 : 565   34,519 : 962   1,738 : 879.

Calculer les quotients à 0,01 près :

686. —   39 : 0,7   55 : 0,3   82 : 0,7   47 : 0,6.
687. —   419 : 0,17   584 : 0,13   809 : 0,71   596 : 0,37.
688. —   895 : 0,083   788 : 0,031   217 : 0,341.
689. —   785 : 0,392   73 : 0,0009   91 : 0,0051.
690. —   86 : 0,0408   71 : 1,044   78 : 9,531.

Calculer les quotients à 0,001 près :

691. —   7,8 : 8,1   4,5 : 6,3   3,8 : 7,2.
692. —   5,26 : 7,08   3,25 : 0,93   7,04 : 0,39.
693. —   4,907 : 0,804   0,953 : 0,372   0,894 : 0,099.

Donner les quotients avec **2** chiffres décimaux :
694. — 4,387 : 1,8   9,085 : 4,2   8,705 : 6,3.
695. — 9,574 : 0,62   0,914 : 0,56   0,864 : 0,084.

Donner les quotients avec **3** chiffres décimaux :
696. — 8,45 : 1,55   61,8 : 1,3   0,904 : 0,091.
697. — 7,965 : 0,814   0,8543 : 0,0283   719,2 : 34,5.

Donner les quotients avec **2** chiffres décimaux :
698. — 4,3 : 5,7   8,9 : 2,01   7,1 : 9,45.
699. — 18,1 : 3,45   43,6 : 8,04   67,81 : 9,1.
700. — 40,8 : 5,409   25,4 : 0,561   9,4 : 0,027.
701. — 4,02 : 0,639   0,92 : 0,534   0,07 : 0,0321.

Donner les quotients avec **4** chiffres décimaux ; indiquer les restes exactement :
702. — 438,94 : 930   765,194 : 18,6.
703. — 9,5 : 0,8346   0,9581 : 0,0495.
704. — 4,8179 : 0,714   53,8 : 1,8564.
705. — 1,97 : 8,316   69,61 : 709,617.

Même question, **2** chiffres décimaux :
706. — 17 963 : 19   973 800 : 479   120 000 : 548.
707. — 8 124 000 : 853   4 095 000 : 999   705 000 : 435.
708. — 432,8 : 0,834   70,926 : 0,187   931 400 : 600,15.

PROBLÈMES ÉCRITS

Nombres décimaux.

709. — J'ai payé 15ᶠ,75 pour 9 repas. Quel est le prix d'un repas ?

710. — Avec 10ᶠ, combien peut-on payer de repas à 1ᶠ,50 ? Dire la somme qui reste.

711. — Une douzaine de couteaux coûte 21ᶠ,60. Quel est le prix d'un couteau ?

712. — Avec 72ᶠ, combien pourra-t-on acheter de douzaines de couteaux à 1ᶠ,50 pièce ?

713. — Quand 12ᵏ de sucre coûtent 10ᶠ,80, quel est le prix du kilogramme ? du demi-kilogramme ? du quart de kilogramme ? du huitième de kilogramme ?

714. — Chaque semaine, Paul dépense 1ᶠ,75 de son argent de poche. Quelle est la dépense quotidienne en dépensant également chaque jour ?

715. — Léon dépense 9ᶠ par mois. Combien dépense-t-il par jour ?

716. — 4 douzaines de cahiers coûtent 9ᶠ,60. Quel est le prix d'un cahier ?

717. — Avec 34^f,50, combien peut-on acheter de plumiers à 0^f,60 pièce? Quelle somme reste-t-il après l'achat?

718. — Quand le cent de bouchons coûte 4^f,80, combien aura-t-on de bouchons pour 9^f?

719. — J'ai payé 0^m,75 de toile 1^f,20. Quel est le prix d'un mètre?

720. — 2^{hl},5 d'huile pèsent 228^{kg},75. Calculer le poids d'un hectolitre.

721. — Avec 147^f de vin, combien peut-on remplir de bouteilles de 0^f,85? Indiquer le reste.

722. — Un ouvrier gagne 5^f,80 par jour de travail et dépense 4^f chaque jour. Combien devra-t-il travailler de semaines pour économiser 136^f? Compter 6 jours de travail par semaine.

723. — J'achète deux couteaux de même prix. Le marchand me rend 2^f,10 sur 10^f. Quel est le prix d'un couteau?

724. — En faisant un bénéfice de 5^f,75 par mètre de drap, combien faut-il vendre de mètres pour gagner 402^f,50? 603^f,75?

725. — On a payé 817^f deux pièces de drap de même qualité à raison de 9^f,50 le mètre. La première est 3 fois plus longue que l'autre. Calculer la longueur de chaque pièce.

726. — Une somme de 45^f est composée d'un même nombre de pièces de 1^f et de 0^f,50. Quel est ce nombre?

727. — Une personne gagne 3 500^f par an et dépense 209^f,50 par mois. Que peut-elle économiser chaque jour?

728. — 2 ouvriers gagnent chacun 6^f,75 par jour. Ils ont reçu à eux deux 202^f,50. L'un ayant travaillé 12 jours, combien l'autre a-t-il fait de journées?

729. — Une marchande a acheté 24 douzaines d'oranges 1^f,15 la douzaine et les a revendues 0^f,15 la pièce. Calculer son bénéfice.

730. — On lit sur une facture :

12^{kg},5 de sucre	11^f,25
28^{kg} de café.	149^f,80
14^l d'huile	21^f

Chercher le prix d'un kilogramme de sucre, de café, celui d'un litre d'huile.

731. — Sur une autre facture, on lit :

Vin à 2^f,75 le litre	82^f,50
Rhum à 4^f,90 le litre.	12^f,25
Huile à 1^f,75 le litre	42^f

Calculer le nombre de litres de vin, de rhum, d'huile.

732. — On achète de la toile 10^f,50 les 14^m; on la revend 19^f,80 les 18^m. On gagne ainsi 102^f,20. Calculer le nombre de mètres vendus.

733. — Une pièce d'étoffe valait 516^f; quand on en a vendu 9^m,50, le reste vaut 434^f,30. Quelle était la longueur de la pièce?

RÉSOLUTION DES PROBLÈMES

187. — *Usage des quatre opérations.* — Nous avons fait des problèmes sur les quatre opérations : résumons les principaux cas où l'on utilise chacune d'elles.

1° On fait une *addition* pour trouver la somme de plusieurs nombres.

Exemple : Un train se compose de 6 voitures, la première contient 32 voyageurs, la seconde 43, la troisième 25, la quatrième 13, la cinquième 36, la sixième 8. Quel est le nombre des voyageurs du train?

Ce nombre est $32 + 43 + 25 + 13 + 36 + 8 = 157$ voyageurs.

2° On fait une *soustraction* pour trouver la différence de deux nombres.

Exemple : Le train précédent est parti avec 157 voyageurs; à la première station, 41 voyageurs descendent. Combien en reste-t-il?

Il reste $157 - 41 = 116$ voyageurs.

3° On fait une *multiplication* pour obtenir la somme de plusieurs nombres égaux.

Exemple : Le train précédent est parti complet, chaque voiture contenant 48 voyageurs. Quel est le nombre de voyageurs de ce train?

Ce nombre est $48 \times 6 = 288$ voyageurs.

4° On fait une *division* pour calculer combien de fois un nombre est contenu dans un autre.

Exemple : Le train précédent est parti avec 272 voyageurs et l'on a mis dans chaque voiture le plus de voyageurs possible. Combien contient-il de voitures pleines?

Le nombre des voitures pleines est le quotient de 272 par 48, c'est-à-dire 5 et le reste est 32. Il y a 5 voitures pleines et 32 voyageurs dans la dernière.

5° Dans la plupart des cas, on sera amené à employer dans un problème plusieurs opérations.

Exemple : Le train est composé de 4 voitures de première classe contenant 48 places chacune et de 6 voitures de seconde classe contenant 60 places chacune. Le train part complet. Combien y a-t-il de voyageurs ?

Il y a : en première classe $48 \times 4 = 192$ voyageurs ;
— en seconde classe $60 \times 6 = 360$ voyageurs ;
— en tout $192 + 360 = 552$ voyageurs.

188. — Quand on a un problème à résoudre, il faut, avant tout, lire attentivement l'énoncé ; c'est seulement après avoir bien compris la signification des mots employés et le sens de la question posée qu'on passe à la résolution du problème. Nous allons expliquer cela sur des exemples.

189. — *Achat, Vente.* — Je paie une marchandise 150 francs, je la vends 30 francs de plus, c'est-à-dire 180 francs. 150 francs est le *prix d'achat* ; 180 francs est le *prix de vente* ; 30 francs est le *bénéfice*. On a :

1°
$$180^f = 150^f + 30^f.$$
Prix de vente = Prix d'achat + Bénéfice.

2°
$$150^f = 180^f - 30^f.$$
Prix d'achat = Prix de vente — Bénéfice.

3°
$$30^f = 180^f - 150^f.$$
Bénéfice = Prix de vente — Prix d'achat.

190. — *Remarque I.* — Il peut arriver exceptionnellement que le prix de vente soit inférieur au prix d'achat. Ainsi, une marchandise achetée 370 francs a été vendue 350 francs seulement. Au lieu d'un bénéfice, il y a une *perte* de 20 francs

Dans ce cas, on a :

1°
$$350^f = 370^f - 20^f.$$
Prix de vente = Prix d'achat — Perte.

2°
$$370^f = 350^f + 20^f.$$
Prix d'achat = Prix de vente + Perte.

3°
$$20^f = 370^f - 350^f.$$
Perte = Prix d'achat — Prix de vente.

191. — *Remarque II.* — Souvent, des *frais* viennent s'ajouter au prix d'achat. Par exemple, j'achète 3000 francs de vin; je paie 250 francs pour le transport. Ce vin me revient à 3250 francs. On dit que 3250 francs est le *prix de revient* du vin.

Le sens de chacun des mots achat, vente, bénéfice, etc., étant bien compris, résolvons quelques problèmes dont les énoncés contiennent ces mots.

192. — **Problème.**
On achète 140^m de toile pour 210^f; on la vend 1^f,80 le mètre. Calculer : 1° le bénéfice total; 2° le bénéfice sur un mètre.

Prix de vente de 140^m de toile : 1^f,80 $\times$ 140 = 252^f.
Bénéfice total : 252^f — 210^f = 42^f.
Bénéfice sur 1 mètre : 42^f : 140 = 0^f,30.

193. — **Problème.**
En vendant 15 montres au prix de 600^f, un horloger a fait un bénéfice total de 150^f. Combien avait-il payé chaque montre?

Prix d'achat de 15 montres : 600^f — 150^f = 450^f.
Prix d'achat d'une montre : 450^f : 15 = 30^f.

194. — **Problème.**
On a payé une pièce d'étoffe 90^f; il y a 5^f de frais. On l'a vendue 115^f en faisant un bénéfice de 0^f,40 par mètre. Quelle est la longueur de l'étoffe?

Prix de revient de l'étoffe : 90^f + 5^f = 95^f.
Bénéfice total : 115^f — 95^f = 20^f.
20 est égal au produit de 0,40 par le nombre de mètres de la pièce d'étoffe; nous trouverons ce nombre de mètres en divisant 20 par 0,40, ou 20 : 0,40 = 50^m.

195. — *Salaires.* — Le *salaire* est la somme payée pour un travail. Ce mot s'applique plus spécialement à la somme que reçoit un ouvrier comme prix de son travail. Au lieu de salaire, on dit *appointements* pour un employé, et *traitement* pour un fonctionnaire.

Les ouvriers sont payés soit à la *journée*, à la *semaine*, ou au *mois*, soit à la *tâche* ou à la *pièce*.

Un ouvrier payé à la tâche ou à la pièce reçoit une somme fixe pour chaque pièce qu'il exécute. Il gagne d'autant plus qu'il livre plus de pièces chaque jour.

Si un ouvrier cordonnier reçoit 4^f,50 pour chaque paire de chaussures livrée par lui, la pièce est ici la paire de chaussures. Si une ouvrière reçoit 1^f,50 pour chaque chemise confectionnée par elle, la pièce est ici la chemise. Tous deux sont payés à la tâche ou à la pièce.

196. — Problème.

Un ouvrier gagne 5^f,50 par jour. Combien touche-t-il au bout de 2 semaines, sachant qu'il travaille 6 jours par semaine?

En 2 semaines, l'ouvrier travaille $6 \times 2 = 12$ jours.
Il gagne 12 fois 5^f,50 ou $5^f,50 \times 12 = 66^f$.

197. — Problème.

Un ouvrier cordonnier a été payé 54^f pour 12 paires de souliers. Quelle somme a-t-il reçue par paire?

Pour chaque paire de souliers, cet ouvrier a reçu $54^f : 12 = 4^f,50$.

198. — Problème.

Une ouvrière est payée 1^f,25 pour chaque chemise qu'elle confectionne. Combien de chemises doit-elle confectionner pour gagner 15^f?

Elle doit confectionner autant de chemises que 1,25 est contenu de fois dans 15, ou $15 : 1,25 = 12$ chemises.

199. — *Mouvement uniforme*. — Un piéton marche sur une route, d'un pas régulier, toujours dans le même sens, pendant 3 heures; il fait 4 kilomètres la première heure, 4 kilomètres la deuxième heure, 4 kilomètres la troisième heure. On dit qu'il marche d'un *mouvement uniforme* avec une *vitesse* de 4 kilomètres à l'heure.

Pendant le premier quart d'heure, il fait 1 kilomètre, et il fait aussi 1 kilomètre pendant chacun des autres quarts d'heure. Il fait de même des chemins égaux toutes les dix minutes, toutes les minutes, etc.

200. — Définitions. — *Un mouvement est appelé uniforme lorsque les espaces parcourus dans des temps égaux sont égaux, quels que soient ces temps.*

La vitesse d'un mouvement uniforme est l'espace parcouru pendant l'unité de temps.

201. — Calcul de l'espace parcouru. — Problème.

Une automobile qui fait 31 kilomètres à l'heure met 4 heures pour aller de Paris à Orléans. Quelle est la distance de ces deux villes?

En 4 heures, l'automobile parcourt 4 fois 31 kilomètres, ou
$$31^{km} \times 4 = 124^{km}.$$
La distance des deux villes est 124^{km}.

202. — Calcul de la vitesse. — Problème.

De Paris à Blois il y a 178 kilomètres par la voie ferrée. Un train parcourt cette distance en 4 heures. Calculer sa vitesse à l'heure.

En 1 heure le train fait 178^{km} : 4 = 44^{km},5.

Nous avons négligé le temps consacré aux arrêts.

203. — Calcul du temps. — Problème.

Un cycliste parcourt 18 kilomètres par heure. Quel temps met-il pour parcourir 90 kilomètres?

Nous trouverons ce temps en calculant combien de fois 18 est contenu dans 90, ou 90 : 18 = 5 heures.

204. — Remarque. — Dans les problèmes sur les prix, sur les salaires, sur le mouvement uniforme, nous avons fait :

une *multiplication* pour calculer le prix total, le salaire total, l'espace parcouru;

une *division* pour calculer soit le prix de l'unité, le salaire quotidien ou le prix par pièce, la vitesse; soit le nombre d'unités, le nombre de pièces, le temps dans le mouvement uniforme.

205. — Moyenne. — La *moyenne* de 8 et 12 est
$$(8 + 12) : 2 = 20 : 2 = 10;$$
deux fois la valeur moyenne 10 donne la somme des deux nombres.

La moyenne de 5, 9 et 4 est

$$(5 + 9 + 4) : 3 = 18 : 3 = 6;$$

trois fois la valeur moyenne 6 donne la somme des trois nombres.

206. — Règle. — *La moyenne de plusieurs nombres est le quotient obtenu en partageant leur somme en autant de parties égales qu'il y a de nombres.*

Exemples.

1° 3 seaux ont les contenances suivantes : 14 litres, 16 litres et 18 litres. Leur contenance moyenne est égale à

$$(14 + 16 + 18) : 3 = 48 : 3 = 16 \text{ litres.}$$

Cela veut dire que trois seaux d'une même capacité de 16 litres chacun contiendraient au total le même volume d'eau que les trois seaux inégaux.

2° Une personne a économisé 120 francs le premier trimestre, 150 francs le deuxième, 200 francs le troisième et 110 francs le quatrième trimestre. Elle a économisé en moyenne par trimestre

$$(120 + 150 + 200 + 110) : 4 = 580 : 4 = 145 \text{ francs.}$$

Cela veut dire que si l'économie avait été de 145 francs dans chaque trimestre, au bout de l'année, la somme épargnée aurait été la même.

207. — *Mélanges.* — On mélange 1 hectolitre de blé pesant 80 kilogrammes avec 1 hectolitre pesant 76 kilogrammes. Le poids des 2 hectolitres égale $80 + 76 = 156$ kilogrammes. Un hectolitre de ce mélange pèse $156 : 2 = 78$ kilogrammes.

208. — Problème.

On mélange 2ʰˡ de vin à 40ᶠ l'hectolitre avec 3ʰˡ à 50ᶠ l'hectolitre. Quel est le prix de l'hectolitre du mélange?

Nombre d'hectolitres mélangés : $2 + 3 = 5^{hl}$.

Valeur totale du vin mélangé : $40 \times 2 + 50 \times 3 = 230^f$.

Prix de l'hectolitre du mélange : $230^f : 5 = 46^f$.

209. — *Tant pour cent.* — Quand un client paie une marchandise au moment de l'achat, on dit qu'il achète *au comptant*, qu'il paie *comptant*. Dans ce cas, le vendeur consent parfois une réduction du prix ; cette réduction est un *rabais* ou une *remise*. On peut aussi obtenir une remise dans l'achat d'une grande quantité de marchandises en une fois.

Quand le client obtient une remise de 4 francs sur un achat de 100 francs, on dit que la remise est de *4 pour cent*.

De même, quand un commerçant fait un bénéfice de 12 pour cent sur le prix d'achat d'une marchandise, cela veut dire qu'il gagne 12 francs sur 100 francs.

Le traitement des fonctionnaires de l'État subit une retenue de 5 pour cent pour la retraite : on leur retient 5 francs sur 100 francs.

L'eau de mer contient 2,5 pour cent de sel : sur 100 kilogrammes d'eau de mer, il y a $2^{kg},5$ de sel.

Une épidémie a fait périr 6 pour cent de la population d'une ville : il a péri autant de fois 6 personnes que la population contient de centaines d'habitants.

210. — Problème.

J'achète au comptant pour 450^f de marchandises ; on me fait une remise de 5 pour cent. Combien dois-je payer ?

Sur 1 franc, la remise est de $5^f : 100 = 0^f,05$.

Sur l'achat total, elle est de $0^f,05 \times 450 = 22^f,50$.

Je paierai donc $450^f - 22^f,50 = 427^f,50$.

211. — Problème.

Le café vert perd 18 pour cent de son poids par la torréfaction. Quel est le poids du café obtenu en torréfiant 240 kilogrammes de café vert ?

Sur 1^{kg} de café vert, la perte est de $18^{kg} : 100 = 0^{kg},18$.

Sur 240^{kg}, elle est de $0^{kg},18 \times 240 = 43^{kg},2$.

Poids du café brûlé : $240^{kg} - 43^{kg},2 = 196^{kg},8$.

212. — *Partages*. — Nous avons vu que, pour faire un partage en *parties égales*, on divise le nombre à partager par le nombre de parts.

Ainsi, quand on partage 28 mètres de drap en 7 coupons égaux, la longueur de chaque coupon est égale à $28^m : 7 = 4$ mètres.

Voici des exemples de partages en *parties inégales*.

213. — Problème.

Maman partage 20 pastilles entre Marthe et René ; elle donne à

Marthe 4 pastilles de plus qu'à René. Quelle est la part de chacun des enfants ?

Fig. 15.

Donnons d'abord 4 pastilles à Marthe (voir la figure). Il reste 20 — 4 = 16 pastilles. Nous faisons deux parts égales de ces 16 pastilles : 16 : 2 = 8 pastilles.

Nous donnons 8 pastilles à Marthe et 8 à René. Marthe, qui en a déjà reçu 4, a en tout 4 + 8 = 12 pastilles.

Marthe a 12 pastilles, René a 8 pastilles.

Vérification : Il faut toujours s'assurer que les résultats trouvés remplissent les conditions du problème.

Total des deux parts : 12 + 8 = 20.

Différence des parts : 12 — 8 = 4.

Les deux conditions du problème sont remplies : les résultats sont exacts.

214. — Problème.

Louis, Jean et Paul ont à eux trois 16 pièces de dix centimes. Louis et Jean en ont 9 à eux deux, Jean et Paul en ont 12 à eux deux. Quel est le nombre de pièces de chacun des enfants ?

Fig. 16.

Représentons les 16 pièces par 16 petits ronds (fig. 16). En séparant, à gauche, les 9 pièces de Louis et de Jean, il reste, à droite, les pièces de Paul. Donc, le nombre des pièces de Paul est égal à la différence

$$16 — 9 = 7 \text{ pièces.}$$

De même, en séparant, à droite les 12 pièces de Jean et de Paul, il reste, à gauche, les pièces de Louis. Donc, le nombre des pièces de Louis est égal à la différence

$$16 - 12 = 4 \text{ pièces.}$$

Entre les pièces de Louis et celles de Paul, il y a celles de Jean. Comme Louis et Jean ont à eux deux 9 pièces et que Louis en a 4, le nombre des pièces de Jean est égal à la différence

$$9 - 4 = 5 \text{ pièces.}$$

Paul a 7 pièces, Louis a 4 pièces, Jean a 5 pièces.

Vérification :
$$7 + 4 + 5 = 16 ;$$
$$4 + 5 = 9 ;$$
$$5 + 7 = 12.$$

215. — Problème.

La somme des longueurs du boulevard St-Michel, de l'avenue des Champs-Élysées et du boulevard St-Germain (à Paris) est égale à 641 décamètres. Le boulevard St-Germain a 127 décamètres de plus que l'avenue des Champs-Élysées et celle-ci a 50 décamètres de plus que le boulevard St-Michel. Calculer la longueur de chacune de ces voies.

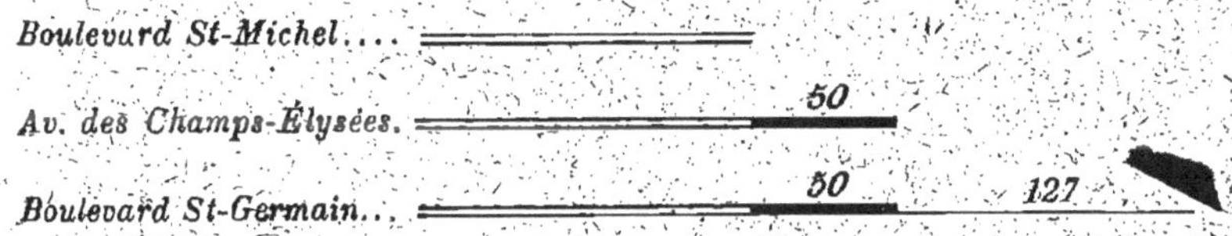

Boulevard St-Michel....

Av. des Champs-Élysées. 50

Boulevard St-Germain... 50 127

Fig. 17.

Représentons le boulevard St-Michel par un double trait, l'avenue des Champs-Élysées par un double trait semblable et un trait fort qui représente 50 décamètres, le boulevard St-Germain par les mêmes traits que cette dernière et un trait fin qui représente 127 décamètres (fig. 17).

Les deux traits forts et le trait fin représentent une longueur de $50 + 50 + 127 = 227$ décamètres.

En effaçant les deux traits forts et le trait fin, il reste les trois doubles traits, soit trois fois le boulevard St-Michel.

La somme des longueurs des trois voies, 641 décamètres, contient donc trois fois la longueur du boulevard St-Michel plus 227 décamètres.

Donc, nous obtiendrons 3 fois la longueur du boulevard St-Michel en retranchant 227 de 641 :

$$641 - 227 = 414 \text{ décamètres.}$$

Longueur du boulevard St-Michel : $414 : 3 = 138$ décamètres.

Longueur de l'avenue des Champs-Élysées : $138 + 50 = 188$ décamètres.

Longueur du boulevard St-Germain : $188 + 127 = 315$ décamètres.

Vérification : $138 + 188 + 315 = 641$;

$315 - 127 = 188$;

$188 - 50 = 138$.

216. — Problème.

On partage 18 mètres de toile en trois coupons. Le troisième est 3 fois aussi long que le deuxième, celui-ci est 2 fois aussi long que le premier. Calculer la longueur de chaque coupon.

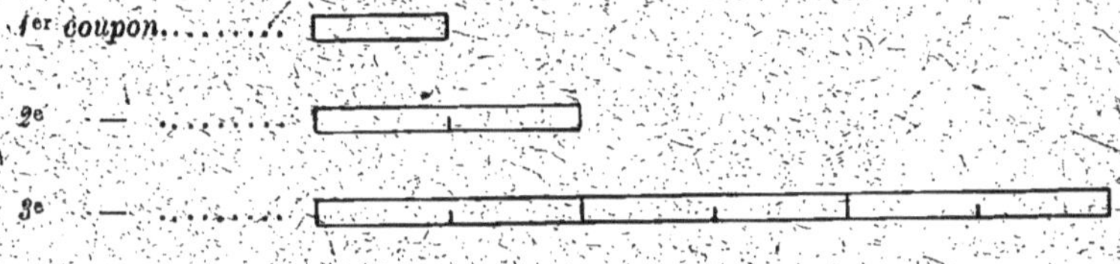

Fig. 18.

Représentons le premier coupon par la première bande, le deuxième coupon par une bande deux fois aussi longue, le troisième par une bande trois fois aussi longue que la deuxième, c'est-à-dire par une bande six fois aussi longue que la première (fig. 18).

Les trois bandes représentent

$$1 + 2 + 6 = 9 \text{ fois le premier coupon.}$$

Les 18 mètres de toile contiennent donc 9 fois le premier coupon. La longueur du premier coupon est égale à

$$18 : 9 = 2 \text{ mètres.}$$

Longueur du deuxième coupon : $2 \times 2 = 4$ mètres.

Longueur du troisième coupon : $4 \times 3 = 12$ mètres.

Vérification : $2 + 4 + 12 = 18$;

$2 \times 9 = 18$.

PROBLÈMES ÉCRITS

Les quatre opérations.

734. — Effectuer le produit 978×705. Calculer, ensuite, par une addition, le produit 978×706.

735. — Effectuer le produit 581×908. On ajoute 407 au produit trouvé et on divise le résultat obtenu par 908. Dire, sans faire la division, le quotient et le reste.

736. — Effectuer la division de **15520** par **32**. Le diviseur et le quotient restant les mêmes, quel serait le dividende si le reste était 1? s'il était 2? s'il était 15?

737. — 5 chapeaux et 4 bérets coûtent 43'; 5 chapeaux et 3 bérets de même qualité coûtent 41'. Calculer le prix d'un chapeau et celui d'un béret.

738. — Pierre a acheté 2 cahiers et 1 crayon pour 55 centimes; Jacques a acheté 2 cahiers et 3 crayons pour 85 centimes. Dire le prix d'un cahier et celui d'un crayon.

739. — Un chapelier a acheté pour 480' des chapeaux de feutre à 8' et des chapeaux de paille à 4' pièce. Il y a autant de chapeaux de feutre que de chapeaux de paille. Combien y a-t-il de chapeaux de chaque sorte?

740. — Dans un premier achat, on paie 12 chemises de flanelle et 6 chemises de coton 144'. Dans un deuxième achat, on paie 12 chemises de flanelle et 2 chemises de coton de même qualité 128'. Quel est le prix d'une chemise de chaque sorte?

741. — 3 tabourets et 6 chaises coûtent 69'; 10 tabourets et 6 chaises coûtent 104'. Trouver le prix d'un tabouret et celui d'une chaise.

742. — Un horloger consacre 2520' à l'achat d'un même nombre de montres en or, en argent et en nickel. Une montre en or coûte 150', une en argent coûte 40' et une en nickel coûte 20'. Quel est le nombre de montres de chaque sorte?

743. — Un horloger vend pour 3750' des montres en or à 145' la montre et des montres en argent à 35' la montre. Trouver combien il y a de montres de chaque sorte, sachant que le nombre des montres en argent est le triple de celui des montres en or.

744. — 10 moutons et 4 veaux ont coûté 1008'. Quel est le prix d'un veau et celui d'un mouton, 2 veaux coûtant autant que 7 moutons.

745. — 8 montres en or, 15 montres en argent et 20 montres en nickel coûtent 1710'. Calculer le prix d'une montre de chaque sorte, une montre en argent coûtant deux fois autant qu'une en nickel et une montre en or coûtant 8 fois autant qu'une en nickel.

746. — Le prix total de 4 tabourets, de 14 chaises et de 6 fauteuils s'élève à 544'. Une chaise coûte 3 fois autant qu'un tabouret, un fauteuil coûte 5 fois autant qu'une chaise. Quels sont les prix d'un tabouret, d'une chaise, d'un fauteuil?

Achat, Vente.

747. — 15 mètres de soie ont coûté 195'. Combien aurait-on payé en achetant 1 mètre de plus?

748. — Un fermier retire 1470' de la vente de 35 moutons qu'il avait payés 1190'. Quel est le bénéfice sur un mouton?

749. — Louis achète 5 pièces de vin; Paul en achète 6 de même qualité et paie 420' de plus que Louis. Quelle est la somme payée par chaque acheteur?

750. — On achète 14 bœufs 640' par tête et on les vend 725' l'un. Dire le bénéfice : 1° sur un bœuf; 2° sur les 14 bœufs.

751. — Abel achète 8 chevaux; Bernard en achète 5 en payant chaque cheval le même prix qu'Abel. Calculer la somme déboursée par chacun d'eux, Bernard ayant déboursé 2 940' de moins qu'Abel.

752. — Des chevaux vendus 8 625' avaient été achetés 7 860' avec un bénéfice de 85' par cheval. Calculer le nombre des chevaux.

753 — J'achète 38^m de drap au prix de 12' le mètre; je le vends en faisant un bénéfice total de 171'. Quel est le prix de vente du mètre?

754. — 7 bidons contenant chacun 12 litres d'huile ont été vendus 159',60 avec un bénéfice de 4',80 par bidon. Quel est le prix d'achat d'un litre?

755. — Un marchand de vin en gros a acheté 113 pièces de vin pour 10 533'. Sachant que 78 pièces de ce vin valent 96' chacune, calculer le prix de chacune des autres pièces.

756. — Un marchand avait en magasin 75^m de drap qu'il avait achetés 975'. Il en a vendu d'abord 49^m à 15' le mètre. Combien a-t-il vendu le mètre du reste, sachant qu'il a gagné 137' sur le tout?

757. — Un négociant a acheté 250 pièces de vin au prix de 180' la pièce. Il en vend d'abord 35 pièces à 209' l'une, puis 29 pièces à 205' la pièce. Combien doit-il vendre la pièce de ce qui lui reste pour faire un bénéfice total de 6 848' sur son marché?

758. — Un négociant a deux pièces d'étoffe contenant la première 57 mètres et la deuxième 98. Il vend 18' le mètre de la première pièce. Combien doit-il vendre le mètre de la deuxième pour qu'en ajoutant 1 148' au total de ces deux ventes, il puisse acheter 53 sacs de farine au prix de 78' le sac?

759. — Un fermier achète, le premier mars, un troupeau de 145 moutons. Il le fait garder par un berger auquel il donne 90' par mois. Le premier novembre suivant, il paie son berger et vend son troupeau 5480'. Sachant qu'il a gagné 845' à ce marché, on demande le prix d'achat d'un mouton.

760. — Pour 3 douzaines de chemises, il faut 102^m de toile à 2',45 le mètre. Une ouvrière payée 2',40 par journée met 24 jours à les confectionner. On dépense 3',90 pour le fil et les boutons. Combien faut-il vendre une chemise pour gagner 47',40 sur une douzaine?

761. — J'ai acheté une pièce d'étoffe de 30^m. J'en ai vendu 12^m à 8',50 le mètre et le reste à 8',85 le mètre. J'ai fait ainsi un bénéfice total de 66',30. Quel était le prix d'achat du mètre?

762. — On a acheté un troupeau de moutons pour 2 665'. Si on l'avait payé 97',50 de plus, chaque mouton aurait coûté 42',50. Dire : 1° le nombre des moutons; 2° le prix d'achat d'un mouton.

763. — Quel est le prix d'achat de 36^m de drap, sachant que sur 15^m que l'on vend 243',75, on gagne 2',25 par mètre?

764. — Un marchand achète 6 douzaines de verres au prix de 15ᶠ la douzaine; 3 verres se cassent pendant le transport. Quel doit être le prix de vente de chaque verre pour faire un bénéfice de 13ᶠ,50 sur le tout?

765. — Un aubergiste achète une barrique de cidre de 225 litres qui lui revient à 32ᶠ. Il met le cidre dans des bouteilles de 0ᶠ,75 qu'il vend 0ᶠ,25 chacune. Quel bénéfice fait-il sur la pièce entière?

766. — Une pièce de drap de 25ᵐ a été payée 6ᶠ,75 le mètre. Une partie ayant été détériorée, le reste revient à 7ᶠ,50 le mètre. Quelle est la longueur de ce reste?

767. — Un marchand achète 2 340 bouteilles à raison de 1ᶠ,25 la douzaine. Il les vend 15ᶠ le cent. Quel bénéfice a-t-il réalisé, sachant qu'il a cassé 32 bouteilles?

768. — Un marchand comptait vendre des vases 1ᶠ,50 pièce. Il en casse 12. Pour compenser cette perte, il vend chaque vase 1ᶠ,80. Combien a-t-il vendu de vases? Combien en avait-il achetés?

769. — Un faïencier avait acheté 60 vases pour 24ᶠ. Un certain nombre se sont brisés; il revend les autres 0ᶠ,60 pièce et il réalise un bénéfice de 7ᶠ,80. Combien y avait-il de vases brisés?

770. — On achète 2 400 assiettes au prix de 19ᶠ le cent. Les frais de transport se sont élevés à 12ᶠ; 42 assiettes se sont cassées. Combien devra-t-on vendre la douzaine pour faire un bénéfice de 121ᶠ,50?

771. — Une fermière porte au marché des œufs qu'elle se propose de vendre 0ᶠ,15 les deux. Elle en casse 10. En faisant son compte, elle trouve qu'en vendant ses œufs 0ᶠ,08 pièce, elle en retirera la même somme. Combien avait-elle d'œufs?

Salaires.

772. — Un ouvrier gagne 7ᶠ par jour. Combien gagne-t-il en un an, sachant qu'il travaille 298 jours par an?

773. — Une ouvrière est payée 24ᶠ par semaine; combien de semaines mettra-t-elle pour gagner 360ᶠ?

774. — Quel est le salaire journalier d'un ouvrier qui a gagné 441ᶠ en 63 jours?

775. — Deux ouvriers ont fait en 27 jours un travail valant 315ᶠ. Le premier a reçu 153ᶠ. Combien le second gagne-t-il par jour?

776. — Deux ouvriers travaillent ensemble à creuser un fossé. Le premier fait, par jour, 2 mètres d'ouvrage de plus que le second. Après avoir travaillé un même nombre de jours, le premier a fait 180 mètres d'ouvrage, le second en a fait 150 mètres. 1° Combien chaque ouvrier a-t-il fait de mètres d'ouvrage par jour? 2° L'ouvrage étant payé 0ᶠ,55 par mètre, quel est le salaire journalier de chaque ouvrier?

777. — Dans une famille, le père gagne 124ᶠ,50 par mois, la mère gagne 58ᶠ par mois, un fils gagne 10ᶠ,70 par semaine. Combien cette famille gagne-t-elle par an?

778. — Quel est le gain annuel d'une personne qui dépense 2ᶠ,60 par jour pour sa nourriture, 52ᶠ par mois pour son logement et son entretien et qui économise 345ᶠ dans l'année?

779. — Un employé a des appointements de 4 864ᶠ par an. Il en économise le quart. Quelle somme peut-il dépenser par jour?

780. — Jean gagne 4 200ᶠ par an. Il en dépense le quart pour sa nourriture, le huitième pour son entretien et le tiers pour d'autres frais. Quelle somme peut-il économiser par mois?

781. — Un ouvrier dépense 4ᶠ,40 chaque jour. Il travaille 25 jours par mois et économise 200ᶠ dans une année. Combien gagne-t-il par jour de travail?

782. — Un ouvrier gagne 6ᶠ par journée de travail et dépense 3ᶠ,90 chaque jour. A la fin de l'année, il a économisé 382ᶠ,50. Combien a-t-il travaillé de jours dans l'année?

783. — Un ouvrier dépense 3ᶠ,25 par jour pour sa nourriture et 42ᶠ par mois pour son entretien et son logement. Il économise 412ᶠ,25 par an. Il gagne 43ᶠ,50 par semaine de 6 jours de travail. Combien de jours a-t-il travaillé dans l'année?

784. — Une personne gagne 2 920ᶠ par an. Elle dépense 4ᶠ par jour pour sa nourriture, 36ᶠ,50 par mois pour son entretien, 109ᶠ,50 par trimestre pour son loyer et ses autres frais. Au bout de combien d'années pourra-t-elle acheter, avec ses économies, une maison estimée 3 504ᶠ?

Mouvement uniforme.

785. — Une automobile, allant à une vitesse de 43 kilomètres à l'heure, a parcouru en 3 heures le trajet de Laon à Paris. Quelle est la distance de ces deux villes?

786. — Quelle est la vitesse à l'heure d'un train qui met 4 heures pour aller de Paris au Havre? La distance de ces deux villes est de 228 kilomètres.

787. — Quel temps faut-il à un cycliste qui fait 26 kilomètres à l'heure pour aller de Paris à Évreux? (Distance de ces deux villes : 104 kilomètres.)

788. — A quelle distance est-on d'une poudrière qui fait explosion quand on entend le bruit de l'explosion 14 secondes après qu'elle s'est produite? (Vitesse du son dans l'air : 340 mètres par seconde.)

789. — A quelle distance est-on d'un bûcheron qui abat un arbre quand on entend le bruit une seconde et demie après qu'il a donné son coup de cognée? (Voir n° précédent.)

790. — De la cour des Invalides à la place de la Bastille (à Paris), la distance en ligne droite est d'environ 4 500 mètres. Au bout de combien de secondes percevra-t-on, sur cette place, la détonation du canon des Invalides ? (Voir problème n° 788.)

791. — La terre tourne sur elle-même en 24 heures. Quelle est la vitesse à l'heure du mouvement d'un point de la terre à l'équateur ? Le tour de la terre à l'équateur a 40 000 kilomètres.

Moyennes. Mélanges.

792. — Calculer la note moyenne de Jean qui a eu, en calcul, les notes suivantes dans 4 compositions : 14; 16; 13; 15 (sur 20 points).

793. — Voici les dépenses hebdomadaires d'un voyageur de commerce en février (28 jours) : première semaine 120^f,50; deuxième semaine 90^f,40; troisième semaine 95^f; quatrième semaine 120^f,10. Calculer la dépense moyenne par jour.

794. — On mélange 1 hectolitre de vin à 50 francs l'hectolitre avec 1 hectolitre à 65 francs et 1 hectolitre à 62^f. Quel est le prix moyen de l'hectolitre du mélange ?

795. — On mélange 25^{kg} de café à 5^f,80 le kilogramme avec 15^{kg} à 4^f,50 le kilogramme. A combien revient le kilogramme du mélange ?

796. — On mélange 4^{hl},5 de vin à 45^f l'hectolitre avec 6^{hl} à 38^f l'hectolitre et 2^{hl},5 à 35^f l'hectolitre. Quel est le prix de l'hectolitre du mélange ?

797. — On mélange 1 kilogramme de café à 5^f,60 le kilogramme avec 1 kilogramme d'un autre café; le kilogramme du mélange revient à 5^f,50. Quel est le prix du kilogramme du deuxième café?

798. — On mélange 6 hectolitres de vin à 45^f l'hectolitre avec 4 hectolitres d'un autre vin. L'hectolitre du mélange revient à 40^f,60. Calculer le prix de l'hectolitre du deuxième vin.

799. — On mélange 6 hectolitres de blé pesant 78^{kg} l'hectolitre avec un autre blé pesant 75^{kg} l'hectolitre; l'hectolitre du mélange pèse 77^{kg}. Quel est le nombre d'hectolitres du deuxième blé?

Tant pour cent.

800. — On me fait une remise de 5 pour cent sur un achat de 520^f. Quelle somme dois-je payer?

801. — Un hôtelier fait une remise de 10 pour cent aux membres du Touring Club de France. Quelle est la somme payée pour 5 jours à 9^f,50 par jour?

802. — Un libraire fait sur les livres une remise de 8 pour cent sur les prix portés aux catalogues. Combien doit-on payer en tout pour un atlas de 8^f,50, un dictionnaire de 12^f et pour 27^f,50 d'autres ouvrages?

803. — Un employé gagne 2 500^f par an. Il dépense par an 75 pour cent de cette somme. Combien dépense-t-il par mois?

804. — Une personne a retiré 175 000^f de la vente d'une maison. Elle a consacré 20 pour cent de cette somme à payer ses dettes

et 15 pour cent du reste à l'achat d'un terrain. Quelle est la valeur de ce terrain ?

805. — Sur 2 600 candidats au baccalauréat, 47 pour cent ont été seulement admissibles, 58 pour cent ont été reçus définitivement. Quel est le nombre des candidats admissibles ? celui des candidats reçus ? celui des candidats qui ont échoué complètement ?

806. — En octobre 1916, le prix du charbon avait augmenté de 220 pour cent par rapport au prix de 1913. Calculer l'augmentation de prix sur 250 quintaux de charbon qu'on payait 4^f,50 le quintal en 1913 ?

807. — En fin de saison, un magasin vend 38 chemises marquées 6^f,50 la chemise avec un rabais de 25 pour cent. Calculer la recette totale.

808. — Un fonctionnaire a un traitement de 5 200^f par an. On lui retient 5 pour cent de son traitement pour la retraite. Quelle somme touche-t-il chaque mois ?

809. — Un libraire reçoit d'un éditeur 117 livres marqués 2^f,50 chacun. L'éditeur lui donne 13 livres pour 12 et lui fait en outre une remise de 25 pour cent. Combien le libraire paie-t-il les 117 livres ?

Partages.

810. — Une mère partage 29 bonbons entre Jeanne et André. Elle donne à Jeanne 5 bonbons de plus qu'à André. Faites les parts.

811. — En ajoutant l'âge de Robert à celui de Jean, on obtient 24 ans ; Robert a 3 ans de plus que Jean. Calculer l'âge de chacun d'eux.

812. — La somme des longueurs de l'avenue de l'Opéra et de la rue de la Paix (à Paris) égale 928 mètres. L'avenue de l'Opéra a 468 mètres de plus que la rue de la Paix. Calculer la longueur de chaque voie.

813. — On partage 26 pralines entre Auguste, Lucien et Paul. On donne à Auguste 2 pralines de plus qu'à Lucien et on en donne à Paul autant qu'à Lucien. Quelles sont les trois parts ?

814. — J'ai 15^f. J'achète deux livres dont l'un coûte 2^f de plus que l'autre et il me reste 5^f. Quel est le prix de chaque livre ?

815. — René a vidé sa tirelire qui contenait 20^f. Il a acheté deux jouets : une mitrailleuse et un aéroplane ; la mitrailleuse coûtait 3^f,50 de plus que l'aéroplane. Après avoir payé son achat, il lui restait 2^f,50. Calculer le prix de chaque jouet.

816. — J'avais 39^f. J'ai payé la note du boucher et celle du boulanger à qui je devais 8^f,50 de moins, il me reste 5^f,50. Calculer le montant de chaque note.

817. — Une maman partage 27 pastilles entre Léon et Édouard. Quelles sont les deux parts, sachant que Léon a deux fois autant de pastilles qu'Édouard ?

818. — Avec **320** litres de vin, on remplit deux fûts; le plus grand contient trois fois autant de vin que l'autre. Combien y a-t-il de litres dans chaque fût?

819. — Partager **865'** entre **3** personnes en donnant à la première **15'** de moins qu'à la deuxième et à celle-ci **25'** de moins qu'à la troisième.

820. — La somme des âges de Jules, de Léon et d'Antoine est **31** ans. Jules a **2** ans de moins que Léon et **5** ans de moins qu'Antoine. Quel est l'âge de chacun d'eux?

821. — Un enfant a deux livres qui contiennent ensemble **216** pages; l'un en contient trois fois autant que l'autre. Combien y a-t-il de pages dans chacun des livres?

822. — Deux personnes ont acheté du sucre à **1',25** le kilogramme et ont payé **10'** en tout. La première a acheté trois fois autant de sucre que l'autre. Combien chacune a-t-elle acheté de kilogrammes?

823. — J'avais **20** francs dans ma poche; j'ai acheté un livre de **3** francs et deux paires de gants dont l'une coûte **2** francs de plus que l'autre. Il me reste **9** francs. Quel est le prix de chaque paire de gants?

824. — Un horloger a vendu **18** montres en argent et **13** en or pour une somme totale de **2 660** francs. Quel est le prix d'une montre de chaque sorte, sachant qu'une montre en or coûte **4** fois autant qu'une montre en argent?

825. — Partager **77** pastilles entre Louis, Paul et Jean de manière que Louis en ait **2** fois autant que Paul, et que Paul en ait deux fois autant que Jean.

826. — Partager **140** francs entre **3** personnes de manière que la première ait le double de la deuxième, et celle-ci le triple de la troisième.

827. — **5** amis ont dépensé **22',50** pour leur dîner à l'hôtel. Plusieurs ayant oublié leur porte-monnaie, les autres ont payé chacun **3** francs en plus de leur part. Quel est le nombre de ceux qui n'ont pas payé?

828. — **3** frères héritent d'une vigne estimée **7 800'** et d'une maison estimée **13 200'.** L'aîné prend la maison, le deuxième prend la vigne. Quelle somme chacun doit-il donner au plus jeune pour que les trois parts aient la même valeur?

829. — On achète pour **1 800'** du vin de trois qualités différentes en consacrant la même somme à chaque sorte de vin. Trouver la quantité de vin de chaque sorte, sachant que la première qualité vaut **60'** l'hectolitre, la deuxième **50'** l'hectolitre et la troisième **40'** l'hectolitre.

830. — Deux couturières ont acheté en commun **27ᵐ** de soie pour **344',25.** L'une paie **38',25** de plus que l'autre. Combien chaque couturière a-t-elle acheté de mètres de soie?

831. — On partage **128** gâteaux entre plusieurs enfants. S'il y

avait 7 gâteaux de plus, on pourrait en donner 5 à chaque enfant.
Combien y a-t-il d'enfants?

832. — Deux tonneaux contiennent en tout 347 litres de vin. Si
l'on tirait 20 litres du premier et 17 litres du deuxième, il resterait
la même quantité de vin dans chaque tonneau. Combien y a-t-il de
litres dans chaque tonneau?

833. — Un marchand a vendu 5 fois autant de toile que de drap.
Combien a-t-il vendu de mètres de chaque étoffe, sachant que la longueur de la toile vendue surpasse de 128ᵐ celle du drap?

CHIFFRES ROMAINS

217. — Les chiffres que nous utilisons sont d'origine
orientale. Les Romains avaient une numération différente et ils se servaient comme chiffres de quelques
lettres majuscules :

   I   V   X   L   C   D   M
  un cinq dix cinquante cent cinq cents mille.

Les chiffres romains sont encore employés de nos
jours pour les horloges, les inscriptions sur la pierre,
la désignation de certaines pages d'un livre, etc.

218. — Les règles suivantes permettent de lire et
d'écrire les nombres en chiffres romains.

1ʳᵉ Règle. — *Quand un nombre est formé de chiffres
romains de même valeur ou de valeurs décroissantes à
partir de la gauche, il suffit de faire la somme des
valeurs représentées par chacune de ces lettres.*

Exemples.

II	égale 1 plus 1	ou 2;
III	— 1 plus 1 plus 1	— 3;
XX	— 10 plus 10	— 20;
XXX	— 10 plus 10 plus 10	— 30;
CCC	— 100 plus 100 plus 100	— 300;

VI	égale	5 plus 1	ou 6 ;
VII	—	5 plus 2	— 7 ;
VIII	—	5 plus 3	— 8 ;
XI	—	10 plus 1	— 11 ;
XV	—	10 plus 5	— 15 ;
XVII	—	10 plus 7	— 17 ;
CLXI	—	100 plus 50 plus 10 plus 1	— 161.

2ᵉ Règle. — Quand une lettre est placée à gauche d'une autre lettre de plus grande valeur, on retranche la première valeur de la seconde et l'on remplace par leur différence le groupe de ces deux lettres.

On fait ensuite la somme des valeurs des autres lettres et des valeurs des groupes.

Par exemple, dans LIX, le groupe IX doit être remplacé par 9 et le nombre se lit : cinquante plus neuf ou 59.

Exemples.

IV	égale	5 moins 1	ou 4 ;
IX	—	10 moins 1	— 9 ;
XIX	—	10 plus 9	— 19 ;
XL	—	50 moins 10	— 40 ;
XC	—	100 moins 10	— 90 ;
CD	—	500 moins 100	— 400 ;
CM	—	1000 moins 100	— 900 ;
MCMXVII	—	1000 plus 900 plus 17	— 1917 ;

EXERCICES

834. — Lire les nombres suivants ou les écrire en chiffres ordinaires :

1°

X	XIX	XL
XII	XXIX	LXXV
IX	XXXVIII	LXXXIV

2°

C	D	MDCC
CC	DCC	MDXV
CCV	MCD	MDCCCIX
CCCXLIX	MDC	MDCCCXLVIII

835. — Écrire en chiffres romains :

1° les 20 premiers nombres ;

2° les nombres de 30 à 40 ;

3° 60 ; 70 ; 80 ; 90 ; 95 ; 100 ; 200 ; 400 ; 570 ; 732 ; 800 ; 1 000 ; 1 500 ; 1 519 ; 1 648 ; 1 715 ; 1 789 ; 1 804 ; 1 870 ; 1 900 ; 1 918.

Fig. 19. — *Chiffres romains.*

Cette inscription en latin rappelle la fondation de la Sorbonne ; elle est au-dessous du cadran solaire, dans la cour intérieure de la Nouvelle Sorbonne (Faculté des Sciences et des Lettres de Paris).

« En l'an 1253,
sous le règne de Louis IX,
Messire Robert de Sorbon
bâtit et fonda
le collège de Sorbonne
destiné aux jeunes gens pauvres
étudiants en théologie. »

Sur une autre plaque, on lit :

« L'an MDCCCCI (1901), M. Loubet étant Président de la République française,... les travaux de la Nouvelle Sorbonne ont été achevés. »

GÉOMÉTRIE

219. — Voici un caillou : c'est un *corps solide*, ou, comme on dit, un *solide*. Il occupe un certain espace : cet espace est le *volume* du caillou.

220. — Nous ne voyons pas l'intérieur du caillou, nous voyons seulement l'extérieur, la *surface* du caillou. C'est la surface qui sépare le caillou de l'air qui l'environne.

Voici maintenant une règle : c'est encore un solide qui a un volume et une surface. Cette surface est composée de morceaux réguliers, quatre grandes *faces* sur les côtés et deux petites faces aux bouts. Chacune de ces faces est un *plan*.

Chaque côté d'une vitre, la surface d'un miroir, la surface d'une eau tranquille, la page d'un livre ou d'un cahier sont aussi des plans.

221. — On appelle *ligne* le bord d'une surface. Les faces qui forment la surface de la règle sont limitées par des lignes droites. Une *ligne droite* ou plus simplement une *droite* appartient à deux faces voisines. On dit aussi que ces deux faces voisines se rencontrent suivant une droite.

Plions une feuille de papier, le pli est aussi une ligne droite, c'est la ligne droite suivant laquelle se rencontrent les deux plans obtenus en pliant la feuille.

Un fil tendu est aussi une ligne droite ; si on applique les deux bouts du fil tendu sur la page d'un cahier, on voit que le fil touche partout le papier.

Dans la nature, les bords des surfaces sont rarement des lignes droites ; regardez par exemple le bord d'une feuille de marronnier, le bord de la surface d'un rocher ou celui de la coquille d'un escargot.

LES LIGNES

222. — ***Ligne droite***. — Un fil tendu est une ligne droite (fig. 21 et p. 301, fig. 137).

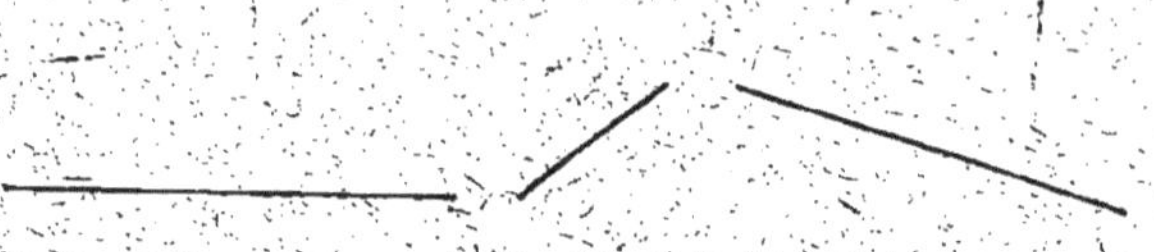

Fig. 20. — Lignes droites.

Les bords d'une règle, de la page d'un livre ou d'un cahier, les traits d'une page rayée sont des lignes droites.

Fig. 21. — *Ligne droite.*

Deux petits garçons essaient leur force en tirant sur une corde, sans se douter qu'ils réalisent ainsi l'image d'une droite presque aussi parfaite que chacune de celles qui forment le cadre.
Ainsi la géométrie se glisse partout.

223. — *Ligne brisée.* — *Une ligne formée de lignes droites est une ligne brisée (fig. 22).*

Fig. 22. — Lignes brisées.

Les bords d'un mètre pliant à demi-ouvert, les bords des dents d'une scie sont des lignes brisées.

224. — *Ligne courbe.* — *Une ligne qui n'est ni droite, ni brisée est une ligne courbe (fig. 23 et p. 24, fig. 3).*

Fig. 23. — Lignes courbes.

Le bord d'un cerceau, le contour d'une médaille, d'une feuille de trèfle forment des lignes courbes.

225. — *Point.* — *Un point est l'endroit où se coupent deux lignes, ou encore l'extrémité d'une ligne (fig. 24).*

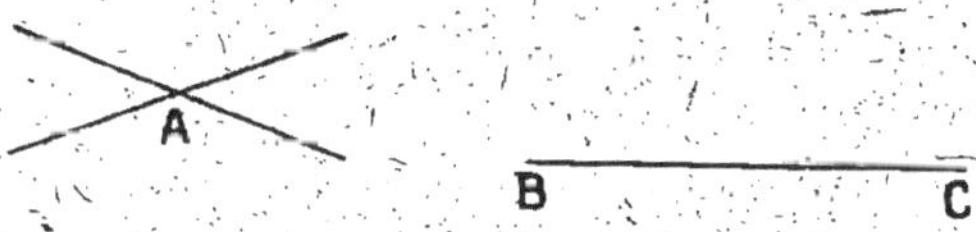

Fig. 24. — A, B et C sont des points.

Chacun des endroits où se coupent les lignes d'une page quadrillée est un point; les extrémités des dents d'une scie sont des points.

226. — *Ligne verticale.* — Nous avons vu qu'un fil

Fig. 25. — Lignes verticales.

tendu est une droite. Prenons un fil tendu par un poids

à son extrémité inférieure et tenu par son extrémité supérieure : c'est un *fil à plomb* (fig. 26).

La ligne droite qu'il forme est une *verticale* (p. 137, fig. 25, p. 41, fig. 6).

Les murs de la salle forment, en se rencontrant, quatre lignes verticales.

Fig. 26. — *Le fil à plomb.*

Le maçon vérifie avec son *fil à plomb* les arêtes verticales du mur. En mettant un œil derrière le fil et fermant l'autre, il voit avec satisfaction le fil suivre exactement l'arête du mur.

Fig. 27. — *Niveau à bulle d'air.*

Le maçon vérifie si son mur est horizontal. Le niveau qu'il a placé dessus lui apparaît comme celui que vous voyez en haut avec la bulle au milieu, au-dessus de l'eau.

S'il voyait son niveau avec la bulle placée comme dans celui de droite, le mur pencherait à droite; s'il le voyait avec la bulle placée comme dans celui de gauche, le mur pencherait à gauche.

Cela tient à ce que la surface de l'eau, dans le niveau, est toujours horizontale, tandis que la partie plate qui supporte le tube s'applique exactement sur le mur.

Beaucoup de ses outils ont la forme de figures géométriques; dites les noms de ces figures.

Regardez le cadre principal; de quelles lignes est-il formé? Quelles sont les parties du niveau qui présentent les mêmes lignes?

227. — *Ligne horizontale*. — La surface d'une eau tranquille forme un plan. Toute droite posée sur ce plan est *horizontale* (fig. 28 et p. 41, fig. 6).

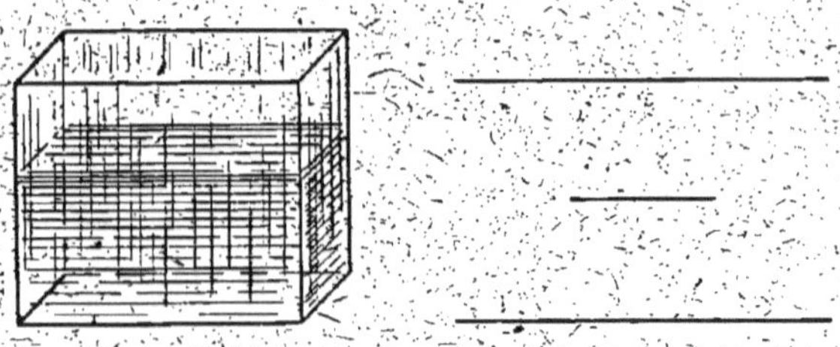

Récipient contenant de l'eau.

Lignes horizontales.

Fig. 28.

Exemples : Un bâton sur l'eau, les bords de l'eau dans un récipient tel que celui de la figure 28.

ANGLES

228. — Voici une paire de ciseaux : elle est formée de deux lames qui tournent autour d'un pivot ; les bords coupants de ces lames sont des droites. Ouvrons les ciseaux : les deux bords forment un V, c'est ce qu'on appelle un *angle* ; le pivot est le *sommet* de l'angle ; les bords des lames sont les *côtés* de l'angle. On dit que l'angle est plus ou moins grand suivant que les lames sont plus ou moins écartées.

La figure ABC (fig. 29) est un angle ; les droites BA et BC sont les côtés ; le point B est le sommet de l'angle.

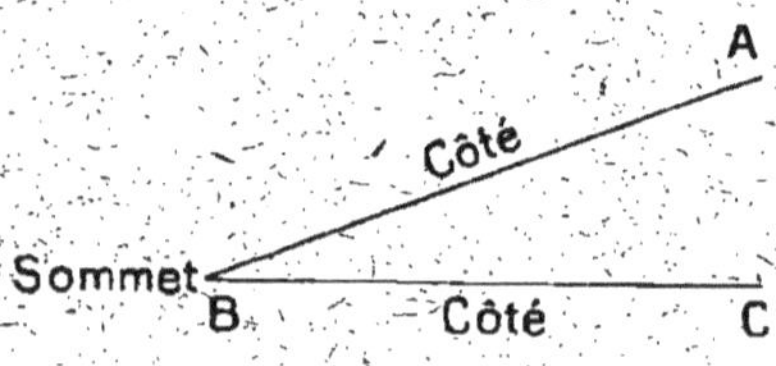

Fig. 29.

229. — *Angles égaux*. — Deux angles sont *égaux* quand on peut les transporter l'un sur l'autre de manière à placer exactement les côtés de l'un sur ceux de l'autre.

Les angles formés à chaque coin par les bords des pages d'un livre sont tous égaux.

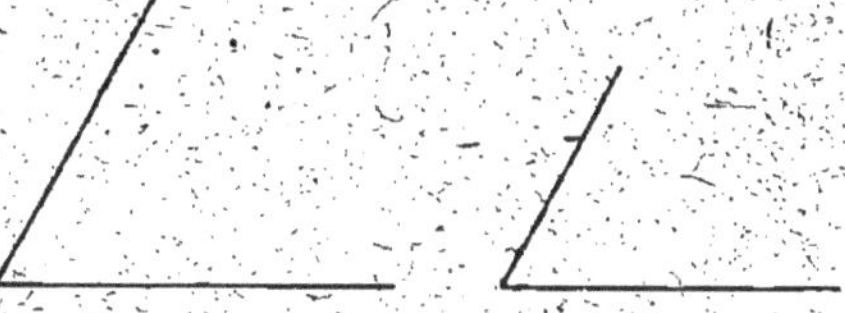

Fig. 30. — Angles égaux.

230. — **Perpendiculaires, obliques.** — Voici deux droites.

Plaçons une extrémité de la première sur l'autre. Cette première droite formera deux angles avec les

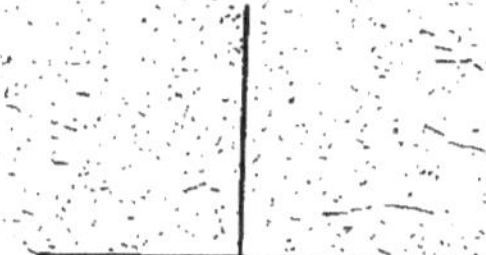

Fig. 31. — Perpendiculaires.

deux morceaux de l'autre. Si ces deux angles sont égaux, on dit que les deux droites sont *perpendiculaires* l'une sur l'autre (fig. 31).

Deux droites qui se rencontrent en formant deux angles égaux sont perpendiculaires l'une sur l'autre.

Fig. 32. — Perpendiculaires.

Exemples : Les lignes du papier quadrillé, le T majuscule dans les caractères d'imprimerie, comme celui du mot géométrie, en tête du chapitre (p. 135).

Souvent, un seul des angles est tracé (fig. 32).

Exemples : Deux bords voisins de chaque page d'un livre, d'un cahier.

Quand deux droites qui se rencontrent ne sont pas perpendiculaires, on dit qu'elles sont obliques l'une sur l'autre (fig. 33).

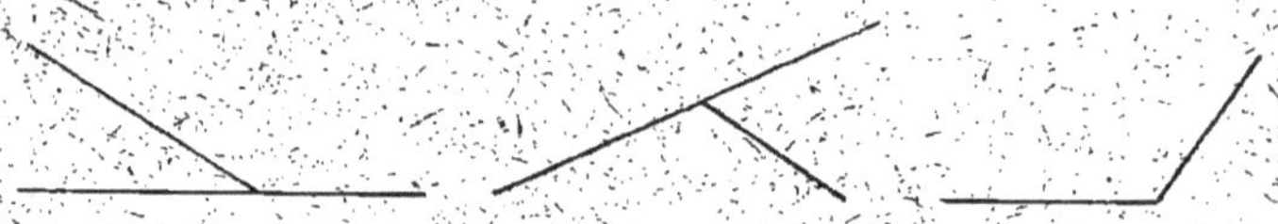

Fig. 33. — Obliques.

Fig. 34. — Rails.

Les rails sont parallèles ; les traverses sur lesquelles ils sont fixés sont aussi parallèles et elles ont toutes la même longueur. Cependant, sur le dessin, les rails se rapprochent et les traverses se rapetissent comme nous les montre notre œil.

231. — ***Parallèles.*** — *Quand des droites sont dans un même plan et ne peuvent pas se rencontrer si loin qu'on les prolonge, on dit qu'elles sont parallèles* (fig. 34, 35 et p. 54, fig. 10).

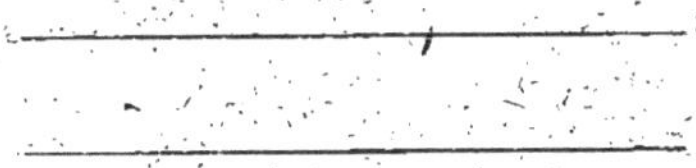

Fig. 35. — Parallèles.

Exemples : Les bords opposés d'un tableau noir, d'une page d'un cahier ou d'un livre ; les rails, les traverses des chemins de fer.

Remarquons que les traverses sont perpendiculaires aux deux rails. La partie d'une traverse comprise entre les rails est la *distance* des deux rails, des deux parallèles (voir fig. 34).

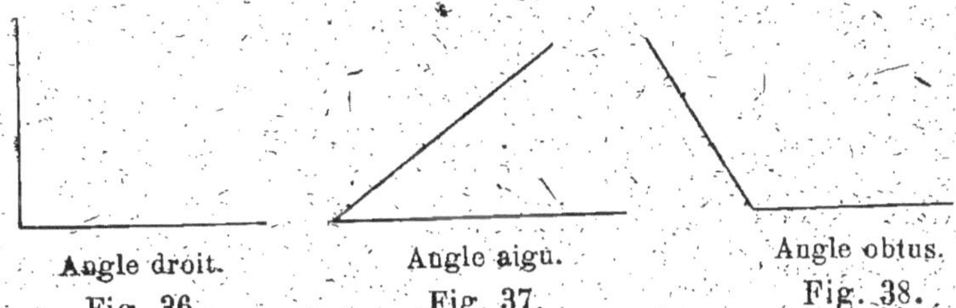

Angle droit.
Fig. 36.

Angle aigu.
Fig. 37.

Angle obtus.
Fig. 38.

232. — ***Angle droit.*** — *Un angle qui a ses deux côtés perpendiculaires est un angle droit* (fig. 36 et p. 219, fig. 102).

233. — ***Angle aigu.*** — *Un angle plus petit qu'un angle droit s'appelle angle aigu* (fig. 37 et p. 310, fig. 141).

234. — ***Angle obtus.*** — *Un angle plus grand qu'un angle droit s'appelle angle obtus* (fig. 38 et p. 310, fig. 141).

POLYGONES

235. — ***Polygone.*** — Traçons une ligne brisée qui se ferme. Elle entourera ainsi un morceau de plan que l'on appelle un *polygone* (fig. 39).

Les droites qui limitent la figure sont les *côtés* du polygone.

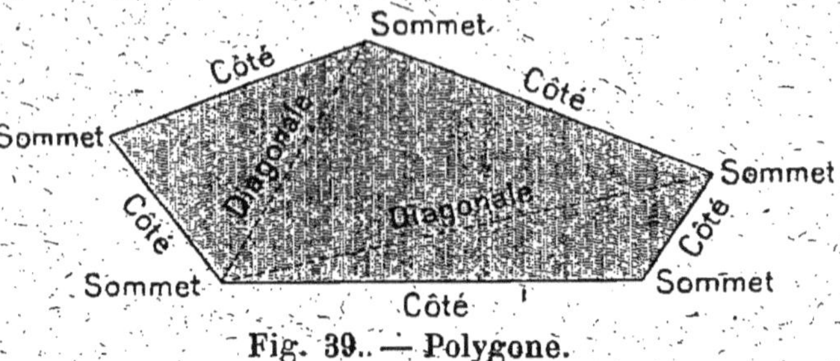

Fig. 39. — Polygone.

Les angles formés par deux côtés consécutifs sont les *angles* du polygone.

Les sommets de ces angles sont les *sommets* du polygone.

Un polygone a autant de sommets et d'angles que de côtés.

Ainsi, le polygone ci-dessus a cinq côtés, cinq angles, cinq sommets.

236. — *Principaux polygones.*

Le triangle   est un polygone de trois   côtés.
Le quadrilatère   —   quatre — .
Le pentagone   —   cinq   — .
L'hexagone   —   six   — .
L'octogone   —   huit   — .
Le décagone   —   dix   — .

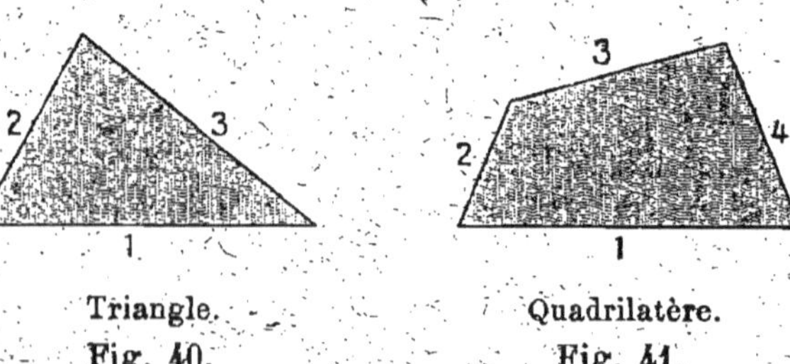

Triangle.   Quadrilatère.
Fig. 40.   Fig. 41.

237. — *Triangles.* — Chacun des côtés du triangle

s'appelle aussi une *base* du triangle. En prenant AC
comme base (fig. 42, 43), la perpendiculaire BD,

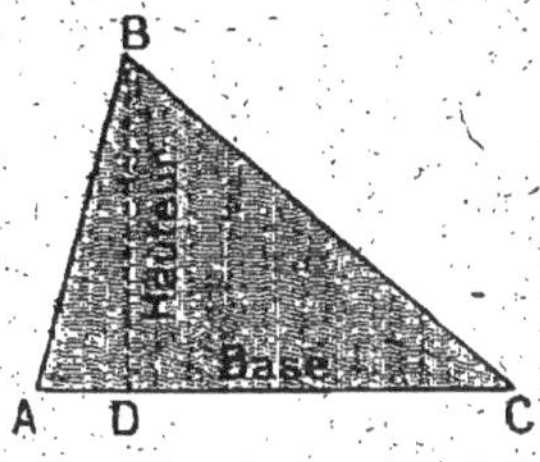

Fig. 42.

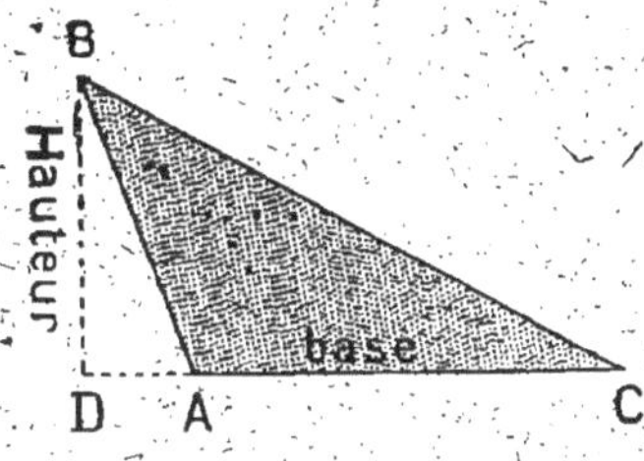

Fig. 43.

abaissée du sommet opposé sur la base, est la *hauteur*
du triangle.

La base et la hauteur sont les *deux dimensions* du
triangle.

Triangle équilatéral.
Fig. 44.

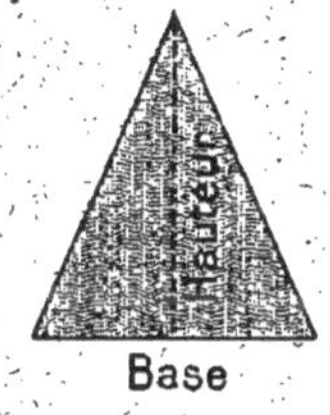

Triangle isocèle.
Fig. 45.

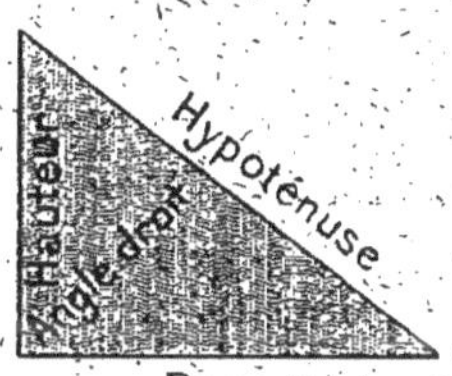

Triangle rectangle.
Fig. 46.

238. — *Le triangle équilatéral a ses trois côtés égaux*
(fig. 44).

Le triangle isocèle a deux côtés égaux (fig. 45 et
fig. 137, p. 301).

Exemples de triangles isocèles : Le fronton du Panthéon, à Paris,
une chèvre pour soulever les fardeaux.

Le triangle rectangle a un angle droit (fig. 46).

Le côté opposé à l'angle droit s'appelle *hypoténuse*.

Exemple : Une équerre de dessinateur.

Si l'on prend comme base l'un des côtés de l'angle
droit, l'autre côté est la hauteur : car les deux côtés
d'un angle droit sont perpendiculaires l'un sur l'autre.

Quadrilatères.

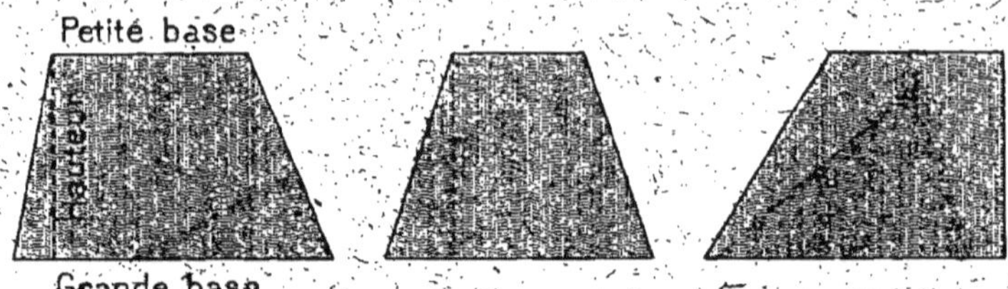

Fig. 47. — Trapèzes.

239. — *Un quadrilatère qui a deux côtés parallèles est un trapèze* (fig. 47, 49).

Exemples : Le fer d'une bêche, d'une truelle, un chevalet.

Les deux côtés parallèles sont inégaux, le plus grand s'appelle *grande base*, l'autre *petite base*.

La *hauteur* du trapèze est la distance des deux bases.

240. — *Un quadrilatère dont les côtés sont parallèles deux à deux est un parallélogramme* (fig. 48).

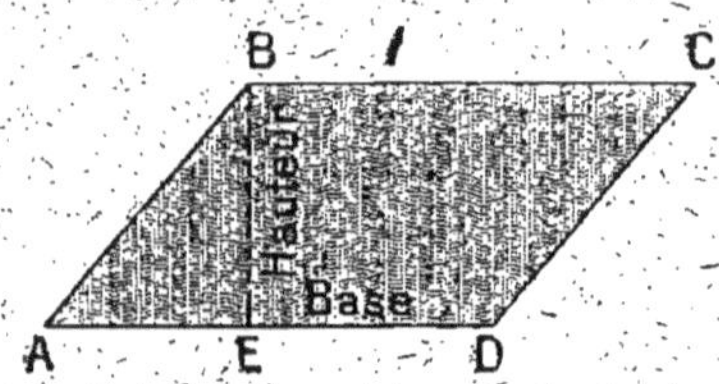

Fig. 48. — Parallélogramme.

Exemple : Les lames d'un parquet.

Les côtés parallèles sont égaux.

Ainsi, dans le parallélogramme ABCD, AB est parallèle et égal à DC, AD est parallèle et égal à BC.

Chacun des côtés du parallélogramme s'appelle aussi une *base* du parallélogramme.

Si l'on prend comme base AD, la *hauteur* est la longueur BE, distance des deux bases parallèles.

Fig. 49. — La bêche.

Voici un robuste paysan occupé à bêcher la terre.

Un trapèze encadre le dessin; les deux côtés non parallèles sont égaux : c'est un trapèze isocèle.

Le fer de la bêche est aussi un trapèze isocèle. Il ressemble à une grande truelle triangulaire de maçon dont on aurait coupé la pointe.

Si la bêche avait la forme d'un triangle, elle s'enfoncerait plus facilement dans le sol, mais elle serait peu solide et bien vite faussée; si elle avait la forme d'un rectangle, elle remuerait plus de terre à la fois, mais il faudrait un effort plus grand pour la pousser. Le trapèze est la forme qui convient le mieux.

La base et la hauteur sont les *deux dimensions* du parallélogramme.

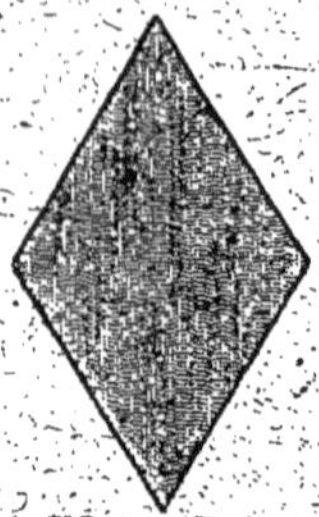

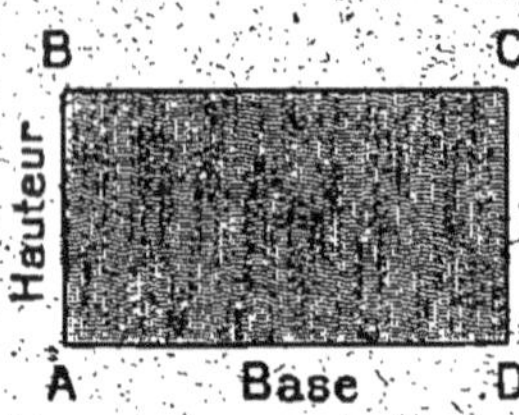

241. — *Un parallélogramme qui a ses quatre côtés égaux est un losange* (fig. 50).

Exemple : Un treillage en fil de fer ou en lames de bois est souvent formé de losanges.

Fig. 50. — Losange.

242. — *Un parallélogramme qui a ses quatre angles droits est un rectangle* (fig. 51).

Exemples : Une page d'un livre, d'un cahier.

La *base* du rectangle est l'un de ses côtés. Si l'on prend AD comme base, la *hauteur* est l'un des deux côtés égaux, AB ou DC.

Fig. 51. — Rectangle.

On emploie aussi les mots *longueur* et *largeur* pour désigner la base et la hauteur.

La base et la hauteur sont les *deux dimensions* du rectangle.

243. — *Un rectangle qui a ses quatre côtés égaux est un carré* (fig. 52).

Exemples : Les carreaux de cuisine, les carreaux d'un damier.

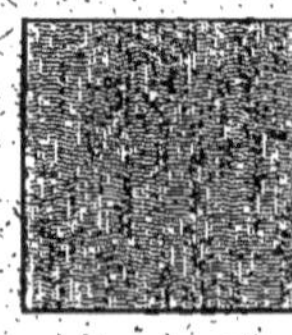

244. — **Polygones réguliers.** — *Un polygone qui a ses côtés égaux et ses angles égaux est un polygone régulier* (fig. 53 à 56).

Fig. 52. — Carré.

Le triangle équilatéral (fig. 44), le carré (fig. 52) sont des polygones réguliers.

Les carreaux de cuisine ont souvent la forme d'un hexagone régu-

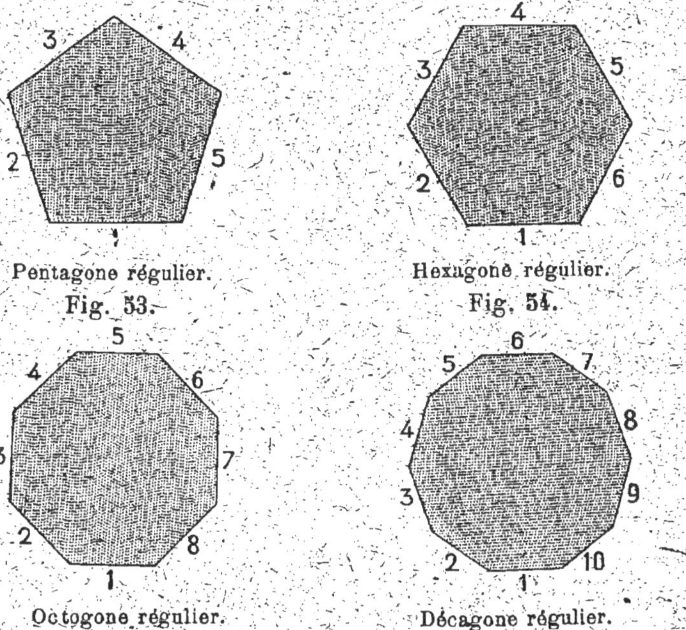

lier ; les bords des cellules d'un rayon de miel ont la forme d'un hexagone régulier.

CIRCONFÉRENCE, CERCLE

245. — *Circonférence.* — Voici une horloge, une montre. Le bord du cadran s'appelle une *circonférence.*

Les aiguilles tournent autour d'un pivot qui est le *centre* de la circonférence.

Suivons la grande aiguille : elle vient toucher le bord. Par conséquent, ce bord est partout à la même distance du centre ; cette distance est la longueur de l'aiguille. On donne à cette longueur le nom de *rayon* de la circonférence.

Il y a des rayons dans toutes les directions autour

du centre. Quand deux rayons forment une ligne droite, leur réunion forme un *diamètre* de la circonférence.

Ainsi, nous voyons que :

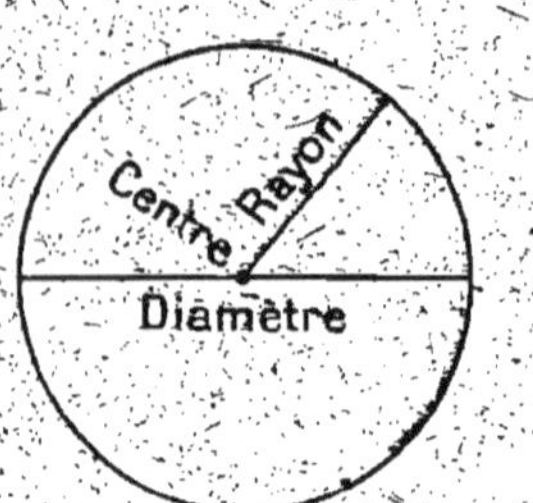

Fig. 57. — Circonférence.

La circonférence (fig. 57) *est une ligne dont tous les points sont à la même distance d'un point fixe, le centre.*

246. — Pour tracer une circonférence sur le sol, nous pouvons fixer une corde à un piquet; nous la maintenons toujours tendue en tournant autour du piquet et en creusant un sillon avec un morceau de bois pointu placé au bout de la corde. Ainsi font les jardiniers.

Exemples de circonférences : Un cerceau, le bord d'une assiette ou d'une pièce de monnaie.

247. — **Arc.** — Une partie de circonférence est un *arc* (fig. 58 et p. 347, fig. 146).

Les parties AB, CDE (fig. 58) sont des arcs.

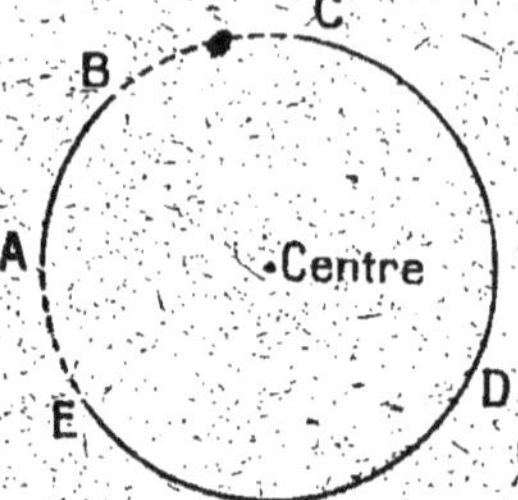

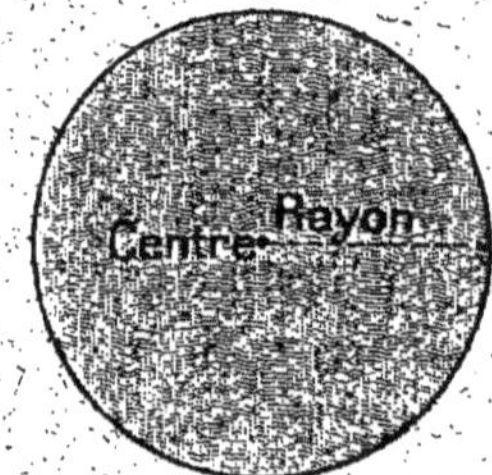

Fig. 58. — Arcs.　　　　　　Fig. 59. — Cercle.

248. — **Cercle.** — *La surface limitée par une circonférence est un cercle* (fig. 59).

Le cercle est la surface ombrée.

Exemples : Le cadran d'une horloge ou d'une montre, les faces d'un jeton ou d'une pièce de monnaie sont des cercles.

Fig. 60. — *Lignes et polygones.*

Ce dessin montre comment on peut combiner pour la décoration les différentes sortes de lignes et les principaux polygones.

Remarquez les lignes qui ornent les quatre côtés du cadre. De quels polygones est formée chacune des parties qui entourent la rosace centrale? Dites comment sont composées la grande rosace et les quatre petites?

SOLIDES

249. — Nous allons passer en revue les principaux solides dont la forme est régulière.

250. — Cube. — Voici un dé à jouer (fig. 65, p. 154); il est limité par six faces formant six carrés égaux. On dit que c'est un *cube*.

Un solide limité par six faces qui sont des carrés égaux est un cube (fig. 61).

Les côtés de ces carrés sont les *côtés* ou *arêtes* du cube.

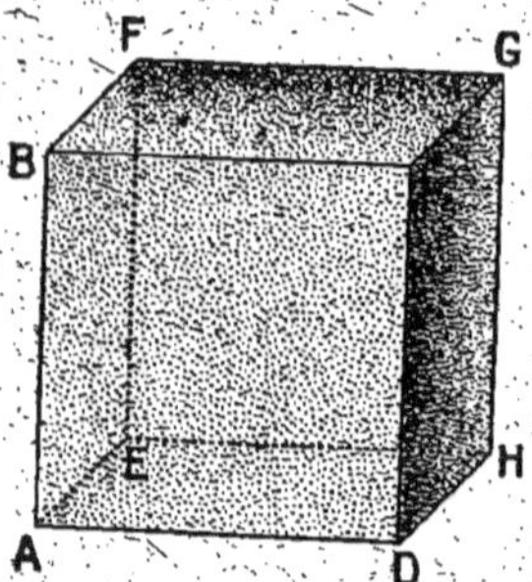

Fig. 61. — Cube.

Un cube a douze arêtes.

Les six faces forment la *surface totale* du cube.

Une face quelconque peut être prise comme *base* du cube.

La face AEHD (fig. 61), sur laquelle le cube repose, est la *base inférieure*.

La face opposée, BFGC, est la *base supérieure*.

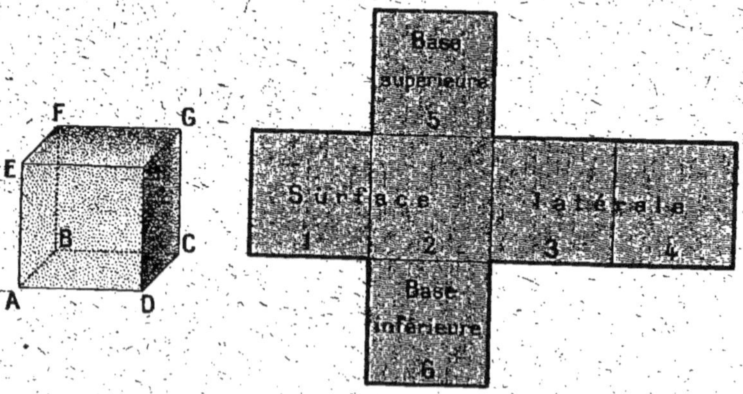

Cube.
Fig. 62.

Développement de la surface totale du cube.
Fig. 63.

Les quatre autres faces forment la *surface latérale* du cube.

AD représente la *longueur* du cube, DH représente la *largeur*, AB représente la *hauteur*. Ce sont les *trois dimensions* du cube. Elles sont toutes trois égales à la longueur de l'arête du cube.

251. — **Développement du cube.**

En étalant à plat les six faces du cube représenté à gauche (fig. 62), on obtient la figure de droite (fig. 63) qui représente le *développement de la surface totale du cube*.

252. — **Parallélépipède rectangle.** — Voici une boîte de plumes ; elle est limitée par six faces formant six rectangles. On dit que c'est un *parallélépipède rectangle* :

Un solide limité par six faces qui sont des rectangles est un parallélépipède rectangle (fig. 64).

Exemples : Une règle, un bâton de craie, une brique, une poutre équarrie, une pierre de taille, une salle dont le plafond et le plancher sont rectangulaires.

Le parallélépipède a aussi six faces et douze arêtes. Une face quelconque peut être prise comme *base*. La face ABCD (fig. 64), sur laquelle le solide repose, est la *base inférieure*. La face opposée, EFGH, est la *base supérieure*.

Les quatre autres faces forment la *surface latérale*.

Les *trois dimensions* du parallélépipède rectangle ci-dessus sont la *longueur* AD, la *largeur* DC et la *hauteur*, qui est égale à chacune des quatre arêtes verticales, AE par exemple.

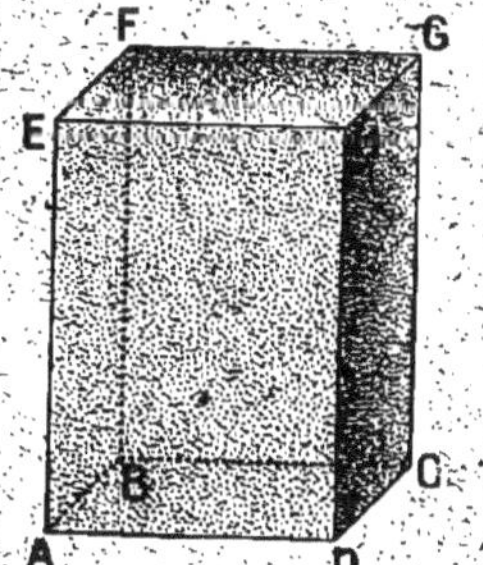

Fig. 64. — Parallélépipède rectangle.

253. — *Développement du parallélépipède rectangle.*

En étalant à plat les six faces du parallélépipède rectangle représenté à gauche (fig. 66), on obtient la figure de droite (fig. 67) qui représente le *développement de la surface totale du parallélépipède.*

Fig. 65. — Dés.

Voici deux petits garçons qui jouent aux dés. Comme les dés sont trop petits sur la table, l'artiste les a représentés de nouveau dans un coin.

Vous voyez que ce sont des cubes. Chacun des dés présente les trois faces qu'on ne voit pas dans l'autre. Tenez un dé de manière à voir les faces deux, quatre, six, comme dans le dé de droite, retournez-le, vous verrez les trois autres faces, comme dans le dé de gauche.

Le cadre est une circonférence.

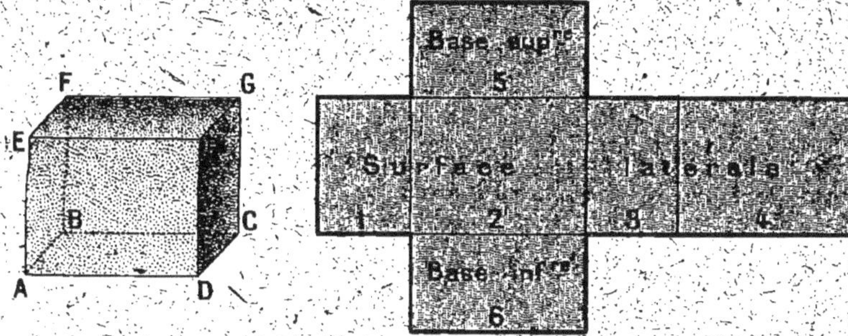

Parallélépipède rectangle.

Développement de la surface totale
du parallélépipède.

Fig. 66.   Fig. 67.

254. — Prisme droit. — *Un solide limité par des bases qui sont des polygones égaux et par des faces latérales qui sont des rectangles est un prisme droit.*

Exemple : Un crayon (qui ne soit pas rond).

La *hauteur* du prisme est égale à chacune des arêtes verticales.

On distingue les prismes d'après le polygone qui forme leur base.

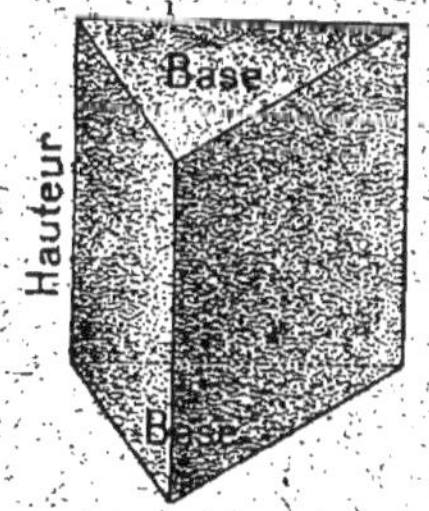

Prisme triangulaire.   Prisme hexagonal.

Fig. 68.   Fig. 69.

Si la base est un triangle, le prisme est *triangulaire* (fig. 68).

Si la base est un quadrilatère, le prisme est *quadrangulaire.*

Si la base est un pentagone, le prisme est *pentagonal*;

Si la base est un hexagone, le prisme est *hexago-nal* (fig. 69), etc.

Exemples : Un écrou, un cristal de roche (dont on a sectionné la pointe) sont des prismes hexagonaux.

255. — Pyramide. — *Un solide limité par une base*

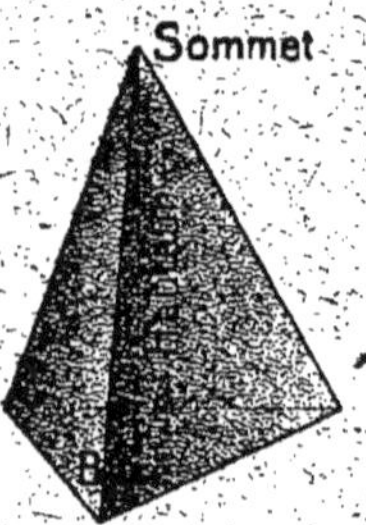

Pyramide.
Fig. 70.

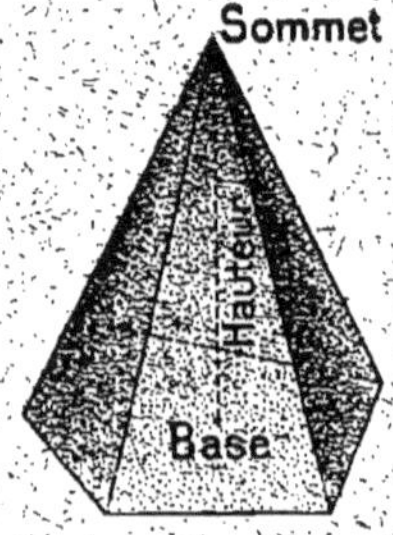

Pyramide.
Fig. 71.

qui est un polygone et par une surface latérale formée de triangles ayant un sommet commun est une pyramide (fig. 70, 71).

Ce sommet est le *sommet* de la pyramide.

Exemples : Toits de certains clochers et de certaines tours, pointe du cristal de roche.

256. — Cylindre. — Voici un bouchon de liège neuf : sa surface se compose de deux cercles égaux et parallèles et d'une partie courbe. Le bouchon a la forme d'un *cylindre* (fig. 72).

Les deux cercles sont les *bases* du cylindre, la partie courbe est la *surface latérale* du cylindre.

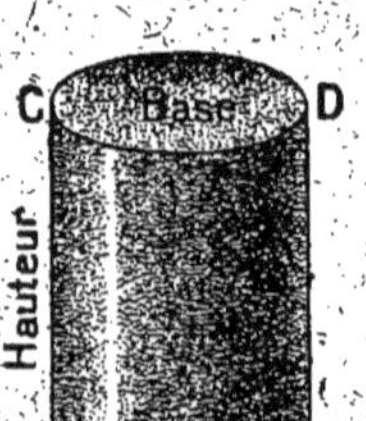

Fig. 72. — Cylindre.

Exemples : Un crayon non taillé dont les deux bouts sont circulaires est un cylindre; un fromage de gruyère ou du Cantal entier, la partie non coudée d'un tuyau de poêle sont aussi des cylindres.

257. — *Développement du cylindre.*

En étalant à plat la surface latérale et les deux bases
du cylindre représenté à gauche (fig. 73), on obtient la

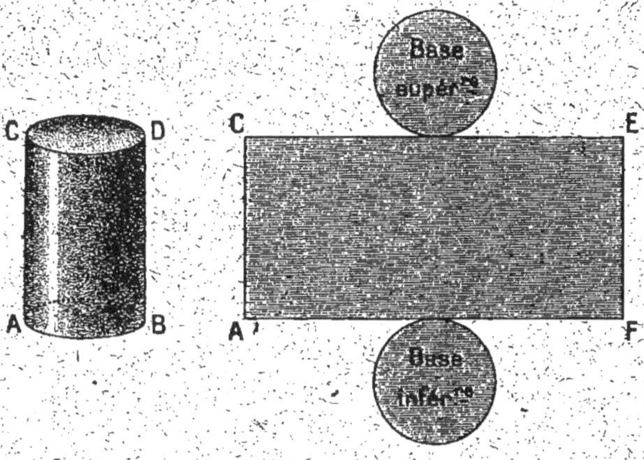

Cylindre.   Développement de la surface totale
                                        du cylindre.

Fig. 73.   Fig. 74.

figure de droite (fig. 74) qui représente le *développement
de la surface totale du cylindre.* Le rectangle ACEF
représente la surface latérale du cylindre, AC est la
hauteur du cylindre, AF est égal à la longueur de la
circonférence de la base du cylindre.

258. — *Cône.* — Voici un solide qu'on appelle *cône*
(fig. 75). Sa surface se compose d'une
partie circulaire, la *base*, et d'une
partie courbe terminée en pointe, la *surface latérale.* L'extrémité de la pointe
est le *sommet* du cône.

Exemples : Un entonnoir, le toit d'une tour
circulaire sont des cônes. Il y a de petits arrosoirs coniques (pour arroser avant de balayer),
d'autres qui sont formés d'un cylindre et d'un cône.

Fig. 75. — Cône.

259. — *Sphère.* — Une bille, une
boule sont des *sphères* (fig. 76). Une orange a aussi la

forme d'une sphère. Si l'on coupe une orange par le milieu, la section a la forme d'un cercle, et le bord est une circonférence.

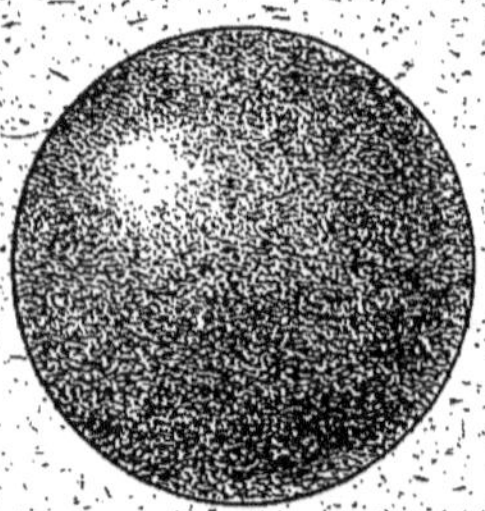

Fig. 76. — Sphère.

La terre a aussi la forme d'une boule, d'une sphère. Si l'on pouvait couper la terre de la même manière qu'une orange, la section serait un immense cercle et le bord une immense circonférence. Cette circonférence est un *méridien terrestre*.

EXERCICES PRATIQUES

Lignes, angles, polygones.

Pour ces exercices, il suffit d'avoir du papier quadrillé à petits carrés, un crayon, une règle et, dans certains cas, un canif ou des ciseaux.

836. — Tracez des verticales, des horizontales, des perpendiculaires, des obliques, des parallèles.

837. — Tracez des angles égaux à côtés parallèles, des angles droits, des angles aigus, des angles obtus.

838. — Coupez, suivant une diagonale, une feuille de papier rectangulaire en deux morceaux, puis placez l'un des morceaux sur l'autre de manière que deux côtés du premier recouvrent exactement deux côtés du deuxième. Que constatez-vous alors ?

Légende de la figure 77.

Voici, dans l'armoire, des solides géométriques de toutes sortes.

Avec du papier fort, vous pouvez construire facilement les plus simples de ces solides : cube, parallélépipède, prisme, cylindre, etc. : vous constituerez de la sorte une jolie collection de solides. N'essayez pas de construire ainsi une sphère, vous n'y parviendriez pas ; mais une orange, une balle ou une grosse bille complétera votre collection.

Nommez tous les objets de la classe qui ont la forme des principaux solides géométriques.

Fig. 77. — *Solides.*
(Voir la légende page 158.)

839. — Même exercice avec un carré, un parallélogramme, un losange en papier.

840. — Découpez deux triangles rectangles égaux. Mettez-les l'un à côté de l'autre dans trois positions différentes, deux côtés égaux se recouvrant complètement chaque fois. Il faut que les deux triangles réunis forment une fois un rectangle, deux fois un parallélogramme.

841. — Même exercice avec deux triangles isocèles égaux : il faut obtenir une fois un losange, deux fois un parallélogramme.

842. — Même exercice avec deux triangles quelconques égaux : il faut obtenir trois fois un parallélogramme.

843. — Sur votre papier quadrillé, tracez des combinaisons de carrés, de rectangles, de losanges, de triangles, etc. (voir fig. 60, p. 151).

844. — Tracez, sur du papier quadrillé, un carré, puis un deuxième carré dont le côté soit le double de celui du premier. Combien faut-il de carrés égaux au premier pour recouvrir le deuxième?

845. — Même exercice avec deux rectangles, le deuxième ayant des dimensions doubles de celles du premier.

846. — Même exercice avec deux carrés, le côté du deuxième étant le triple de celui du premier.

847. — Même exercice avec deux rectangles, chaque dimension du deuxième étant le triple de chaque dimension du premier.

848. — Tracez une circonférence égale à celle de la pièce de 5 centimes. (La pièce étant maintenue immobile sur le papier, la pointe du crayon rouge en suit le bord et trace la circonférence.) Faites de même avec la pièce de 25 centimes et marquez le cercle par des hachures bleues.

Solides.

A défaut de solides en bois ou en carton, on se servira de boîtes, de solides taillés dans une pomme de terre, dans une carotte, etc.

849. — Réunissez de deux manières 4 cubes égaux en formant deux parallélépipèdes rectangles différents.

850. — Réunissez de trois manières 8 cubes égaux en formant d'abord un cube, puis deux parallélépipèdes rectangles différents.

851. — Numérotez les six faces d'un cube en papier, mettez-les à plat, puis tracez-en le développement et écrivez les numéros des faces (voir § 251, p. 153).

852. — Tracez, sur une feuille, le développement d'un cube dont le côté a 2 centimètres, puis découpez la figure et rapprochez les bords de manière à former le cube.

853. — Mettez à plat les six faces d'une petite boîte parallélépipédique en carton et tracez-en le développement (voir § 253, p. 154).

854. — Découpez, dans du papier, le développement d'un parallélépipède rectangle ayant 4^{cm} de long, 3^{cm} de largé et 2^{cm} de haut.

855. — Mesurez une boîte de plumes, puis construisez un parallélépipède rectangle en papier ayant les mêmes dimensions.

856. — Construisez des cubes dont chaque arête aura 1^{cm}, 3^{cm}, 4^{cm}, 1^{dm}.

857. — Formez la face latérale d'un cylindre en rapprochant deux bords opposés d'une feuille de papier rectangulaire. Montrez le côté de la feuille qui forme la circonférence du cylindre, celui qui représente la hauteur du cylindre.

858. — Recouvrez la face latérale d'une petite boîte cylindrique avec une feuille de papier, puis mettez la feuille à plat sur une page blanche. A l'aide du fond de la boîte, tracez, de part et d'autre de la feuille, une circonférence : vous obtenez ainsi le développement de la surface d'un cylindre (voir § 257, p. 157).

SYSTÈME MÉTRIQUE

260. — *Unités.* — Pour mesurer une ligne, une surface, un volume, pour peser un objet ou pour en évaluer le prix, on se sert des *unités* fixées par la loi.

On distingue les *unités principales* et les *unités secondaires.*

261. — *Unités principales.* — Ces unités sont :

le *mètre* (m), pour les *longueurs,*

le *mètre carré* (m²), pour les *surfaces,*

l'*are* (a), pour les *surfaces des terrains,*

le *mètre cube* (m³), pour les *volumes,*

le *stère* (s), pour les *volumes de bois,*

le *litre* (l), pour les *capacités,*

le *kilogramme* (kg), pour les *poids,*

le *franc* (f), pour les *monnaies.*

262. — *Unités secondaires.* — Les unités secondaires sont des *multiples* ou des *sous-multiples* de l'unité principale.

263. — On obtient les *multiples* en réunissant *dix, cent, mille,* ou *dix mille* unités principales.

On les nomme en ajoutant au nom de l'unité principale les préfixes suivants :

> *déca* (da) qui signifie *dix,*
>
> *hecto* (h)   —   *cent,*
>
> *kilo* (k)   —   *mille,*
>
> *myria* (M)   —   *dix mille.*

Ainsi, les multiples du mètre sont : le décamètre, l'hectomètre, le kilomètre, le myriamètre.

On obtient les sous-multiples en divisant l'unité principale en *dix, cent,* ou *mille* parties égales.

On les nomme en ajoutant au nom de l'unité principale les préfixes suivants :

> *déci* (d) qui signifie *dixième*,
> *centi* (c) — *centième*,
> *milli* (m) — *millième*.

Ainsi, les sous-multiples du mètre sont : le décimètre, le centimètre, le millimètre.

264. — **Système métrique.** — On appelle *système métrique* l'ensemble des unités, principales et secondaires, usitées en France.

Ces unités forment un *système*, parce qu'elles ne sont pas prises au hasard, mais reliées les unes aux autres. Ce système est dit *métrique*, parce que le mètre y joue le rôle principal..

Le système métrique est obligatoire en France depuis le 1er janvier 1840 [1].

MESURES DE LONGUEUR

265. — **Unité principale.** — L'unité principale de longueur est le *mètre.*

Le mètre est la longueur, à la température de zéro degré, de l'étalon international, en platine, qui est déposé au Pavillon de Breteuil, à Sèvres.

Le mètre est très approximativement la dix-millionième partie du quart du méridien terrestre. (voir fig. 78, p. 164.)

---

1. On trouvera à la fin du volume une note sur le système métrique, p. 366.

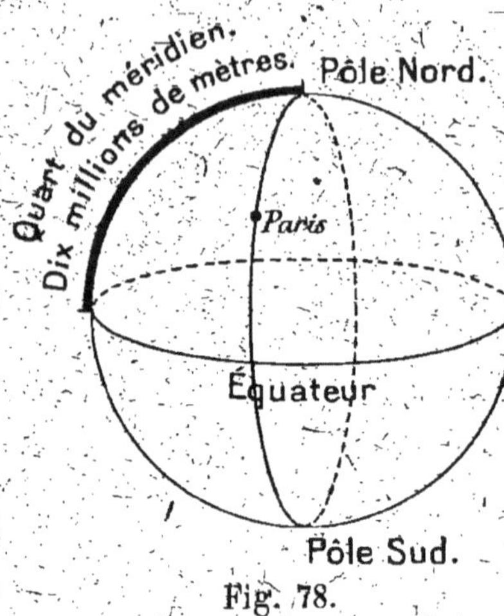

Fig. 78.

266. — **Multiples.** — Les multiples du mètre sont :
le *décamètre* (dam) qui est égal à *dix*   mètres,
l'*hectomètre* (hm)   —   *cent*   —   ,
le *kilomètre* (km)   —   *mille*   —   ,
le *myriamètre* (Mm)   —   *dix mille*   —   .

267. — **Sous-multiples.** — Les sous-multiples sont :
le *décimètre* (dm) qui est la *dixième* partie du mètre,
le *centimètre* (cm)   —   *centième*   —   ,
le *millimètre* (mm)   —   *millième*   —

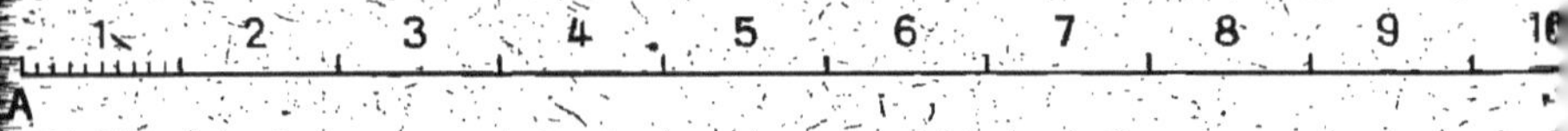

$$1 \quad 2 \quad 3 \quad 4 \quad 5 \quad 6 \quad 7 \quad 8 \quad 9 \quad 10$$

A

Fig. 79.

La ligne AB (fig. 79) a un décimètre. Elle est divisée en centimètres.
Le premier centimètre est divisé en millimètres.

268. — **Relations entre deux unités consécutives.**

$$1^{dam} = 10^{m} \qquad\qquad 1^{m} = 10^{dm}$$
$$1^{hm} = 10^{dam} \qquad\qquad 1^{dm} = 10^{cm}$$
$$1^{km} = 10^{hm} \qquad\qquad 1^{cm} = 10^{mm}.$$
$$1^{Mm} = 10^{km}$$

Chaque unité de longueur est égale à dix fois l'unité immédiatement inférieure.

269. — Relations entre deux unités quelconques.

De ce qui précède, on déduit facilement les relations suivantes :

$$1^{dam} = 100^{dm}$$
$$1^{dam} = 1\,000^{cm}$$
$$1^{hm} = 1\,000^{dm}$$
$$1^{km} = 100^{dam}$$

$$1^{km} = 10\,000^{dm}$$
$$1^{Mm} = 100^{hm}$$
$$1^{Mm} = 1\,000^{dam}$$
$$1^{dm} = 100^{mm}$$

270. — Le mètre étant l'unité, *un décamètre est une dizaine de mètres, un hectomètre est une centaine de* mètres, etc. De même, *un décimètre est un dixième de mètre, un centimètre est un centième de mètre,* etc.

Nous voyons que chaque unité de longueur correspond à un ordre de la numération décimale.

En allant de droite à gauche,

les *mètres* sont au 1er rang,
les *décamètres* — 2e — ,
les *hectomètres* — 3e — ,
les *kilomètres* — 4e — ,
les *myriamètres* — 5e — .

En allant de gauche à droite,

les *décimètres* sont au 1er rang,
les *centimètres* — 2e — ,
les *millimètres* — 3e — .

Soit le nombre 324^m,65. Il contient 4 unités ou 4 mètres, puis 2 dizaines ou 2 décamètres, puis 3 centaines ou 3 hectomètres, puis 6 dixièmes ou 6 décimètres et enfin 5 centièmes ou 5 centimètres. Donc :

Un chiffre suffit pour représenter le nombre des unités de longueur de chaque espèce.

271. — Le tableau suivant met en évidence le rang occupé par chaque unité de longueur; chaque colonne correspond à un ordre de la numération décimale.

Tableau des unités de longueur.

5e ordre	4e ordre	3e ordre	2e ordre	1er ordre	1er ordre	2e ordre	3e ordre
Mm	km	hm	dam	m	dm	cm	mm
	1	2	0	5,	3	8	4
9	0,	7	0	1			
				7	1,	0	6
	7	8	3,	1			
3,	0	0	4				
			2	0	5	4,	3
	6	3	8	5,	4	3	

272. — *Lecture*. — **Exemples**.

1° $1205^m,384$ se lit (voir le tableau § 271) :

1 kilomètre 2 hectomètres 5 mètres 3 décimètres 8 centimètres 4 millimètres, ou *1205 mètres 384 millimètres*.

2° $90^{km},701$ se lit :

9 myriamètres 7 hectomètres 1 mètre, ou *90 kilomètres 701 mètres*.

3° $71^{dm},06$ se lit :

7 mètres 1 décimètre 6 millimètres, ou *71 décimètres 6 millimètres*.

273. — *Écriture*. — **Exemples**.

1° *7 kilomètres 8 hectomètres 3 décamètres 1 mètre* s'écrit (voir le tableau § 271) :

(unité décamètre) : $783^{dam},1$.

2° *3 myriamètres 4 décamètres* s'écrit :

(unité myriamètre) : $3^{Mm},004$.

3° *2054 centimètres 3 millimètres* s'écrit :

(unité centimètre) : $2054^{cm},3$.

274. — Changement d'unité. — Exemples.

6	3	8	$5^m,4$	3		peut s'écrire (voir le tableau § 271) :
6	3	$8^{dam},5$	4	3	;	
6	$3^{hm},8$	5	4	3	;	
$6^{km},3$	8	5	4	3	;	
$0^{Mm},6$	3	8	5	4	3 ;	
6	3	8	5	$4^{dm},3$	;	
6	3	8	5	4	3^{cm} ;	
6	3	8	5	4	3	0^{mm}.

Pour changer d'unité, on met le nom de la nouvelle unité en haut et à droite du rang qu'elle occupe ; s'il y a des unités plus petites que la nouvelle unité, on met une virgule à droite de celle-ci. Quand c'est nécessaire, on ajoute des zéros pour compléter les unités ou indiquer celles qui manquent.

275. — Mesures effectives. — Les mesures effectives de longueur sont les instruments en bois, métal, etc., qui servent effectivement, réellement à mesurer.

Voici quelles sont ces mesures :

$$\left.\begin{array}{l}\textit{un double} \\ \textit{un} \\ \textit{un demi-}\end{array}\right\} \textit{décamètre.}$$

$$\left.\begin{array}{l}\textit{un double} \\ \textit{un} \\ \textit{un demi-}\end{array}\right\} \textit{mètre.}$$

$$\left.\begin{array}{l}\textit{un double} \\ \textit{un}\end{array}\right\} \textit{décimètre.}$$

276. — On voit que les mesures effectives de longueur sont égales à l'*unité*, au *double* ou à la *moitié de l'unité*.

Il en est de même pour les autres mesures effectives, que nous étudierons dans la suite.

277. — Le *double décamètre*, le *décamètre*, le *demi-décamètre* sont employés par les arpenteurs pour mesurer les terrains. Ces mesures ont la forme de chaînes (fig. 84) ou de rubans métalliques.

Le *double mètre*, le *mètre* et le *demi-mètre* ont des formes diverses : règle, mètre pliant, mètre en ruban (fig. 80 et 81).

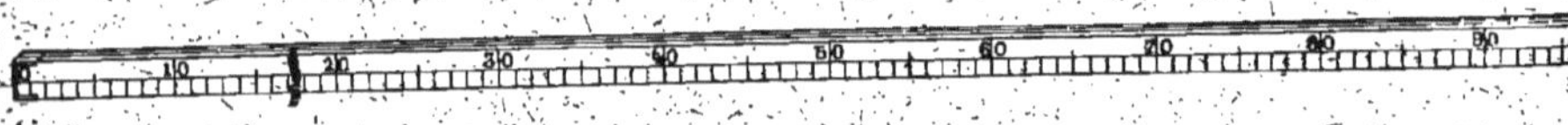

Fig. 80. — Mètre (dixième de la grandeur réelle).

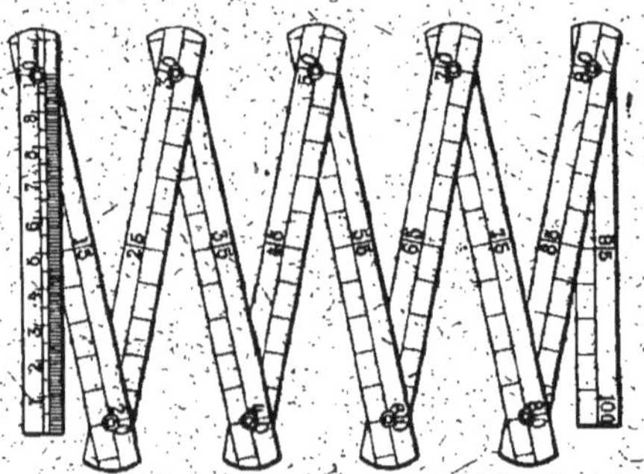

Fig. 81. — Mètre pliant.

Le *double décimètre* et le *décimètre* ont la forme de règles à bords minces (fig. 82 et 83).

Fig. 82. — Double décimètre (moitié de la grandeur réelle).

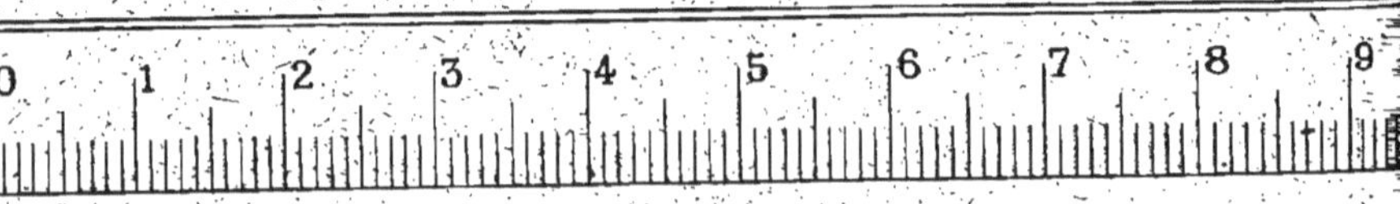

Fig. 83. — Décimètre (grandeur réelle).

Fig. 84.
Chaîne d'arpenteur.

*Le géomètre-arpenteur est occupé à mesurer un champ. Son
aide est à un bout de la chaîne. Comme il se baisse, il est tout
petit sur le dessin : on dirait une motte de terre.*

*Le cadre est formé par une chaîne d'arpenteur entourée d'une
ligne brisée.*

278.— Mesures itinéraires. — On exprime la longueur d'une route en hectomètres, kilomètres, myriamètres. Ces trois unités secondaires s'appellent unités
itinéraires lorsqu'elles sont ainsi employées à mesurer la
longueur d'une route. Le myriamètre est peu employé.

Sur les routes, les distances sont indiquées à chaque
kilomètre par une grande borne, que l'on appelle pour
cette raison borne kilométrique (fig. 85). Entre deux
bornes kilométriques consécutives, neuf bornes plus
petites, les bornes hectométriques, indiquent les hectomètres (fig. 87, p. 179.)

Fig. 85. — *Borne kilométrique.*

Lorsqu'on se promène sur une route, on voit sur les bornes kilométriques la distance à laquelle on se trouve des pays voisins.

Sèvres est sur la route de Paris à Versailles; Versailles est à 19 kilomètres de Paris. Dites ce que le camionneur lit sur le côté de la pierre que vous ne voyez pas.

Quel est le polygone qui forme le cadre?

EXERCICES PRATIQUES [1]

859. — Marquer, sur une ficelle que l'on conservera, les longueurs du mètre, du décimètre.

860. — Mesurer, en choisissant chaque fois l'unité convenable, les dimensions de la page d'un livre ou d'un cahier, du tableau noir, d'une porte, du plancher de la salle de classe, etc.

861. — Tracer : 1° au tableau noir, une ligne droite d'un mètre que l'on divisera en décimètres; 2° sur une feuille, une ligne droite d'un décimètre; on la divisera en centimètres et l'un des centimètres en millimètres.

EXERCICES ORAUX

Relations entre les différentes unités.

862. — Dire combien il y a de décimètres dans :
1^m; 2^m; 7^m; 5^m; 3^m; 9^m; 10^m; 40^m; 50^m; 100^m; 300^m.

863. — Dire combien il y a de centimètres dans :
1^m; 3^m; 4^m; 6^m; 14^m; 10^m; 20^m; 30^m; 80^m; 100^m; 500^m.

864. — Dire le nombre de millimètres contenus dans :
1^m; 4^m; 7^m; 9^m; 18^m; 25^m; 10^m; 40^m; 60^m; 100^m; 400^m.

865. — Nombre de mètres contenus dans :
1° 10^{dm}; 50^{dm}; 30^{dm}; 100^{dm}; 600^{dm}; $1\,000^{dm}$; $8\,000^{dm}$;
2° 100^{cm}; 400^{cm}; 200^{cm}; $1\,000^{cm}$; $5\,000^{cm}$; $10\,000^{cm}$; 30.000^{cm};
3° $1\,000^{mm}$; $3\,000^{mm}$; $7\,000^{mm}$; $10\,000^{mm}$; $80\,000^{mm}$; $200\,000^{mm}$.

Calculer combien il y a de mètres dans :
866. — 1° 1^{dam}; 5^{dam}; 3^{dam}; 20^{dam}; 100^{dam}; 700^{dam};
2° 1^{hm}; 4^{hm}; 7^{hm}; 10^{hm}; 100^{hm}; 500^{hm}.

867. — 1° 1^{km}; 3^{km}; 10^{km}; 80^{km}; 100^{km}; 900^{km}.
2° 1^{Mm}; 2^{Mm}; 10^{Mm}; 60^{Mm}; 100^{Mm}; 400^{Mm}.

Dire combien il y a :
868. — 1° de décamètres dans 10^m; 30^m; 100^m; 600^m; $8\,000^m$.
2° d'hectomètres dans 100^m; 500^m; $1\,000^m$; $7\,000^m$; $80\,000^m$.

869. — 1° de kilomètres dans $1\,000^m$; $2\,000^m$; $10\,000^m$; $50\,000^m$.
2° de myriamètres dans $10\,000^m$; $40\,000^m$; $100\,000^m$; $600\,000^m$.

---

1. Dans ce chapitre et les chapitres suivants, ces exercices pratiques sont une simple indication des nombreuses manipulations exécutées par les élèves.

870. — Dans 1 hectomètre, combien y a-t-il de décimètres? de centimètres? de millimètres?

Dans 1 décamètre, combien y a-t-il de décimètres? de centimètres? de millimètres?

871. — Dans 1 kilomètre, combien y a-t-il de décamètres? de décimètres?

Dans 1 myriamètre, combien y a-t-il de kilomètres? de décamètres? d'hectomètres?

Lecture.

872. — Lire les nombres suivants :

15^{m},9; 7^{m},43; 4^{m},009; 13^{dam},9; 186^{dam},06;
8^{m},35; 2^{m},05; 0^{m},087; 47^{dam},83; 830^{dam},047.

873. — Même question.

834^{hm},04; 78^{hm},5; 46^{km},84; 6^{Mm},9057;
3^{hm},065; 159^{km},402; 0^{km},078; 0^{Mm},089.

EXERCICES ÉCRITS

Écriture.

874. — Écrire en chiffres, mettre la virgule à droite de l'unité indiquée.

Unité : m.	Unité : m.	Unité : dam.	Unité : hm.
1° $4^{m}8^{dm}$;	2° 1^{dm};	3° $7^{dam}6^{m}$;	4° $3^{hm}2^{m}$;
$9^{m}6^{cm}$;	1^{cm};	$15^{dam}38^{dm}$;	$8^{hm}25^{m}$;
$1^{m}3^{mm}$.	1^{mm}.	$6^{dam}2^{cm}$.	9^{dam}.

875. — Même question.

Unité : km.	Unité : Mm.	Unité : dm.	Unité : cm.
1° $1^{km}3^{hm}$;	2° $4^{Mm}7^{km}$;	3° $3^{dm}8^{mm}$;	4° $3^{m}8^{dm}1^{cm}$;
$2^{km}25^{dam}$;	$2^{Mm}21^{dam}$;	$43^{m}5^{cm}$;	$45^{m}9^{mm}$;
$9^{km}8^{m}$.	2^{km}.	$74^{dam}15^{mm}$.	6^{mm}.

876. — Écrire en mettant la virgule, s'il y a lieu, à droite du chiffre qui représente les mètres.

1° $3^{dam}9^{m}$;   2° $745^{dam}8^{dm}$;   3° $7^{Mm}3^{dam}15^{dm}$;
$1^{hm}6^{m}$; $9\,685^{cm}$; $43^{hm}8^{m}$;
$18^{km}3^{m}$. $512^{m}38^{mm}$. $19^{km}43^{m}$.

Changement d'unité.

877. — Prendre le mètre comme unité.

1° 128^{cm},3;   2° 7^{dm};   3° 5^{cm},6;   4° 3^{dam},4;
321^{dm},8; 81^{cm}; 38^{mm}; 8^{dam},93;
$4\,106^{mm}$. 312^{mm}. 9^{mm}. 5^{dam},132.

878. — Prendre comme unité : 1° l'hectomètre, 2° le décamètre.

1° 726^m ; 2° $38^m,5$; 3° 4^{km} ; 4° $0^{Mm},0953$;

47^m ; $7^{km},865$; 8^{Mm} ; $0^{km},0478$;

5^m. $1^{km},38$. $1^{Mm},75$. $8\,145^{dm}$.

879. — Prendre comme unité : 1° le kilomètre, 2° le myriamètre.

1° $47^{hm},3$; 2° $8\,453^m$; 3° $0^{hm},09785$;

$159^{hm},2$; $183^{dam},6$; 435^m ;

5^{hm}. 93^{dam}. $0^{dam},4$.

880. — Prendre comme unité : 1° le décimètre, 2° le centimètre, 3° le millimètre.

1° 43^m ; 2° 1^{dam} ; 3° $86^{dam},9081$;

$0^m,538$ 1^{hm} ; $0^{dam},006$;

$0^m,04$. $0^{dam},814$. $0^{hm},051$.

881. — Prendre le mètre comme unité.

1° $9^{Mm},45$; 2° $45^{km},19$; 3° $1^{hm},8$;

$0^{Mm},073$; $0^{km},4176$; $115^{hm},412$;

$0^{Mm},008$. $0^{km},09$. 12^{mm}.

Les quatre opérations.

882. — $7^{km},8 + 45^{hm},7 + 812^{hm},9 + 0^{km},142$ (unité : km).

883. — $3^{Mm},46 + 5^{km},39 + 129^{km},7 + 638^{hm}$ (unité : Mm).

884. — $531^{km},8 + 97^{km},5 + 7\,816^{dam} + 5^{Mm},8$ (unité : km).

885. — $9\,134^m,2 + 81^{dam},43 + 761^{dm} + 9\,536^{cm}$ (unité : m).

886. — $73^{cm},45 + 94^m,8 + 51\,396^{mm} + 86^{dm}$ (unité : cm).

887. — $9\,128^{mm} + 0^m,47 + 0^m,095 + 7^{dm},46$ (unité : mm).

888. — $418^{dm} + 35^m,4 + 71^{cm},8 + 9\,812^{mm}$ (unité : dm).

889. — $91^{hm},83 + 3^{Mm},975 + 718^{hm},43 + 95^m$ (unité : dam).

890. — $539^{km},3 + 9\,128^{hm},9 + 5\,483^m + 8^{Mm}$ (unité : hm).

891. — $86^{dam},9128 - 785^{dm},19$ (unité : m).

892. — $40^{Mm},9285 - 4\,191^{dam},8$ (unité : Mm).

893. — $918^{km},54 \times 5$. Le produit sera exprimé en kilomètres, en hectomètres, en décamètres, en mètres.

894. — $7^m,985 \times 7$. Exprimer le produit en mètres, en décimètres, en centimètres, en millimètres.

895. — 1° $8^m,31 : 3$; 2° $41^{cm},4 : 9$; 3° $14^{dam},5 : 5$.

$60^{dm},3 : 9$; $825^{mm} : 5$; $3^{hm},42 : 6$.

896. — 1° $4^{km},9 : 7$; 2° $72^m,9 : 9$; 3° $0^m,56 : 7$.

$4^{Mm},88 : 8$; $25^m,5 : 5$; $4^m,26 : 6$.

897. — Pour chaque division, dans cette question et dans la suivante, prendre comme unité celle du diviseur.

Combien 2^m contiennent-ils de fois 5^{dm} ?

— $2^m,7$ — 3^{cm} ?

— $3^m,15$ — 9^{mm} ?

— 4^{km} — 2^{dam} ?

898. — Combien $4^{hm},25$ contiennent-ils de fois 5^m?

　　—　$3^{Mm},2$　　　　—　　　4^{bm}?

　　—　$2^{hm},4$　　　　—　　　3^{dam}?

　　—　$7^{dam},29$　　　—　　　9^{dm}?

PROBLÈMES ÉCRITS

899. — Une allée de $1\,240^m$ est plantée d'une double rangée d'arbres espacés de 8^m. Quel est le nombre total des arbres, sachant qu'il y a un arbre à chaque bout d'une rangée?

900. — Une automobile fait 17^{km} en 1 quart d'heure; à quelle distance sera-t-elle au bout de 6 heures et quart?

901. — Que reste-t-il d'un coupon de $7^m,9$ après en avoir pris successivement $2^m,3$; $1^m,4$ et $2^m,8$?

902. — Un livre de 380 pages a une épaisseur de $17^{mm},5$. Quelle est l'épaisseur d'un feuillet?

903. — Combien peut-on faire de costumes avec $60^m,9$ de drap, s'il faut $2^m,9$ par costume?

904. — Quand le mètre d'étoffe vaut $9^f,50$, quel est le prix de 1^{dm}? de $7^{dm},8$? de $8^m,4$?

905. — En payant le mètre de toile $2^f,50$, combien aura-t-on de mètres pour $57^f,5$?

906. — 4^m de dentelle coûtent $6^f,40$. Quel est le prix de 1^{dm}? de 39^{dm}? de $5^m,8$?

907. — 15^{dm} de ruban coûtent $3^f,75$. Quel est le prix de $4^m,85$?

908. — Un mât tricolore a $21^m,6$ de hauteur; $6^m,30$ sont peints en rouge, le reste, par parties égales, est peint en blanc et en bleu. Quelle est la longueur de la partie bleue?

909. — Une dame a acheté pour $33^f,25$ d'étoffe; une autre dame, qui a acheté 2^m de plus de la même étoffe, a payé $52^f,25$. Combien chacune a-t-elle acheté de mètres?

910. — Deux personnes achètent 48^m de velours à $12^f,50$ le mètre. La première a payé $31^f,25$ de plus que la deuxième. Quelle est la longueur du velours acheté par chaque personne?

911. — Un escalier de 248 marches ayant chacune 175^{mm} de hauteur conduit au sommet de la colonne Vendôme. Quelle est, en mètres, la hauteur de la colonne?

912. — Une maison a 7 escaliers semblables d'une hauteur totale de $29^m,40$. La hauteur d'une marche est 15^{cm}. Calculer la hauteur et le nombre de marches de chaque escalier.

913. — On a mesuré un mur avec un mètre trop court de 1 demi-centimètre; on a porté 12 fois la longueur de ce mètre. Quelle est la longueur du mur?

914. — Quelle erreur commet-on en comptant 9 fois et demie la longueur d'un mètre trop long de 7^{mm}?

915. — On trouve $9^m,4$ et $7^m,5$ pour les dimensions d'une salle mesurées avec un mètre trop long de 5^{mm}. Calculer les dimensions exactes.

916. — J'achète une pièce de drap de $44^m,50$ pour $556^f,25$. Je m'aperçois plus tard qu'il manque 13^{dm}. Combien ai-je payé en trop? Combien dois-je revendre le mètre pour faire un bénéfice total de $113^f,35$?

917. — On achète $51^m,4$ de toile pour $128^f,50$. Mais on s'aperçoit qu'il y a 15^{dm} de trop, et on les paye au marchand. Combien faudra-t-il revendre le mètre pour gagner $31^f,90$ en tout?

918. — Sur une route, un piéton a compté 52 bornes hectométriques à partir de la cinquième borne kilométrique. Quelle est la distance de cette borne à la cinquante-deuxième borne hectométrique?

919. — Un cycliste se rend dans une ville distante de 85^{km}. A quelle distance de la ville sera-t-il au bout de 3 heures et demie, sachant qu'il fait 39^{km} en 2 heures?

920. — Parti à 11 heures et quart avec une vitesse de 65^{km} à l'heure, un train arrive à destination à 15 heures 3 quarts. Quel est le trajet parcouru par ce train?

921. — En 3 heures et demie, un coureur cycliste a fait 12 fois le tour d'une piste à une vitesse de 32^{km} à l'heure. Quelle est la longueur de la piste? Quel temps mettrait, pour faire le même trajet, un cycliste faisant 4^{km} de moins à l'heure?

922. — La longueur du pas d'un homme étant $0^m,75$, combien faut-il faire de pas pour parcourir $3^{km},3$?

923. — André (pas de $0^m,45$) et Charles (pas de $0^m,40$) partent d'un même point et vont dans la même direction en faisant le même nombre de pas. Quelle sera l'avance d'André après le 149e pas?

924. — Louis peut faire 4^{km} à l'heure et Paul 3^{km}. Ils se donnent rendez-vous le jeudi à 10 heures en un lieu situé à 3^{km} de la maison de Louis et à 2^{km} de celle de Paul. A quelle heure chacun doit-il partir pour être exact au rendez-vous?

925. — Deux trains faisant l'un 58^{km} et l'autre 65^{km} à l'heure partent en même temps de deux villes distantes de 738^{km} et vont en sens inverse l'un de l'autre. Au bout de combien de temps se rencontreront-ils?

926. — De deux stations distantes de 412^{km} partent en même temps deux trains qui vont en sens inverse l'un de l'autre. L'un des trains fait 45^{km} à l'heure, l'autre 58^{km}. A quelle distance de chaque point de départ aura lieu la rencontre?

927. — Deux cyclistes partent à midi de deux points de la même route et vont à la rencontre l'un de l'autre. Le premier fait $18^{km},5$ à l'heure, le second $19^{km},6$. La rencontre a lieu à 16 heures. Quelle est la distance qui les séparait au moment du départ?

928. — Un automobiliste part d'une ville à 9 heures avec une vitesse de $54^{km},5$ à l'heure. A la même heure un cycliste part d'une ville distante de la première de **304**km et va à la rencontre de l'automobile; la rencontre a lieu à **13** heures. Combien le cycliste fait-il de kilomètres à l'heure?

929. — La distance de deux villes est **321**km. Une voiture et une automobile partent en même temps de chaque ville et se rencontrent au bout de **5** heures. La voiture va deux fois moins vite que l'automobile. Combien chacune fait-elle de kilomètres à l'heure?

930. — Un train qui a une vitesse de **60**km à l'heure est à **45**km de Paris quand un autre train qui fait **75**km à l'heure part de Paris dans la même direction. Au bout de combien de temps le deuxième train atteindra-t-il le premier?

931. — Un train qui fait **40**km à l'heure part de Paris à **5** h. du matin. 3 heures après un train faisant **70**km à l'heure part de Paris dans la même direction. A quelle heure et à quelle distance de Paris le deuxième train atteindra-t-il le premier?

932. — La distance de deux villes est **240**km. Un train qui fait **40**km à l'heure part de la première à **8** heures; un deuxième train, parti de l'autre ville à **9** heures, rencontre le premier à égale distance des deux villes. Quelle est la vitesse du deuxième train?

933. — De Laon à Paris il y a **129**km. Un piéton part de Laon en même temps qu'un cycliste part de Paris; ils se rencontrent au bout de 5 heures à **27**km,5 de Laon. Quelle est la vitesse à l'heure du piéton et celle du cycliste?

PÉRIMÈTRE [1]

279. — *Périmètre.* — *Le périmètre d'un polygone est la somme des longueurs de ses côtés.*

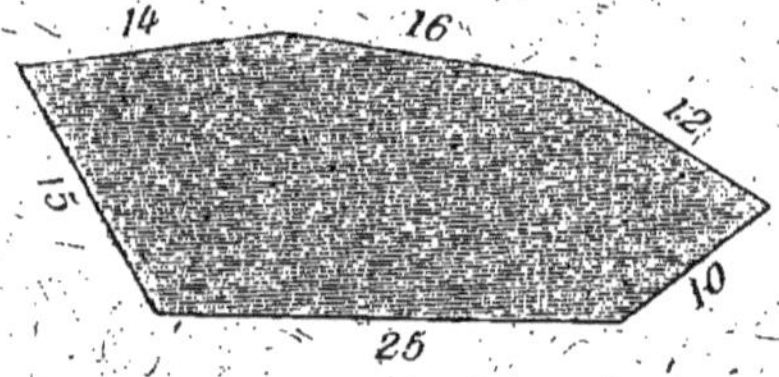

Fig. 86.

Le périmètre du polygone ci-dessus (fig. 86) est égal à

$$25^m + 15^m + 14^m + 16^m + 12^m + 10^m = 92^m.$$

1. Voir Polygones, p. 143 et suiv.

280. — *Quand les côtés d'un polygone sont égaux, on calcule le périmètre en multipliant la longueur du côté par le nombre des côtés.*

Par exemple, le losange et les polygones réguliers (triangle équilatéral, carré, pentagone régulier, etc.) ont leurs côtés égaux.

Problème.

Calculer le périmètre d'une vitre carrée dont le côté a $2^{dm},6$.

Le carré a ses quatre côtés égaux. Le périmètre de la vitre carrée est égal à 4 fois $2^{dm},6$, ou $2^{dm},6 \times 4 = 10^{dm},4$.

281. — *Calcul du côté.* — *Quand on connaît le périmètre d'un polygone dont les côtés sont égaux, on obtient la longueur d'un côté en divisant le périmètre par le nombre des côtés.*

Problème.

Les carreaux d'une cuisine ont la forme d'hexagones réguliers dont le périmètre a 48^{cm}. Quelle est la longueur du côté d'un carreau?

La longueur du côté est le sixième de la longueur du périmètre, ou
$$48^{cm} : 6 = 8^{cm}.$$

282. — *Rectangle.* — Pour calculer le périmètre d'un rectangle, on peut appliquer la règle générale et faire la somme des longueurs des côtés.

Les côtés opposés du rectangle étant égaux, le périmètre est égal à deux fois la base plus deux fois la hauteur. Une fois la base plus une fois la hauteur représentent donc le demi-périmètre.

La base et la hauteur sont les deux dimensions du rectangle; par conséquent la somme des deux dimensions est égale au demi-périmètre. Pour avoir le périmètre, on multiplie cette somme par 2. Donc :

Le périmètre d'un rectangle est égal au double de la somme de ses deux dimensions.

1er Problème.

Calculer le périmètre d'une page d'un livre qui a 18^{cm} de longueur et 11^{cm} de largeur.

Le demi-périmètre est égal à 18^{cm} + 11^{cm} = 29^{cm}.
Le périmètre égale 29^{cm} × 2 = 58^{cm}.

Remarque. — Les deux opérations peuvent s'indiquer ainsi :
Périmètre : (18 + 11) × 2 = 29 × 2 = 58^{cm}.

2e Problème.

Le périmètre du tableau noir de la classe a 60^{dm}. La base ayant 18^{dm}, quelle est la hauteur?

Le demi-périmètre égale 60^{dm} : 2 = 30^{dm}.
30^{dm} représentent la base, 18^{dm}, plus la hauteur. La hauteur est égale à la différence 30^{dm} — 18^{dm} = 12^{dm}.

283. — *Circonférence*. — On obtient la longueur d'une circonférence en multipliant le diamètre par un nombre *qui est toujours le même*. Ce nombre est désigné par la lettre grecque π, que l'on prononce *pi*; il est à peu près égal à *3,1416*. Dans la pratique, il suffira presque toujours de multiplier par *3,14*. Ainsi :

La longueur d'une circonférence est égale au produit du diamètre par le nombre π.

1er Problème.

Quelle est la longueur d'une roue de bicyclette dont le diamètre a 7^{dm}?

La longueur de la roue est égale à 7^{dm} × 3,14 = 21^{dm},98, c'est-à-dire environ 22^{dm}.

Si l'on nous donne le rayon, nous le multiplions par 2 pour avoir le diamètre.

2e Problème.

Calculer le diamètre de la pièce de 20 francs, la circonférence de la pièce ayant 65^{mm},94.

On obtient la longueur de la circonférence en multipliant le diamètre par π. Donc, 65^{mm},94 est le produit de deux facteurs; nous connaissons l'un des facteurs, 3,14. Nous obtiendrons l'autre facteur, le diamètre, en divisant 65,94 par 3,14.

Le diamètre égale 65^{mm},94 : 3,14 = 21^{mm}.

Fig. 87 (voir § 278, p. 169). — *Bornes hectométriques.*

Le chemineau, qui partage son déjeuner avec un chien, s'est assis à côté d'une borne hectométrique. On voit sur ce dessin plusieurs de ces bornes, placées sur une route que l'artiste a faite très sinueuse pour que vous puissiez mieux la voir. A quelle distance le chemineau est-il de la borne hectométrique la plus éloignée, qui soit visible sur le dessin?

Le cadre est un trapèze.

EXERCICES PRATIQUES

934. — Marquer, sur une ficelle, la longueur du périmètre d'un triangle équilatéral dont chaque côté a 1 décimètre.

935. — Même exercice avec un carré dont le côté a 12 centimètres.

936. — Même exercice avec un rectangle dont la longueur a 15 centimètres et la largeur 10 centimètres.

(A l'aide d'un fil de fer, on pourrait construire les périmètres de ces trois polygones, au besoin avec des dimensions plus petites.)

937. — On a un tableau encadré. Mesurer les dimensions extérieures et les dimensions intérieures du cadre. Dire le périmètre extérieur et le périmètre intérieur.

EXERCICES ORAUX

Carré et losange.

938. — Trouver les périmètres des carrés ayant pour côtés :
$$11^m ; 12^m ; 13^m ; 14^m ; 15^m ; 16^m ; 17^m ; 18^m ; 19^m.$$

939. — Calculer les périmètres des losanges dont les côtés ont :
$$0^m,1 ; 0^m,3 ; 0^m,7 ; 0^m,9 ; 0^m,11 ; 0^m,13 ; 0^m,15 ; 0^m,17 ; 0^m,19.$$

940. — On demande les côtés des carrés ayant pour périmètres :
$$4^m ; 8^m ; 16^m ; 20^m ; 24^m ; 32^m ; 36^m ; 48^m ; 60^m.$$

941. — Un mètre de clôture coûtant 2^f, trouver les longueurs des côtés des champs carrés dont la clôture coûte :
$$800^f ; 1\,200^f ; 1\,600^f ; 1\,800^f ; 2\,000^f ; 2\,400^f ; 2\,800^f.$$

Rectangle.

942. — Une salle de classe a 9^m de longueur et 8^m de largeur. Quel est le périmètre?

943. — Quel est le périmètre d'une feuille de papier qui a 24^{cm} de longueur et 20^{cm} de largeur?

944. — Une croisée a 20^{dm} de hauteur et 15^{dm} de largeur. Quel est le périmètre?

945. — Une porte a $2^m,10$ de hauteur et $1^m,80$ de largeur. Trouver le périmètre.

946. — La page d'un livre a $16^{cm},5$ sur 12^{cm}. Calculer : 1° le demi-périmètre, 2° le périmètre.

947. — Un tableau a pour dimensions $1^m,40$ sur $1^m,10$. Quel est : 1° le demi-périmètre? 2° le périmètre?

948. — Calculer la deuxième dimension des rectangles suivants, connaissant :

	Périmètre.	Longueur.		Périmètre.	Longueur.
1°	90^m	25^m	4°	300^m	100^m
2°	100^m	30^m	5°	500^m	150^m
3°	120^m	40^m	6°	600^m	180^m

949. — Même question :

	Périmètre.	Largeur.		Périmètre.	Largeur.
1°	72^m	16^m	4°	104^m	21^m
2°	88^m	18^m	5°	120^m	25^m
3°	92^m	22^m	6°	240^m	42^m

950. — Trouver les périmètres des rectangles suivants dans lesquels la largeur est la moitié de la longueur ; ces rectangles ont les longueurs suivantes :

1° 10^m; 20^m; 50^m; 60^m; 70^m; 80^m; 100^m.

2° 21^m; 42^m; 55^m; 68^m; 72^m; 87^m; 99^m.

951. — La page d'un carnet a un périmètre de 40^{cm}. Quelles sont les deux dimensions, la longueur ayant 4^{cm} de plus que la largeur ?

952. — Le périmètre d'un rectangle a 60^{cm}; quelles sont ses deux dimensions, la longueur étant le double de la largeur ?

953. — Même question (longueur double de la largeur) avec les rectangles ayant pour périmètres :

18^{mm}; 36^{mm}; 42^{mm}; 66^{mm}; 72^{mm}; 1^{dm},8; 3^{dm},6; 4^{dm},2; 6^{dm},6; 7^{dm},2.

Hexagone.

954. — Trouver les périmètres des hexagones réguliers dont les côtés ont :

10^{cm}; 15^{cm}; 18^{cm}; 9^{mm}; 11^{mm}; 13^{mm}; 17^{mm}; 0^{dm},5; 1^{dm},5; 3^{dm},5; 5^{dm},5.

955. — On demande la longueur du côté de chaque hexagone régulier, le périmètre ayant :

30^{mm}; 48^{mm}; 54^{mm}; 60^{mm}; 84^{mm}; 90^{mm}; 1^{cm},8; 2^{cm},4; 3^{cm},6; 5^{cm},4; 6^{cm},6.

Décagone.

956. — Trouver les périmètres des décagones réguliers dont les côtés ont :

5^{dm},8; 9^{dm},4; 11^{dm},7; 12^{dm},45; 15^{dm},58; 18^{dm}09; 20^{dm},35.

957. — Chercher les côtés des décagones réguliers dont les périmètres ont respectivement :

1° 10^{cm}; 20^{cm}; 30^{cm}; 40^{cm}; 60^{cm}; 100^{cm}; 200^{cm}.

Les réponses seront exprimées : 1° en centimètres, 2° en décimètres.

2° 1^{dm}; 3^{dm}; 9^{dm}; 14^{dm}; 1^{dm},4; 2^{dm},8; 3^{dm},4; 8^{dm},5.

Les réponses seront exprimées : 1° en décimètres, 2° en centimètres.

Circonférence.

958. — Calculer les longueurs des circonférences dont les diamètres sont donnés ci-après :

1^{em} ; 10^{cm} ; 100^{cm} ; 1^{mm} ; 10^{mm} ; 100^{mm} ; $0^m,1$; $0^{dam},1$; $0^{hm},1$; $0^{km},1$; $0^{dm},1$; $0^{em},1$.

959. — Trouver les longueurs des circonférences ayant pour rayons :

$0^{dm},5$; 5^{dm} ; $0^{em},5$; 5^{em} ; 50^{em} ; 5^{mm} ; 50^{mm} ; 500^{mm} ; $0^m,5$; 50^m.

960. — Calculer les diamètres des circonférences dont les longueurs sont : $3^m,14$; $31^m,4$; $0^m,314$; $3^{dam},14$; $3^{hm},14$; $0^{hm},314$.

PROBLÈMES ÉCRITS

Carré et losange.

961. — Le côté d'une cour carrée a $29^m,75$. Quel est son périmètre ?

962. — Quel est le pourtour d'une place carrée dont le côté a $9^{dam},8$? (unité : mètre).

963. — Quel est le prix de la clôture d'un jardin carré dont le côté a $29^m,5$, le mètre de clôture revenant à $3^f,45$?

964. — Quel est le côté d'une cour ayant la forme d'un losange dont le pourtour a $14^{dam},48$? (unité : mètre).

965. — La clôture d'un champ carré a coûté $1\,887^f$. Quel est le côté du champ, sachant que 1 décamètre de clôture revient à $25^f,50$? (unité : mètre).

966. — On plante des piquets tous les $2^m,50$ autour d'un terrain ayant la forme d'un losange dont le côté a 80^m. Quel est le nombre des piquets ?

Rectangle.

967. — La surface d'une brique a $2^{dm},45$ de longueur et $1^{dm},35$ de largeur. Quel est son périmètre ?

968. — Quelle est la longueur d'un fil de fer entourant une prairie rectangulaire de $2^{hm},35$ sur $18^{dam},9$?

969. — Une salle 3 fois aussi longue que large a $19^m,8$ de longueur. Quel en est le périmètre ?

970. — La longueur d'un préau rectangulaire est $2^{dam},9$; la largeur a $7^m,5$ de moins que la longueur. Combien un élève parcourt-il de mètres en faisant 8 fois le tour du préau ?

971. — Une dalle rectangulaire a un périmètre de $7^m,6$ et une largeur de $1^m,5$. Quelle est la longueur ?

972. — Paul trace sur sa copie un rectangle 2 fois aussi long que large et dont le pourtour a $12^{cm},6$. Trouver les deux dimensions.

973. — Le périmètre d'un rectangle a 27^m,2; la largeur est le tiers de la longueur. Quelles sont les deux dimensions?

974. — La longueur d'un rectangle a 36^{dm} de plus que la largeur. Calculer les deux dimensions, le périmètre ayant 57^m,2.

975. — Le rebord d'un bassin rectangulaire a coûté 331^f,50 à raison de 3^f,25 le mètre. Trouver les deux dimensions, la largeur ayant 4^m,50 de moins que la longueur.

976. — Le côté d'un jardin carré a 30^m,4. Une allée de 1^m,20 de largeur, établie intérieurement et longeant le mur de clôture, fait le tour complet du jardin; quel est le périmètre de la partie cultivée?

977. — Une carte de visite de deuil a 88^{mm} de longueur et 51^{mm} de largeur. La bordure noire a 7^{mm} de largeur. Calculer le périmètre de la partie blanche.

Circonférence.

978. — Calculer la longueur de la circonférence de la pièce de 50^f (diamètre 28^{mm}).

979. — Quel est le pourtour d'un bassin circulaire dont le diamètre a 8^m,65?

980. — Calculer la longueur de la circonférence de la place de l'Étoile, à Paris, qui a un rayon de 120^m,4.

981. — Quelle est la longueur d'une corde qui s'enroule 8 fois et demie sur une roue dont le diamètre a 1^m,8?

982. — Une plate-bande demi-circulaire a un diamètre de 4^m,20; elle est entièrement bordée de buis. Quelle est la longueur de la bordure?

983. — Une croisée est formée d'une partie rectangulaire de 2^m,25 de hauteur sur 1^m,6 de largeur et d'une partie demi-circulaire dont le diamètre est égal à la largeur. Quel est le pourtour de la croisée?

984. — Une tour circulaire a 15^m,8 de circonférence. Trouver le rayon à 0^m,01 près.

985. — La circonférence extérieure d'une tour a 37^m,68, et la circonférence intérieure a 25^m,12. Trouver : 1° le rayon de chaque circonférence; 2° l'épaisseur des murs.

986. — Les roues d'une voiture ont 4^m,75 de circonférence. Elles font 25 tours par minute; quelle distance parcourt la voiture en 1 heure? en 6 heures? (unité : kilomètre).

987. — Les roues d'une voiture ont un diamètre de 1^m,15. Quelle est la longueur de la circonférence? Combien feront-elles de tours pour parcourir 1^{km},5?

988. — Les grandes roues d'une voiture ont 5^m,20 de circonférence et les petites, 4^m,50. Combien feront-elles de tours chacune pour parcourir 7^{km},5?

989. — Les petites roues d'une voiture ont 4^m,20 de circonférence. Les grandes roues font 3 tours pendant que les petites en

font 4. Trouver la longueur de la circonférence et le rayon des grandes roues.

990. — Les roues d'une automobile ont 3^m,60 de circonférence. Combien font-elles de tours à la minute quand l'automobile a une vitesse de 72^{km} à l'heure ?

991. — Une voiture fait 12^{km} à l'heure. Les grandes roues font 40 tours à la minute, et les petites 50 tours. Quelle est la longueur de la circonférence des grandes roues et celle des petites roues ?

MESURES DE SURFACE

284. — Toutes les unités de surface sont des carrés.

285. — *Unité principale.* — L'unité principale de surface est le *mètre carré* (m^2).

Le mètre carré est un carré dont chaque côté a un mètre de longueur.

286. — *Multiples.* — Les multiples du mètre carré sont :

> le *décamètre carré* (dam^2),
> l'*hectomètre carré* (hm^2),
> le *kilomètre carré* (km^2),
> le *myriamètre carré* (Mm^2).

287. — *Le décamètre carré est un carré dont chaque côté a un décamètre de longueur.*

Fig. 88. — Centimètre carré (grandeur réelle).

288. — *Sous-multiples.* — Les sous-multiples sont :

> le *décimètre carré* (dm^2),
> le *centimètre carré* (cm^2),
> le *millimètre carré* (mm^2).

289. — *Le décimètre carré est un carré dont chaque côté a un décimètre de longueur* (fig. 89).

290. — **Relations entre deux unités consécutives.**

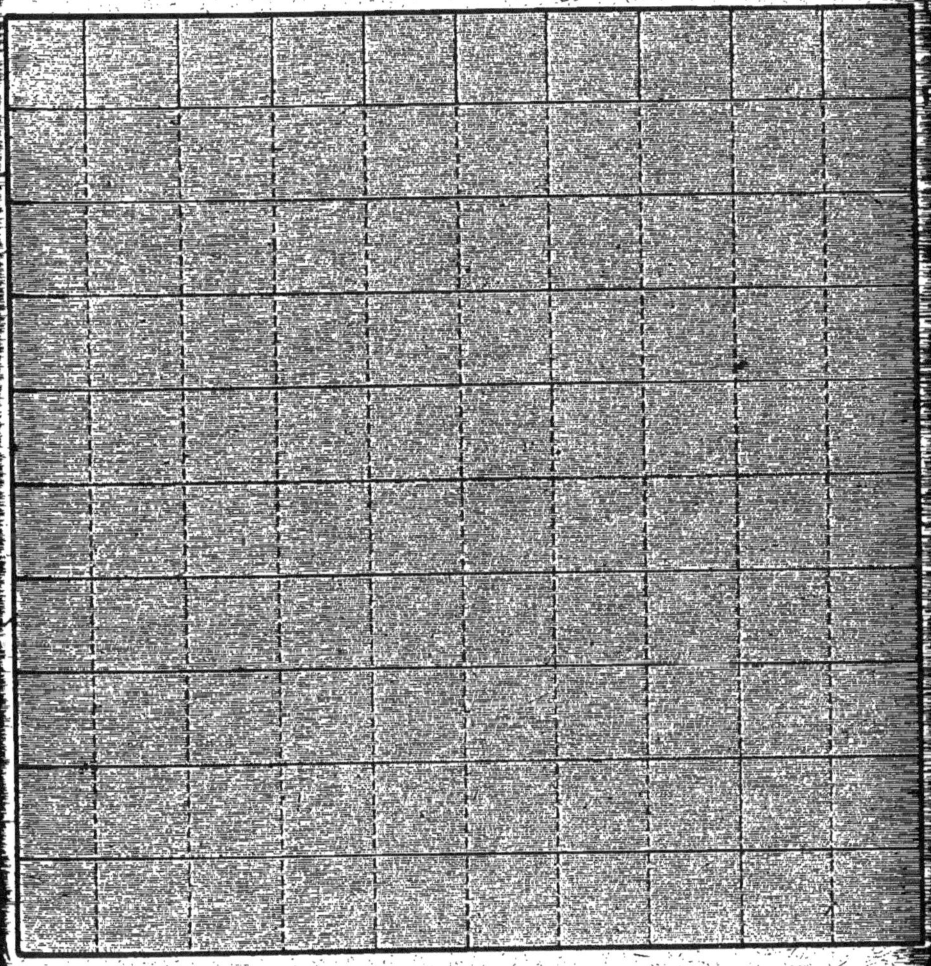

Fig. 89. — Décimètre carré (grandeur réelle).

La figure ABCD (fig. 89) est un décimètre carré.

Divisons chaque côté en dix parties égales, chacune de ces parties a un centimètre de longueur.

Joignons les points du côté BA aux points correspondants du côté

CD. Nous divisons ainsi le décimètre carré en dix bandes égales, et nous avons :

$$1 \text{ décimètre carré} = 10 \text{ bandes.}$$

Joignons les points du côté BC aux points correspondants du côté AD. Nous divisons ainsi chaque bande en dix carrés égaux, comme on le voit nettement sur la bande EBCF. Chacun de ces carrés est un centimètre carré. Donc :

$$1 \text{ bande} = 10 \text{ centimètres carrés;}$$
$$10 \text{ bandes} = 10 \times 10 = 100 \text{ centimètres carrés.}$$

Mais 10 bandes représentent la surface de 1 décimètre carré. Donc :

$$\boldsymbol{1 \text{ décimètre carré} = 100 \text{ centimètres carrés.}}$$

291. — En opérant de même sur chacune des autres unités de surface, on obtiendrait les résultats suivants :

$$1^{m^2} = 100^{dm^2}; \qquad 1^{km^2} = 100^{hm^2};$$
$$1^{dam^2} = 100^{m^2}; \qquad 1^{Mm^2} = 100^{km^2};$$
$$1^{hm^2} = 100^{dam^2}; \qquad 1^{cm^2} = 100^{mm^2}.$$

Chaque unité de surface est égale à cent fois l'unité immédiatement inférieure.

292. — **Relations entre deux unités quelconques.** De ce qui précède, on déduit facilement les relations suivantes :

$$1^{dam^2} = 10\,000^{dm^2}; \qquad 1^{Mm^2} = 1\,000\,000^{dam^2};$$
$$1^{hm^2} = 10\,000^{m^2}; \qquad 1^{Mm^2} = 100\,000\,000^{m^2};$$
$$1^{km^2} = 10\,000^{dam^2}; \qquad 1^{m^2} = 10\,000^{cm^2};$$
$$1^{km^2} = 1\,000\,000^{m^2}; \qquad 1^{m^2} = 1\,000\,000^{mm^2};$$
$$1^{Mm^2} = 10\,000^{hm^2}; \qquad 1^{dm^2} = 10\,000^{mm^2}.$$

293. — Le mètre carré étant l'unité, *un décamètre carré est une centaine, un hectomètre carré est une dizaine de mille,* etc. De même *un décimètre carré est un centième,* etc.

Soit le nombre $3\,246^{m^2},54$. Il contient 46 unités ou 46^{m^2}, puis 32 centaines ou 32^{dam^2}, puis 54 centièmes ou 54^{dm^2}. Donc :

Deux chiffres suffisent pour représenter le nombre des unités de surface de chaque espèce.

294. — *Remarque.* — On voit que décamètre carré signifie carré dont le côté a un décamètre de longueur, et non carré qui égale dix mètres carrés. De même décimètre carré signifie carré dont le côté a un décimètre de longueur et non carré qui est le dixième du mètre carré.

295. — Le tableau suivant facilite la lecture et l'écriture des nombres qui représentent des surfaces.

Tableau des unités de surface.

Mm^2		km^2		hm^2		dam^2		m^2		dm^2		cm^2		mm^2	
diz.	un.	diz.	un.	diz.	un.	diz.	un.	diz.	un.	diz.	un.	diz.	un.	diz.	un.
					4	8	6,	5	7,	8	3	1	0		
	2	9	1,	0	7	5	0	4	3	0	1,	4	2		
			6	3	8,	0	1	4	5		1	6	0,	0	5
3	0,	2	1	0	0	5	3	3	0						
		1	7	8	6,	4	1	2	5,	8	3	2	4		

296. — *Lecture.* — **Exemples.**

1° $48\,657^{m^2}{,}831$ se lit (voir le tableau § 295) :

4 hectomètres carrés **86** *décamètres carrés* **57** *mètres carrés* **83** *décimètres carrés* **10** *centimètres carrés,* ou *48 657 mètres carrés* **8 310** *centimètres carrés.*

2° $291^{km^2}{,}075$ se lit :

2 myriamètres carrés **91** *kilomètres carrés* **7** *hectomètres carrés* **50** *décamètres carrés,* ou *291 kilomètres carrés* **750** *décamètres carrés.*

3° $4\,301^{dm^2}{,}42$ se lit :

43 mètres carrés **1** *décimètre carré* **42** *centimètres carrés,* ou *4 301 décimètres carrés* **42** *centimètres carrés.*

297. — On facilite la lecture en partageant d'abord le nombre en tranches de deux chiffres à partir de la virgule, en allant de droite à gauche dans la partie entière et de gauche à droite dans la partie décimale. Si la dernière tranche de la partie décimale n'a qu'un chiffre, on la complète en écrivant un zéro à droite.

298. — *Écriture*. — **Exemples.**

1° *6 kilomètres carrés 38 hectomètres carrés 1 décamètre carré 45 mètres carrés* s'écrit (voir le tableau § 295) :

(unité : hectomètre carré)　$638^{hm^2},0145$.

2° *30 myriamètres carrés 21 kilomètres carrés 53 décamètres carrés* s'écrit :

(unité : myriamètre carré)　$30^{Mm^2},210053$.

3° *160 centimètres carrés 5 millimètres carrés* s'écrit :

(unité : centimètre carré)　$160^{cm^2},05$.

299. — *Changement d'unité.* —

1°　　17　　$86^{hm^2},41$　　30　peut s'écrire $\left\{ \begin{array}{l} \text{(voir le ta-} \\ \text{bleau § 295):} \end{array} \right.$

　　　$17^{km^2}, 86$　　41　　30 ;

　　$0^{Mm^2},17$　　86　　41　　30 ;

　　　　17　　86　　$41^{dam^2},30$;

　　　　17　　86　　41　　30^{m^2}.

2°　　1　　$25^{m^2},83$　　24　　　　peut s'écrire :

　　　$1^{dam^2},25$　　83　　24 ;

　　　1　　25　　$83^{dm^2},24$;

　　　1　　25　　83　　24^{cm^2} ;

　　　1　　25　　83　　24　　00^{mm^2}.

Pour changer d'unité, on met le nom de la nouvelle unité au rang qu'elle occupe, en haut et à droite ; s'il y a des unités plus petites que la nouvelle unité, on met une virgule à droite de celle-ci. Quand c'est nécessaire, on ajoute des zéros pour compléter le nombre des unités ou indiquer celles qui manquent.

MESURES AGRAIRES

300. — On a donné des noms particuliers aux unités de surface que l'on utilise pour mesurer les champs.

301. — ***Unité principale, multiple, sous-multiple.*** L'unité principale est le décamètre carré qui prend le nom *d'are* (a).

Le seul multiple usité de l'are est l'*hectare* (ha) qui est égal à *cent ares*.

Le seul sous-multiple usité est le *centiare* (ca) qui est le *centième* de l'are.

On a donc : $1^{ha} = 100^a$ ou $10\,000^{ca}$;
$$1^a = 100^{ca}.$$

L'are, l'hectare, le centiare sont appelés *mesures agraires*.

302. — Le tableau suivant facilite la lecture et l'écriture des nombres qui représentent des surfaces agraires.

hm²		dam²		m²	
ha		a		ca	
diz.	un.	diz.	un.	diz.	un.
3	5	0	8,	9	0
	4,	0	0	7	1
		6	1,	3	0
	2,	1	5		

303. — ***Lecture et écriture.*** — **Exemples.**
$3\,508^a{,}90$ se lit (voir le tableau § 302) :
35 hectares 8 ares 90 centiares, ou *3 508 ares 90 centiares*.

4 hectares 71 centiares s'écrit :

(unité : hectare) $4^{ha}{,}0071$.

304. — *Changement d'unité.* — **Exemples.**

$61^a,30$ peut s'écrire (voir le tableau § 302).

$$0^{ha}, 61 \quad 30 ;$$
$$61 \quad 30^{ca}.$$

305. — *Relations entre les mesures agraires et les mesures de surface.*

Nous avons vu que $1^a = 1^{dam^2}$; par conséquent

$$1^{ha} = 1^{hm^2} ;$$
$$1^{ca} = 1^{m^2}.$$

Ainsi, le centiare est le nom du mètre carré quand il sert à la mesure des champs.

Le tableau ci-dessus (§ 302) facilite les conversions. Par exemple,

$$3508^a,90 = 35^{hm^2},0890 = 3508^{dam^2},90 = 350890^{m^2} ;$$
$$\text{ou} \qquad 2^{hm^2},15 = 2^{ha},15 = 215^a = 21500^{ca}.$$

EXERCICES PRATIQUES

992. — Tracer, sur une feuille, un décimètre carré ; on le divisera en centimètres carrés et l'un des centimètres carrés en millimètres carrés.

993. — Tracer, au tableau noir ou sur le plancher, un mètre carré que l'on divisera en décimètres carrés.

EXERCICES ORAUX

MESURES DE SURFACE

Relations entre les différentes unités.

994. — Combien y a-t-il de décimètres carrés, de centimètres carrés, de millimètres carrés dans 1^{m^2} ? 3^{m^2} ? 4^{m^2} ? 5^{m^2} ?

995. — Dire combien il y a de mètres carrés dans 100^{dm^2} ; 200^{dm^2} ; 500^{dm^2} ; 900^{dm^2}.

996. — Dire combien il y a de mètres carrés dans $10\,000^{cm^2}$; $30\,000^{cm^2}$; $60\,000^{cm^2}$; $80\,000^{cm^2}$.

997. — Combien y a-t-il de mètres carrés dans $1\,000\,000^{mm^2}$? $2\,000\,000^{mm^2}$? $7\,000\,000^{mm^2}$? $8\,000\,000^{mm^2}$?

998. — Pour avoir 1^{dm^2}, combien faut-il ajouter :
1° de centimètres carrés à 40^{cm^2}? 45^{cm^2}? 59^{cm^2}? 87^{cm^2}?
2° de millimètres carrés à $9\,000^{mm^2}$? $7\,000^{mm^2}$? $5\,000^{mm^2}$? $4\,500^{mm^2}$?

999. — Dans 1^{dam^2}; dans 5^{dam^2}; dans 12^{dam^2}, combien y a-t-il :
1° de mètres carrés? 2° de décimètres carrés?

1000. — Pour avoir 1^{km^2}, combien faut-il retrancher :
1° de décamètres carrés de 120^{dam^2}? 200^{dam^2}? 215^{dam^2}? 395^{dam^2}?
2° de mètres carrés de $10\,500^{m^2}$? $11\,200^{m^2}$? $15\,500^{m^2}$? $21\,250^{m^2}$?

1001. — Pour obtenir 1^{km^2}, dire ce qu'il faut :
1° ajouter à 90^{hm^2}; 5.000^{dam^2}; $500\,000^{m^2}$; $620\,000^{m^2}$.
2° retrancher de 250^{hm^2}; 15.000^{dam^2}; $1\,500\,000^{m^2}$; $2\,800\,000^{m^2}$.

1002. — Nombre de kilomètres carrés contenus dans :
1^{Mm^2}; 5^{Mm^2}; 9^{Mm^2}; 12^{Mm^2}; $0^{Mm^2},5$; $2^{Mm^2},5$; $7^{Mm^2},5$; $15^{Mm^2},5$.

1003. — Dans un demi-mètre carré, combien y a-t-il de décimètres carrés? de centimètres carrés? de millimètres carrés?

1004. — Dans un dixième d'hectomètre carré, combien y a-t-il de décamètres carrés? de mètres carrés? de décimètres carrés?

1005. — Combien un dixième de kilomètre carré contient-il d'hectomètres carrés? de décamètres carrés? de mètres carrés?

1006. — Combien y a-t-il de décimètres carrés dans un dixième, dans un centième de mètre carré?

1007. — Combien un millième de mètre carré contient-il de centimètres carrés? de millimètres carrés?

1008. — Comparez, en exprimant leur surface à l'aide d'une même unité :

    le dixième du mètre carré et le décimètre carré;
    le centième   —   le centimètre   — ;
    le millième   —   le millimètre   — .

1009. — Quand le mètre carré d'un terrain coûte $0^f,50$, trouver le prix de : 1^{dam^2}; 2^{dam^2}; 8^{dam^2}; 20^{dam^2}; 30^{dam^2}; 1^{hm^2}; 3^{hm^2}; 5^{hm^2}; 7^{hm^2}; 9^{hm^2}.

1010. — Quand l'hectomètre carré d'un terrain coûte $10\,000^f$, calculer le prix de : 1^{dam^2}; 6^{dam^2}; $0^{dam^2},5$; $1^{dam^2},5$; $12^{dam^2},5$.

Lecture.

1011. — Lire les nombres suivants, d'abord en énonçant les unités consécutives, puis en énonçant seulement la partie entière et la partie décimale :

    $5^{m^2},182475$ $12^{m^2},017$ $10^{m^2},00015$
    $3^{m^2},18023$ $38^{m^2},9$ $60^{m^2},014$
    $15^{m^2},4103$ $0^{m^2},014$ $0^{m^2},00004$.

1012. — Même question.

    $14^{dm^2},183$ $8\,102^{cm^2},65$ $189^{dam^2},413$
    $7^{cm^2},4$ $0^{dm^2},013$ $100^{dam^2},3176$
    $187^{dm^2},81$ $4^{dam^2},65$ $2\,314^{dam^2},7$.

1013. — *Même question :*

74^{km²},835	6^{km²},342	15^{km²},1200
3^{hm²},19	20^{km²},41708	5^{km²},307
17^{km²},04157	509^{km²},4157	0^{km²},00518

Fig. 90 (voir § 278, p. 109). — *Poteau indicateur.*

Vous voyez deux plaques indicatrices au croisement des deux routes. D'après la direction des flèches sur la plaque, l'ouvrier tourne le dos à Paris, et il a devant lui la direction de Melun.

Quelle est la distance de Paris à Melun ?

Comment s'appelle le polygone qui encadre le dessin ?

EXERCICES ÉCRITS

MESURES DE SURFACE

Écriture.

Écrire les nombres suivants :

1014. — (Unité : mètre carré) $17^{m^2}45^{dm^2}8^{cm^2}$; $9\,813^{cm^2}$;
$9^{m^2}83^{cm^2}7^{mm^2}$; $47\,186^{mm^2}$.
785^{dm^2} ; $104^{dm^2}6^{mm^2}$

1015. — (Unité : décimètre carré) $7^{dm^2}18^{cm^2}9^{mm^2}$; $4^{m^2}5^{dm^2}131^{mm^2}$;
$417^{cm^2}5^{mm^2}$; $709^{m^2}526^{cm^2}$;
$8\,109^{mm^2}$; $1^{m^2}712^{mm^2}$.

1016. — (Unité : centimètre carré) $10^{cm^2}3^{mm^2}$; $48\,753^{mm^2}$;
$148^{cm^2}41^{mm^2}$; $1^{dm^2}1^{cm^2}1^{mm^2}$;
$7^{m^2}17^{dm^2}3^{mm^2}$; 1^{mm^2} .

1017. — (Unité : décamètre carré) $65^{dam^2}8^{m^2}$; $3^{m^2}165^{cm^2}$;
$437^{m^2}7^{dm^2}$; $814^{dm^2}18^{cm^2}$;
$18^{m^2}16^{dm^2}9^{cm^2}$; $107\,256^{cm^2}$.

1018. — (Unité : hectomètre carré) $3^{hm^2}25^{dam^2}6^{m^2}$; $1\,085^{dam^2}6^{dm^2}$;
$7^{km^2}5^{dam^2}11^{m^2}$; $103^{hm^2}2537^{dm^2}$.
$6^{Mm^2}5^{km^2}1^{hm^2}3^{dam^2}$; $1^{Mm^2}2^{km^2}5^{hm^2}14^{m^2}$.

1019. — (Unité : kilomètre carré) $12^{km^2}27^{dam^2}$; $168^{dam^2}45^{m^2}$;
142^{hm^2} ; $17^{Mm^2}5^{km^2}9^{dam^2}66^{m^2}$;
$6^{Mm^2}3^{hm^2}15^{dam^2}$; $51\,802^{m^2}$.

1020. — (Unité : Myriamètre carré) $5^{Mm^2}19^{km^2}$; $31\,827^{dam^2}6^{m^2}$;
$148^{km^2}15^{hm^2}7^{dam^2}$; $41\,708^{m^2}$;
$7\,538^{km^2}1893^{m^2}$; $1^{km^2}2^{hm^2}3^{dam^2}68^{m^2}$.

Changement d'unité.

1021. — Prendre comme unité le mètre carré.
153^{dm^2} ; $4\,926^{mm^2}$; 1^{cm^2} ; $25^{dm^2},9$;
831^{cm^2} ; 1^{dm^2} ; 1^{mm^2} ; $174^{cm^2},5$.

1022. — Même question.
$3^{dm^2},85$; $4^{dam^2},67$; 68^{hm^2} ; $0^{hm^2},05$;
$9^{cm^2},6$; $188^{dam^2},009$; $9^{hm^2},538$; $458^{hm^2},7$.

1023. — Même question.
7^{km^2} ; $4^{km^2},118$; 19^{Mm^2} ; $0^{Mm^2},5813$;
$8^{km^2},45381$; $0^{km^2},7$; $8^{Mm^2},15067$; $0^{Mm^2},00756$.

1024. — Prendre comme unité : 1° le décimètre carré ; 2° le centimètre carré ; 3° le millimètre carré.
$9^{m^2},456$; $0^{m^2},08$; $5^{dam^2},189$; $1^{hm^2},172$;
$0^{m^2},47$; $0^{m^2},00561$; $0^{dam^2},07316$; $0^{hm^2},000513$.

1025. — Prendre comme unité le décamètre carré.

$$7\,813^{\mathrm{dm^2}}; \qquad 105^{\mathrm{m^2}},8; \qquad 18^{\mathrm{hm^2}},4538; \qquad 6^{\mathrm{km^2}},1439;$$
$$517\,498^{\mathrm{dm^2}}; \qquad 4^{\mathrm{hm^2}},53; \qquad 7^{\mathrm{km^2}},19; \qquad 18^{\mathrm{Mm^2}},417.$$

1026. — Prendre comme unité l'hectomètre carré.

$$753^{\mathrm{dam^2}},9; \qquad 3^{\mathrm{km^2}},613; \qquad 45^{\mathrm{Mm^2}},14; \qquad 0^{\mathrm{Mm^2}},7;$$
$$97\,084^{\mathrm{m^2}}; \qquad 0^{\mathrm{km^2}},019; \qquad 0^{\mathrm{Mm^2}},1892; \qquad 0^{\mathrm{dam^2}},19.$$

1027. — Prendre comme unité le kilomètre carré.

$$182^{\mathrm{hm^2}},36; \qquad 90\,576^{\mathrm{m^2}}; \qquad 0^{\mathrm{Mm^2}},081; \qquad 7^{\mathrm{dam^2}},8;$$
$$312^{\mathrm{dam^2}},5; \qquad 4^{\mathrm{Mm^2}},5; \qquad 0^{\mathrm{hm^2}},1843; \qquad 0^{\mathrm{dam^2}},65.$$

1028. — Prendre comme unité le myriamètre carré.

$$238^{\mathrm{km^2}},57; \qquad 0^{\mathrm{km^2}},9215; \qquad 46\,128^{\mathrm{dam^2}}; \qquad 170\,295^{\mathrm{m^2}};$$
$$48^{\mathrm{km^2}},57; \qquad 312^{\mathrm{hm^2}},47; \qquad 18^{\mathrm{dam^2}},4; \qquad 435^{\mathrm{m^2}}.$$

Les quatre opérations.

1029. — Calculer : $475^{\mathrm{m^2}},879 + 725^{\mathrm{dam^2}},6 + 85\,134^{\mathrm{cm^2}} + 1\,926^{\mathrm{mm^2}}$ (unité : mètre carré).

1030. — Calculer : $732^{\mathrm{m^2}} + 8^{\mathrm{dm^2}},319 + 9178^{\mathrm{cm^2}} + 18^{\mathrm{mm^2}}$ (unité : décimètre carré).

1031. — Calculer : $3^{\mathrm{dam^2}},518 + 9^{\mathrm{hm^2}},587 + 41^{\mathrm{km^2}},0864 + 138^{\mathrm{m^2}}$ (unité : décamètre carré).

1032. — Calculer : $786^{\mathrm{hm^2}} + 985^{\mathrm{dam^2}},4 + 3^{\mathrm{km^2}},192 + 9^{\mathrm{Mm^2}},7856$ (unité : hectomètre carré).

1033. — Calculer : $476^{\mathrm{km^2}},08 + 5^{\mathrm{Mm^2}},459 + 0^{\mathrm{hm^2}},459 + 72^{\mathrm{Mm^2}},846.$

Le total sera exprimé : 1° en myriamètres carrés ; 2° en kilomètres carrés ; 3° en hectomètres carrés ; 4° en décamètres carrés.

1034. — 1° $476^{\mathrm{m^2}},83 - 9\,138^{\mathrm{dm^2}},4158$ (unité : centimètre carré).

        2° $19\,385^{\mathrm{cm^2}},8 - 0^{\mathrm{m^2}},9714315$ (unité : millimètre carré).

1035. — 1° $730^{\mathrm{hm^2}},95 \times 9$; 2° $18^{\mathrm{m^2}},958 \times 807.$

Les produits seront exprimés : 1° en mètres carrés ; 2° en décamètres carrés ; 3° en hectomètres carrés ; 4° en myriamètres carrés.

1036. — 1° $7^{\mathrm{m^2}},1208 : 18$; 2° $0^{\mathrm{m^2}},84615 : 15.$

Les quotients seront exprimés : 1° en mètres carrés ; 2° en décimètres carrés ; 3° en centimètres carrés ; 4° en millimètres carrés.

1037. — (Dans cette question et dans la suivante, pour chaque division, prendre comme unité celle du diviseur.)

Dans $1^{\mathrm{m^2}},5$, combien y a-t-il de fois $3^{\mathrm{dm^2}}$?

— $0^{\mathrm{m^2}},204$ — $4^{\mathrm{cm^2}}$?

— $8^{\mathrm{dm^2}},1$ — $9^{\mathrm{cm^2}}$?

— $2^{\mathrm{cm^2}},4$ — $6^{\mathrm{mm^2}}$?

1038. — Dans $12^{\mathrm{dam^2}},3$ combien y a-t-il de fois $30^{\mathrm{m^2}}$?

— $9^{\mathrm{hm^2}},3$ — $0^{\mathrm{dam^2}},62$

— $8^{\mathrm{Mm^2}},4$ — $0^{\mathrm{hm^2}},7$?

— $12^{\mathrm{Mm^2}},5$ — $0^{\mathrm{km^2}},5$?

PROBLÈMES ÉCRITS

MESURES DE SURFACE

1039. — 129$^{dam^2}$ de terrain à bâtir sont achetés 550^f le décamètre carré et revendus 6^f,60 le mètre carré. Quel est le bénéfice?

1040. — On échange 3$^{hm^2}$,5 de terrain estimé 2 600^f l'hectomètre carré contre une forêt de même valeur et de 758$^{dam^2}$ de surface. Quel est le prix d'un hectomètre carré de la forêt?

1041. — Un terrain de 35$^{dam^2}$,9 coûtant 1 795^f, trouver le prix de 7$^{hm^2}$,5.

1042. — Louis prend une feuille de papier de 300$^{cm^2}$ de surface et de 20^{cm} de longueur. Il la divise en bandes égales de 2^{cm},5 de largeur par des parallèles aux petits côtés de la feuille. Calculer : 1° le nombre de bandes; 2° la surface d'une bande.

1043. — Une salle a 10^m de long et 8^m de large. Combien faut-il de bandes de papier de 0^m,50 de large pour tapisser le mur qui a 10^m de long? pour tapisser celui qui a 8^m? pour tapisser les quatre murs? (La longueur d'une bande est égale à la hauteur de la salle.)

EXERCICES ORAUX

MESURES AGRAIRES

Relations entre les différentes unités.

1044. — Dire combien il y a de centiares dans :

1^a; 5^a; 8^a; 12^a; 15^a; 20^a; 50^a; 0^a,5; 1^a,5; 3^a,4; 7^a,62; 9^a,18.

1045. — Nombre d'ares contenus dans :

1^{ha}; 3^{ha}; 7^{ha}; 8^{ha}; 10^{ha}; 15^{ha}; 0^{ha},25; 0^{ha},5; 0^{ha},75; 2^{ha},25; 19^{ha}.

1046. — Dire combien il y a d'ares dans :

100^{ca}; 200^{ca}; 500^{ca}; 800^{ca}; 900^{ca}; 1 000^{ca}; 1 400^{ca}; 2 000^{ca}.

1047. — Nombre d'hectares contenus dans :

100^a; 300^a; 400^a; 1 000^a; 5 000^a; 40 000^{ca}; 20 000^{ca}; 40 000^{ca}; 60 000^{ca}.

1048. — Dire combien il y a d'ares dans :

Un demi-hectare; 1^{ha} et demi; 5^{ha} et demi; 9^{ha} et demi.

Lecture.

1049. — Lire les nombres suivants après les avoir partagés en tranches de deux chiffres :

25^a,42;	8 913^a,43;	318 275^{ca};	617^{ca};
6^a,29;	9 174^a,6;	50 932^{ca};	0^a,008;
428^a,35;	0^a,5;	4 219^{ca};	0^a,06.

1050. — Même question :

$7^{ha},4138$;	$25^{ha},46$;	$2\,519^{a},4$;	$0^{ha},003$;
$2^{ha},503$;	$32^{ha},8$;	$0^{ha},158$;	$0^{ha},4042$.

EXERCICES ÉCRITS

Écriture.

Nombres à écrire :

1051. — $12^{ha}25^{a}18^{ca}$; $15^{a}6^{ca}$; $1\,815^{ca}$;
$5^{ha}8^{a}19^{ca}$; $3^{ha}2^{a}8^{ca}$; 13^{ca} (unité : are).

1052. — $62^{a}19^{ca}$; $782^{a}4^{ca}$; $1^{ha}7^{a}$;
$6^{a}9^{ca}$; $3^{ha}409^{ca}$; $3^{ha}519^{ca}$ (unité : centiare).

1053. — $1\,236^{a}$; $103^{a}18$; $12^{ha}4^{a}1^{ca}$;
$95\,743^{ca}$; $1^{ha}53^{ca}$; $8^{ha}126^{ca}$ (unité : hectare).

Changement d'unité.

1054. — Prendre comme unité :

1° L'are : $4\,753^{ca}$; 812^{ca}; 43^{ca}; $7^{ha},59$; $0^{ha},185$; 15^{ha}.
2° L'hectare : $367^{a},59$; $18^{a},4$; $5^{a},3$; $9\,456^{ca}$; $0^{a},28$; $0^{a},08$.
3° Le centiare : $8^{a},16$; $0^{a},41$; $0^{a},035$; $3^{ha},1817$; $0^{ha},071$; $0^{a},8$.

Les quatre opérations.

1055. — $97^{a},45 + 4^{a},8 + 7^{ha},4583 + 79\,865^{ca}$ (unité : are).
1056. — 1° $16^{ha},8503 - 937^{a},07$; 2° $4\,138^{ca} - 7^{a},6$ (unité : centiare).
1057. — 1° $7^{ha},8075 \times 8$; 2° $9^{ha},6904 \times 309$ (unité : hectare).
1058. — Combien 4^{a} contiennent-ils de fois 20^{ca}?

—	5^{a}	—	25^{ca}?
—	$7^{a},92$	—	33^{ca}?
—	$8^{ha},1$	—	18^{a}?
—	$13^{ha},05$	—	29^{a}?

PROBLÈMES ÉCRITS

MESURES AGRAIRES

1059. — Quelle est la valeur d'une propriété composée de $5^{ha},8$ de vignes valant $8\,500^{f}$ l'hectare, de $12^{ha},45$ de terres labourables à $3\,800^{f}$ l'hectare et d'une prairie estimée $2\,480^{f}$?

1060. — Un champ de $595^{a},5$ vaut $1\,580^{f}$ l'hectare. On l'échange contre un bois de même valeur qui a $9^{ha},6$ de plus que le champ. Calculer le prix d'un hectare du bois.

1061. — On vend $9^{ha},5$ de terre $24\,510^{f}$. Avec cette somme, on achète une autre terre deux fois aussi grande que la première. Quel est le prix d'un hectare de la terre achetée?

1062. — Une propriété de $95^{ha},8$ a été achetée $2\,500^f$ l'hectare. Après y avoir fait des améliorations qui ont coûté $8\,560^f$, on la revend avec un bénéfice net de $12\,600^f$. Quel est le prix de vente de l'hectare ?

1063. — Après avoir vendu la moitié d'un bois, le reste est partagé en 8 lots de $0^{ha},068$ chacun. Quelle est la surface du bois ?

1064. — On offrait $14\,000^f$ pour un terrain de $35^a 9^{ca}$. Le propriétaire n'a pas accepté. Il vend ensuite le terrain $4^f,65$ le mètre carré. Combien a-t-il gagné ou perdu par hectare ?

1065. — Un terrain de $2^{ha},40$ est partagé en lots de 40^a chacun. Les deux premiers lots sont vendus 450^f l'are, les autres $1^f,45$ le centiare. Calculer le produit de la vente.

EXERCICES ÉCRITS

RELATIONS ENTRE LES MESURES AGRAIRES ET LES MESURES DE SURFACE

1066. — Prendre comme unité : 1° l'are ; 2° l'hectare ; 3° le centiare.

$965^{hm2},53$;	$3^{dam2},436$;	28^{m2} ;
$813^{dam2},15$;	$91\,843^{m2}$;	$3^{km2},5924$;
$12^{dam2},5$;	$3\,425^{m2}$;	$0^{km2},419$.

1067. — Prendre comme unité : 1° l'hectomètre carré ; 2° le décamètre carré ; 3° le mètre carré.

$345^a,18$;	$0^a,43$;	$59\,316^{ca}$;
$9^a,56$;	$76^{ha},431$;	312^{ca} ;
$0^a,09$;	$5^{ha},8129$;	25^{ca} ;

1068. — Prendre comme unité : 1° l'hectomètre carré ; 2° le kilomètre carré.

$895^a,32$;	$0^a,45$;	$459^{ha},82$;
$71^a,59$;	$0^{ha},4938$;	$41\,287^{ca}$.

Opérations à effectuer :

1069. — 1° $956^{hm2},82 + 745^a,38 + 97^{km2},5823 + 8^{ha},3925$.

2° $397^{ha},68 + 4\,756^{dam2},8 + 8743^{m2} + 518^{ca}$.

Exprimer les résultats : 1° en centiares ; 2° en ares ; 3° en hectares.

1070. — $875^a,48 - 9\,738^{m2},8$; $716^{hm2},8 - 956\,843^{ca}$.

Exprimer les résultats : 1° en mètres carrés ; 2° en décamètres carrés ; 3° en hectomètres carrés.

1071. — Combien 5^a sont-ils contenus de fois dans 1^{hm2} ?

—	$3^{ca},6$	—	—	$14^{dam2},4$?
—	$6^{ha},3$	—	—	315^{hm2} ?
—	72^{ca}	—	—	432^{dam2} ?
—	48^a	—	—	$19^{hm2},2$?
—	$0^{ha},17$	—	—	$1^{km2},36$?

CALCUL DES PRINCIPALES SURFACES

306. — Rectangle.

Soit le rectangle ABCD (fig. 91) dont la base AD = 6 mètres et la hauteur AB = 4 mètres.

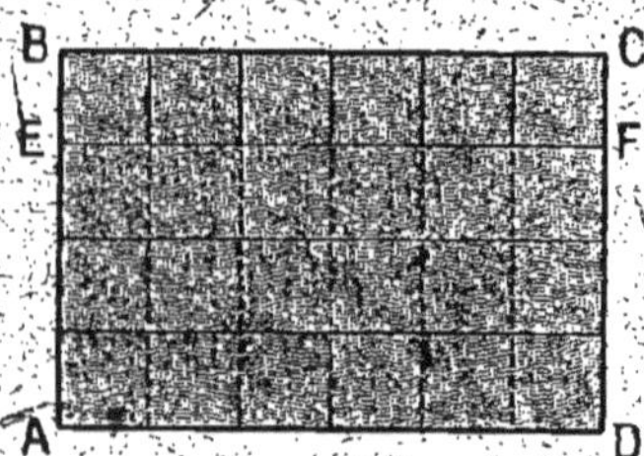

Fig. 91.

Divisons les côtés AB et DC en quatre parties égales ayant chacune un mètre de long et joignons les points correspondants. Nous partageons ainsi le rectangle en 4 petits rectangles égaux.

Divisons les côtés AD et BC en six parties égales ayant chacune un mètre de long et joignons les points correspondants. Nous partageons ainsi chaque petit rectangle en 6 mètres carrés :

1 petit rectangle = 6 mètres carrés.

Donc :   4 petits rectangles = $6 \times 4 = 24$ mètres carrés.

Mais les 4 petits rectangles représentent la surface du rectangle ABCD. Donc, la surface du rectangle ABCD est égale à

$$6 \times 4 = 24^{m^2}.$$

Règle. — *La surface d'un rectangle est égale au produit de la base par la hauteur.*

Exemple.

Un tapis rectangulaire a $4^m,5$ de longueur et $3^m,2$ de largeur. Calculer sa surface.

La surface du tapis est égale à $4,5 \times 3,2 = 14^{m^2},40$.

307. — Remarque. — *Les deux dimensions doivent être exprimées avec la même unité.*

Exemple : base du rectangle, $8^m,5$; hauteur, 35 décimètres.

Avant de chercher la surface, nous choisissons la même unité pour les deux dimensions.

En prenant le mètre comme unité, la hauteur est 3^m,5 et la surface du rectangle égale

$$8,5 \times 3,5 = 29^{m^2},75.$$

En prenant le décimètre comme unité, la base est 85 décimètres et la surface du rectangle égale

$$85 \times 35 = 2975^{dm^2}.$$

Ainsi, quand la longueur de chaque dimension est exprimée :

en *mètres*, la surface est exprimée en *mètres carrés*;

en *décimètres*, la surface est exprimée en *décimètres carrés*;

en *décamètres*, la surface est exprimée en *décamètres carrés*, etc.

308. — **Carré.** — *On obtient la surface d'un carré en multipliant la longueur du côté par elle-même.*

Car le carré est un rectangle dont les deux dimensions sont égales.

Exemple.

Calculer la surface d'un plancher carré dont le côté a 5 mètres.
Surface du plancher : $5 \times 5 = 25^{m^2}$.

309. — *Parallélogramme.*

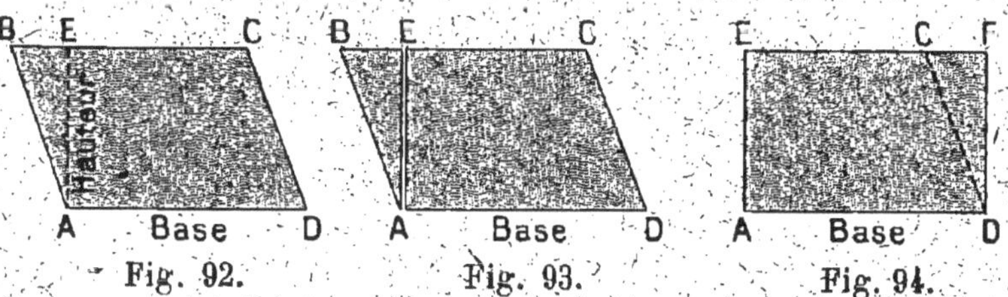

Le parallélogramme ABCD (fig. 92) a pour base AD et pour hauteur AE, perpendiculaire à la base. Les côtés opposés sont égaux :

$$AD = BC \quad \text{et} \quad AB = DC.$$

Détachons le triangle ABE (fig. 93) après avoir fait l'entaille AE avec un canif; l'autre partie du parallélogramme, AECD, est un trapèze. Transportons le triangle ABE à droite du trapèze, de façon à mettre le côté AB sur le côté DC. Nous obtenons ainsi un rectangle AEFD (fig. 94).

Ce rectangle, étant formé des deux parties du parallélogramme, a la même surface que le parallélogramme.

La surface du rectangle est égale au produit de la base par la hauteur. Il en est de même pour le parallélogramme.

Règle. — *La surface d'un parallélogramme est égale au produit de la base par la hauteur.*

Exemple.

Chacune des lames d'un parquet a la forme d'un parallélogramme ayant **28** centimètres de base et **9** centimètres de hauteur. Calculer la surface de chaque lame.

La surface d'une lame est égale à $28 \times 9 = 252^{cm^2}$.

310. — *Triangle.*

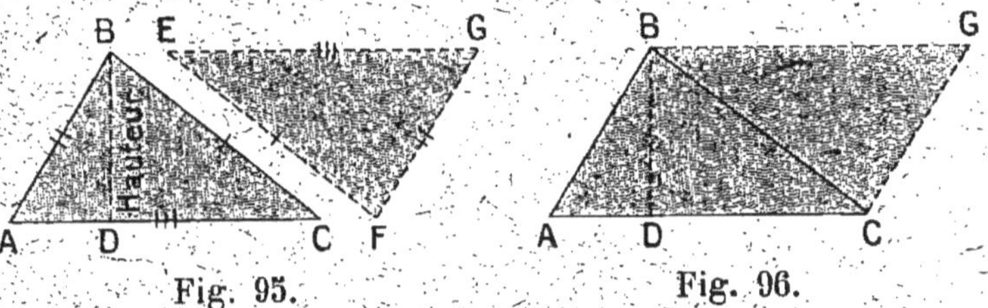

Fig. 95.   Fig. 96.

Soit le triangle ABC (fig. 95). Prenons le côté AC comme base, et comme hauteur, la perpendiculaire BD abaissée sur AC. Calquons le triangle ABC et retournons le papier calque, le triangle retourné s'appellera EFG (fig. 95). (Les côtés égaux sont marqués du même nombre de traits dans les deux triangles.)

Transportons le deuxième triangle à côté du premier en plaçant le côté EF sur le côté BC. Les deux triangles réunis forment le parallélogramme ABGC (fig. 96).

La base et la hauteur du triangle sont aussi celles du parallélogramme. Les deux triangles étant égaux, la surface de chacun d'eux est égale à la moitié de celle du parallélogramme. Comme la surface du parallélogramme est égale au produit de la base par la hauteur, celle du triangle ABC est égale à la moitié de ce produit.

Règle. — *La surface d'un triangle est égale à la moitié du produit de la base par la hauteur.*

Exemple.

Un triangle a 16m,50 de base et 12m de hauteur. Calculer sa surface.
La surface du triangle est égale à la moitié du produit

$$16,5 \times 12 = 198,$$
$$\text{ou} \quad 198 : 2 = 99^{m2}.$$

311. — **Remarque.** — Quand on veut trouver la surface d'un terrain de forme poly-
gonale, comme celui qui est
représenté ci-contre, on peut le
partager en parties triangulaires.
On calcule la surface de chaque
triangle. La surface du terrain
est égale à la somme des surfaces des triangles.

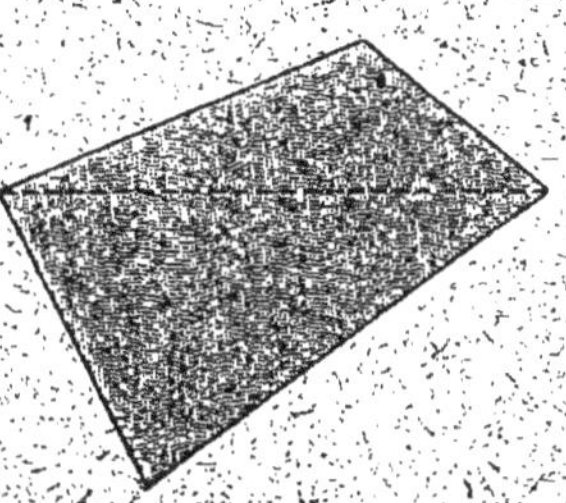

Fig. 97.

312. — **Cercle.** — **Règle.** — *Pour trouver la surface
d'un cercle, on multiplie la longueur du rayon par
elle-même, puis on multiplie le produit obtenu par le
nombre* π.

Exemple.

Une table ronde a 1m,2 de rayon. Quelle est sa surface?
Le produit du rayon par lui-même est égal à $1,2 \times 1,2 = 1,44$.
Surface de la table : $1,44 \times 3,14 = 4^{m2},5216$.
Remarque. — On obtient le même résultat en multipliant la
longueur de la circonférence par la moitié du rayon.
Diamètre : $1,2 \times 2 = 2,4$.
Circonférence : $2,4 \times 3,14 = 7,536$.
Moitié du rayon : $1,2 : 2 = 0,6$.
Surface de la table : $7,536 \times 0,6 = 4^{m2},5216$.

EXERCICES PRATIQUES

1072. — Mesurer les dimensions et dire les surfaces : d'une page
de cahier, du couvercle d'un plumier, d'un carreau de vitre, d'une
croisée, d'une carte murale, d'un mur, etc.
1073. — Mesurer les dimensions et dire les surfaces : d'une
équerre, d'un ornement triangulaire, etc.

1074. — Mesurer le diamètre ou la circonférence du couvercle d'une boîte cylindrique, de la base d'un poids en cuivre, etc. Dire la surface du couvercle et celle de la base du poids.

1075. — On a un coffret ou une boîte parallélépipédiques dont le couvercle est bordé d'une bande de largeur uniforme. Mesurer les dimensions du couvercle et celles de la partie entourée par la bande et dire la surface du couvercle et celle de cette même partie.

Fig. 98 (voir §§ 229 et 244). — *Angles égaux.*

Nous sommes en 1916. Ce soldat est au front depuis le début de la Grande Guerre. Aussi porte-t-il sur sa manche gauche trois chevrons qui forment des angles égaux à côtés parallèles. Les bords des murs de la maison de gauche en formaient deux autres avant d'avoir été ébréchés par les obus.

Le cadre est un pentagone régulier ; ses cinq angles sont égaux ainsi que ses cinq côtés.

EXERCICES ORAUX

Rectangle.

1076. — Calculer les surfaces des rectangles ayant pour dimensions 7^m et 8^m; 10^m et 9^m; 15^m et 10^m; 20^m et 14^m.

1077. — La page du carnet de correspondance a 13^{cm} sur 9^{cm}, celle du livre d'histoire a 18^{cm} sur 11^{cm}, celle du livre de géographie a 25^{cm} sur 20^{cm}, celle du cahier de français a 20^{cm} sur 16^{cm}. Quelle est la surface de chaque page?

1078. — Les deux vantaux d'une porte ont chacun $1^m,2$ de largeur et 3^m de hauteur. Calculer : 1° la surface d'un vantail; 2° celle de la porte.

1079. — La salle d'étude a 9^m de long, 8^m de large et 5^m de haut. Calculer : 1° le périmètre du plancher; 2° la surface totale des murs.

1080. — Les murs de la salle d'étude sont recouverts à la partie inférieure d'une boiserie de 1^{dm} de large. La porte de la salle a une largeur de 16^{dm}. Calculer : 1° la longueur totale de la boiserie; 2° sa surface (voir problème précédent).

1081. — La page d'une copie a 20^{cm} sur 15^{cm}. La marge a 3^{cm} de large, Trouver : 1° la surface de la page; 2° celle de la marge.

1082. — On donne la surface et une dimension de chacun des rectangles suivants; calculer l'autre dimension.

	Surface.	*Base.*		*Surface.*	*Hauteur.*
1°	48^{m2}	8^m	2°	120^{cm2}	10^{cm}
	80^{m2}	10^m		800^{mm2}	20^{mm}
	77^{dm2}	11^{dm}		$1\,000^{dam2}$	25^{dam}
	96^{dm2}	12^{dm}		$3\,000^{dam2}$	50^{dam}

Carré.

1083. — Calculer les surfaces des carrés ayant pour côtés : 10^m; 20^m; 30^m; 40^m; 50^m; 60^m; 70^m; 80^m; 90^m; 100^m.

1084. — On réunit par des droites les milieux des côtés opposés d'un décimètre carré; on obtient ainsi 4 carrés égaux. Combien chacun de ces carrés contient-il de centimètres carrés? de millimètres carrés?

1085. — Combien un carré dont le côté a 5^{cm} est-il contenu de fois dans un décimètre carré? dans un mètre carré?

1086. — Un évier carré est recouvert de carreaux carrés dont chaque côté a 2^{dm}; il y a 20 carreaux sur chaque côté. Dire : 1° le nombre total de carreaux; 2° la surface de l'évier.

1087. — Une croisée a 4 carreaux carrés dans le sens de la largeur, 8 dans le sens de la hauteur. Dire le nombre des carreaux et leur surface totale, le côté du carreau ayant 3^{dm}.

1088. — Une feuille de $3^{dm2},5$ est divisée en carrés dont chaque côté a 10^{mm}. Quel est le nombre de ces carrés?

Parallélogramme.

1089. — Calculer les surfaces des terrains ayant la forme d'un parallélogramme et dont les dimensions sont :

120^m et 100^m ; 140^m et 100^m ; 20^{dam} et 15^{dam} ; 30^{dam} et 20^{dam}.

1090. — On donne la surface et une base de chacun des parallélogrammes suivants ; calculer la hauteur correspondante.

63^{m2} et 7^m ; 120^{dm2} et 12^{dm} ; 99^{cm2} et 11^{cm} ; 120^{dam2} et 15^{dam} ; 90^{hm2} et 15^{hm}.

Triangle.

1091. — Calculer les surfaces des triangles ayant pour dimensions :

2^m et 0^m,5 ;	8^{dm} et 6^{dm},5 ;	2^{hm} et 0^{hm},25 ;
4^m et 3^m,5 ;	10^{cm} et 8^{cm},5 ;	4^{km} et 1^{km},25 ;
6^m et 4^m,5 ;	12^{mm} et 10^{mm},5 ;	16^{dam} et 10^{dam},25.

1092. — On donne ci-après les surfaces et une base ou une hauteur de chacun des triangles ; calculer l'autre dimension.

	Surface.	Base.		Surface.	Hauteur.
1°	15^{hm2}	6^{hm}	2°	40^{m2}	8^m
	24^{km2}	8^{km}		54^{dm2}	9^{dm}
	28^{hm2}	8^{hm}		70^{cm2}	10^{cm}
	36^{dam2}	9^{dam}		90^{mm2}	12^{mm}

(Avant de faire la division, doubler le dividende, ou prendre la moitié du diviseur.)

Cercle.

1093. — Trouver les surfaces des cercles dont les rayons ont :
1^{mm} ; 1^{cm} ; 1^{dm} ; 1^m ; 1^{dam} ; 1^{hm} ; 1^{km}.

1094. — Calculer les rayons des cercles ayant pour surfaces :
1° 3^{km2},14 ; 3^{hm2},14 ; 3^{dam2},14 (unité : mètre).
2° 3^{m2},14 ; 3^{dm2},14 ; 3^{cm2},14 ; 3^{mm2},14 (unité : millimètre). Prendre $\pi = 3,14$.

PROBLÈMES ÉCRITS

Rectangle et parallélogramme.

1095. — La carte murale Vidal-Lablache a 0^m,98 sur 1^m,18. Quelle est sa surface en mètres carrés ? en décimètres carrés ?

1096. — La longueur du tableau noir est 1^m,85 ; la largeur a 35^{cm} de moins. Calculer sa surface en mètres carrés, en décimètres carrés.

1097. — Le couvercle d'une caisse est formé de 4 planchettes ayant 8^{dm},5 de long sur 14^{cm} de large et jointes suivant leur longueur. Quelle est la surface du couvercle ?

1098. — Une place rectangulaire ayant $2^{hm},4$ sur 15^{dam} est recouverte de pavés de 14^{cm} sur 20^{cm}. Quel est le nombre des pavés?

1099. — Une cloison de $8^m,5$ de longueur sur $4^m,2$ de hauteur est faite en briques ayant 21^{cm} de long et 10^{cm} de large. Les cent briques coûtant $1^f,80$, quel est le prix total des briques de la cloison?

1100. — Un pré qui a la forme d'un parallélogramme mesure $7^{hm},25$ sur 195^m. Quelle est sa valeur, s'il est estimé 78^f l'are?

1101. — Une cour rectangulaire a une surface de 1128^{m2}. Sa largeur a $23^m,5$. Quelle est sa longueur?

1102. — Quelle est la hauteur d'une porte qui a une surface de $1^{m2},6125$ et une largeur de $0^m,75$?

Carré.

1103. — Quelle est la surface d'une table carrée de $0^m,85$ de côté?

1104. — Combien faut-il de carreaux carrés pour daller un évier carré ayant $4^m,5$ de côté? Le côté de chaque carreau a $0^m,15$.

1105. — Une boîte cubique a $8^{cm},5$ d'arête. Trouver : 1° le périmètre du fond ; 2° la surface des 4 faces latérales.

1106. — Une salle de bain carrée a $4^m,2$ de côté. Elle est recouverte jusqu'à une hauteur de $1^m,2$ de carreaux de faïence carrés de 12^{cm} de côté. La porte a $7^{dm},2$ de largeur. Quel est le nombre des carreaux?

1107. — On divise les côtés d'un carré en 4 parties égales de $3^{cm},5$ chacune, et l'on joint par des lignes droites les points correspondants des côtés opposés (faire la figure). 1° Calculer la surface du carré de $3^{cm},5$ de côté. 2° Combien le grand carré contient-il de carrés de $3^{cm},5$ de côté? 3° Quelle est sa surface?

1108. — Un jardin carré dont le côté a 18^{dam} est entouré intérieurement d'une allée de $1^m,20$ de large. Calculer : 1° la surface totale du jardin ; 2° la surface de la partie limitée par l'allée ; 3° la surface de l'allée (faire la figure).

1109. — Un terrain carré dont le côté a $2^{hm},6$ a été payé 65^f l'are. L'acquéreur le partage en 4 lots égaux de forme carrée (faire la figure), puis il fait clore chaque lot par un treillage coûtant $0^f,80$ le mètre courant. A combien lui revient le terrain?

1110. — On divise le prix d'un terrain carré par $0^f,25$, prix d'un mètre carré ; le quotient exact est 10 000. Que représente ce quotient? Quelle est la longueur du côté du terrain?

1111. — Louis fait 150 pas de 44^{cm} pour parcourir la moitié du périmètre d'une cour carrée. Calculer la surface de cette cour et le prix du pavage, le mètre carré revenant à 15^f.

Triangle.

1112. — Un champ triangulaire de $2^{hm},9$ de base sur 170^m de hauteur a été acheté 3450^f l'hectare. On y fait des améliorations qui coûtent 280^f, et on le revend $39^f,80$ l'are. Calculer le bénéfice net.

1113. — Un champ triangulaire de **250**^{m} de base et **23**$^{d·m}$ de hauteur a produit **18**^{hl} de blé par hectare. L'hectolitre de blé valant **20**^{r},**50**, quel est le prix de la récolte?

1114. — Un bois triangulaire de **125**^{m} de base sur **9**^{hm},**4** de hauteur a été acheté **18 000**^{r}. On le revend avec un bénéfice de **8**^{r} pour cent. Quel est le prix de vente de l'hectare?

1115. — Une prairie triangulaire a une surface de **252**^{a} et **240**^{m} de base. Elle est traversée par un sentier droit perpendiculaire à la base et égal à la hauteur du triangle. Calculer la longueur du sentier en mètres.

Cercle.

1116. — La table circulaire qui est dans le salon des *glaces du* Grand Trianon de Versailles a **2**^{m},**76** de diamètre. Quelle est sa surface?

1117. — Quelle est la surface d'un bassin demi-circulaire ayant un diamètre de **8**^{m},**20**?

1118. — Quelle est la surface de la pièce de 2 centimes (diam. **20**^{mm})? de celle de 50^r (diam. **28**^{mm})?

1119. — Un cercle de **14**^{cm} de diamètre est partagé par des rayons en 7 parties égales; chaque partie est peinte de l'une des couleurs de l'arc-en-ciel. Quelle est la surface de la partie bleue?

1120. — Une pelouse circulaire de **4**^{m} de rayon est entourée d'une allée de **1**^{m},**20** de large. Quelle est la surface de la pelouse et celle de l'allée?

Revision.

1121. — Une propriété de **88**^{ha} est divisée en deux lots; le premier est 3 fois aussi grand que l'autre. Dire la surface et la valeur de chaque lot, le décamètre carré valant **38**^{r},**50**.

1122. — On échange un champ carré de **19**$^{d·m}$,**5** de côté contre un champ rectangulaire de **205**^{m} de long sur **1**^{hm},**6** de large et qui a même valeur que le premier. L'are du deuxième champ valant **48**^{r}, quel sera le prix de l'hectare du premier?

1123. — Un terrain est estimé **15 750**^{r}, soit **0**^{r},**45** le centiare. On l'échange contre un terrain rectangulaire de même surface et de même valeur et qui a **2**^{hm} de base. Calculer la hauteur de celui-ci exprimée en mètres.

1124. — Une feuille de buvard a **0**^{m},**54** de long sur **0**^{m},**45** de large. On la partage en feuilles rectangulaires de **18**^{cm} sur **15**^{cm}. Quel est le nombre de ces dernières? (faire une figure.) La grande feuille coûtant **0**^{r},**30**, à combien reviendra chacune des petites feuilles?

1125. — Sur une table circulaire de **0**^{m},**65** de diamètre, je place un tapis qui déborde tout autour de **15**^{cm}. Calculer la surface du tapis.

1126. — Une place se compose d'un rectangle de **250**^{m} de long sur **180**^{m} de large et de deux parties demi-circulaires dont les diamètres sont formés par chacun des petits côtés du rectangle (faire la figure). Exprimer en mètres carrés la surface de la place.

1127. — On peut faire une robe avec 6^m d'étoffe ayant 1^m,20 de large et coûtant 3^f,60 le mètre. Y aurait-il avantage à prendre de l'étoffe ayant 0^m,90 de large et coûtant 2^f,80 le mètre?

1128. — Un terrain rectangulaire a 216^a de superficie et 180^m de longueur. On le partage en 3 lots égaux par des parallèles à la largeur. Quelles sont les deux dimensions de chaque lot? (faire la figure).

1129. — J'ai un tapis de 7^m,50 sur 6^m,25. Je le double avec une étoffe qui a 0^m,75 de large et qui coûte 0^f,95 le mètre courant. Quelle sera la dépense?

1130. — Léon a une boîte de 24^{cm} de long, 18^{cm} de large et 0^m,09 de haut. Il recouvre les faces latérales de bandes verticales de 3^{cm} de large. Trouver : 1° le nombre des bandes; 2° leur longueur totale si elles étaient bout à bout (unité : mètre).

MESURES DE VOLUME

313. — Toutes les unités de volume sont des *cubes*.

314. — *Unité principale.* — L'unité principale de volume est le *mètre cube* (m^3).

Le mètre cube est un cube dont l'arête a un mètre de longueur.

Les multiples du mètre cube sont rarement employés.

315. — *Sous-multiples.* — Les sous-multiples sont :

le *décimètre cube* (dm^3),
le *centimètre cube* (cm^3),
le *millimètre cube* (mm^3).

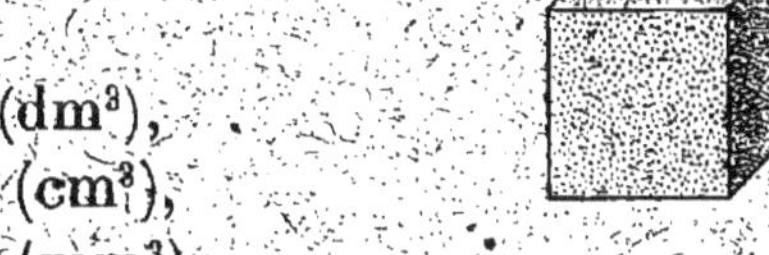

Fig. 99.

Centimètre cube (la face antérieure est de grandeur réelle).

Le décimètre cube est un cube dont l'arête a un décimètre de longueur.

Le centimètre cube est un cube dont l'arête a un centimètre de longueur (fig. 99).

Le millimètre cube est un cube dont l'arête a un millimètre de longueur.

316. — Relations entre deux unités consécutives.

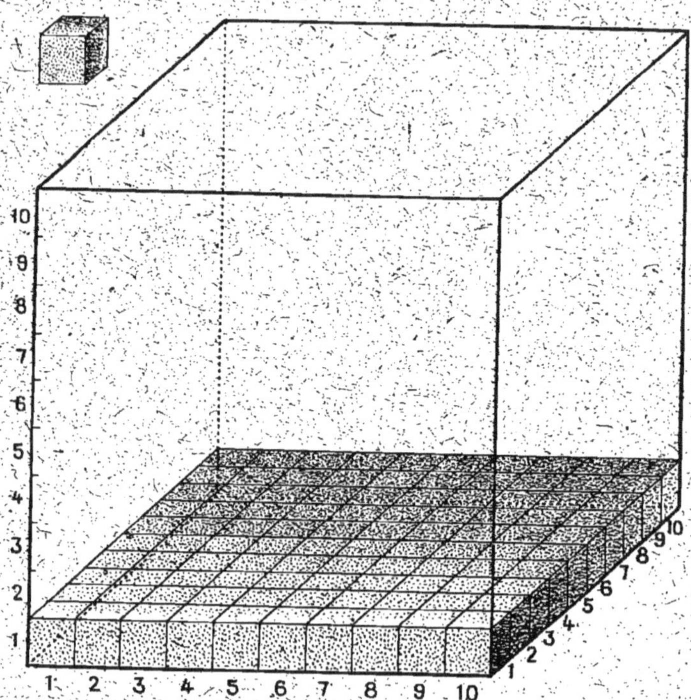

Fig. 100. — Décimètre cube.
(Chaque côté de la face antérieure a un demi-décimètre.)

Traçons un décimètre carré (fig. 100); divisons-le en centimètres carrés; il contient 100 centimètres carrés.

Sur ce décimètre carré pris comme base, nous allons construire un décimètre cube.

Plaçons un centimètre cube sur chaque centimètre carré; nous avons une tranche de 100 centimètres cubes.

Sur cette première tranche, plaçons neuf tranches égales; nous obtenons ainsi un cube dont chaque côté a un décimètre de longueur : c'est un décimètre cube.

Or,
$$1 \text{ tranche} = 100^{cm3}.$$
$$10 \text{ tranches} = 100 \times 10 = 1\,000^{cm3}.$$

Mais 10 tranches représentent le volume de 1 décimètre cube
Donc :

1 décimètre cube = 1 000 centimètres cubes.

317. — En opérant de même sur le mètre cube et le centimètre cube, on obtiendrait les résultats suivants :

$$1^{m^3} = 1\,000^{dm^3} ;$$
$$1^{cm^3} = 1\,000^{mm^3} .$$

Chaque unité de volume est égale à mille fois l'unité immédiatement inférieure.

318. — **Relations entre deux unités quelconques.**

De ce qui précède, on déduit facilement les relations suivantes :

$$1^{m^3} = 1\,000 \times 1\,000 = 1\,000\,000^{cm^3} ;$$
$$1^{m^3} = 1\,000 \times 1\,000\,000 = 1\,000\,000\,000^{mm^3} ;$$
$$1^{dm^3} = 1\,000 \times 1\,000 = 1\,000\,000^{mm^3} .$$

319. — Le mètre cube étant l'unité, *un décimètre cube est un millième, un centimètre cube est un millionième,* etc.

Soit le nombre 32$^{m^3}$,645304. Il contient **32** unités ou **32** mètres cubes, puis **645** millièmes ou **645** décimètres cubes, puis **304** millionièmes ou **304** centimètres cubes. Donc :

Trois chiffres suffisent pour représenter le nombre des unités de volume de chaque espèce.

320. — **Remarque.** — On voit que décimètre cube signifie cube dont le côté a un décimètre de longueur et non cube dont le volume est le dixième du mètre cube.

321. — Le tableau de la page suivante facilite la lecture et l'écriture des nombres qui représentent des volumes. Chaque petite colonne correspond à un ordre de la numération décimale.

322. — *Lecture.* — **Exemples.**

1° **146**$^{m^3}$,**389 768 4** se lit (voir le tableau p. 210) :

146 *mètres cubes* **389** *décimètres cubes* **768** *centimètres cubes* **400** *millimètres cubes,* ou *146 mètres cubes 389 768 400 millimètres cubes.*

Tableau des unités de volume.

m³			dm³			cm³			mm³		
cent.	diz.	un.	cent.	diz.	un.	cent.	diz.	un.	cent.	diz.	un.
1	4	6,	3	8	9	7	6	8	4	0	0,
		3	5	4	9,	0	0	0	0	8	0
							5	6,	0	2	9
		0,	0	2	3	4	5	2	0	0	7
			1	8,	4	4	3	8	5	0	0

2° 3549$^{dm^3}$, 000 08 se lit :

3 *mètres cubes* 549 *décimètres cubes* 80 *millimètres cubes*, ou 3 549 *décimètres cubes* 80 *millimètres cubes*.

323. — On facilite la lecture en partageant d'abord le nombre en tranches de trois chiffres à partir de la virgule, en allant de droite à gauche dans la partie entière, et de gauche à droite dans la partie décimale. Si la dernière tranche de la partie décimale a moins de trois chiffres, on la complète en écrivant des zéros à droite.

324. — *Écriture.* — **Exemples.**

1° 56 *centimètres cubes* 29 *millimètres cubes* s'écrit (voir le tableau ci-dessus) :

(Unité : centimètre cube)   56$^{cm^3}$,029.

2° 23 452 007 *millimètres cubes* s'écrit :

(Unité : mètre cube)   0$^{m^3}$,023 452 007.

325. — *Changement d'unité.* — **Exemples.**

18$^{dm^3}$,438   500 peut s'écrire (voir le tableau ci-dessus) :

0$^{m^3}$,018   438   500 ;

18   438$^{cm^3}$,500 ;

18   438   500$^{mm^3}$.

Pour changer d'unité, on met le nom de la nouvelle unité au rang qu'elle occupe, en haut et à droite ; s'il y a des unités plus petites que la nouvelle unité, on met une virgule à droite de celle-ci. Quand c'est nécessaire, on écrit des zéros pour compléter le nombre des unités ou indiquer celles qui manquent.

MESURES DES BOIS

326. — On a donné des noms particuliers aux unités que l'on utilise pour mesurer le volume des bois.

327. — *Unité principale, multiple, sous-multiple.* L'unité principale est le mètre cube qui prend le nom de *stère* (s).

Le seul multiple usité du stère est le *décastère* (das) qui est égal à *dix stères.*

Le seul sous-multiple usité est le *décistère* (ds) qui est le *dixième* du stère.

On a donc :

$$1^{das} = 10^{s} \text{ ou } 100^{ds};$$
$$1^{s} = 10^{ds}.$$

328. — *Lecture, écriture, changement d'unité.* — **Exemples.**

1° $20^{s},4$ se lit :

2 décastères 4 décistères, ou *20 stères 4 décistères.*

2° *15 stères 9 décistères* s'écrit :

(Unité : stère) $\qquad 15^{s},9.$

3° $\qquad 9^{s},5$ peut s'écrire :

$$0^{das},9\ 5;$$
$$9\ 5^{ds}.$$

329. — *Relations entre les mesures des bois et les mesures de volume.*

Nous avons vu que $1^{s} = 1^{m3}$; par conséquent

$$1^{ds} = 10^{m3};$$
$$1^{ds} = 100^{dm3}.$$

m^3			dm^3		
cent.	diz.	un.	cent.	diz.	un.
	das	s	ds		
	2,	0	3		
		1,	8		
		4,	8	1	5

Le tableau ci-dessus facilite les conversions. Par exemple,

$$2^{das},03 = 20^{m^3},300 = 20\,300^{dm^3};$$
$$1^s,8 \quad = 1^{m^3},800 \quad = 1\,800^{dm^3};$$

ou
$$4^{m^3},815 = 4^s,815 \quad = 0^{das},4815 = 48^{ds},15.$$

330. — **Mesures effectives des bois.** — Les mesures effectives sont :

le *demi-décastère,*
le *double stère,*
le *stère* (fig. 101).

On les emploie pour mesurer le volume du bois de

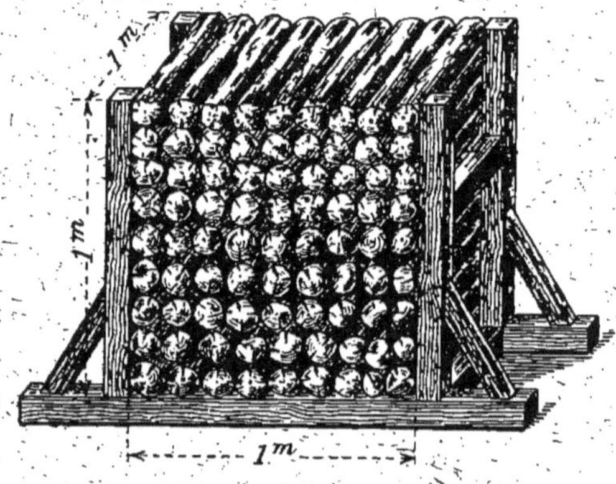

Fig. 101. — Stère.

chauffage. Mais souvent le bois de chauffage est vendu au poids.

EXERCICES PRATIQUES

1131. — Façonner un centimètre cube en argile ou le tailler dans une pomme de terre, dans une carotte.

1132. — Construire un décimètre cube en carton. Marquer les arêtes d'un trait rouge.

1133. — Marquer, sur une ficelle que l'on conservera : 1° la longueur de l'arête du décimètre cube; 2° la longueur du périmètre d'une face; 3° la somme des longueurs des arêtes du décimètre cube.

1134. — Dans un coin de la salle, tracer, sur le plancher, un mètre carré qui sera la base d'un mètre cube. A l'aide de quatre baguettes ayant chacune un mètre de long, marquer la place des arêtes verticales de ce mètre cube.

EXERCICES ORAUX

MESURES DE VOLUME

Arêtes et faces.

1135. — Quel est le périmètre d'une face du mètre cube? du décimètre cube? du centimètre cube? du millimètre cube?

1136. — Dire la surface : 1° d'une face; 2° des 6 faces de chaque unité de volume.

1137. — 1° Combien une face du mètre cube contient-elle de décimètres carrés? de centimètres carrés? de millimètres carrés?

2° Même question pour les 6 faces du mètre cube.

1138. — 1° Combien une face du décimètre cube contient-elle de centimètres carrés? de millimètres carrés?

2° Même question pour les 6 faces du décimètre cube.

1139. — 1° Combien une face du centimètre cube contient-elle de millimètres carrés?

2° Même question pour les 6 faces du centimètre cube.

Relations entre les différentes unités.

1140. — Dans 1 mètre cube, combien y a-t-il de décimètres cubes? de centimètres cubes? de millimètres cubes?

1141. — Combien de fois chaque sous-multiple est-il contenu dans 2^{m3}? 3^{m3}? 5^{m3}? 9^{m3}? 15^{m3}? 18^{m3}?

1142. — Combien y a-t-il de centimètres cubes dans 1^{dm3}? 2^{dm3}? 4^{dm3}? 8^{dm3}? 14^{dm3}? 20^{dm3}? 50^{dm3}?

1143. — Dire combien il y a de millimètres cubes dans 1^{cm3}; 3^{cm3}; 9^{cm3}; 15^{cm3}; 40^{cm3}; 500^{cm3}.

1144. — Dire combien il y a de mètres cubes dans :—

$1\,000^{dm3}$; $3\,000^{dm3}$; $20\,000^{dm3}$; $1\,000\,000^{cm3}$; $5\,000.000^{cm3}$; $8\,000\,000^{cm3}$.

1145. — Dire combien il y a de décimètres cubes dans :

$1\,000^{cm3}$; $3\,000^{cm3}$; $9\,000^{cm3}$; $1\,000\,000^{mm3}$; $4\,000\,000^{mm3}$; $7\,000\,000^{mm3}$.

1146. — Pour avoir 1 mètre cube, dire ce qu'il faut ajouter à :

$$500^{dm3} ; 400^{dm3} ; 300^{dm3} ; 850^{dm3} ; 940^{dm3}.$$

1147. — Dire ce qu'il faut retrancher de chaque nombre suivant pour que le reste soit égal à 1^{dm3} :

$$1\,200^{cm3} ; 1\,580^{cm3} ; 2\,000^{cm3} ; 3\,500^{cm3} ; 4\,286^{cm3}.$$

1148. — Nombre de décimètres cubes contenus dans un dixième de mètre cube, deux, trois, neuf dixièmes de mètre cube, un centième, sept, neuf centièmes de mètre cube.

1149. — Nombre de centimètres cubes contenus dans un dixième de décimètre cube, six dixièmes, un centième de décimètre cube.

1150. — Combien y a-t-il de millimètres cubes dans un dixième de centimètre cube? dans un centième de centimètre cube?

1151. — Comparez, en exprimant leurs volumes à l'aide d'une même unité :

1°   le décimètre cube et le dixième du mètre cube ;
2°   le centimètre   —   centième   —
3°   le millimètre   —   millième   —

1152. — Dire combien il y a : 1° de décimètres cubes ; 2° de centimètres cubes ; 3° de millimètres cubes dans :

$$453^{m3} ; 65^{m3} ; 9^{m3},7 ; 0^{m3},648 ; 0^{m3},0087 ; 0^{m3},000435.$$

Lecture.

1153. — Lire les nombres suivants, d'abord en énonçant chaque unité, puis en énonçant la partie entière et la partie décimale (partager en tranches de 3 chiffres) :

1° $325^{m3},459$;
  $7^{m3},438251$;
  $0^{m3},780934108$;
  $14^{m3},75$;
  $2^{m3},8$.

2° $510^{dm3},0943$;
  $5^{dm3},451$;
  $19^{dm3},00079$;
  $8^{cm3},413$;
  $8\,970^{cm3},7$.

3° $1\,783^{cm3},85$;
  $0^{m3},0040008$;
  $0^{dm3},00079$;
  $0^{cm3},001$;
  $0^{m3},000000001$.

EXERCICES ÉCRITS

MESURES DE VOLUME

Écriture.

1154. — Écrire les nombres suivants en prenant comme unité le mètre cube :

1° $5^{m3}815^{dm3}$;   2° $6^{cm3}23^{mm3}$;
$15^{m3}18^{dm3}$; $4^{m3}5^{dm3}1^{cm3}19^{mm3}$;
$14^{dm3}219^{cm3}834^{mm3}$; 981^{mm3} ;
$170^{cm3}905^{mm3}$; 42^{mm3} ;
$32^{cm3}704^{mm3}$. 1^{mm3}

1155. — Même question :

1° $7\,813^{dm3}5^{cm3}$;   2° $960^{m3}1\,432\,187^{mm3}$;
$14\,958^{cm3}42^{mm3}$; $1^{m3}1^{dm3}1^{cm3}1^{mm3}$;
$18^{m3}9\,438^{cm3}41^{mm3}$; $4\,965^{dm3}3\,451^{mm3}$;
$900^{dm3}7\,003^{mm3}$, $798\,563^{mm3}$.

1156. — Écrire en prenant comme unité le décimètre cube :

1° $3^{m3}125^{dm3}$;   2° $9^{dm3}3^{mm3}$;
72^{m3} ; $158^{cm3}209^{mm3}$;
$14^{dm3}128^{cm3}$; 181^{mm3} ;
$3^{dm3}13^{cm3}$. 9^{mm3}

1157. — Même question, unité : centimètre cube.

1° $19^{m3}5^{dm3}4^{cm3}$;   2° 514^{mm3} ;
$130^{dm3}43^{cm3}9^{mm3}$; 53^{mm3} ;
$70^{dm3}6^{cm3}415^{mm3}$; 2^{mm3} ;
$829^{cm3}719^{mm3}$. $7^{m3}5^{dm3}1^{cm3}211^{mm3}$

1158. — Même question, unité : millimètre cube.

1° $4^{m3}151^{dm3}8^{cm3}$;   2° $5^{m3}45\,362^{cm3}$;
$7\,162^{dm3}139^{mm3}$; 7^{m3} ;
$9\,085^{cm3}15^{mm3}$; 158^{dm3} ;
$3^{m3}7\,459^{cm3}2^{mm3}$ 94^{cm3}.

Changement d'unité.

1159. — Prendre comme unité le mètre cube :

$1\,458^{dm3},432$; $6^{dm3},458$; $719\,164^{mm3}$;
$190^{dm3},6$; $7\,190^{cm3},4$; $8\,045^{mm3}$;
$59^{dm3},71$; $325^{cm3},83$; 5^{mm3}.

1160. — Prendre comme unité le décimètre cube :

$178^{m3},413$; $0^{m3},0718$; $0^{m3},3$; $12^{cm3},52$;
$7^{m3},31$; $0^{m3},006$; $7\,124^{cm3},5$; $1\,681^{mm3}$;
$0^{m3},719$; $0^{m3},41$; $314^{cm3},43$; 740^{mm3}.

1161. — Prendre comme unité le centimètre cube :

$$14^{m3},432; \qquad 7\,416^{mm3}; \qquad 8^{mm3}.$$
$$718^{dm3},549; \qquad 612^{mm3}; \qquad 43^{m3};$$
$$0^{dm3},9; \qquad 30^{mm3}; \qquad 195^{dm3}.$$

1162. — Prendre comme unité le millimètre cube :

$$18^{m3}; \qquad 5^{dm3},9458; \qquad 5^{cm3},41;$$
$$34^{dm3}; \qquad 0^{dm3},04; \qquad 0^{cm3},8;$$
$$168^{cm3}; \qquad 0^{dm3},00841; \qquad 0^{cm3},072.$$

Les quatre opérations.

1163. — Calculer : $419^{m3},734 + 965^{m3} + 12\,345^{dm3},8 + 38^{dm3},907$ (unité : mètre cube).

1164. — Calculer : $7^{m3},683 + 0^{m3},895 + 67^{dm3},8 + 9\,785^{cm3} + 9^{cm3},4$ (unité : mètre cube).

1165. — Calculer : $30^{dm3},9858 + 7\,432^{cm3},46 + 901^{cm3} + 87^{mm3} + 5^{cm3},009$ (unité : décimètre cube).

1166. — Calculer : $1^{m3} + 1^{dm3} + 1^{cm3} + 1^{mm3} + 99^{dm3} + 99^{cm3} + 99^{mm3}$ (unité : centimètre cube).

1167. — Calculer : $45^{m3},958312 - 7\,415^{dm3},87$ (unité : mètre cube).
$378^{dm3},46 - 69\,438^{cm3},5$ (unité : décimètre cube).

1168. — Calculer : $7^{m3},459 \times 6$; $0^{m3},8510496 \times 809$.
Chaque produit sera exprimé en mètres cubes, en décimètres cubes, en centimètres cubes, en millimètres cubes.

1169. — Calculer : $31\,251^{dm3} : 33$; $321^{cm3},75 : 65$.
Chaque quotient sera exprimé en mètres cubes, décimètres cubes, centimètres cubes, millimètres cubes.

1170. — Calculer combien 235^{m3} contiennent de fois 47^{m3};
— $4^{m3},806$ — 801^{dm3};
— $32^{dm3},584$ — $4\,073^{cm3}$;
— $279^{m3},248$ — $9\,008^{dm3}$;
— $1\,870^{cm3},225$ — $74\,809^{mm3}$.

EXERCICES ORAUX

MESURES DE BOIS DE CHAUFFAGE

Relations entre les différentes unités.

1171. — Dire combien il y a de stères dans :
1° 1^{das}; 2^{das}; 5^{das}; 9^{das}; 10^{das}; 15^{das}; 18^{das}.
2° 1 demi-décastère, 1 décastère et demi, 3 décastères et demi.

1172. — Nombre de décistères contenus dans :

1^s; 3^s; 4^s; 6^s; 8^s; 12^s; 35^s; 10^s; 20^s; 50^s; 100^s; 400^s; 900^s.

1173. — Nombre de décistères contenus dans :

1^{das}, 5^{das}; 7^{das}; 9^{das}; 17^{das}; 1 demi-décastère, 2 décastères et demi.

1174. — Dire combien il y a : 1° de stères dans 10^{ds}; 20^{ds}; 2° de décastères dans 10^s; 100^s; 3° de décastères dans 100^{ds}; 800^{ds}.

1175. — Le stère de bois coûtant 12^f, calculer le prix de : 2^s; 4^s; 5^s; 8^s; 10^s; 20^s; 1 demi-stère, 1 décastère.

Lecture.

1176. — Lire les nombres suivants :

$7^s,8$; $4^{das},83$; 129^{ds};

$47^s,5$; $7^{das},6$; 48^{ds};

$0^s,9$; $0^{das},4$; $0^{das},05$.

EXERCICES ÉCRITS

MESURES DE BOIS DE CHAUFFAGE

Écriture.

1177. — Écrire les nombres suivants en prenant le stère comme unité :

$7^{das}8^s6^{ds}$; 9^s5^{ds}; 965^{ds}; 37^{das}; $6^{das}8^{ds}$; $5^{das}19^{ds}$.

1178. — Même exercice, unité : décastère.

$7^{das}8^s3^{ds}$; $5^{das}4^{ds}$; 148^s; 309^{ds}; $2^{das}4^s$; 4^{ds}.

1179. — Même exercice, unité : décistère.

$8^{das}7^s4^{ds}$; 45^{ds}; 39^s; 508^{ds}; $0^{das},43$; $0^s,5$.

Changement d'unité.

1180. — Prendre comme unité : 1° le décastère; 2° le décistère :

$768^s,4$; $39^s,5$; $7^s,6$; 452^s; $0^s,52$; $0^s,5$.

1181. — Prendre le stère comme unité :

$85^{das},03$; $0^{das},06$; 6^{ds};

$6^{das},49$; 89^{ds}; $3^{ds},9$;

$0^{das},45$; 800^{ds}; 50^{ds}.

Les quatre opérations.

1182. — Calculer : $75^s,8 + 9^s,4 + 3^{das},81 + 48^{das},7 + 875^{ds}$ (unité : stère).

1183. — Calculer : $987^{das},43 + 0^{das},918 + 734^s,8 + 0^s,089$ (unité : décastère).

1184. — Calculer : 1 988^{das},58 — 1 920^{s},7 ; 4 085^{ds} — 7^{das},49 (unité : stère).

1185. — 49^{das},86 × 250 ; 519^{s},8 × 703.
Exprimer les produits en décastères, en stères, en décistères.

1186. — 13 923^{ds} : 9 ; 139^{das},32 : 27.
Les quotients seront exprimés avec les mêmes unités qu'au numéro précédent.

EXERCICES ORAUX
RELATIONS ENTRE LES MESURES DE BOIS
ET LES MESURES DE VOLUME

1187. — Dans 1 stère, combien y a-t-il de décimètres cubes? de centimètres cubes? de millimètres cubes?

1188. — Même question pour 2^{s} ; 3^{s} ; 5^{s} ; 11^{s} ; 15^{s} ; 18^{s}.

1189. — Dire combien il y a de mètres cubes dans 1 décastère, 1 double décastère, 1 demi-décastère, 1 stère, 1 demi-stère.

1190. — Dire combien il faut de mètres cubes pour faire 100^{s} ; 500^{s} ; 1^{das} ; 2^{das} ; 7^{das} ; 10^{ds} ; 20^{ds} ; 30^{ds} ; 50^{ds} ; 80^{ds}.

1191. — Calculer le nombre de décistères contenus dans 1^{m3} ; 0^{m3},5 ; 0^{m3},3 ; 1^{m3},4 ; 5^{m3},1 ; 12^{m3},7.

1192. — Nombre de décimètres cubes contenus dans : 1^{ds} ; 2^{ds} ; 3^{ds} ; 7^{ds} ; 9^{ds} ; 18^{ds} ; 0^{ds},5 ; 0^{ds},3 ; 0^{ds},8 ; 1^{ds},5 ; 4^{ds},5 ; 7^{ds},8.

1193. — Dire combien il y a de décistères dans 100^{dm3} ; 200^{dm3} ; 700^{dm3} ; 430^{dm3} ; 850^{dm3} ; 967^{dm3}.

1194. — Pour faire un stère, combien faut-il de dixièmes de mètre cube? de centièmes de mètre cube? de millièmes de mètre cube?

1195. — Dire combien il y a de décimètres cubes dans le décistère, dans le centième du stère.

1196. — On brûle 1 demi-décastère de bois par mois; combien brûlera-t-on de mètres cubes en 2 mois? 3 mois? 4 mois? 6 mois?

1197. — Quel est le prix de 1 décastère et demi de bois à 10^{f} le mètre cube?

EXERCICES ÉCRITS
RELATIONS ENTRE LES MESURES DE BOIS
ET LES MESURES DE VOLUME

1198. — Prendre comme unité le mètre cube, puis le décimètre cube.
14^{s},8 ; 94^{s},75 ; 3^{das},02 ; 7^{das},1 ; 438^{ds} ; 48^{ds},7 ; 9^{ds},55 ; 0^{ds},4

1199. — Prendre comme unité le stère, le décastère, le décistère.
19^{m3},853 ; 1^{m3},047 ; 0^{m3},514 ; 1 710^{dm3} ; 960^{dm3} ; 38^{dm3} ; 5^{dm3} ; 513^{m3},8.

1200. — Calculer : 4^{s},34 + 9^{das},82 + 465^{ds} + 67^{m3} + 349^{dm3} (unité : stère).

1201. — Calculer : 49^{s},8 — 18^{m3},947 ; 4 129 860^{dm3} — 78^{das},7496 (unité : mètre cube).

Fig. 102 (voir § 232, p. 149). — *Angle droit.*

Voici un mur formé de pierres de taille et de moellons. Le maçon vérifie avec son équerre que l'angle des deux faces du mur est droit. Les bords intérieurs de l'équerre forment un angle droit.

Les pierres ont été bien taillées à angle droit, car les bords intérieurs de l'équerre s'appliquent exactement sur les deux faces voisines.

Le cadre est un rectangle : ses quatre angles sont droits.

VOLUMES DES PRINCIPAUX SOLIDES[1]

331. — *Parallélépipède.*

Soit à calculer le volume intérieur de la boîte représentée ci-dessous (fig. 103) qui a la forme d'un parallélépipède rectangle.

La base intérieure est un rectangle qui a 5^{cm} de longueur et 3^{cm} de largeur; la hauteur intérieure a 4^{cm}.

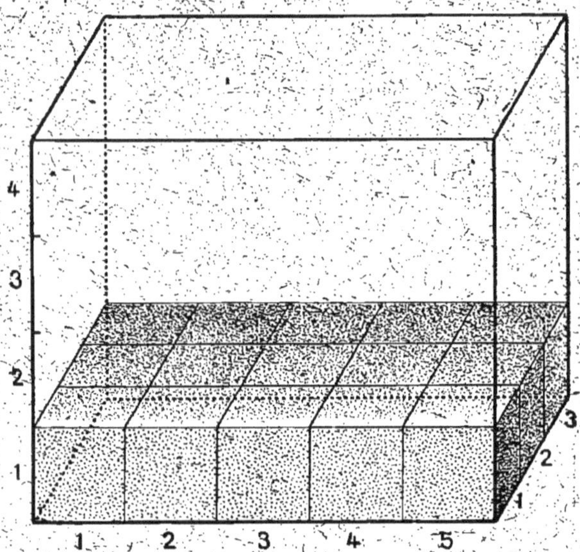

Fig. 103. — Parallélépipède rectangle.
(La face antérieure est de grandeur réelle.)

Divisons la base en centimètres carrés. Elle contient 5 × 3 = 15$^{cm^2}$.
Sur chaque centimètre carré, plaçons un centimètre cube. Nous obtenons une tranche qui contient 15 centimètres cubes et qui a un centimètre de hauteur.

1 tranche = 15 centimètres cubes.

Pour remplir la boîte, il faut placer sur cette première tranche trois tranches égales, soit quatre tranches en tout.
Ces quatre tranches contiennent 15$^{cm^3}$ × 4 = 60$^{cm^3}$.
Elles représentent le volume intérieur de la boîte ou le volume du parallélépipède rectangle.

1. Voir le chapitre des Solides, p. 152.

Le volume du parallélépipède rectangle est égal à

$$15 \times 4 = 60^{\text{cm}^3}.$$

Règle. — *Le volume d'un parallélépipède rectangle est égal au produit de la surface de la base par la hauteur.*

On peut d'ailleurs prendre comme base n'importe quelle face, par exemple $3 \times 4 = 12$ ou $4 \times 5 = 20$.

Comme $15 = 5 \times 3$, le volume est $5 \times 3 \times 4$ et l'on peut aussi dire :

Le volume d'un parallélépipède rectangle est égal au produit de ses trois dimensions.

332. — **Remarque.** — *Les dimensions doivent être exprimées avec la même unité.*

Si les dimensions d'une salle sont : longueur 8^{m}, largeur 62^{dm}, hauteur 450^{cm}, le volume ne sera pas égal au produit suivant :

$$8 \times 62 \times 450.$$

Il faut que les dimensions soient exprimées avec la même unité, le mètre par exemple.

$$62^{\text{dm}} = 6^{\text{m}},2 \; ; \quad 450^{\text{cm}} = 4^{\text{m}},50.$$

Le volume est égal au produit

$$8 \times 6,2 \times 4,50 = 223^{\text{m}^3},200.$$

Ainsi, quand la longueur de chaque dimension est exprimée :

en *mètres*, le volume est exprimé en *mètres cubes* ;

en *décimètres*, le volume est exprimé en *décimètres cubes* ;

en *centimètres*, le volume est exprimé en *centimètres cubes* ;

en *millimètres*, le volume est exprimé en *millimètres cubes*.

333. — *Cube*. — *On obtient le volume d'un cube en faisant le produit de trois facteurs égaux à la longueur de l'arête.*

Car le cube est un parallélépipède rectangle dont les trois dimensions sont égales.

Exemple.

Calculer le volume d'un morceau de savon cubique dont le côté a $0^{dm},95$.

Volume du morceau de savon : $0,95 \times 0,95 \times 0,95 = 0^{dm3},857375$.

334. — *Prisme.* — Règle. — *Le volume d'un prisme est égal au produit de la surface de la base par la hauteur.*

Exemples.

1° Un carreau de cuisine hexagonal a une surface de $1^{dm2},2$ et une épaisseur de $0^{dm},2$. Calculer son volume.

Volume du carreau : $1,2 \times 0,2 = 0^{dm3},24$.

2° Un bassin de $1^{m},5$ de profondeur a une base triangulaire dont les dimensions ont 5^{m} et 4^{m}. Quel est son volume?

Surface de la base : $5 \times 4 = 20$; $20 : 2 = 10^{m2}$.
Volume du bassin : $10 \times 1,5 = 15^{m3}$.

Remarque. — On voit que la règle est la même que pour le parallélépipède qui est un prisme particulier dont la base est un rectangle.

335. — *Cylindre.* — Règle. — *Le volume d'un cylindre est égal au produit de la surface de la base par la hauteur.*

Exemple.

Un crayon cylindrique a $0^{cm},4$ de rayon et 15^{cm} de longueur. Quel est son volume?

Surface de la base : $0,4 \times 0,4 \times 3,14 = 0^{cm2},5024$.
Volume du crayon : $0,5024 \times 15 = 7^{cm3},536$, c'est-à-dire $7^{cm3},5$ environ.

336. — *Volume d'une couche d'épaisseur uniforme*.

Soit à trouver le volume d'une couche de sable répandu uniformément sur une cour, ou le volume d'une couche de neige d'épaisseur uniforme tombée sur un terrain plat.

Si le terrain, ou la cour, a la forme d'un polygone, la couche représente un prisme ; s'il est circulaire, la couche représente un cylindre. Dans tous les cas, *on obtiendra le volume de la couche en multipliant la surface de la base par la hauteur ou épaisseur.*

Exemple.

La neige tombée sur un champ de $25^a,4$ forme une couche de 2^{dm} d'épaisseur. Calculer le volume de cette neige.

Prenons le mètre carré comme unité de surface :
$$25^a,4 = 2\,540^{m2}.$$

La couche a 2^{dm} ou $0^m,2$ d'épaisseur ou de hauteur.
Volume de la couche : $2\,540 \times 0,2 = 508^{m3}.$

337. — Problème.

Une citerne a une surface de 6^{m2} et un volume de 9^{m3}. Quelle est sa profondeur ?

Le nombre 9, qui exprime le volume, est égal au produit de la surface de la base, 6, par la hauteur ou profondeur ; 9 est donc un produit de deux facteurs.

L'un de ces facteurs est 6, l'autre facteur, la profondeur, est égal au quotient de 9 par 6.
Profondeur du bassin : $9 : 6 = 1^m,5.$ Donc :

On obtient la hauteur en divisant le volume par la surface de la base.

Cette règle ne s'applique qu'aux volumes obtenus en multipliant la surface de la base par la hauteur.

338. — Problème.

Une boîte de plumes a un volume de $54^{cm3},6$. Elle a $4^{cm},2$ de largeur et 2^{cm} de hauteur. Quelle est sa longueur ?

La boîte a la forme d'un parallélépipède rectangle.

Prenons comme base la face latérale dont les dimensions sont 4^{cm},2 et 2^{cm}; la longueur de la boîte devient la hauteur : nous sommes ramenés au cas précédent.

Surface de la base : 4,2 × 2 = 8^{cm2},4.

Hauteur : 54,6 : 8,4 = 6^{cm},5.

La boîte a 6^{cm},5 de longueur.

EXERCICES PRATIQUES

1202. — 1° Mesurer l'arête d'un dé à jouer. 2° Même exercice avec un cube plus grand (autre qu'un décimètre cube).

1203. — Mesurer les dimensions d'une boîte de plumes, d'un plumier, d'une armoire parallélépipédiques, d'une salle, etc. Dire le volume de chaque objet mesuré.

1204. — On a une petite caisse parallélépipédique munie d'un couvercle. Mesurer les dimensions extérieures et les dimensions intérieures de cette caisse. Dire le volume intérieur et le volume extérieur de la caisse.

EXERCICES ORAUX

Cube.

1205. — On donne la longueur de l'arête d'un cube; calculer le périmètre de chaque face :

1^{dm}; 2^{dm}; 3^{dm};... 9^{dm}; 10^{dm}; 10^{mm}; 20^{mm}; 30^{mm};... 90^{mm}; 100^{mm}.

1206. — Calculer la somme des longueurs des arêtes de chaque cube du numéro précédent.

1207. — On donne l'arête d'un cube. Calculer la surface d'une face :

1^{cm}; 2^{cm}; 3^{cm};... 9^{cm}; 0^{m},1; 0^{m},2; 0^{m},3; 0^{m},4; 0^{m},5.

1208. — Calculer la surface totale de chacun des mêmes cubes.

1209. — Calculer la longueur du côté de chaque cube, la longueur totale des 12 côtés étant :

12^{mm}; 24^{mm}; 36^{mm}; 60^{mm}; 48^{mm}; 72^{mm}; 84^{mm}; 108^{mm}; 96^{mm}.

1210. — Même question :

0^{m},12; 0^{m},24; 0^{m},36; 0^{m},48; 0^{m},84; 0^{m},96; 1^{m},2; 3^{m},6; 2^{m},4.

1211. — Volumes des cubes dont les côtés ont :

1^{cm}; 2^{cm}; 3^{cm}; 4^{cm}; 5^{cm}; 20^{cm}; 10^{mm}; 30^{mm}; 40^{mm}; 100^{mm}; 300^{mm}.

1212. — On partage un décimètre cube par un plan parallèle à la base en deux parties égales. Combien chaque partie a-t-elle de centimètres de hauteur? Combien contient-elle de centimètres cubes?

1213. — On partage un décimètre cube en 8 cubes égaux. Dire :
1° la longueur du côté de chaque cube ;
2° le nombre de centimètres cubes contenus dans un de ces cubes, dans deux, dans trois, dans quatre, dans cinq, dans six, dans sept.

1214. — On donne le volume d'un cube et la surface d'une face. Calculer la longueur de l'arête de ce cube.

	Volume des cubes.	Surface d'une face.		Volume des cubes.	Surface d'une face.
1°	8^{dm3}	4^{dm2} ;	5°	512^{cm3}	64^{cm2} ;
2°	27^{dm3}	9^{dm2} ;	6°	216^{m3}	36^{m2} ;
3°	125^{dm3}	25^{dm2} ;	7°	1.000^{mm3}	100^{mm2} ;
4°	64^{cm3}	16^{cm2} ;	8°	729^{mm3}	81^{mm2}.

Parallélépipède.

Les objets suivants ont la forme de parallélépipèdes rectangles. Calculer leur volume.

		Longueur.	Largeur.	Hauteur.
1215.	1° Boîte à pastilles	8^{cm}	4^{cm}	3^{cm} ;
	2° Bâton de craie	80^{mm}	9^{mm}	9^{mm} ;
	3° Règle	43^{cm}	1^{cm}	1^{cm} ;
	4° Coffret	25^{cm}	20^{cm}	10^{cm} ;
	5° Boîte de papier à lettres.	17^{cm}	12^{cm}	5^{cm} ;
	6° Solide en papier. . . .	7^{cm}	5^{cm}	4^{cm} ;

1216. — Même question.

		Longueur.	Largeur.	Hauteur.
1°	Tas de briques	6^{m}	5^{m}	4^{m} ;
2°	Tas de bois	8^{m}	3^{m}	2^{m} ;
3°	Caisse	2^{m}	$1^{m},5$	1^{m} ;
4°	Pierre de taille . . .	2^{m}	$1^{m},5$	$0^{m},8$;
5°	Bloc de béton	$3^{m},5$	2^{m}	$0^{m},5$;
6°	Mur	9^{m}	$0^{m},8$	5^{m}.

1217. — Georges divise en centimètres carrés un rectangle de 4^{cm} sur 3^{cm}. Sur chaque centimètre carré, il place un centimètre cube. Sur cette première tranche, il place deux tranches égales formées de centimètres cubes. Combien y a-t-il de centimètres cubes dans les trois tranches ? Quelle est la hauteur du parallélépipède obtenu ?

1218. — Un réservoir parallélépipédique a une surface de 60^{m2}. Calculer la hauteur de l'eau quand il contient 180^{m3} ; 120^{m3} ; 60^{m3} ; 30^{m3} ; 15^{m3} ; 12^{m3}.

1219. — On donne le volume et deux dimensions d'un parallélépipède ; trouver la troisième dimension.

	Volume.	Dimensions.			Volume.	Dimensions.	
1°	8^{dm3}	4^{dm}	2^{dm} ;	5°	10^{m3}	$2^{m},5$	2^{m} ;
2°	30^{dm3}	5^{dm}	3^{dm} ;	6°	180^{cm3}	15^{cm}	4^{cm} ;
3°	36^{dm3}	6^{dm}	2^{dm} ;	7°	1.000^{cm3}	$12^{cm},5$	10^{cm} ;
4°	18^{m3}	4^{m}	$1^{m},5$;	8°	450^{mm3}	10^{mm}	9^{mm}.

Prisme et cylindre.

1220. — Calculer le volume de chacun des prismes suivants dont on donne la surface de la base et la hauteur :

	Surface de la base.	Hauteur.			Surface de la base.	Hauteur.
1°	12^{cm2}	5^{cm} ;		6°	$12^{dm2},4$	4^{dm} ;
2°	13^{cm2}	6^{cm} ;		7°	2^{dm2}	$0^{dm},5$;
3°	18^{cm2}	3^{cm} ;		8°	6^{m2}	$1^{m},5$;
4°	20^{cm2}	4^{dm} ;		9°	4^{m2}	$0^{m},25$;
5°	$8^{dm2},6$	5^{dm} ;		10°	$10^{m2},24$	4^{m}.

1221. — Calculer le volume de chacun des prismes triangulaires suivants dont les dimensions sont données :

	Dimensions de la base triangulaire.		Hauteur du prisme.			Dimensions de la base triangulaire.		Hauteur du prisme.
1°	4^{dm}	2^{dm}	5^{dm} ;		5°	10^{cm}	7^{cm}	12^{cm} ;
2°	6^{dm}	3^{dm}	7^{dm} ;		6°	20^{mm}	16^{mm}	30^{mm} ;
3°	5^{dm}	4^{dm}	6^{dm} ;		7°	40^{mm}	20^{mm}	48^{mm} ;
4°	12^{cm}	5^{cm}	$8^{cm},5$;		8°	$1^{m},5$	2^{m}	4^{m}.

1222. — On donne le volume et la surface de la base de chacun des prismes suivants. Calculer leur hauteur.

	Volume du prisme.	Surface de la base.			Volume du prisme.	Surface de la base.
1°	48^{dm3}	12^{dm2} ;		5°	200^{m3}	40^{m2} ;
2°	70^{dm3}	14^{dm2} ;		6°	560^{m3}	70^{m2} ;
3°	440^{cm3}	44^{cm2} ;		7°	480^{m3}	12^{m2} ;
4°	210^{cm3}	30^{cm2}.		8°	98^{m3}	14^{m2}.

1223. — Calculer le volume de chacun des cylindres suivants dont on donne les dimensions :

	Rayon.	Hauteur.			Rayon.	Hauteur.
1°	1^{cm}	10^{cm} ;		3°	10^{dm}	10^{dm} ;
2°	1^{dm}	1^{dm} ;		4°	1^{m}	2^{m}.

Solide à base polygonale.

1224. — En supposant qu'une couche de neige ait 1^{m} d'épaisseur, dire le volume de la neige lorsqu'elle recouvre :

1^{m2} ; 10^{m2} ; 100^{m2} ; 1^{a} ; 4^{a} ; 10^{a} ; 1^{hm2} ; 5^{ha} ; 1^{km2} ; 2^{km2} ; 8^{km2}.

1225. — Même question avec une couche de $0^{m},5$ d'épaisseur.

1226. — Même question avec une couche de $0^{m},25$ d'épaisseur.

1227. — Calculer la hauteur d'une couche de sable étendue uniformément de la manière suivante :

1°	20^{m3} sur 100^{m2} ;		3°	15^{m3} sur 75^{m2} ;
2°	12^{m3} sur 120^{m2} ;		4°	20^{m3} sur 500^{m2}.

PROBLÈMES ÉCRITS

Cube.

1228. — Un cube de 45^{mm} de côté a toutes ses arêtes garnies d'un filet doré. Quelle est la longueur de ce filet?

1229. — Marie recouvre de soie rouge les faces latérales d'un cube de 1^{dm},3 d'arête. Quelle est la surface de l'étoffe employée?

1230. — Jean colle du papier bleu sur les **6** faces d'un cube de 15^{cm} d'arête. Combien lui faut-il de décimètres carrés de papier?

1231. — Un presse-papier cubique a 4^{cm},25 de côté. Quel est son volume?

1232. — Paul superpose 8 cubes égaux de 4^{cm},5 de côté. Quelle est la hauteur de la pile ainsi obtenue? Quel est son volume?

1233. — Un cube a un volume de 857^{cm3},375; la surface d'une face égale 90^{cm2},25. Quelle est l'arête du cube?

1234. — Aux quatre coins d'une feuille carrée de 15^{cm},6 de côté, Lucien découpe des carrés de 5^{cm},2 de côté et fait avec le reste une boîte cubique sans couvercle. Trouver : 1º le côté; 2º le volume de la boîte (faire la boîte).

1235. — Léon forme un cube avec 8 cubes égaux de 2^{cm},5 de côté. Dire la longueur du côté et le volume de ce cube.

Parallélépipède.

1236. — Quel est le volume d'un tas de pierre qui a 4^{m},25 de long, 2^{m},3 de large et 1^{m},4 de haut? (Le tas a la forme d'un parallélépipède.)

1237. — Un mur de 6^{m},5 de longueur sur 0^{m},80 d'épaisseur a un volume de 23^{m3},66. Calculer la hauteur.

1238. — Notre salle de classe a comme dimensions 6^{m},15 ; 5^{m},90 et 4^{m},70. Combien contient-elle de mètres cubes d'air? Quel est le poids de cet air? (1^{dm3} d'air pèse 1^{g},3.)

1239. — Un tas de charbon contient **55 000** briquettes ayant chacune 29^{cm} de longueur, 16^{cm} de largeur et 4^{cm},5 d'épaisseur. Quel est, en mètres cubes, le volume du tas?

1240. — Un tas de briques parallélépipédique a 6^{m} de long, 4^{m},5 de large et 1^{m},2 de haut. Les briques mesurent 0^{m},20 de longueur, 10^{cm} de largeur et 6^{cm} d'épaisseur. Quel est le nombre des briques?

1241. — En bêchant à 25^{cm} de profondeur, quel est le volume de la terre retournée dans 12 plates-bandes rectangulaires ayant chacune 4^{m},5 de long sur 1^{m},6 de large?

1242. — Un réservoir parallélépipédique de 4^{m},5 de longueur, 3^{m},2 de largeur et 2^{m},4 de profondeur contient de l'eau jusqu'à une hauteur de 0^{m},90. Trouver : 1º le volume de l'eau; 2º combien il faut ajouter de décimètres cubes d'eau pour le remplir.

1243. — Une poutre a un volume de 0^{m3},6825. Deux de ses dimensions ont 6^{m},5 et 0^{m},3. Calculer la troisième dimension.

1244. — 18 madriers égaux ayant chacun 0^m,30 de largeur et 0^m,15 d'épaisseur ont un volume total de 4 050^{dm3}. Chercher : 1° le volume, en mètres cubes, d'un madrier; 2° sa longueur.

1245. — En admettant que la pluie tombée représente une hauteur de 3^{mm},5, quel sera le volume de l'eau tombée sur un champ rectangulaire de 145^m de long sur 90^m,5 de large?

1246. — Une route rectiligne de 8^m de large est pavée sur une longueur de 1^{lim},4. Chaque pavé a comme dimensions 20^{cm}; 14^{cm} et 16^{cm}. Calculer : 1° le nombre des pavés; 2° leur prix à 400^f le mille.

1247. — A 75^f le mètre cube, quel est le prix de 6 poutres ayant chacune comme dimensions 5^m,8; 0^m,35 et 0^m,34?

1248. — On creuse un bassin de 8^m de longueur, 4^m,5 de largeur et 1^m,8 de profondeur. On revêt les quatre faces et le fond d'une couche de maçonnerie de 30^{cm} d'épaisseur. Combien le bassin peut-il contenir de mètres cubes d'eau?

1249. — Mesurée extérieurement, une caisse avec couvercle a 1^m,476 de longueur, 0^m,936 de largeur et 0^m,996 de hauteur. Les planches ont 1^{cm},8 d'épaisseur. Combien peut-elle contenir de boîtes ayant 24^{cm} de longueur, 18^{cm} de largeur et 12^{cm} de hauteur?

Prisme et cylindre.

1250. — Calculer en centimètres cubes le volume d'un prisme dont la hauteur a 3^{dm},4 et dont la base est un triangle ayant comme dimensions 24^{cm} et 18^{cm}.

1251. — Calculer la hauteur d'un prisme connaissant son volume, 153^{dm3},68 et la surface de sa base, 45^{dm2},2.

1252. — Jean a un cylindre de 9^{cm} de hauteur. La base a 4^{cm} de diamètre. Calculer : 1° la circonférence de la base; 2° la surface latérale.

1253. — Lucie veut recouvrir de papier la surface totale d'un cylindre de 2^{cm},5 de rayon et de 6^{cm} de hauteur. Elle trace d'abord sur la feuille un rectangle égal à la surface latérale et deux circonférences égales à celles des deux bases du cylindre. 1° Dire les dimensions du rectangle; 2° calculer la surface totale du cylindre.

1254. — Une colonne cylindrique a 6^m de haut et 80^{cm} de rayon. Calculer son volume.

1255. — Quel est le volume d'une boîte cylindrique de 15^{cm} de rayon et de 3^{dm},4 de hauteur?

1256. — La pièce de 20^f a 21^{mm} de diamètre et 1^{mm},25 d'épaisseur. Quel est le volume d'une pile contenant 12 de ces pièces?

1257. — Calculer la longueur en mètres d'un tuyau de poêle qui a 0^m,08 de rayon et un volume de 60 288^{cm3}.

1258. — Un bassin circulaire de 3^m de rayon reçoit 30^{dm3} d'eau par minute et est rempli en 21 heures. Calculer : 1° le volume du bassin; 2° sa profondeur.

1259. — On creuse un puits cylindrique de 15ᵐ de profondeur et de 2ᵐ,60 de diamètre. On le revêt intérieurement d'un mur de 30ᶜᵐ d'épaisseur. Calculer le volume du mur.

Solide à base polygonale.

1260. — Calculer le volume du limon déposé par une inondation sur une prairie de 2ʰᵃ,9. Épaisseur de la couche de limon : 25ᶜᵐ.

1261. — Quel est le volume du gravier étendu sur une place de 9ʰᵐˢ,6, à raison d'un demi-mètre cube de gravier par 3ᵐ²?

1262. — En labourant à 24ᶜᵐ de profondeur, quel est le volume de la terre retournée dans un champ de 6ʰᵃ,5?

1263. — Quelle est l'épaisseur de la couche de neige qui recouvre un terrain de 2ʰᵃ,5, la neige ayant un volume de 3000ᵐ³?

1264. — Quelle est la surface d'une cour sur laquelle on a étendu une couche de sable de 11ᵐ³,28 de volume et de 6ᶜᵐ d'épaisseur?

1265. — Calculer en ares la surface d'un champ sur lequel on a répandu une couche de marne de 247ᵐ³,9 de volume et de 5ᶜᵐ d'épaisseur?

MESURES DE CAPACITÉ

339. — On a donné des noms particuliers aux unités qui servent à évaluer les volumes des récipients, c'est-à-dire aux *mesures de capacité*.

340. — ***Unité principale.*** — L'unité principale de capacité est le *litre* (l).

Le litre est le volume d'un décimètre cube.

341. — ***Multiples.*** — Les multiples du litre sont :

    le *décalitre* (dal) qui est égal à *dix* litres;

    l'*hectolitre* (hl)   —   *cent*   — ;

    le *kilolitre* (kl)   —   *mille*   — .

342. — ***Sous-multiples.*** — Les sous-multiples sont :

le *décilitre* (dl)   qui est la *dixième* partie du litre;

le *centilitre* (cl)   —   *centième*   —

le *millilitre* (ml)   —   *millième*   —

343. — *Relations entre deux unités consécutives.*
Les relations entre les unités de capacité sont les mêmes qu'entre les unités de longueur. Ainsi,

$$1^{dal} = 10^{l}; \qquad\qquad 1^{l} = 10^{dl};$$
$$1^{hl} = 10^{dal}; \qquad\qquad 1^{dl} = 10^{cl};$$
$$1^{kl} = 10^{hl}; \qquad\qquad 1^{cl} = 10^{ml}.$$

Chaque unité de capacité est égale à dix fois l'unité immédiatement inférieure.

344. — *Relations entre deux unités quelconques.*
De ce qui précède, on déduit facilement les relations suivantes :

$$1^{dal} = 100^{dl} \quad ou \quad 1\,000^{cl}, \text{ etc.};$$
$$1^{hl} = 1\,001^{dl} \quad ou \quad 10\,000^{cl}, \text{ etc.};$$
$$1^{kl} = 100^{dal} \quad ou \quad 10\,000^{dl}, \text{ etc.};$$
$$1^{cl} = 100^{ml}.$$

345. — Le litre étant l'unité, *un décalitre est une dizaine, un hectolitre est une centaine,* etc. De même *un décilitre est un dixième, un centilitre est un centième.*

Soit le nombre 637^l,25. Il contient 7 unités ou 7^l, puis 3 dizaines ou 3^{dal}, puis 6 centaines ou 6^{hl}, puis 2 dixièmes ou 2^{dl} et enfin 5 centièmes ou 5^{cl}. Donc, comme pour les longueurs :

Un chiffre suffit pour représenter le nombre des unités de capacité de chaque espèce.

346. — Le tableau suivant facilite la lecture et l'écriture des nombres qui représentent des capacités.

Tableau des unités de capacité.

kl	hl	dal	l	dl	cl	ml
8	5	3	7,	5	0	4
	5	8	0,	9	3	8
		0,	1	7	0	
	4	5	3,	0	9	

347. — *Lecture, écriture.* — **Exemples**.

1° 8 537^l,504 se lit (voir le tableau § 346) :

8 kilolitres 5 hectolitres 3 décalitres 7 litres 5 décilitres 4 millilitres, ou *8 537 litres 504 millilitres.*

2° *5 hectolitres 8 décalitres 9 décilitres 3 centilitres* s'écrit :

(unité : litre)   580^l,93.

3° *17 décilitres 8 millilitres* s'écrit :

(unité : décalitre)   0^{dal},1708.

348. — **Changement d'unité.** — **Exemples.**

4   5   3^l, 0   9 peut s'écrire (voir le tableau § 346) :

4   5^{dal},3   0   9 ;

4^{hl}, 5   3   0   9 ;

0^{kl},4   5   3   0   9 ;

4   5   3   0^{dl}, 9 ;

4   5   3   0   9^{cl} ;

4   5   3   0   9 0^{ml}.

349. — **Mesures effectives de capacité.** — Les mesures effectives de capacité vont de *un hectolitre* à *un centilitre*. En voici la série :

<table>
<tr><td rowspan="14">Mesures
en
bois.</td><td>un demi-</td><td rowspan="2">} hectolitre.</td><td rowspan="14"></td></tr>
<tr><td>un double</td></tr>
<tr><td>un double</td><td rowspan="3">} décalitre.</td></tr>
<tr><td>un</td></tr>
<tr><td>un demi-</td></tr>
<tr><td>un double</td><td rowspan="3">} litre.</td></tr>
<tr><td>un</td></tr>
<tr><td>un demi-</td></tr>
<tr><td>un double</td><td rowspan="3">} décilitre.</td><td rowspan="6">Mesures
en
métal
(étain ou
fer-blanc).</td></tr>
<tr><td>un</td></tr>
<tr><td>un demi-</td></tr>
<tr><td>un double</td><td rowspan="2">} centilitre.</td></tr>
<tr><td>un</td></tr>
</table>

Toutes ces mesures sont des cylindres.

Les mesures en bois (fig. 104, 105) servent pour les

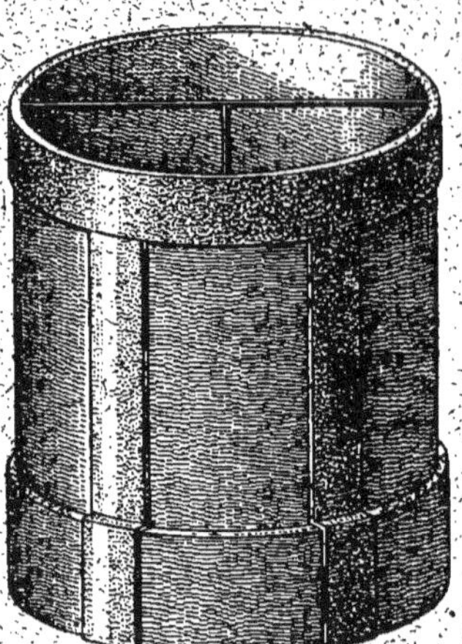

Fig. 104. — Double décalitre   Fig. 105. — Litre
en bois.   en bois.

(La hauteur et le diamètre sont le dixième de la grandeur réelle.)

matières sèches (grains, pommes de terre, etc.). La hauteur (intérieure) est égale au diamètre (intérieur).

Les mesures en étain (fig. 106) servent pour le vin,

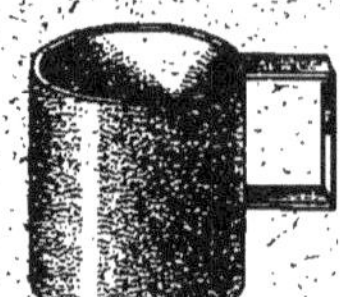

Fig. 106. — Litre   Fig. 107. — Litre   Fig. 108. — Litre
en étain.   en fer-blanc.   en fer-blanc.

(La hauteur et le diamètre sont le dixième de la grandeur réelle.)

le vinaigre, etc. La hauteur est le double du diamètre.

Les mesures en fer-blanc (fig. 107, 108) servent pour le lait, l'huile. La hauteur est égale au diamètre.

RELATIONS ENTRE LES MESURES DE CAPACITÉ ET CELLES DE VOLUME

350. — Nous avons vu que :

$$1^l = 1^{dm^3}. \text{ Par suite,}$$
$$1^{ml} = 1^{cm^3};$$
$$1^{kl} = 1^{m^3}.$$

351. — Le tableau suivant met en évidence ces relations.

Tableau comparatif des unités de capacité et de celles de volume.

m³			dm³			cm³		
cent.	diz.	un.	cent.	diz.	un.	cent.	diz.	un.
		kl	hl	dal	l	dl	cl	ml
			7	5	8,	3	4	
		9,	0	7	1	2		

Chaque petite colonne représente un ordre de la numération décimale. On a, de droite à gauche :

$$1^{ml} = 1^{cm^3}; \qquad 1^{dal} = 10^{dm^3};$$
$$1^{cl} = 10^{cm^3}; \qquad 1^{hl} = 100^{dm^3};$$
$$1^{dl} = 100^{cm^3}; \qquad 1^{kl} = 1^{m^3}.$$
$$1^{l} = 1^{dm^3};$$

352. — *Conversion d'unités de capacité en unités de volume.* — **Exemples.**

1º Prendre successivement comme unités le *mètre cube*, le *décimètre cube*, le *centimètre cube* (voir le tableau § 351) :

$$758^l,34 = 0^{m^3},758340 = 758^{dm^3},340 = 758\,340^{cm^3}.$$

On convertit de la même manière des unités de volume en unités de capacité.

Prendre successivement comme unités le *kilolitre*, l'*hectolitre*, le *décalitre*, le *litre*, le *millilitre* (voir le tableau § 351) :

$$9^{m3},0712 = 9^{kl},0712 = 90^{hl},712 = 907^{dal},12 = 9\,071^{l},2$$
$$= 9\,071\,200^{ml}.$$

Fig. 100. — *Décimètre cube et litre.*

Que dit le maître à son élève? Sans doute ceci : « L'une des arêtes verticales de ce récipient cubique est divisée en 10 centimètres. Quel est le volume du récipient?

« La bouteille contenait un litre d'eau; j'en ai versé une partie dans le récipient. Regardez sur l'arête où arrive le niveau de l'eau et dites la hauteur.

« Je vais vider entièrement la bouteille dans le récipient. Quand la bouteille sera vide, le récipient sera-t-il plein? »

Répondez chaque fois pour le petit garçon.

EXERCICES PRATIQUES

1266. — Mesurer : 1° avec un centilitre, la capacité d'un flacon ; 2° avec un décilitre, la capacité d'une bouteille, d'une carafe ; 3° avec un litre, la capacité d'un petit seau, d'un petit arrosoir, etc.

EXERCICES ORAUX

MESURES DE CAPACITÉ

Relations entre les différentes unités.

1267. — Avec 4^l ; 2^l ; 4^l ; 10^l, combien peut-on remplir de fois un décilitre ? un centilitre ?

1268. — Dans un demi-litre, combien y a-t-il de décilitres ? de centilitres ? de millilitres ?

1269. — Combien y a-t-il de litres dans :

10^{dl} ? 50^{dl} ? 80^{dl} ? 200^{dl} ? 400^{dl} ? 100^{cl} ? 400^{cl} ? 600^{cl} ? 900^{cl} ? $2\,000^{cl}$?

1270. — Nombre de litres contenus dans :

$1\,000^{ml}$; $2\,000^{ml}$; $4\,000^{ml}$; $7\,000^{ml}$; $10\,000^{ml}$; $1\,000^{dl}$; $7\,000^{dl}$; $8\,580^{dl}$.

1271. — Dire combien il y a de décilitres, de centilitres, de millilitres dans : 1 demi-litre, 1^l et demi, 3^l et demi, 1 dixième de litre, 2 dixièmes, 3,... 9 dixièmes de litre.

1272. — Dire combien il y a de centilitres, de millilitres dans :
1° 1^{dl} ; 5^{dl} ; 8^{dl} ; 9^{dl} ; 1 demi-décilitre ; 4^{dl} et demi ;
2° 1 dixième de décilitre ; 2 dixièmes ; 3 ;... 9 dixièmes de décilitre.

1273. — Dire combien un décalitre contient :
1° de litres, de décilitres, de centilitres, de millilitres ;
2° de demi-litres, de demi-décilitres, de demi-centilitres, de demi-millilitres.

1274. — Dire combien un décalitre contient :
de doubles litres, de doubles décilitres, de doubles centilitres, de doubles millilitres.

1275. — Dire le nombre de décalitres contenus dans :

10^l ; 40^l ; 50^l ; 100^l ; 500^l ; 800^l ; 100^{dl} ; 300^{dl} ; 700^{dl} ; $1\,000^{dl}$; $4\,000^{dl}$.

1276. — Même question :

$1\,000^{cl}$; $2\,000^{cl}$; $5\,000^{cl}$; $10\,000^{cl}$; $10\,000^{ml}$; $40\,000^{ml}$; $50\,000^{ml}$.

1277. — Dire combien il y a de décalitres, puis de litres dans :
1° 1^{hl} ; 5^{hl} ; 7^{hl} ; 9^{hl} ; 12^{hl} ; 15^{hl} ; 20^{hl} ; 40^{hl} ;
2° 1 demi-hectolitre, 2^{hl} et demi, 3^{hl} et demi, 5^{hl} et demi.

1278. — Dire combien il y a d'hectolitres dans :
500^l ; 800^l ; $1\,000^l$; $1\,200^l$; 10^{dal} ; 70^{dal} ; 100^{dal} ; 900^{dal}.

1279. — Combien y a-t-il d'hectolitres, de décalitres, de litres dans : 1^{kl} ? 5^{kl} ? 8^{kl} ? 12^{kl} ? 20^{kl} ? 30^{kl} ? 60^{kl} ? 1 demi-kilolitre ?

1280. — Nombre d'hectolitres, de décalitres, de litres contenus dans : 1 dixième, 2 dixièmes, 3 dixièmes,... 9 dixièmes de kilolitre.

1281. — Calculer le nombre de kilolitres contenus dans $2\,000^l$; $15\,000^l$; 800^{dal}; 500 doubles décalitres; 20 demi-hectolitres.

Lecture.

1282. — Lire les nombres suivants en énonçant chaque unité :

1° 345^l; 124^{dl}; $7\,045^{cl}$; $1\,837^{ml}$; 715^{dal}; 92^{hl};

2° $0^l,419$; $0^l,018$; $0^l,009$; $0^{dal},87$; $0^{hl},465$; $0^{kl},081$.

1283. — Lire les nombres suivants en énonçant séparément la partie entière et la partie décimale :

$14^l,25$; $19^l,804$; $400^l,086$; $24^{dal},9$; $37^{dal},08$; $49^{hl},47$;
$402^{hl},8$; $23^{hl},05$; $29^{kl},702$; $54^{kl},04$; $702^{kl},9$.

EXERCICES ÉCRITS

MESURES DE CAPACITÉ

Écriture.

1284. — Écrire les nombres suivants en prenant le litre comme unité :

$8^l4^{dl}5^{cl}3^{ml}$	5^{cl}	$9^{kl}5^{hl}$
7^l4^{cl}	9^{ml}	$3^{hl}4^l$
9^l8^{ml}	$5^{dal}4^l$	$3^{kl}4^l$
3^{dl}	$8^{hl}3^{dal}$	5^{hl}

1285. — Même question.

$12^{kl}45^l$	$6^{dal}25^{dl}4^{cl}$	$8\,453^{ml}$
$1^{hl}149^{dl}$	$4^{dal}16^{cl}$	712^{ml}
$27^{kl}19^{dal}$	$18^{dl}7^{ml}$	$49^{hl}21^{dl}$
$709^{dal}12^{dl}$	$129^{dl}15^{ml}$	$7^{hl}25^l8^{cl}$

1286. — Nombres à écrire en prenant l'unité indiquée.

1° Unité : décilitre.

7^l8^{dl}	2^l25^{ml}
15^l23^{cl}	7^{cl}
$4^{cl}8^{ml}$	4^{ml}

2° Unité : décalitre.

$4^{hl}9^{dal}8^l$	3^l18^{cl}
$7^{kl}5^{hl}16^l$	4^l
$16^{kl}8^{hl}39^l$	9^{cl}

1287. — Même question.

1° Unité : kilolitre.

$18^{kl}7^{hl}$	$15^{dal}8^l$
$3^{kl}9^{hl}4^{dal}$	85^l9^{dl}
$1^{hl}2^{dal}$	36^l

2° Unité : hectolitre.

$13^{kl}54^{dal}$	158^l
$1^{kl}85^l$	$8^{dal}57^l$
$7^{kl}8^l$	4^l

Changement d'unité.

1288. — Prendre comme unité le litre.

$4^{dal},25$; $5^{kl},87$; $26^{cl},5$; $0^{dl},714$;
1^{hl} ; $129^{dl},8$; 85^{ml} ; $0^{hl},815$.

1289. — Prendre comme unité le décilitre.

$34^{l},6$; $3^{hl},08$; $3^{cl},4$; $0^{kl},048$;
$5^{dal},3$; 18^{cl} ; 77^{ml} ; $0^{hl},6$.

1290. — Prendre comme unité le centilitre.

$12^{dal},814$; $0^{l},07$; $0^{dl},01$; $0^{hl},0814$;
$5^{l},9$; $13^{dl},418$; 712^{ml} ; $0^{dal},45$.

1291. — Prendre comme unité le millilitre.

$9^{l},178$; $3^{dal},7$; 709^{cl} ; $0^{kl},0804$;
$0^{l},04$; $15^{dl},81$; $0^{cl},05$; $0^{dal},007$.

1292. — Prendre comme unité le décalitre.

$215^{l},8$; $0^{hl},48$; 47^{cl} ; 54^{ml} ;
$3^{hl},75$; $1\,875^{dl}$; 918^{ml} ; 6^{dl}.

1293. — Prendre comme unité l'hectolitre.

420^{l} ; $2^{l},8$; $6^{dal},7$; $684^{dl},1$;
67^{l} ; $45^{dal},9$; $3^{kl},954$; $7\,182^{cl}$.

1294. — Prendre comme unité le kilolitre.

$825^{hl},9$; $0^{hl},195$; $4^{dal},74$; $4\,459^{dl}$;
$4^{hl},35$; $25^{dal},8$; $2^{l},8$; $1\,784^{cl}$.

Les quatre opérations.

1295. — Calculer : $458^{l},6 + 95^{dal},67 + 9^{hl},612 + 3^{kl},78 + 70\,815^{dl}$ (unité : litre).

1296. — Calculer : $49^{hl},714 + 8^{kl},619 + 63^{dal},81 + 7\,186^{l} + 82^{dl},7$ (unité : hectolitre).

1297. — Calculer : $583^{l} + 9\,416^{dl} + 0^{kl},7045 + 65^{dl},7 + 190\,856^{cl}$ (unité : hectolitre).

1298. — Calculer : $5\,182^{dal},78 - 29^{hl},708$ (unité : décalitre); $9\,123^{cl},43 - 4^{dal},9484$ (unité : décilitre).

1299. — $785^{hl},49 \times 8$ (unité : litre); $81\,297^{l},8 \times 6$ (unité : hectolitre).

Dans les trois questions suivantes, les quotients exprimeront les mêmes unités que les dividendes.

1300. — $780^{l} : 6$; $408^{dl} : 4$; $9\,312^{cl} : 3$.

1301. — $1\,795^{l} : 5$; $150^{hl},24 : 8$; $120^{dal},288 : 7$.

1302. — $748^{dal},5 : 25$; $1\,809^{hl},36 : 9$; $775^{l},88 : 85$.

1303. — Combien 210^{dal} contiennent-ils de fois 70^l?

—	2^{hl},8	—	4^{dal}?
—	1.050^l	—	3^{hl},5?
—	4^{dal},2	—	0^l,7?
—	57^l,2	—	14^{cl},3?
—	243^{dl},1	—	0^{hl},0143?

PROBLÈMES ORAUX

MESURES DE CAPACITÉ

1304. — Je vends en trois fois 15^{hl}; 20^{hl}; 30^{hl} de vin. Combien ai-je vendu d'hectolitres en tout?

1305. — D'un fût de 242^l on retire 5^{dal} de vin. Combien reste-t-il de litres?

1306. — Avec 5^{hl} de vin, on remplit deux tonneaux; le premier a une capacité de 150^l. Quelle est la capacité du second?

1307. — Deux tonneaux contiennent chacun 105^l de vin. On transvase ce vin dans un fût de 3^{hl}. Combien faut-il ajouter de litres pour que le fût soit plein?

1308. — On verse dans un tonneau vide 10 seaux de 15^l chacun. Quelle est la capacité du tonneau quand le vin qu'on y verse le remplit : 1° à moitié? 2° au quart?

1309. — D'un fût qui contient 1^{hl} et demi de vin, on tire 3^l chaque jour. 1° Combien tire-t-on de litres en une semaine? en 4 semaines? en 1 mois? en 40 jours? 2° Au bout de combien de jours le fût sera-t-il vidé?

1310. — Le vin contenu dans une cuve a rempli 5 fûts de 120^l chacun et 4 fûts de 125^l. Combien la cuve contenait-elle de litres? de décalitres? d'hectolitres?

1311. — Une famille consomme 28^l de cidre par semaine. Quelle est sa consommation : 1° en un jour? 2° pendant le mois d'avril? 3° pendant le mois de mai?

1312. — Un limonadier vend 6^{hl} de bière en 4 jours. Calculer : 1° le nombre de litres vendus en 1 jour; 2° le nombre de jours nécessaires pour vendre 15^{hl}, 30^{hl}, 60^{hl}.

1313. — 3 bonbonnes contiennent respectivement 3^{dal}, 25^l et 2^{dal} d'huile. Avec cette huile, on remplit deux bonbonnes de même contenance. Quelle est la capacité de chacune de ces dernières?

1314. — Avec 2^l,5 de rhum, on remplit 3 bouteilles; la 1re contient 8^{dl}, la 2e contient 2^{dl} de plus. Quelle est la contenance de la 3e?

1315. — Une bonbonne est remplie à moitié d'huile d'olive. Avec cette huile, on remplit 4 bouteilles de 2^l, 3 bouteilles de 10^{dl} et 14 bouteilles d'un demi-litre. On demande le nombre de litres d'huile contenus dans la bonbonne, et la capacité de celle-ci.

1316. — Dans la vinaigrière qui contenait 3^l,25, on verse successivement 75^{cl}, 5^{dl}, 1^l,5 de vinaigre. Combien reste-t-il encore de vinaigre après en avoir retiré 2^l,5?

1317. — Dans trois propriétés, on a récolté 250^{hl}, 280^{hl}, et 190^{hl} de blé. Calculer : 1° la récolte totale ; 2° combien de sacs de 6 doubles-décalitres ce blé pourra remplir.

1318. — Un litre de liqueur coûtant 4^f, dire le prix de :
1° 2^l, 3^l, ... 9^l; 10^l; 20^l, ... 90^l; 2° 1^{dl}; 2^{dl}; 3^{dl}; 4^{dl}; ... 9^{dl}.

1319. — Le litre de vin valant 0^f,50, calculer le prix de :
1° 1^{dal}; 2^{dal}; 3^{dal}; 5^{dal}; 16^{dal}; 2° 1^{dl}; 3^{dl}; 5^{dl}; 9^{dl}; 13^{dl}; 18^{dl}.

1320. — Le litre de vin valant 0^f,60, calculer le prix de :
1° 1^{hl}; 6^{hl}; 12^{hl}; 18^{hl}; 20^{hl}; 30^{hl}; 50^{hl}; 80^{hl}.
2° un demi-hectolitre; 1^{hl} et demi; 4^{hl} et demi; 5^{hl} et demi.

1321. — On achète du vin 40^f l'hectolitre, on le revend 0^f,30 la bouteille de 50^{cl}. Calculer le bénéfice sur : 1^l; 10^l; 20^l; 40^l; 3^l; 7^l; 9^l; 17^l; 21^l; 1^{hl}; 0^{hl},5; 1^{hl},5; 2^{hl},5; 4^{hl},5; 8^{hl},5.

1322. — Avec 2^l d'eau de toilette, combien pourra-t-on remplir de flacons de 2^{dl}? d'un demi-décil.? de 25^{cl}? de 10^{cl}?

1323. — Combien faut-il de litres de vin pour remplir 20 bouteilles de 80^{cl}? 40 bouteilles de 50^{cl}? 100 bouteilles de 75^{cl}?

1324. — A 20^f l'hectolitre de blé, quel est le prix de 1^{dal}? 1 double décal.? 4 doubles décal.? un demi-décal.? 3^{dal} et demi?

1325. — Un décalitre de blé pèse 78^{kg}. Calculer le poids de 1^{hl}; 10^{hl}; 5^{hl}; 50^l; 150^l; 300^l; 1 000^l (unité : kilog.).

1326. — Dans une laiterie, 15 vaches donnent chacune 1^{dal} de lait par jour. 1° Combien donnent-elles de litres en 1 jour? 2° En vendant le lait 0^f,20 le litre, calculer la recette quotidienne.

1327. — Combien faut-il de vaches laitières donnant chacune 10^l de lait par jour pour faire une recette quotidienne de : 20^f? 24^f? 28^f? 32^f? 60^f? Le lait est vendu 0^f,20 le litre.

PROBLÈMES ÉCRITS

MESURES DE CAPACITÉ

1328. — Dans un tonneau contenant déjà 3^{hl},5 de cidre, on ajoute 85^l,5. Il manque encore 4^{dal} pour que le tonneau soit plein. Exprimer sa capacité en litres.

1329. — D'un fût contenant 10^{hl},6 de vin, on retire successivement 48^{dal}, 125^l et 9^{dal},5. Combien contient-il encore d'hectolitres?

1330. — Un tonneau contient 5^{hl},4 de pétrole. Quelle quantité de pétrole reste-t-il après qu'on en a retiré 14 bidons de 1^{dal},8 chacun et 5 de 19^l,5 chacun?

1331. — A 0^f,85 le litre de vin, quel est le prix de 7^{hl},8 ? de 45^{dal} ?

1332. — Quelle est la recette d'un buvetier qui a vendu 1^{hl},5 de bière à raison de 0^f,30 le bock de 25^{cl} ?

1333. — Avec un arrosoir de 18^l,5 et un seau de 15^l, on puise de l'eau dans un bassin contenant 12^{hl},4. Combien d'hectolitres le bassin contient-il encore après qu'on a rempli l'arrosoir et le seau 14 fois chacun ?

1334. — Un cultivateur vend 29^{hl} de blé 5^f,50 le double décalitre et 38^{hl} d'avoine 12^f,30 l'hectolitre. Quelle est sa recette ?

1335. — J'achète pour 225^f d'un vin qui revient à 0^f,90 le litre. Je le mets dans deux fûts dont l'un contient 50^l de plus que l'autre. Combien y a-t-il de litres dans chaque fût ?

1336. — En revendant du vin de Champagne 7^f,75 la bouteille, au lieu de 8^f,50, on gagnerait 11^f,25 de moins sur un certain nombre de bouteilles. Calculer ce nombre.

1337. — Dans une crémerie, le client paye 0^f,20 le bol de lait de 40^{cl}. Le litre de lait revenant à 0^f,28, quel est le bénéfice sur 1^l ? Combien faut-il vendre de litres pour gagner 3^f,08 ?

1338. — On achète 3 pièces de vin de Bourgogne de 220^l chacune. On met la moitié de ce vin dans des bouteilles de 0^l,75 et le reste dans des demi-bouteilles de 37^{cl},5. Quel est le nombre des bouteilles de chaque sorte ?

1339. — Dans une famille, le père boit à chacun des deux repas 40^{cl} de vin, la mère 0^l,2, les trois enfants en boivent chacun 12^{cl}. Au commencement de l'année, la provision de vin était de 9^{hl}. Quelle quantité restera-t-il à la fin de l'année ?

1340. — Papa boit un demi-litre de vin à midi et 0^l,40 le soir ; maman en boit 15^{cl} par jour, Jean et Louise en boivent 20^{cl} par jour à eux deux. Il y a encore 1^{hl},75 de vin à la cave. Dans combien de temps cette provision sera-t-elle épuisée ?

1341. — Le prix d'achat de 1^{hl},16 de vin est 127^f,60. On le revend 1^f,75 la bouteille de 80^{cl}. Quel est le bénéfice total ?

1342. — On achète 2 pièces de vin de 220^l chacune. Le vin mis en bouteilles est revendu 810^f à raison de 1^f,50 la bouteille. Dans la mise en bouteilles, il y a eu 8^l de déchet. Dire la contenance d'une bouteille.

1343. — Un limonadier vend pendant le mois de juillet pour 4 843^f,75 de bière à raison de 156^l,25 par jour au prix de 0^f,25 le bock. Quelle est la contenance d'un bock ?

1344. — Le double décalitre de pommes de terre valant 1^f,50, quel est le prix de 5^{dal},8 ? de 4^{hl},25 ?

1345. — Un limonadier achète 24 fûts de bière de 70^l chacun à 25^f l'hectolitre. Il met cette bière dans des bouteilles de 70^{cl} qu'il vend 0^f,35 la bouteille. Quel est son bénéfice total ?

EXERCICES ORAUX

RELATIONS ENTRE LES MESURES DE CAPACITÉ ET CELLES DE VOLUME

1346. — Quelles sont les unités de capacité égales à 1^{m3}? 1^{dm3}? 1^{cm3}?

1347. — Dans un mètre cube, combien y a-t-il d'hectolitres? de décalitres? de litres?

1348. — Combien le décimètre cube contient-il de décilitres? de centilitres? de millilitres?

Combien y a-t-il de centimètres cubes dans : 1^{dl}? $1^{dl},5$? $3^{dl},5$? $6^{dl},5$? $8^{dl},5$? $10^{dl},5$? 1^{cl}? 2^{cl}? $0^{cl},5$? $2^{cl},5$? $6^{cl},5$? $9^{cl},5$?

1349. — Combien l'hectolitre, le décalitre contiennent-ils de décimètres cubes? de centimètres cubes?

1350. — Combien le litre, le décilitre, le centilitre contiennent-ils de centimètres cubes? de millimètres cubes?

1351. — Dire combien il y a de millimètres cubes dans 1^{ml}; 2^{ml}; 5^{ml}; 8^{ml}; $0^{ml},5$; $0^{ml},25$; $0^{ml},75$; $12^{ml},5$.

1352. — Quelles sont les unités de capacité égales :

1° à 1 dixième, à 1 centième, à 1 millième de mètre cube?

2° à 1 dixième, à 1 centième, à 1 millième de décimètre cube?

1353. — Comparer, en exprimant leurs volumes avec la même unité, le décimètre cube et le décilitre, le centimètre cube et le centilitre, le millimètre cube et le millilitre.

EXERCICES ÉCRITS

RELATIONS ENTRE LES MESURES DE CAPACITÉ ET CELLES DE VOLUME

1354. — Prendre comme unité : 1° le kilolitre; 2° l'hectolitre; 3° le décalitre; 4° le litre.

$1^{m3},548$;	$6^{m3},53$;	5^{dm3};
$3^{m3},79$;	$148^{dm3},5$;	$0^{m3},397$;
$15^{m3},8$;	43^{dm3};	$0^{m3},031$.

1355. — Prendre comme unité : 1° le litre; 2° le décilitre; 3° le centilitre; 4° le millilitre.

$8^{m3},4965$;	$3^{dm3},79$;	$38^{cm3},4$;
$0^{m3},141$;	$0^{dm3},9145$;	$180\,925^{mm3}$;
$15^{dm3},819$;	$2\,184^{cm3}$;	732^{mm3}.

1356. — Prendre comme unité :

1° le mètre cube, 2° le décimètre cube.

$4^{hl},835$;	$13^{dal},85$;	$3^{l},84$;	$41\,589^{cl}$;
$9^{kl},7$;	$0^{dal},931$;	$0^{l},47$;	$5\,178^{ml}$.

3° le centimètre cube, 4° le millimètre cube.

$12^l,4$; $\qquad$ $17^{cl},9$; $\qquad$ $0^{ml},6$; $\qquad$ $9^{dal},85$;

$27^{dl},915$; $\qquad$ $3^{ml},812$; $\qquad$ $1^{dal},43$; $\qquad$ $0^{hl},043$.

1357. — Calculer : $758^{m3},467 + 8^{kl},903 + 9^{hl},4 + 508^{dal},5 + 9\,680^{dm3},6$ (unité : hectolitre).

1358. — Calculer : $3\,825^l,47 + 9\,485^{dm3},3 + 8\,059^{dl},6 + 38^{cl},95 + 9\,748^{cm3},4$ (unité : décimètre cube).

1359. — Calculer : $81^{kl},965 - 9\,128^{dm3},4$; $1^{m3} - 785^{cl},3$ (unité : hectolitre).

1360. — Calculer : $41\,825^{ml} - 0^{dm3},7186$; $79\,864^{dm3} - 19^{hl},87$ (unité : décalitre).

Dans les soustractions suivantes, les restes seront exprimés en litres, en décalitres, en hectolitres, en kilolitres.

1361. — Calculer : $87^{kl},845 - 3\,851^{dm3},9$; $90.000^{ml} - 7\,819\,263^{mm3}$.

1362. — Calculer : $4\,127^{dm3} - 978^{dl}$; $412\,809^{cm3} - 9\,734^{cl}$.

1363. — $478^{hl},56 \times 9$; $7\,108^l,4 \times 8,7$.

Exprimer les produits en décimètres cubes, en centimètres cubes.

1364. — $9^{m3},807 \times 835$; $0^{dm3},9106 \times 704$.

Exprimer les produits en hectolitres, en litres, en décilitres.

1365. — Dans $1^{m3},43$ $\qquad$ combien y a-t-il de fois 11^{dal}?

— $2\,431^l$ $\qquad$ — $14^{dm3},3$?

— $1\,814^{dm3},4$ $\qquad$ — $75^{dl},6$?

— $484\,375^{ml}$ $\qquad$ — $15^{dm3},625$?

PROBLÈMES ORAUX

RELATIONS ENTRE LES MESURES DE CAPACITÉ ET CELLES DE VOLUME

1366. — Pour remplir un seau, on y verse successivement 3^l, un demi-décalitre et 40^{dl} d'eau. Combien contient-il de décimètres cubes?

1367. — Combien le décimètre cube contient-il de demi-litres? de doubles décilitres? de demi-décilitres? de doubles centilitres? de demi-centilitres? de doubles millilitres?

1368. — Dire combien il faut de brouettées de 125^l chacune pour enlever : 1^{m3} de sable; 2^{m3}; 5^{m3}; 500^{dm3}; 250^{dm3}; 750^{dm3}; 875^{dm3}.

1369. — On remplit d'eau la boîte cubique de 1^{dm3} (de la collection métrique). Combien reste-t-il de centimètres cubes d'eau quand on en a retiré 1^{cl}? 15^{cl}? 2^{dl}? 30^{cl}? 5^{dl}? 60^{cl}? 7^{dl}? 75^{cl}? 8^{dl}? 85^{cl}? 9^{dl}?

1370. — On verse dans une petite caisse un demi-décalitre de grain, 2 doubles litres et un demi-litre. Combien la caisse contient-elle de décimètres cubes de grain?

1371. — Un bassin de 9^{m3} de capacité reçoit 1^{dal} d'eau par minute. Au bout de combien d'heures sera-t-il plein ?

1372. — Combien une carafe de 15^{dl} contient-elle de verres de 50^{cm3} ?

1373. — Avec une bouteille contenant 80^{cl} de liqueur, on a servi 20 petits verres. Combien un verre contient-il de centimètres cubes ?

1374. — Combien faut-il de décimètres cubes d'eau pour remplir ttoutes les mesures effectives de capacité en métal ?

1375. — En donnant par jour 8^{dm3} d'avoine à un cheval, combien lui faudra-t-il de jours pour consommer 40^{dal} ? 16 doubles décalitres ? 4^{hl},8 ?

1376. — Une salle de classe a 6^m de long, 5^m de large et 4^m de haut. Combien contient-elle d'hectolitres d'air ? Il y a 20 élèves ; quel est le nombre de litres d'air par élève ?

1377. — Il est tombé 4^{dm3} d'eau de pluie par mètre carré. Exprimer : 1° en litres ; 2° en hectolitres, la quantité d'eau tombée sur 1^{dam2} ; 2^{dam2} ; 5^{dam2}.

1378. — Il est tombé 40^{dal} d'eau sur un terrain de 80^{m2}. Combien est-il tombé de décimètres cubes par mètre carré ?

1379. — Un bassin cylindrique à moitié plein contient 180^{hl} d'eau. Le fond du bassin ayant une surface de 12^{m2}, quelle est sa profondeur ?

1380. — Quand un bassin cubique est plein au tiers, le niveau de l'eau atteint une hauteur de 1^m. Quelle est la profondeur du bassin ? Quelle est sa capacité en hectolitres ?

1381. — Louise arrose son jardinet avec un arrosoir de 5^l et Jeanne avec un de 4^l. Elles ont rempli chacune 10 fois leur arrosoir dans un bassin qui contenait un demi-mètre cube d'eau. Combien reste-t-il de litres dans le bassin ?

PROBLÈMES ÉCRITS

RELATIONS ENTRE LES MESURES DE CAPACITÉ ET CELLES DE VOLUME

1382. — Pendant un orage, il est tombé une hauteur d'eau de 4^{mm} et demi. Quel est le nombre d'hectolitres d'eau tombés sur une étendue de 3^{km2},6 ?

1383. — Un bec brûle 1^{hl},2 de gaz d'éclairage par heure. Combien 8 becs semblables allumés chacun 5 heures et demie par jour brûleront-ils de mètres cubes pendant le mois de janvier ?

1384. — Un bassin parallélépipédique a 48^m de long, 45^m de large et 31^{dm} de profondeur. Combien faut-il d'heures pour le remplir sachant qu'il reçoit 36^{hl} par minute ?

1385. — Jean arrose le jardin avec un arrosoir de 10^l et Charles avec un de 8^l. Ils puisent l'eau dans une citerne qui en contient 2^{m3}.

Après avoir rempli leurs arrosoirs le même nombre de fois, la citerne contient encore 17^{hl},84. Combien de fois chacun a-t-il rempli son arrosoir?

1386. — Un bassin parallélépipédique de 3^m,50 de long sur 12^{dm} de large contient 3570^l d'eau. A quelle hauteur l'eau s'élève-t-elle?

1387. — Un coffre parallélépipédique a 2^m,8 de long sur 1^m,4 de large. On le remplit à moitié avec le contenu de 23 sacs de grain de 6 doubles décalitres chacun et en ajoutant 82^l. Calculer la profondeur du coffre.

1388. — Un bassin a une capacité de 864^{hl}. La source qui l'alimente a un débit de 0^{m3},004 par seconde. Il contient déjà 14 400^{dm3} d'eau, combien faudra-t-il encore d'heures pour le remplir?

MESURES DE POIDS

353. — *Unité principale.* — L'unité principale de poids est le *gramme* (g).

354. — *Multiples.* — Les multiples du gramme sont :

le *décagramme* (dag) qui est égal à *dix grammes*;
l'*hectogramme* (hg)   —   *cent*   —   ;
le *kilogramme* (kg)   —   *mille*   —   .
On emploie en outre :
le *quintal* (q) qui est un poids de *cent kilogrammes*;
la *tonne* (t)   —   *mille*   —   .

355. — *Le kilogramme est le poids du cylindre de platine qui est déposé au Pavillon de Breteuil, à Sèvres.*

Le gramme est le millième du poids de ce cylindre.

Un décimètre cube ou un litre d'eau pure pèse un kilogramme.

356. — *Sous-multiples.* — Les sous-multiples du gramme sont :

le *décigramme* (dg) qui est la *dixième* partie du gramme;

le *centigramme* (cg) qui est la *centième* partie du gramme;

le *milligramme* (mg) qui est la *millième* partie du gramme.

357. — **Relations entre deux unités consécutives.**

Les relations entre les unités de poids sont les mêmes qu'entre les unités de longueur. Ainsi,

$$1^{dag} = 10^{g}; \qquad 1^{g} = 10^{dg};$$
$$1^{hg} = 10^{dag}; \qquad 1^{dg} = 10^{cg};$$
$$1^{kg} = 10^{hg}; \qquad 1^{cg} = 10^{mg}.$$

Chaque unité de poids est égale à dix fois l'unité immédiatement inférieure.

358. — **Relations entre deux unités quelconques.**

De ce qui précède, on déduit facilement les relations suivantes :

$$1^{dag} = 100^{dg} \text{ ou } 1\,000^{cg}, \text{ etc.};$$
$$1^{hg} = 1\,000^{dg} \text{ ou } 10\,000^{cg}, \text{ etc.};$$
$$1^{kg} = 100^{dag} \text{ ou } 10\,000^{dg}, \text{ etc.};$$
$$1^{dg} = 100^{mg}.$$

359. — Le gramme étant l'unité, *un décagramme est une dizaine, un hectogramme est une centaine*, etc. De même *un décigramme est un dixième, un centigramme est un centième*, etc.

Soit le nombre 8 243^{g},52. Il contient **3** unités ou **3** grammes, puis **4** dizaines ou **4** décagrammes, puis **2** centaines ou **2** hectogrammes, puis **8** mille ou **8** kilogrammes, puis **5** dixièmes ou **5** décigrammes et enfin **2** centièmes ou **2** centigrammes. Donc :

Un chiffre suffit pour représenter le nombre des unités de poids de chaque espèce.

360. — Le tableau suivant facilite la lecture et l'écriture des nombres qui représentent des poids.

Tableau des unités de poids.

kg	hg	dag	g	dg	cg	mg
		5	2,	3	9	4
4,	0	3	7			
	7	9	1,	0	8	
8,	0	3	6			
8	9	1	0,	4	5	

361. — *Lecture*. — Exemples.

1° **52^g,394** se lit (voir le tableau ci-dessus) :

5 décagrammes 2 grammes 3 décigrammes 9 centigrammes 4 milligrammes, ou 52 grammes 394 milligrammes.

2° **4^{kg},037** se lit :

4 kilogrammes 3 décagrammes 7 grammes ou 4 kilogrammes 37 grammes.

362. — *Écriture*. — Exemples.

1° *7 hectogrammes 9 décagrammes 1 gramme 8 centigrammes* s'écrit (voir le tableau ci-dessus) :

(unité : gramme) 791^g,08.

2° *8 kilogrammes 36 grammes* s'écrit :

(unité : kilogramme) 8^{kg},036.

363. — *Changement d'unité*. — Exemples.

1° 8 9 1 0^g,4 5 peut s'écrire $\Big\{$ (voir le tableau ci-dessus) :

8 9 1^{dag},0 4 5 ;

8 9^{hg},1 0 4 5 ;

8^{kg},9 1 0 4 5 ;

8 9 1 0 4^{dg},5 ;

8 9 1 0 4 5^{cg} ;

8 9 1 0 4 5 0^{mg}.

2°   6 3 0 7^{kg} peut s'écrire :

6 3^q,0 7 ;

6^t, 3 0 7.

364. — *Mesures effectives*. — Les mesures effectives de poids vont de *50 kilogrammes* à *1 gramme.* En voici la série :

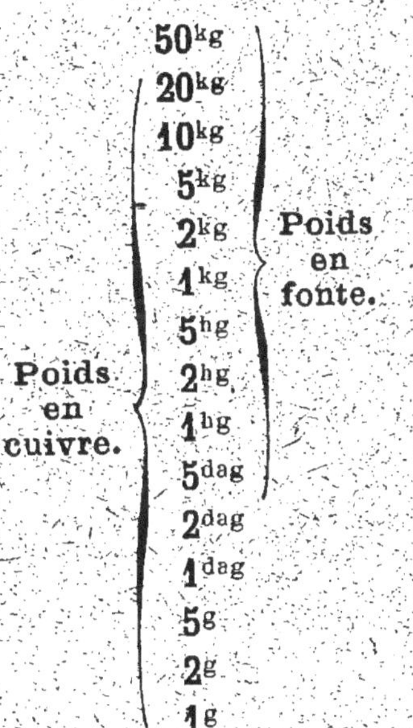

365. — Les poids en cuivre sont cylindriques et surmontés d'un bouton (fig. 110, 111, 112).

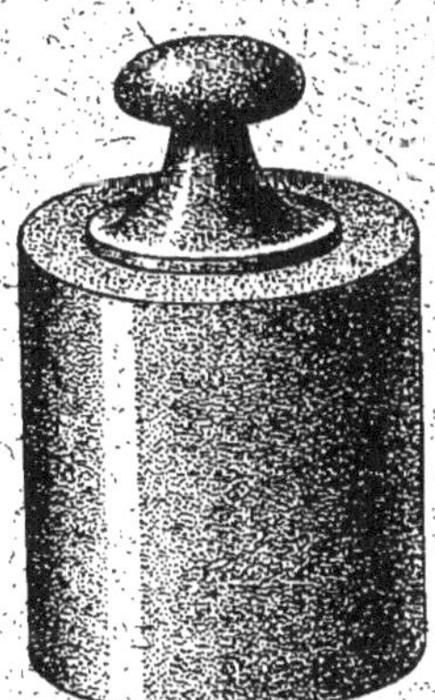

Fig. 110.
Un hectogramme.

Fig. 111.
Un décagramme.

Fig. 112.
Un gramme.

Poids en cuivre (grandeur réelle).

Les poids en fonte sont des solides à base hexago-
nale, sauf ceux de cinquante et de vingt kilogrammes,

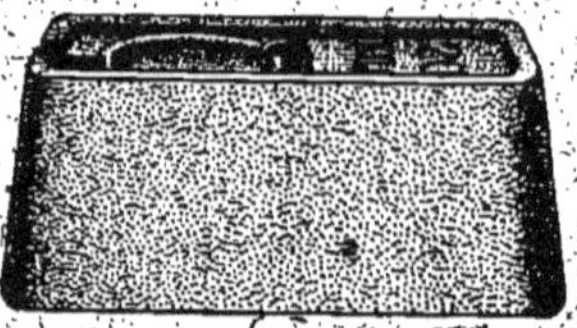

Fig. 113. — 20 kilogrammes.   Fig. 114. — 10 kilogrammes.
Poids en fonte.

qui ont une base rectangulaire ; leurs faces latérales sont
des trapèzes. Ils sont munis d'un anneau (fig. 113, 114).

Fig. 115. — Bascule.

C'est la moisson. Au fond, une batteuse à vapeur sépare le
grain qui tombe dans un sac. Quand chaque sac est plein, le fermier le pèse sur la bascule avant son départ pour le moulin.
Où avez-vous vu des bascules pareilles à celle-ci ?
Remarquez le cadre : c'est une ligne courbe qu'on appelle ellipse.

366. — On pèse les corps avec des *balances* ou des *bascules* (fig. 115 et 116).

Fig. 116. — *Litre et kilogramme.*

Ce récipient cubique était vide quand on l'a placé sur l'un des plateaux de la balance ; puis on a fait l'équilibre en mettant une tare dans l'autre plateau. Vous ne la voyez pas, parce qu'elle est cachée par le poids que le professeur a mis ensuite sur ce plateau.

Maintenant, il remplit le récipient en y versant un litre d'eau. Bientôt l'élève attentif verra le plateau s'abaisser ; et, quand le vase sera plein, il verra les deux plateaux à la même hauteur.

Quel est le poids placé dans le plateau ?

Cherchez, parmi les objets représentés sur le dessin, ceux dont les bords sont circulaires comme le cadre.

Les balances servent pour les petites pesées, les basculent, pour les poids lourds.

RELATIONS ENTRE UN VOLUME D'EAU ET SON POIDS

367. — Nous avons vu que :

1 décimètre cube ou *1 litre* d'eau pèse *1 kilogramme.*
Par suite :

1 centimètre cube ou *1 millilitre* d'eau pèse *1 gramme.*
1 hectolitre d'eau pèse *1 quintal* ;
1 mètre cube ou *1 kilolitre* d'eau pèse *1 tonne.*

368. — Ces relations sont mises en évidence par le tableau suivant.

Tableau des relations entre un volume d'eau et son poids.

Volume de l'eau.					
1^{kl} ou 1^{m3}	1^{hl}	1^{l} ou 1^{dm3}	1^{dl}	1^{cl}	1^{ml} ou 1^{cm3}
Poids de l'eau.					
1^{t}	1^{q}	1^{kg}	1^{hg}	1^{dag}	1^{g}

369. — ***Unités correspondantes.*** — Les volumes et les poids qui figurent dans la même colonne sont appelés des *unités correspondantes.*

EXERCICES PRATIQUES

1389. — Peser divers objets : bâton de craie, presse-papier, livre, caillou, brique, etc.

1390. — Peser : 1° une mesure en métal, une bouteille ou une carafe, d'abord vides, puis pleines d'eau ; 2° une mesure en bois, une boîte, d'abord vides, puis pleines de sable ou de gravier. Dire chaque fois le poids du contenu.

EXERCICES ORAUX

MESURES DE POIDS

Relations entre les différentes unités.

1391. — Dire combien il y a de décigrammes, de centigrammes, de milligrammes dans :

$$1^g; 2^g; 3^g; \ldots 9^g; 10^g; 20^g; \ldots 90^g.$$

1392. — Dire combien les poids suivants égalent de grammes :

1° 10^{dg}; 20^{dg}; 50^{dg}; 60^{dg}; 100^{dg}; 700^{dg}; 800^{dg}; 900^{dg};

2° 100^{cg}; 300^{cg}; 400^{cg}; 700^{cg}; $1\,000^{cg}$; $1\,500^{cg}$; $2\,000^{cg}$; $4\,000^{cg}$;

3° $1\,000^{mg}$; $2\,000^{mg}$; $8\,000^{mg}$; $9\,000^{mg}$; $10\,000^{mg}$; $30\,000^{mg}$.

1393. — Dire combien les poids suivants égalent de grammes, de décagrammes, d'hectogrammes :

$$1^{kg}; 2^{kg}; 5^{kg}; 9^{kg}; 10^{kg}; 30^{kg}; 50^{kg}; 60^{kg}; 80^{kg}.$$

1394. — Même question :

½ demi-kilogramme, 1^{kg} et demi, 2^{kg} et demi, 7^{kg} et demi, 9^{kg} et demi.

1395. — Dire combien les poids suivants égalent de kilog. :

1° 10^{hg}; 20^{hg}; ... 90^{hg}; 100^{hg}; 200^{hg}; ... 900^{hg}; 980^{hg}; $1\,560^{hg}$.

2° 100^{dag}; 200^{dag}; ... 900^{dag}; $1\,000^{dag}$; $2\,000^{dag}$; ... $9\,000^{dag}$; $12\,500^{dag}$.

1396. — Même question :

1° $1\,000^g$; $3\,000^g$; $8\,000^g$; $10\,000^g$; $12\,000^g$; $14\,000^g$; $18\,000^g$; $20\,000^g$.

2° $10\,000^{dg}$; $40\,000^{dg}$; $100\,000^{cg}$; $200\,000^{cg}$; $1\,000\,000^{mg}$; $7\,000\,000^{mg}$.

1397. — Dire combien les poids suivants égalent de décagrammes, de grammes.

$$1^{hg}; 2^{hg}; \ldots 9^{hg}; 0^{hg},5; 3^{hg},5; 9^{hg},5; 0^{hg},25; 2^{hg},25; 7^{hg},25.$$

1398. — Dire combien il y a de grammes, de décigrammes dans :

$$1^{dag}; 5^{dag}; 25^{dag}; 40^{dag}; 1^{dag},5; 16^{dag},5; 60^{dag},5; 86^{dag},5.$$

1399. — Dire combien les poids suivants égalent de décagrammes, d'hectogrammes :

$$100^g; 200^g; \ldots 900^g; 1\,000^g; 1\,200^g; 1\,800^g; 2\,700^g; 4\,000^g.$$

1400. — Dire combien il y a de décagrammes dans :

$$100^{dg}; 200^{dg}; \ldots 900^{dg}; 1\,400^{dg}; 1\,700^{dg}; 1\,800^{dg}; 2\,000^{dg}; 7\,000^{dg}.$$

1401. — Pour avoir 1^{kg} quel poids faut-il :

1° ajouter à 8^{hg}? 5^{hg}? 2^{hg}? 40^{dag}? 60^{dag}? 70^{dag}? 75^{dag}? 98^{dag}?

2° retrancher de 50^{hg}? 80^{hg}? 90^{hg}? 95^{hg}? 200^{dag}? 325^{dag}?

1402. — Dire le poids qu'il faut ajouter aux poids suivants ou en retrancher pour obtenir 1^{kg} :

1° 400^g; 700^g; 950^g; 450^g; 830^g; 880^g; 920^g; 950^g; 990^g;

2° $1\,100^g$; $1\,025^g$; $1\,250^g$; $1\,789^g$; $2\,000^g$; $2\,500^g$; $4\,000^g$.

1403. — Dire combien il y a de kilogrammes dans :

$$1^q; 2^q; 3^q; \ldots 9^q; 11^q; 12^q; 18^q; 25^q; 60^q;$$

1404. — Dire combien les poids suivants égalent de quintaux :

$$100^{kg}; 200^{kg}; 800^{kg}; 900^{kg}; 1\,000^{kg}; 150^{kg}; 350^{kg}; 125^{kg}; 425^{kg}.$$

1405. — Dire combien il y a de quintaux, de kilogrammes dans :

1° 1^t; 2^t; .... 9^t; 10^t; 16^t; 18^t; 19^t; 20^t.

2° une demi-tonne; deux tonnes et demie; un quart de tonne.

1406. — Nombre de tonnes contenues dans :

$1\,000^{kg}$; $2\,000^{kg}$; ... $9\,000^{kg}$; $14\,000^{kg}$; $17\,850^{kg}$; $14\,980^{kg}$.

1407. — Même question :

10^q; 20^q; ... 90^q; 100^q; 700^q; $2\,754^q$; $8\,109^q$, $9\,175^q$.

Lecture.

1408. — Lire les nombres suivants :

$12^g,145$	$0^g,79$	$2\,945^{dag},25$	$295^{hg},4$
$7^g,802$	$12^{dg},39$	$71^{dag},7$	$0^{hg},008$
$3^g,8$	$17^{cg},4$	$3^{hg},568$	$78\,192^{mg}$

1409. — Même question :

$15^{kg},832$	$0^{kg},18$	$20^q,45$	$5^t,341$
$20^{kg},076$	$197^{kg},4$	$8^q,58$	$18^t,03$
$1^{kg},49$	$0^{kg},00083$	$0^q,475$	$0^t,078$.

EXERCICES ÉCRITS

MESURES DE POIDS

Écriture.

1410. — Écrire les nombres suivants (unité : gramme) :

$1^{dag}5^g8^{dg}$	6^g29^{cg}	$7^{cg}9^{mg}$	120^{mg}
$7^{kg}4^g3^{cg}$	$4^{dg}18^{mg}$	128^{cg}	1^{mg}.

1411. — Même question (unité ; décigramme) :

7^g3^{cg}	745^{mg}	$7\,108^{cg}$	$3^{dag}45^{dg}1^{mg}$
128^{cg}	$4^{dag}3^g$	$4^{kg}109^{cg}$	1^{cg}.

1412. — Même question (unité : centigramme, puis milligramme) :

$6^{cg}8^{mg}$	38^{mg}	$5^g8^{dg}1^{mg}$	$5^{hg}4^{dag}19^{cg}$
86^{dg}	945^{cg}	$3^{dag}129^{mg}$	1^{dg}.

1413. — Même question (unité : kilogramme) :

$17^{kg}5^{hg}4^{dag}$	$20^{dag}5^g$	965^{hg}	5^{dag}
$61^{hg}9^g$	$1\,368^{dag}$	8^{hg}	$9\,537^{dag}$.

1414. — Même question (unité : hectogramme) :

$4^{kg}25^{dag}$	$5^{dag}8^g$	625^g	$5^{dag}437^{cg}$
$16^{kg}8^{hg}1^{dag}$	9^{dag}	1^g	4^g18^{mg}.

1415. — Même question (unité : décagramme) :

$6^{dag}4^g8^{dg}$	$3^{hg}4^{dag}1^g$	$1\,835^g$	$12^{kg}65^g$
148^g1^{dg}	$58^{hg}2^{dg}$	$4^{kg}59^{dag}$	4^g38^{mg}.

1416. — Même question (unité : quintal) :

8^t5^q	15^{kg}	342^{kg}	$9\,725^{dag}$
832^{kg}	748^{hg}	$2^{hg}75^g$	8^{kg}.

1417. — Même question (unité : tonne) :

12^t4^q 653^q 3^q8^{kg} 128^{hg}
3^t7^q 6^q $4\,325^{kg}$ 7^q212^{hg}

Changement d'unité.

1418. — Prendre comme unité le gramme.

$4^{dag},2534$ $3^{hg},583$ $0^{kg},45$ $3^{dg},2$ 8^{dg}
$1^{dag},13$ $0^{hg},6$ $0^q,412$ $25^{cg},4$ 1^{cg}
$0^{dag},8$ $13^{kg},583$ $1^t,4$ 71^{mg} 1^{mg}

1419. — Prendre comme unité le décigramme.

$12^{dag},53$ $0^{kg},09$ $7^g,35$ 2^{cg}
$1^{hg},583$ 5^{dag} 3^g 154^{mg}
8^{kg} 3^{hg} $129^{cg},8$ 7^{mg}

1420. — Prendre comme unité le centigramme, puis le milligramme.

$4^{kg},831$ $6^g,31$ $3^{dg},1$ 1^{hg}
$1^{hg},92$ 48^g 5^{dg} 1^{dag}
$13^{dag},4$ $78^{dg},7$ 1^{kg} 1^g

1421. — Prendre comme unité le kilogramme.

$1\,425^g$ $0^g,6$ $31^{hg},6$ $0^q,7$
$312^g,6$ $9\,186^{dg}$ $0^{hg},9$ $3^t,915$
$70^g,45$ 382^{cg} $3^q,685$ $0^t,6$
$8^g,3$ $9\,158^{mg}$ $4^q,18$ 1^t

1422. — Prendre comme unité le décagramme, puis l'hectogramme.

$7\,835^g$ 465^{cg} $3^{kg},15$ $5^q,45$
$65^g,8$ 729^{mg} $0^{kg},9$ $7^t,812$
183^{dg} $4^{kg},712$ 1^q $0^t,0456$

1423. — Prendre comme unité le quintal.

$786^{kg},12$ $81\,432^{dag}$ 715^g $0^t,647$
$1\,745^{hg}$ 121^{dag} $7^t,85$ $0^t,006$
731^{hg} 15^{dag} $3^t,2$ 478^{kg}
$6^{hg},9$ $1\,471^g$ 188^t $45^{kg},62$

1424. — Prendre comme unité la tonne.

$4\,735^{kg}$ 9^{kg} 965^{dag} $6^q,46$
$312^{kg},21$ $81\,574^{hg}$ $8\,786^g$ $0^q,415$
25^{kg} $643^{hg},8$ 15^q $0^q,008$

Les quatre opérations.

1425. — Calculer : $145^{kg},8 + 71^{dag},36 + 905^{hg},43 + 81^{dag},36$ (unité : kilogramme).

1426. — Calculer : $68^{hg},143 + 73^{kg},36 + 309^g + 67^{dag},86$ (unité : hectogramme).

1427. — Calculer : $7\,823^{kg},768 - 19^q,89173$; $3\,845^t,8075 - 46\,050^{kg},721$. Exprimer les restes en kilogrammes, en quintaux, en tonnes.

1428. — 4^t,0754 × 9; 615^{kg},128 × 15.
Exprimer les produits en tonnes, en quintaux, en kilogrammes.
1429. — 73^{kg},14 : 30; — 126^{dag},7 : 70.
(Unité : gramme). (Unité : hectogramme).
1430. — 9^t,306 : 36; 2 912 696^g : 72.
(Unité : quintal, puis kilogramme). (Unité : décagramme).
1431. — Calculer combien 7^{kg},2 contiennent de fois 80^{dag};
— 693^g — 11^{dg};
— 24^q — 2^{kg},5;
— 320^t — 80^q;
— 60 075^{hg} — 7^{kg},5.

PROBLÈMES ORAUX

MESURES DE POIDS

1432. — Exprimer en grammes le poids de chaque mesure effective de 1^g à 50^{kg}.

1433. — Exprimer : 1° en hectogrammes; 2° en décagrammes le poids de chaque mesure effective supérieure à 1^{hg}.

1434. — Léon pèse 31^{kg}, Jean pèse 2^{kg},5 de plus que Léon. Quel est le poids de Jean? Quel est leur poids total?

1435. — Paul pèse 34^{kg},6. Son grand frère pèse 36^{kg} de plus et sa petite sœur 10^{kg} de moins. Quels sont le poids du grand frère et celui de la petite sœur?

1436. — On pèse Louise tenant bébé dans ses bras : poids 44^{kg},8, puis on la pèse seule : poids 35^{kg}. Quel est le poids de bébé?

1437. — Dire le poids de la marchandise quand l'épicière met dans l'un des plateaux de la balance les poids suivants :
1° un demi-kilogramme, 2^{hg} (unité : hectogramme).
2° 2^{kg}, 1^{kg}, un demi-kilogramme (unité : kilogramme).
3° 5^{kg}, 2 poids de 2^{kg}, 1^{hg} (unité : kilogramme).
4° 2 poids de 2^{kg}, 2 poids de 2^{hg}, 1 poids de 1^{hg} (unité : hectogramme).

1438. — Pour peser une motte de beurre, on met dans l'un des plateaux 5^{kg} et 1^{kg}; on fait l'équilibre en mettant dans l'autre plateau, à côté du beurre, 1^{hg} et un demi-hectogramme. Quel est le poids du beurre?

1439. — L'hectolitre de blé pesant 80^{kg}, calculer le poids :
de 5^{hl}; 8^{hl}; 4^{hl}; 9^{hl}; 12^{hl}; 0^{hl},5; 1^{hl},5; 8^{hl},5; 6^{hl},5; 1^{dal}; 2^{dal}; 40^l; 80^l.

1440. — Quand 1 quintal de blé vaut 30^f, calculer le prix de 50^{kg}; 25^{kg}; 75^{kg}; 20^{kg}; 40^{kg}; 60^{kg}; 80^{kg}; 10^{kg}; 30^{kg}.

1441. — A 50^f la tonne de charbon, calculer le prix de la demi-tonne, du quintal, de 50^{kg}, de 25^{kg}, de 125^{kg}, de 200^{kg}, de 400^{kg}.

1442. — 125^g de café coûtent 0^f,75. Calculer le prix de 250^g; 25^g; 50^g; 500^g; 750^g; 1^{kg}; 2^{kg}; 10^{kg}.

1443. — Quand le litre d'huile pèse 0^{kg},9, trouver le poids de 1^{dal}; 2^{dal}; 1^{hl}; 2^{hl}; 1^{dl}; 10^{dl}; un demi-litre.

1444. — Une usine reçoit 20 wagons de charbon chargés de 9 tonnes chacun. Quel est le prix total du charbon, le quintal coûtant 3ʳ?

1445. — En achetant le beurre 3ʳ,40 le kilogramme et en le revendant 2ʳ le demi-kilogramme, quel bénéfice réalise-t-on sur 1ᵏᵍ? sur 10ᵏᵍ? sur 50ᵏᵍ?

1446. — Quand 1ᵏᵍ de chocolat coûte 1ʳ,80, quel est le prix de 10ᵏᵍ? de 5ᵏᵍ? du demi-kilogramme? d'un kilogramme et demi?

1447. — Calculer le prix de 8ᵏᵍ de viande : 1° à 2ʳ,20 le demi-kilogramme; 2° quand le prix du demi-kilogramme augmente de 0ʳ,40.

PROBLÈMES ÉCRITS

MESURES DE POIDS

1448. — Un restaurateur achète chaque jour 38 pains de 2ᵏᵍ,5 et 45 pains de 0ᵏᵍ,5 chacun. Quel est le poids total du pain acheté?

1449. — Un garçon boulanger emporte dans sa voiture à bras 15 pains de 4ᵏᵍ,5 et 24 pains de 2ᵏᵍ,25. Quelle est la valeur totale du pain à 0ʳ,20 le demi-kilogramme?

1450. — On payait le kilogramme de sucre 0ʳ,80 en 1912 et 1ʳ,40 en 1916. Calculer le prix de 9ᵏᵍ,25 de sucre à ces deux dates.

1451. — Quand le demi-kilogramme de sucre coûte 0ʳ,45, combien aura-t-on de kilogrammes pour 25ʳ,20?

1452. — Pierre achète 3ᵏᵍ,4 de sel; on lui rend 4ʳ,15 sur 5ʳ qu'il donne en paiement. Quel est le prix du kilogramme?

1453. — Une bonbonne vide pèse 4ᵏᵍ,5; pleine de vinaigre, elle pèse 36ᵏᵍ. Quel est le poids du vinaigre qui remplit 12 bonbonnes semblables?

1454. — Un bidon, qui pèse 96ᵈᵍ vide, a une contenance de 12ʳ,5. On le remplit d'huile pesant 910ᵍ le litre. Quel est le poids du bidon plein d'huile?

1455. — Un bocal plein d'eau pèse 55ʰᵍ,9; quand il est vidé à moitié, il pèse 31ʰᵍ,98. Calculer en kilogrammes le poids du bocal vide.

1456. — 4ʰᵍ de café coûtant 1ʳ,80, quel est le prix du demi-kilogramme?

1457. — Quand le quintal de savon coûte 45ʳ, quel est le prix d'une tonne? d'une demi-tonne? de 425ᵏᵍ?

1458. — Quand un paquet de bougies de 480ᵍ coûte 1ʳ,50, quel est le prix du kilogramme? du demi-kilogramme?

1459. — Le quart de café (le quart du demi-kilo ou 125ᵍ) coûtant 0ʳ,70, quel est le prix de 2ᵏᵍ,45?

1460. — Pour 6 tasses de café, on emploie 90ᵍ de café à 6ʳ le kilogramme, 120ᵍ de sucre à 0ʳ,85 le kilogramme. A combien revient la tasse?

1461. — Quel est le prix de la botte de foin de 5ᵏᵍ quand 108 quintaux coûtent 810ᶠ ?

1462. — Sur les chemins de fer français, chaque voyageur a droit au transport gratuit de 30ᵏᵍ de bagages. Quel est le nombre des personnes d'une famille en voyage qui a 785ᵏᵍ de bagages et qui paye pour 605ᵏᵍ ?

1463. — Quand le demi-kilogramme de graines de radis coûte 6ᶠ, combien en recevra-t-on de grammes pour 0ᶠ,90 ?

1464. — Quand 25ˡ de lait donnent 1ᵏᵍ de beurre, quelle quantité de beurre retirera-t-on du lait produit en 1 jour par 12 vaches donnant 13ˡ de lait chacune ?

1465. — Un demi-hectolitre de noix donne 7ᵏᵍ,5 d'huile pesant 925ᵍ le litre. Combien obtient-on de kilogrammes d'huile avec 850ˡ de noix ?

1466. — 1ʰˡ de noix donne 15ᵏᵍ d'huile pesant 0ᵏᵍ,925 le litre ; combien obtiendra-t-on de litres d'huile avec 12ʰˡ,4 de noix ?

1467. — Un fermier a 145ʰˡ de blé à vendre. L'hectolitre de ce blé pèse 78ᵏᵍ. Un marchand lui en offre 20ᶠ,80 l'hectolitre ; un autre 26ᶠ,50 le quintal. Quelle est l'offre la plus avantageuse pour le fermier et de combien ?

1468. — On achète 50ᵏᵍ de café vert à 4ᶠ,20 le kilo. Le café perd un cinquième de son poids par la torréfaction. On vend le café torréfié 5ᶠ,70 le kilogramme. Calculer le bénéfice sur 50ᵏᵍ de café torréfié.

1469. — Le transport par voie ferrée d'une tonne de fer coûte 0ᶠ,05 par kilomètre. Quel est le prix du transport de 28 000ᵏᵍ de fer à 750ᵏᵐ ?

1470. — 20 pains de sucre pesant chacun 8ᵏᵍ,75 ont été achetés 6ᶠ,80 le pain. Pour faire un bénéfice total de 24ᶠ,50, à quel prix faudrait-il revendre le demi-kilogramme ?

1471. — Une personne prend chaque jour une tasse de café avec 3 morceaux de sucre à 0ᶠ,80 le kilogramme. De combien réduit-elle sa dépense annuelle en remplaçant le sucre à 80 morceaux au demi-kilo par du sucre de même prix à 100 morceaux au demi-kilo ?

1472. — Combien le client paye-t-il en trop quand il commande 125ᵍ de café et qu'il n'en reçoit que 120ᵍ ? Prix du kilo de café 6ᶠ,40.

1473. — En admettant que 1 mètre cube de neige pèse 1 quintal, quelle est la charge supportée par un toit de 35 mètres carrés, la couche de neige ayant 12 centimètres d'épaisseur ?

1474. — Une salle de classe a 8ᵐ,50 de longueur, 7ᵐ,80 de largeur et 5ᵐ de hauteur. Quel est le poids de l'air qu'elle contient ? Prendre 1ᵏᵍ,3 comme poids du mètre cube d'air.

EXERCICES ORAUX

RELATIONS ENTRE LES MESURES DE VOLUME, CELLES DE CAPACITÉ ET CELLES DE POIDS

1475. — Dire le poids de l'eau qui occupe les volumes suivants :
1ᵈᵐ³ ; 1ᶜᵐ³ ; 1ᵐ³ ; 1ᵐᵐ³ ; 1ˡ ; 1ᵐˡ ; 1ʰˡ ; 1ᵏˡ ; 8ˡ ; 5ᵐˡ ; 7ʰˡ ; 12ᵏˡ.

1476. — Dire le poids de 1ᶜˡ; 0ᶜˡ,7; 1ᵈˡ; 0ᵈˡ,9; 1ᵈᵃˡ; 0ᵈᵃˡ,8 d'eau.

1477. — Quel est, en unités correspondantes, le poids de l'eau qui remplirait chaque mesure de capacité en métal?

1478. — Exprimer, en unités correspondantes, les volumes d'eau qui pèsent : 12ᵏᵍ; 3ᵏᵍ,9; 0ᵏᵍ,75; 2ᵗ; 7ᵗ; 15ᵍ; 28ᵍ; 500ᵍ; 300ᵍ.

1479. — Le professeur : « Je verse de l'eau dans un récipient cubique qui a une capacité d'un décimètre cube[1]. Quand je dirai la partie du décimètre cube qui est remplie, vous direz le volume de l'eau en centimètres cubes et son poids en grammes. »

1 dixième de décimètre cube;   7 dixièmes   de décimètre cube;
3 dixièmes   —   ; 8 dixièmes   —   ;
4 dixièmes   —   ; 9 dixièmes   —   ;
1 demi-décimètre cube;   10 dixièmes   —   .

1480. — Pour faire équilibre à 1ᵏᵍ, combien faut-il ajouter d'eau à 9ᵈˡ? 2ᵈˡ? 52ᶜˡ? 43ᶜˡ? 750ᵐˡ?

1481. — Dire combien il faut ajouter d'hectolitres d'eau à 5ʰˡ pour faire équilibre à 7ᵗ; 9ᵗ,5; 1ᵗ; 3ᵗ,8; 7ᵗ,4 d'eau.

1482. — Quel est le poids de 1ᵈᵃˡ plus 5ᵈᵐ³ d'eau? de 4ᵐ³ plus 3ʰˡ? de 8ᵐ³ plus 3ᵏˡ? de 4ᵈˡ plus 1ᶜᵐ³? de 9ᵈᵐ³ plus 7ᶜˡ? de 150ᶜᵐ³ plus 5ᶜˡ?

1483. — Une bouteille pèse 3ʰᵍ vide et 1ᵏᵍ,5 pleine d'eau. Quelle est sa capacité en litres?

1484. — Quelle est la capacité d'une bouteille qui pèse vide autant que 16ᶜˡ d'eau et qui pèse 5ʰᵍ,5 à moitié pleine d'eau?

1485. — Une citerne cubique a 2ᵐ de côté. Calculer en tonnes et en kilogrammes le poids de l'eau qu'elle contient : 1° quand elle est pleine; 2° quand l'eau s'élève à 1ᵐ.

1486. — Un bassin parallélépipédique a 8ᵐ de longueur, 4ᵐ de largeur et 1ᵐ,50 de profondeur. 1° Exprimer en tonnes et en kilogrammes le poids de l'eau quand le bassin est plein; 2° quand l'eau s'élève au quart de la hauteur.

1487. — Une boîte cubique en métal peut contenir 1 000ᵍ d'eau. Quelle est la longueur de l'arête de la boîte? (unité : décimètre).

PROBLÈMES ÉCRITS

RELATIONS ENTRE LES MESURES DE VOLUME, CELLES DE CAPACITÉ ET CELLES DE POIDS

1488. — Un vase vide pèse 4ᵏᵍ,2; plein d'eau, il pèse 18ᵏᵍ,04. Calculer sa capacité en litres.

1489. — Un flacon à moitié plein d'eau pèse 1ʰᵍ,945. Quelle est sa capacité en décilitres, sachant qu'il pèse 54ᵍ vide?

1. Voir p. 234, fig. 109.

1490. — Il est tombé une hauteur d'eau de pluie de 2^{mm} et demi; quel est le poids de l'eau tombée sur un terrain carré de 8^m,5 de côté?

1491. — 10^l de neige donnant 1^l,08 d'eau, quel est le poids de la neige tombée sur un terrain de 584^{m2}? Épaisseur de la couche de neige : 0^m,48.

1492. — Une boîte parallélépipédique a 23^{cm} de longueur, 14^{cm} de largeur et 8^{cm} de hauteur à l'intérieur; elle pèserait 2^{kg},985 si elle était pleine d'eau. Quel est le poids de la boîte vide?

1493. — Quelle est, en litres, la capacité d'un vase qui pèse vide 0^{kg},29, et le même poids que 9^{dl},4 d'eau quand il est plein d'eau au quart?

1494. — Il faut 2450^{cm3} d'eau pour remplir un vase. A moitié plein, le vase pèse 1.615^g. Quel est le poids du vase vide?

1495. — Pour remplir une bouteille au quart, on y verse successivement 15^g d'eau; 18^{cl}; 90^{cm3} et 2^{hg},15 d'eau. Calculer la capacité de la bouteille en décilitres, en centilitres et en millilitres.

1496. — Il faut un quart de décimètre cube d'eau pour faire équilibre, sur une balance, à un vase vide. Après y avoir versé des quantités d'eau représentées par 0^l,207; 4^{dag},8; 0^{dm3},29 et 0^{kg},78, il faudrait encore 306^{cm3} d'eau pour le remplir. Calculer : 1° le poids du vase plein d'eau; 2° la capacité du vase.

1497. — En admettant que 9^l de neige pèsent 0^{kg},95, quel est le volume de l'eau provenant de la fonte de 9127^{m3},8 de neige?

1498. — On fait fondre une certaine quantité de neige pesant 120^{kg} par mètre cube et l'on obtient 5^{hl},8 d'eau. Quel était le volume de la neige en mètres cubes?

1499. — Un bocal cylindrique a 1^{dm},2 de rayon et 0^m,28 de hauteur. Dire en kilogrammes le poids de l'eau qu'il peut contenir.

1500. — Une cuvette cubique a 2^{dm},3 de côté. Quel est le poids du mercure qu'elle peut contenir, 1^{dm3} de mercure pesant 13^{kg},6?

1501. — La surface du fond d'une boîte cubique a 0^{m2},1225. Calculer le côté de la boîte, sachant que son volume est égal à celui de 42^{kg},875 d'eau.

1502. — Un réservoir parallélépipédique a 15^m,8 de longueur, 9^m,7 de largeur et 2^m,5 de profondeur. Calculer, en tonnes, le poids de l'eau qu'il contient quand le niveau de celle-ci est à 12^{cm} de la partie supérieure.

1503. — Dans un puits cylindrique de 1^m,6 de diamètre, l'eau a une profondeur de 6^m,5. En supposant que l'eau du puits ne se renouvelle pas, combien restera-t-il de mètres cubes après qu'on y aura puisé 186 seaux contenant chacun 18^{kg} d'eau?

1504. — Le fond d'un réservoir parallélépipédique a 7^m,8 de longueur et 4^m,3 de largeur. Calculer la profondeur, sachant que lorsqu'il est plein d'eau, celle-ci pèse 80496^{kg}.

1505. — Un abreuvoir parallélépipédique a 1^m,2 de profondeur et 3^m,5 de longueur. Calculer la largeur, sachant qu'il faut 2^l,94 d'eau pour le remplir à moitié.

1506. — Un litre de lait pèse 1^{kg},03. On met dans l'un des plateaux d'une balance un vase contenant 2^l,8 de lait et, dans l'autre plateau, un vase identique contenant 2^l,8 d'eau. Quel poids faut-il ajouter du côté de l'eau pour faire équilibre au lait?

1507. — Plein d'eau, un seau pèse 18^{kg},2; plein de lait, il pèse 18^{kg},701. Quelle est la capacité du vase? (poids de 1^l de lait : 1^{kg},03.)

1508. — On achète 250^l d'huile à 2^f,10 le litre; le litre pèse 91^{dag}. On la revend 2^f,70 le kilogramme. Quel est le bénéfice?

1509. — Pour remplir une bonbonne, il faut 29^{kg},9 d'huile pesant 920^g le litre. Quel est le poids de l'eau qui remplirait la même bonbonne?

MONNAIES

370. — *Unité principale.* — L'unité principale de monnaie est le *franc* (f).

371. — *Sous-multiples.* — Les sous-multiples du franc sont :

le *décime* qui est la *dixième* partie du franc;
le *centime* — la *centième* — .

372. — *Lecture, écriture.* — La lecture et l'écriture des nombres qui représentent des monnaies sont semblables à celles des nombres décimaux.

1° 3^f,25 se lit :

3 francs 2 décimes 5 centimes, ou *3 francs 25 centimes*.

2° *17 francs 5 centimes* s'écrit :

$$17^f,05.$$

373. — *Monnaies françaises.* — On fabrique en France des monnaies d'*or*, d'*argent*, de *nickel* et de *bronze*.

PIÈCES DE MONNAIE
(Grandeur réelle.)

Fig. 117.
100 francs.
(Revers.)

Fig. 118.
50 francs.
(Face.)

Fig. 119.
20 francs.
(Revers.)

Fig. 120.
10 francs.
(Revers.)

Pièces d'or.

Fig. 121.
5 francs.
(Revers.)

Fig. 122.
2 francs.
(Face.)

Fig. 123.
1 franc.
(Revers.)

Fig. 124.
50 centimes.
(Revers.)

Pièces d'argent.

Fig. 125.
25 centimes.
(Face.)   (Revers.)

Fig. 126.
10 centimes.
(Face.)

Fig. 127.
5 centimes.
(Face.)

Pièces de nickel.

Voici la série des pièces de chaque sorte (fig. 117 à 127) :

OR	ARGENT	NICKEL	BRONZE
100ᶠ	5ᶠ	0ᶠ,25	0ᶠ,10
50ᶠ	2ᶠ	0ᶠ,10	0ᶠ,05
20ᶠ	1ᶠ	0ᶠ,05	0ᶠ,02
10ᶠ	0ᶠ,50		0ᶠ,01

374. — *Remarque.* — La loi du 4 août 1913 porte que les pièces de *5* et *10 centimes en bronze*, ainsi que les pièces de *25 centimes en nickel* (modèles de 1903 et 1904), seront peu à peu retirées de la circulation et remplacées par des pièces en *nickel* percées au centre d'un trou rond.

375. — *Alliage.* — Les pièces d'or et les pièces d'argent ne sont pas formées uniquement d'or ou d'argent. On a fait fondre avec l'or pur ou l'argent pur un poids déterminé de cuivre. On a obtenu ainsi ce qu'on appelle un *alliage*.

L'alliage est plus dur que l'or ou l'argent purs.

376. — Les pièces d'*or* sont formées d'un *alliage d'or et de cuivre*, celles d'*argent* sont formées d'un *alliage d'argent et de cuivre*.

377. — L'alliage des pièces d'or s'appelle *or monnayé*, l'alliage des pièces d'argent s'appelle *argent-monnayé*.

378. — On appelle *métal fin* l'or pur ou l'argent pur contenu dans l'alliage des pièces de monnaie.

379. — *Titre.* — Le poids du cuivre contenu dans l'or monnayé ou l'argent monnayé est fixé par la loi, comme nous allons le voir.

1ᵉʳ Exemple.

La pièce de 5 francs pèse 25ᵍ; elle contient 22ᵍ,5 d'argent pur. Divisons le poids de l'argent pur par le poids total de la pièce :

$$22,5 : 25 = 0,9 \text{ ou } 0,900 \text{ (900 millièmes).}$$

On dit que **0,900** est le *titre de l'alliage de la pièce de 5 francs.*

Remarque. — En opérant sur les pièces d'or comme sur celle de 5 francs, on trouverait qu'elles sont aussi au titre *0,900*.

2ᵉ Exemple.

La pièce de 2 francs pèse 10ᵍ; elle contient 8ᵍ,35 d'argent pur. Divisons le poids de l'argent pur par le poids total de la pièce :

$$8,35 : 10 = 0,835 \text{ (835 millièmes).}$$

La pièce de 2 francs est au titre 0,835.

380. — Nous pouvons énoncer la règle suivante :

Règle. — Pour obtenir le titre de l'alliage des pièces d'or ou d'argent, on divise le poids du métal fin par le poids total de l'alliage.

381. — *Les pièces d'or et la pièce de 5 francs sont au titre 0,900.*

Les pièces d'argent, excepté la pièce de 5 francs, sont au titre 0,835.

382. — **Poids du métal fin.** — Quand on connaît le titre, on peut calculer le poids de métal fin contenu dans l'alliage.

Nous avons :

Poids du métal fin divisé par *poids de l'alliage = titre.*

Le poids du métal fin est le *dividende*, le poids de l'alliage est le *diviseur*, le titre est le *quotient*. Donc :

On obtient le poids du métal fin en multipliant le poids de l'alliage par le titre.

Exemples.

1° 200ᵍ de monnaie d'or contiennent

$$200ᵍ \times 0,900 = 180ᵍ \text{ d'or pur.}$$

2° 3ᵏᵍ de monnaie d'argent au titre 0,835 contiennent

$$3ᵏᵍ \times 0,835 = 2ᵏᵍ,505 \text{ d'argent pur.}$$

383. — Définition. — *Le franc est, par convention, un alliage d'argent et de cuivre au titre 0,900 et pesant cinq grammes.*

La pièce actuelle de 1 franc, qui est au titre **0,835**, n'est pas l'unité de monnaie.

VALEUR DE 1 GRAMME DE MONNAIE

384. — Argent. — 5 grammes d'argent monnayé valent 1 franc.

$$1 \text{ gramme vaut } 1^f : 5 = 0^f,20.$$

1 gramme d'argent monnayé vaut $0^f,20$.

385. — Or. — A poids égal, l'or monnayé vaut 15 fois et demie (15,5) plus que l'argent.

1 gramme d'or monnayé vaut donc

$$0^f,20 \times 15,5 = 3^f,10.$$

1 gramme d'or monnayé vaut $3^f,10$.

386. — Bronze. — *1 gramme de bronze vaut 1 centime.*

Connaissant la valeur de 1 gramme de monnaie, nous pouvons calculer la valeur d'une somme connaissant son poids, ou le poids d'une somme connaissant sa valeur.

VALEUR D'UNE SOMME

387. — Argent. — 1er **Problème.**

Une somme en argent pèse $127^g,5$. Quelle est sa valeur ?

1^g d'argent monnayé vaut $0^f,20$;

$127^g,5$ valent $0^f,20 \times 127,5 = 25^f,50$.

Pour calculer en francs la valeur d'une somme en argent, on multiplie $0^f,20$ par le nombre qui exprime en grammes le poids de la somme.

388. — Remarque. — Comme 5 grammes d'argent monnayé valent 1 franc, on peut aussi calculer la valeur de la somme en divisant par 5 le nombre qui exprime en grammes le poids de la somme :

$$127,5 : 5 = 25^f,50.$$

389. — *Or*. — 2e Problème.

Une somme en or pèse 500^g. Quelle est sa valeur?
1^g d'or monnayé vaut 3^f,10;
500^g valent 3^f,10 × 500 = 1 550^f.

*Pour calculer en francs la valeur d'une somme en or,
on multiplie 3^f,10 par le nombre qui exprime en
grammes le poids de la somme.*

390. — *Bronze*. — 3e Problème.

Une somme en bronze pèse 125^g. Quelle est sa valeur?
1^g de bronze vaut 1 centime;
125^g valent 125 centimes ou 1^f,25.

*La valeur d'une somme en bronze contient autant de
centimes que le poids contient de grammes.*

POIDS D'UNE SOMME

391. — *Argent*. — 4e Problème.

Une somme en argent vaut 235^f,50. Quel est son poids?
1^f en argent monnayé pèse 5^g;
235^f,50 pèsent 5^g × 235,5 = 1 177^g,5.

*Pour calculer le poids en grammes d'une somme en
argent, on multiplie 5 grammes par le nombre qui
exprime en francs la valeur de la somme.*

392. — *Remarque*. — Comme 0^f,20 d'argent monnayé pèsent
1 gramme, on peut aussi calculer le poids de la somme *en divisant*
par 0,20 *le nombre qui exprime en francs la valeur de la somme* :

$$235,5 : 0,20 = 1 177^g,5.$$

393. — *Or*. — 5e Problème.

Une somme en or vaut 420^f. Quel est son poids?
3^f,10 en or monnayé pèsent 1^g.
Nous trouverons le poids de la somme en cherchant combien de
fois 3,10 est contenu dans 420 :

$$420 : 3,10 = 135^g,483.$$

*Pour calculer le poids en grammes d'une somme en or,
on divise par 3,10 le nombre qui exprime en francs la
valeur de la somme.*

394. — Bronze. — 6ᵉ Problème.

Une somme en bronze vaut 2ᶠ,45. Quel est son poids?

$$2^f,45 = 245 \text{ centimes.}$$

1 centime en bronze pèse 1ᵍ; 245 centimes pèsent 245ᵍ.

Le poids d'une somme en bronze contient autant de grammes que la somme contient de centimes.

Fig. 128. — *Billet de banque* (réduit).

Voici le recto du billet de banque de 100 francs dessiné par le peintre Luc Olivier-Merson. Il est orné de figures allégoriques qui symbolisent les diverses sources de la richesse publique.

A gauche, accompagnée d'un enfant qui retient un mouton, une femme vigoureuse s'appuie sur une bêche. C'est l'agriculture, qu'escorte l'élevage.

A droite, tenant entre ses mains la rame du navigateur, la déesse du commerce et, près d'elle, un génie qui soulève un lourd ballot, représentent la prospérité qui naît des lointains échanges.

EXERCICES PRATIQUES

1510. — S'exercer à rendre la monnaie à la manière des commerçants. Ex. : Je dois 1ᶠ,25 à l'épicier ; je lui donne en paiement une pièce de 5 francs. Il dira : 1ᶠ,25 et 25 centimes, 1ᶠ,50 ; et 50 centimes, 2 francs ; et 3 francs, 5 francs. Et, tout en comptant ainsi, à haute voix, il mettra sur son comptoir : 25 centimes, 50 centimes et 3 francs, soit, en tout, 3ᶠ,75. Il me rendra 3ᶠ,75.

1511. — Peser une pièce de 1 franc, une de 2 francs, une de 5 francs, un nombre pair de pièces de 50 centimes, chaque pièce de bronze.

1512. — Mettre une pièce de 5 francs dans l'un des plateaux de la balance ; faire équilibre à cette pièce en mettant, dans l'autre plateau : 1° des pièces de 1 franc ; 2° des pièces de 2 francs et de 1 franc ; 3° des pièces de 0ᶠ,50 ; 4° le plus petit nombre possible de pièces de 10 centimes et de 5 centimes en bronze.

1513. — Peser des sommes composées : 1° uniquement de pièces d'argent ; 2° uniquement de pièces de bronze ; 3° de pièces d'argent et de pièces de bronze.

EXERCICES ORAUX

1514. — Dire combien il y a de centimes dans :

1°	1ᶠ,	2°	0ᶠ,55,	3°	1 décime,	4°	0ᶠ,4,
	2ᶠ,		1ᶠ,05,		5 décimes,		0ᶠ,6,
	7ᶠ.		4ᶠ,30.		10 —.		0ᶠ,7.

1515. — Dire combien il y a de décimes dans :

1°	1ᶠ,	2°	0ᶠ,8,	3°	10 centimes,	4°	1ᶠ,80,
	3ᶠ,		5ᶠ,4,		20 —,		3ᶠ,50,
	5ᶠ.		10ᶠ,5.		50 —.		7ᶠ,10.

1516. — Dire combien les sommes suivantes valent de francs :

1° 10 décimes, 2° 1 200 décimes, 3° 100 centimes, 4° 1 530 centimes,
30 —, 7 000 —, 400 —, 4 760 —
70 —. 8 530 —. 600 —. 12 000 —

1517. — Lire les nombres suivants :

1°	13ᶠ,2,	2°	4 312ᶠ,6,	3°	0ᶠ,756,
	15ᶠ,45,		58 000ᶠ,09,		0ᶠ,089,
	219ᶠ,38.		500 315ᶠ,08.		0ᶠ,003.

1518. — Pour une pièce de 20ᶠ, combien aura-t-on de pièces de 10ᶠ ? de 2ᶠ ? de 5ᶠ ? de 0ᶠ,50 ? de 0ᶠ,25 ?

1519. — En échange d'une pièce de 100^f, combien recevra-t-on de pièces de 50^f? de 10^f? de 20^f? de 2^f? de 5^f? de 0^f,50?

1520. — Dites : 1° combien vous recevrez de pièces de 0^f,10 en faisant la monnaie de 2^f; 1^f; 0^f,50.

2° combien vous recevrez de pièces de 0^f,05 en échange de 0^f,50, de 1^f,50, de 3^f,50.

1521. — Calculer combien il faut de pièces de 0^f,25 pour faire :

1°	1^f,	2°	1^f,25,	3°	0^f,50,	4°	0^f,75,
	2^f,		5^f,25,		1^f,50,		1^f,75,
	5^f.		6^f,25.		3^f,50.		2^f,75

1522. — Supposez que vous ayez un spécimen des pièces de chaque sorte (or, argent, bronze, nickel).

1° Quelle somme aurez-vous en pièces d'or? d'argent? de bronze? de nickel? 2° Quelle est la valeur totale de ces pièces?

1523. — Dites la valeur de chacune des sommes ayant la composition suivante :

1re somme.	2e somme.	3e somme.
2 pièces de 100^f,	4 pièces de 20^f,	18 pièces de 10^f,
2 — de 50^f,	6 — de 5^f,	14 — de 5^f,
3 — de 20^f,	12 — de 2^f,	11 — de 2^f,
4 — de 10^f.	7 — de 1^f.	20 — de 1^f.

1524. — Même question.

1re somme.	2e somme.	3e somme.
21 pièces de 5^f,	40 pièces de 2^f,	30 pièces de 0^f,50,
8 — de 2^f,	15 — de 1^f,	4 — de 0^f,25,
50 — de 1^f,	20 — de 0^f,50,	12 — de 0^f,10,
4 — de 0^f,50.	2 — de 0^f,25.	8 — de 0^f,05.

1525. — Vous faites un achat de 45^f,50. Que vous rend-on sur 50^f? sur 100^f?

1526. — Pour payer une paire de souliers, on donne une pièce de 20^f et 2 pièces de 5^f. Le marchand rend 4^f,50. Quel est le prix des souliers?

1527. — Lucie donne 2 pièces de 0^f,50 pour payer 0^f,75 de sel de cuisine. 1° Combien lui rend-on? 2° Quel est le poids du sel acheté, le kilogramme coûtant 0^f,25?

1528. — Composer chacune des sommes suivantes avec le plus petit nombre de pièces possible :

1° 24^f en pièces d'argent; 2° 39^f,50 en pièces d'argent; 3° 13^f,25 en pièces d'argent et de nickel ; 4° 2^f,05 en pièces de valeur inférieure à 0^f,50; 5° 758^f,50 en pièces d'or et d'argent.

1529. — Dire le poids des sommes suivantes en argent :

1°   3^f; 6^f; 8^f; 11^f; 15^f; 20^f; 30^f; 50^f; 100^f.

2°   1^f,50; 4^f,50; 7^f,50; 23^f,50; 91^f,50; 102^f,50; 105^f,50.

1530. — Le professeur : « Dites chaque fois le poids total des pièces que je vous montre ».

1°　　　　2 pièces de 2ᶠ, 3 pièces de 1ᶠ.
2°　　　　3　—　de 5ᶠ, 4　—　de 1ᶠ.
3°　　　　2　—　de 5ᶠ, 8　—　de 0ᶠ,50.
4°　　　　4　—　de 5ᶠ, 2　—　de 2ᶠ, 1 pièce de 0ᶠ,50.

1531. — Dire le poids de 310ᶠ en or, de 3100ᶠ en or, de 31 pièces de 10ᶠ, de 31 pièces de 20ᶠ, de 31 pièces de 100ᶠ.

1532. — Dire la valeur des poids de monnaie suivants :

Or monnayé.	Argent monnayé.	Bronze.
1ᵍ;	1ᵍ;	1ᵍ;
10ᵍ;	10ᵍ;	1ᵈᵃᵍ;
100ᵍ;	1ʰᵍ;	1ʰᵍ;
1ᵏᵍ;	1ᵏᵍ;	1ᵏᵍ;
10ᵏᵍ.	20ᵏᵍ.	15ᵏᵍ.

1533. — Un rouleau de pièces de 2ᶠ pèse 200ᵍ. Combien contient-il de pièces ?

1534. — Un rouleau de pièces de 1ᶠ pèse 150ᵍ. Combien contient-il de pièces ?

1535. — Un rouleau de pièces de 5ᶠ pèse 250ᵍ. Combien contient-il de pièces ?

1536. — Un rouleau de pièces de 0ᶠ,50 pèse 25ᵍ. Combien contient-il de pièces ?

1537. — Pour faire équilibre à 10 pièces de 2ᶠ et à 5 pièces de 1ᶠ, combien faut-il mettre dans l'autre plateau de pièces de 5ᶠ ? de 0ᶠ,50 ?

1538. — Dire quelle somme en argent fait équilibre à 1ᵈᵐ³ d'eau ; à 5ᵈᵐ³ ; à 10ᵈᵐ³ ; à 1 demi-litre ; à 1 décilitre ; à 4 décilitres ; à 1 demi-décilitre ; à 1 centilitre ; à 10 centilitres ; à 8 centilitres.

1539. — Exprimer le volume de l'eau qui pèse autant que les sommes suivantes en argent : 1ᶠ; 2ᶠ; 5ᶠ; 10ᶠ; 30ᶠ; 200ᶠ; 300ᶠ; 400ᶠ.

1540. — Dire la valeur des sommes d'argent dont le poids est égal à celui de : 1ˡ d'eau ; 1 dixième de litre ; 1ᵈᵃˡ d'eau ; 1 demi-décalitre ; 1ʰˡ d'eau ; 1 demi-hectolitre ; 1ᵐ³ ; 2ᵐ³.

1541. — Chacune des sommes suivantes est formée de pièces de 2ᶠ et de 1ᶠ en même nombre. Dites le nombre des pièces de chaque sorte : 6ᶠ; 9ᶠ; 15ᶠ; 21ᶠ; 30ᶠ; 72ᶠ; 99ᶠ; 120ᶠ.

EXERCICES ÉCRITS

1542. — Écrire les nombres suivants en mettant une virgule à droite du chiffre des francs.

3 francs 4 décimes 8 centimes ;　　　745 décimes ;
45 francs 3 décimes ;　　　　　　　8 décimes 4 centimes ;
120 francs 7 centimes ;　　　　　　805 centimes ;
14 décimes 6 centimes ;　　　　　　7 centimes.

1543. — Convertir en centimes :

5ᶠ,25 ; 14ᶠ,3 ; 108ᶠ,09 ; 76ᶠ,45 ; 0ᶠ,43 ; 0ᶠ,05 ; 0ᶠ,03 ; 0ᶠ,8.

1544. — Convertir : 1° en francs ; 2° en décimes.

125 centimes ; 86 centimes ; 3 centimes ; 1 centime ; 3 814 centimes.

PROBLÈMES ÉCRITS

1545. — Quel est le produit d'une quête où l'on a recueilli 6 pièces de 5ᶠ, 18 de 2ᶠ, 45 de 1ᶠ et 61 de 0ᶠ,50 ?

1546. — J'ai 345ᶠ,25 dans ma sacoche : 7 pièces de 20ᶠ, 1 de 10ᶠ, 1 de 0ᶠ,25, et le reste en pièces de 5ᶠ. Quel est le nombre de celles-ci ?

1547. — Quel est le poids total d'une somme formée de 128ᶠ,5 en argent et de 4ᶠ,75 en bronze ?

1548. — Un sac qui contient 3 640ᶠ en argent pèse 18ᵏᵍ,5. Quel est le poids du sac vide ?

1549. — Quel est le poids d'une somme de 528ᶠ,55 composée de monnaie d'argent et de 8ᶠ,55 en bronze ?

1550. — Pendant la guerre, un fonctionnaire qui gagnait 450ᶠ par mois versait 3 centimes par franc au « Secours national ». Quelle somme versait-il chaque mois ? chaque année ?

1551. — On achète à 5ᶠ,60 le kilogramme du café qui pèse autant que 39ᶠ en argent plus 0ᶠ,55 en bronze. Quel est le prix du café ?

1552. — Calculer le poids de la pièce de 100ᶠ à 1 milligramme près. En déduire les poids des pièces de 50ᶠ, de 20ᶠ et de 10ᶠ.

1553. — Quel est le poids d'une somme composée de 320ᶠ en or, 9ᶠ,50 en argent et 2ᶠ,45 en bronze ?

1554. — Calculer le poids d'une somme de 845ᶠ,50 composée de 690ᶠ en or, 124ᶠ en argent et de monnaie de bronze.

1555. — Un voyageur échange 320ᶠ en monnaie d'argent contre de la monnaie d'or. De quel poids a-t-il allégé sa sacoche ?

1556. — Combien 310ᶠ en argent pèsent-ils de fois plus que 310ᶠ en or ?

1557. — Combien 0ᶠ,20 en bronze pèsent-ils de fois plus que 0ᶠ,20 en argent ?

1558. — Une somme en argent pèse 500ᵍ. Quel serait le poids d'une somme en bronze de même valeur ?

1559. — Quel est le poids d'une somme en or de même valeur qu'une somme en argent qui pèse 3 100ᵍ ?

1560. — Un vase vide pèse 250ᵍ. On le met sur le plateau de la balance à moitié plein d'eau. Pour lui faire équilibre, il faut 24 pièces de 5ᶠ, 21 de 2ᶠ et 3 de 0ᶠ,50. Exprimer la capacité du vase en litres.

1561. — Lors de leur invasion de la Belgique en 1914, les Allemands imposèrent à la ville de Bruxelles une indemnité de 200 millions de francs. 1° Quel est le poids de cette somme en monnaie d'or ? 2° De combien d'hommes représenterait-elle la charge, chaque homme portant 75^{kg} ?

1562. — Quelle est la valeur de 250^g en monnaie d'argent ? de 125^g en monnaie de bronze ?

1563. — Une somme est composée de monnaie d'argent pesant 1^{kg},125 et de monnaie de bronze pesant 265^g. Quelle est la valeur totale de la somme ?

1564. — 5 rouleaux égaux de pièces de 50 centimes pèsent en tout 250^g. Quel est le nombre de pièces dans chaque rouleau ?

1565. — Un marchand de journaux de Paris a reçu 375^g de billon pour la vente du journal « Le Temps » à 0^f,15 le numéro. Quel est le nombre des numéros vendus ?

1566. — Quelle est la valeur de 300^g de monnaie d'or ?

1567. — Calculer combien 1^g d'or monnayé vaut de fois plus que 1^g d'argent monnayé.

1568. — Combien 1^g d'or monnayé vaut-il de fois plus que 1^g de bronze ?

1569. — Combien 1^g d'argent monnayé vaut-il de fois plus que 1^g de bronze ?

1570. — Quelle est la valeur d'un demi-kilogramme de monnaie de bronze ? de monnaie d'argent ? de monnaie d'or ?

1571. — Un caissier pèse sa recette : 2^{kg},4 d'or, 8^{kg},625 d'argent et 7^{kg},485 de bronze. Quelle est la recette ?

1572. — Une somme composée de monnaie d'or et de monnaie d'argent pèse 600^g. Le poids de la monnaie d'or est égal à *celui de* la monnaie d'argent. Calculer la valeur de la somme.

1573. — Un vase vide pèse autant que 21^f en argent ; plein d'eau, il pèse autant que la même somme en bronze. Quelle est sa capacité en litres ?

1574. — On paye 339^f en donnant le plus possible de pièces de 20^f, puis le plus possible de pièces de 5^f, et enfin le plus possible de pièces de 2^f. Quel est le nombre de pièces de chaque sorte ?

1575. — On paye la moitié d'une somme avec de la monnaie d'or et le reste avec de la monnaie d'argent d'un poids de 7^{kg},75. Calculer : 1° la valeur de la somme ; 2° le poids de l'or.

1576. — Un wagon transporte une charge de 5 tonnes ; quelle serait la valeur de la charge en monnaie d'argent ? en monnaie d'or ? en monnaie de bronze ?

1577. — On pèse une somme composée de pièces de 5^f, puis une autre somme composée du même nombre de pièces de 1^f. La deuxième somme pèse 780^g de moins que la première. Calculer : 1° le nombre de pièces de chaque sorte ; 2° la valeur de chaque somme.

1578. — Calculer le poids de l'argent pur contenu dans 12 pièces de 5^f.

1579. — Quel est le poids de l'argent et celui du cuivre contenus dans la pièce de 1^f.

1580. — Même question pour une somme de 19ʳ,50 composée de pièces d'argent de valeur inférieure à celle de 5 francs.

1581. — Une somme d'argent est composée de 12 pièces de 5ʳ, de 9 de 2ʳ, de 13 de 1ʳ et de 15 de 0ʳ,50. Calculer le poids total de l'argent pur contenu dans cette somme.

1582. — Calculer le poids de l'or pur contenu : 1° dans une pièce de 20ʳ; 2° dans 2 500ʳ en or.

1583. — Pour fabriquer des pièces de 5 francs, combien faut-il ajouter de cuivre à 135ᵍ d'argent pur?

1584. — Quelle somme en pièces d'or peut-on fabriquer avec 540ᵍ d'or pur?

1585. — En 1912, on a fabriqué en France pour 2 004 500ʳ de pièces de 100ʳ, pour 206 636 100ʳ de pièces de 20ʳ et pour 17 555 070ʳ de pièces de 10ʳ. Calculer : 1° la valeur totale de ces pièces; 2° le nombre de pièces de chaque sorte.

1586. — La même année, on a fabriqué pour 950 000ʳ de pièces de 10 centimes, pour 1 000 000ʳ de pièces de 5 centimes, pour 30 000ʳ de pièces de 2 centimes et pour 20 000ʳ de pièces de 1 centime. Quel est le nombre de pièces de chaque sorte?

1587. — En 1911 et 1912, on a fabriqué 17 329 503 pièces de 0ʳ,50 et 1 000 000 de pièces de 2ʳ. Calculer la valeur totale et le poids total de ces pièces.

1588. — En 1911, on a fabriqué pour 128 736 230ʳ de pièces d'or. 1° Calculer en kilogrammes le poids de cette somme; 2° calculer le poids de l'or pur.

1589. — De 1795 à la fin de 1912, on a fabriqué en France 495 836 919 pièces de 20ʳ. Calculer : 1° la valeur de ces pièces; 2° le poids en kilogrammes de l'or pur qu'elles contiennent.

1590. — En 1912, on a fabriqué pour 226 495 670ʳ de monnaie d'or, pour 20 004 000ʳ de monnaie d'argent et pour 2 000 000ʳ de monnaie de bronze. Quel est, en kilogrammes, le poids total de cette monnaie?

FRACTIONS

395. — *Fraction*. — Partageons une bande de papier en sept parties *égales;* chacune de ces parties est *un septième* de la bande. Nous pouvons prendre une ou plusieurs de ces parties, par exemple *un septième, trois septièmes*. Si nous prenons toutes les parties, nous obtenons *sept septièmes* ou l'*unité*.

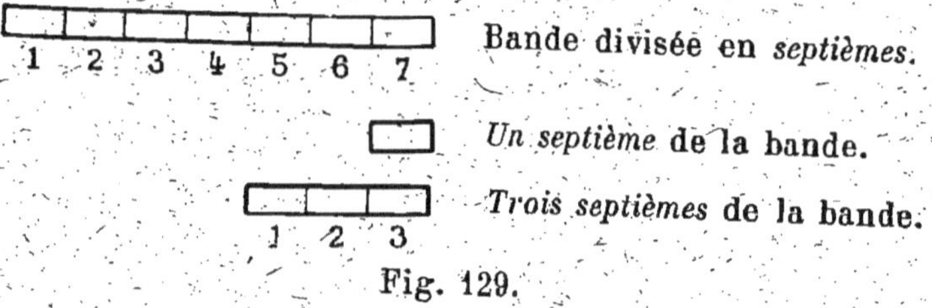

Bande divisée en *septièmes*.

Un *septième* de la bande.

Trois septièmes de la bande.

Fig. 129.

Partageons de même en septièmes une seconde bande identique à la première. Ajoutons deux de ces dernières parties aux sept septièmes de la première bande; nous obtenons *neuf septièmes*.

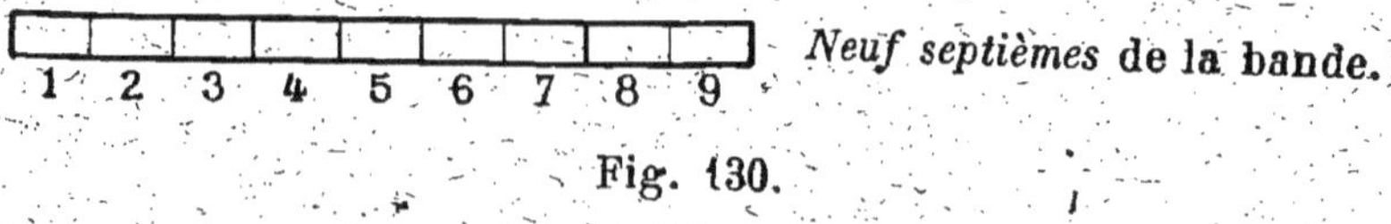

Neuf septièmes de la bande.

Fig. 130.

La réunion de neuf septièmes dépasse une bande; neuf septièmes dépassent l'unité.

Un septième, trois septièmes, neuf septièmes sont des *fractions*.

Si, au lieu d'une bande de papier, nous partageons en

parties égales un bâton, un gâteau, etc., une de ces parties ou la réunion de plusieurs de ces parties forment une fraction du bâton, du gâteau, etc.

396. — Prenons encore la même bande de papier comme unité.

En la divisant en :

deux parties égales, chaque partie sera un *demi;*
trois — — un *tiers;*
quatre — — un *quart;*
cinq — — un *cinquième;*
six — — un *sixième*, etc.

En prenant une ou plusieurs de ces parties, nous pourrons former les fractions suivantes :

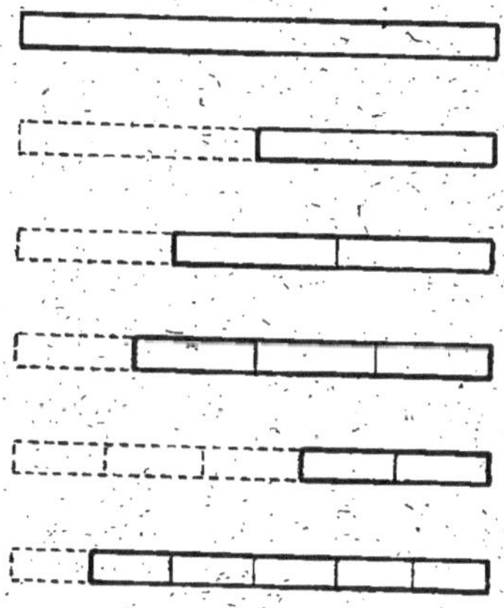

Unité.

Un demi qu'on écrit $\frac{1}{2}$;

Deux tiers — $\frac{2}{3}$;

Trois quarts — $\frac{3}{4}$;

Deux cinquièmes — $\frac{2}{5}$;

Cinq sixièmes — $\frac{5}{6}$

Fig. 131.

397. — **Définitions.** — *Une fraction est formée par une partie ou par la réunion de plusieurs parties de l'unité divisée en parties égales.*

Le nombre qui indique en combien de parties égales l'unité est divisée s'appelle dénominateur.

Dans $\frac{3}{4}$, le dénominateur est 4.

Le nombre qui indique combien la fraction contient de parties égales de l'unité s'appelle numérateur.

Dans $\frac{3}{4}$, le numérateur est 3.

Le numérateur et le dénominateur sont les deux termes de la fraction.

Dans $\frac{3}{4}$, 3 et 4 sont les deux termes de la fraction.

398. — Lecture d'une fraction. — *On lit d'abord le numérateur, puis le dénominateur en le faisant suivre de la terminaison ième.*

$\frac{7}{18}$ se lit sept dix-huitièmes.

Par exception, quand les dénominateurs sont 2, 3 ou 4, on dit *demi, tiers, quart.*

399. — Écriture d'une fraction. — *On écrit le numérateur, on tire un trait au-dessous et on écrit le dénominateur sous ce trait.*

neuf onzièmes s'écrit $\frac{9}{11}$.

400. — Comparaison d'une fraction à l'unité. Partageons une brioche en **5** parties égales, c'est-à-dire en cinquièmes.

Si nous réunissons les **5** morceaux, nous reformons la brioche entière et nous obtenons la fraction $\frac{5}{5}$. Donc :

Brioche ou $\frac{5}{5}$

Fig. 132.

$\frac{5}{5}$ *est égal à 1.*

Quand les deux termes d'une fraction sont égaux, cette fraction est égale à l'unité.

Exemples : $\frac{4}{4}$, $\frac{7}{7}$, $\frac{84}{84}$.

401. — En réunissant moins de 5 morceaux de la même brioche, par exemple 3 morceaux, nous n'obtenons pas toute la brioche, nous en obtenons les 3 cinquièmes ou la fraction $\frac{3}{5}$. Donc :

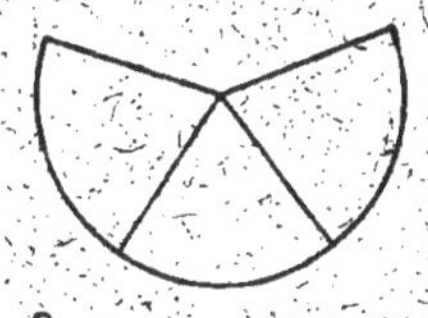

Fig. 133.

$$\frac{3}{5} \text{ est plus petit que 1.}$$

Quand le numérateur d'une fraction est plus petit que le dénominateur, cette fraction est plus petite que l'unité.

Exemples : $\frac{1}{3}$, $\frac{7}{11}$, $\frac{47}{59}$.

402. — Prenons une deuxième brioche identique à la première; partageons-la aussi en 5 parties égales.

Si nous réunissons 2 morceaux de la deuxième aux 5 morceaux de la première, nous obtenons plus d'une brioche, nous obtenons 7 cinquièmes de brioche ou la fraction $\frac{7}{5}$. Donc :

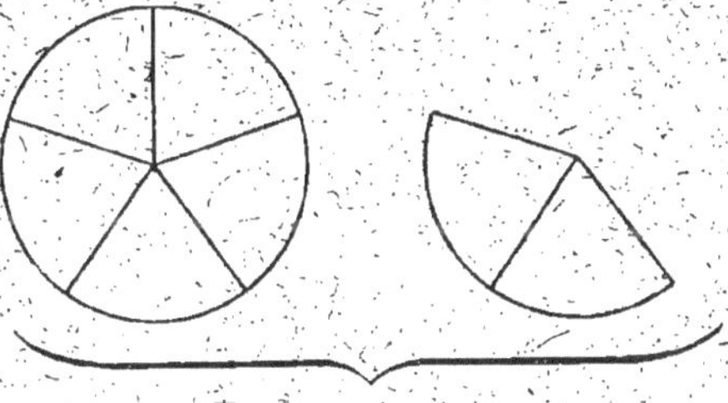

Fig. 134.

$$\frac{7}{5} \text{ est plus grand que 1.}$$

Quand le numérateur d'une fraction est plus grand que le dénominateur, cette fraction est plus grande que l'unité.

Exemples : $\frac{5}{4}$, $\frac{13}{9}$, $\frac{107}{101}$.

FRACTIONS DE MÊME VALEUR

403. — *Multiplication des deux termes par le même nombre.*

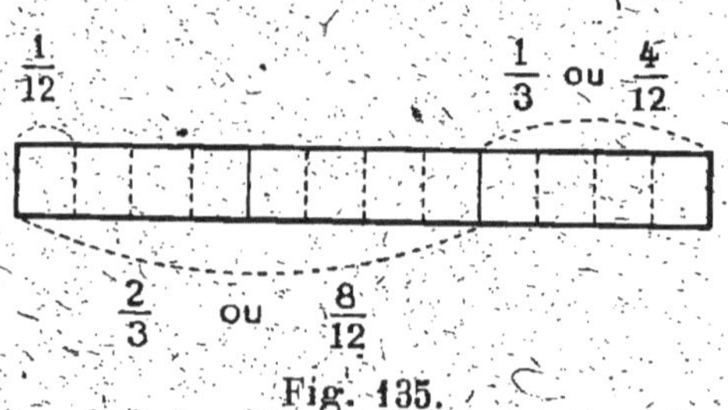

Fig. 135.

Partageons un pain d'épice (fig. 135) en 3 parties égales, chaque partie égale $\frac{1}{3}$ du pain.

Partageons maintenant chaque tiers en 4 parties égales, nous partageons ainsi le pain d'épice en 12 parties égales; chacune de ces parties égale $\frac{1}{12}$ du pain.

Nous voyons sur la figure que $\frac{2}{3}$ du pain contiennent $\frac{8}{12}$. Donc :
$$\frac{2}{3} = \frac{8}{12}.$$

Ainsi, $\frac{2}{3}$ et $\frac{8}{12}$ représentent la même quantité de pain d'épice; nous dirons que ces deux fractions ont la *même valeur.*

Or, $\frac{8}{12} = \frac{2 \times 4}{3 \times 4}$; par suite

$$\frac{2}{3} = \frac{2 \times 4}{3 \times 4}.$$ Donc :

Une fraction ne change pas de valeur quand on multiplie ses deux termes par le même nombre.

Ainsi, une même fraction peut, sans changer de valeur, prendre plusieurs formes. Si nous multiplions les deux termes de $\frac{3}{4}$ successivement par 2; 3; 4;... nous aurons :

$$\frac{3}{4} = \frac{6}{8} = \frac{9}{12} = \frac{12}{16} \cdots$$

404. — Division des deux termes par le même nombre. — Nous avons vu que $\frac{2}{3}$ ou $\frac{8}{12}$ du pain d'épice représentent la même quantité de ce pain. Donc :

$$\frac{8}{12} = \frac{2}{3}.$$

Or, $\frac{2}{3}$ se déduit de $\frac{8}{12}$ en divisant les deux termes par 4 :

$$\frac{8:4}{12:4} = \frac{2}{3}. \qquad \text{Donc :}$$

Une fraction ne change pas de valeur quand on divise ses deux termes par le même nombre.

Exemples : $\dfrac{12}{15} = \dfrac{12:3}{15:3} = \dfrac{4}{5}$; $\dfrac{14}{35} = \dfrac{14:7}{35:7} = \dfrac{2}{5}$.

Ces transformations des fractions par la multiplication ou par la division de leurs deux termes par le même nombre sont fréquemment employées, comme nous allons le voir.

405. — Simplification d'une fraction. — En divisant par 3 les deux termes de $\frac{12}{15}$ (voir § 404), nous avons obtenu la fraction $\frac{4}{5}$ qui est égale à $\frac{12}{15}$ et qui a des termes plus petits, plus simples : nous avons *simplifié la fraction* $\frac{12}{15}$.

Soit la fraction $\dfrac{10}{12}$; nous la simplifierons en divisant ses deux termes par 2 :

$$\frac{10}{12} = \frac{10:2}{12:2} = \frac{5}{6}.$$

Lorsque les deux termes d'une fraction sont divisibles par le même nombre, on la simplifie en divisant ses deux termes par ce nombre.

Exemples.

1° $\dfrac{3}{6}$, $\dfrac{6}{18}$, $\dfrac{12}{60}$.

Dans chacune de ces fractions, le dénominateur est divisible par le numérateur; nous diviserons donc les deux termes de chacune d'elles par le numérateur :

$$\frac{3}{6} = \frac{3:3}{6:3} = \frac{1}{2}, \quad \frac{6}{18} = \frac{6:6}{18:6} = \frac{1}{3}, \quad \frac{12}{60} = \frac{12:12}{60:12} = \frac{1}{5}.$$

2° $\dfrac{6}{15}$, $\dfrac{15}{20}$, $\dfrac{24}{84}$.

Nous divisons par 3 les deux termes de $\dfrac{6}{15}$:

$$\frac{6}{15} = \frac{6:3}{15:3} = \frac{2}{5}.$$

Nous divisons par 5 les deux termes de $\dfrac{15}{20}$:

$$\frac{15}{20} = \frac{15:5}{20:5} = \frac{3}{4}.$$

Nous divisons par 4 les deux termes de $\dfrac{24}{84}$:

$$\frac{24}{84} = \frac{24:4}{84:4} = \frac{6}{21},$$

puis nous divisons par 3 les deux termes de $\dfrac{6}{21}$:

$$\frac{6}{21} = \frac{6:3}{21:3} = \frac{2}{7}.$$

3° $\dfrac{400}{900}$, $\dfrac{120}{300}$.

Nous divisons par 100 les deux termes de $\frac{400}{900}$:

$$\frac{400}{900} = \frac{400 : 100}{900 : 100} = \frac{4}{9}$$

Nous divisons par 10 les deux termes de $\frac{120}{300}$:

$$\frac{120}{300} = \frac{120 : 10}{300 : 10} = \frac{12}{30},$$

puis nous divisons par 6 les deux termes de $\frac{12}{30}$:

$$\frac{12}{30} = \frac{12 : 6}{30 : 6} = \frac{2}{5}.$$

406. — *Réduction de plusieurs fractions au même dénominateur.*

Quand on a les deux fractions $\frac{2}{7}$ et $\frac{3}{7}$, on voit tout de suite que la seconde est la plus grande, puisqu'elle contient un plus grand nombre de septièmes de l'unité.

Quand on a des fractions comme $\frac{2}{3}$ et $\frac{4}{5}$, on ne peut pas tout de suite les comparer, c'est-à-dire savoir laquelle est la plus grande, parce qu'elles n'ont pas le même dénominateur. Nous les remplacerons alors par des fractions de même valeur que $\frac{2}{3}$ et $\frac{4}{5}$, mais qui auront le même dénominateur.

1° Soient les fractions $\frac{2}{3}$ et $\frac{4}{5}$.

Multiplions chacun des termes de la première par le dénominateur de la deuxième :

$$\frac{2}{3} = \frac{2 \times 5}{3 \times 5} = \frac{10}{15}.$$

Multiplions chacun des termes de la deuxième par le dénominateur de la première :

$$\frac{4}{5} = \frac{4 \times 3}{5 \times 3} = \frac{12}{15}.$$

Les nouvelles fractions sont égales aux premières, puisque la valeur d'une fraction ne change pas quand on multiplie ses deux termes par le même nombre, et elles ont le même dénominateur 15.

15 est un *dénominateur commun* aux deux fractions $\frac{10}{15}$ et $\frac{12}{15}$. Cette opération s'appelle la *réduction* des deux fractions au même dénominateur.

1re Règle. — *Pour réduire deux fractions au même dénominateur, on multiplie les deux termes de chacune des fractions par le dénominateur de l'autre.*

2° Soient les fractions $\frac{2}{5}$, $\frac{3}{4}$ et $\frac{6}{7}$.

Multiplions les deux termes de chaque fraction par le produit des dénominateurs des autres :

$$\frac{2}{5} = \frac{2\times4\times7}{5\times4\times7} = \frac{56}{140},$$

$$\frac{3}{4} = \frac{3\times5\times7}{4\times5\times7} = \frac{105}{140},$$

$$\frac{6}{7} = \frac{6\times5\times4}{7\times5\times4} = \frac{120}{140}.$$

3° Soient les fractions $\frac{2}{7}$, $\frac{5}{6}$ et $\frac{3}{7}$.

Deux de ces fractions ont déjà le même dénominateur : nous multiplierons les deux termes de chaque fraction seulement par le dénominateur *différent*.

$$\frac{2}{7} = \frac{2\times6}{7\times6} = \frac{12}{42}, \quad \frac{5}{6} = \frac{5\times7}{6\times7} = \frac{35}{42}, \quad \frac{3}{7} = \frac{3\times6}{7\times6} = \frac{18}{42}.$$

2e Règle. — *Pour réduire plusieurs fractions au même dénominateur, on multiplie les deux termes de chacune d'elles par le produit des dénominateurs différents des autres fractions.*

407. — Avant de réduire des fractions au même dénominateur, on les simplifie autant qu'il est possible.

Exemple.

Réduire au même dénominateur $\dfrac{3}{15}$, $\dfrac{20}{30}$, $\dfrac{12}{16}$ et $\dfrac{2}{5}$.

Simplifions les trois premières fractions :

$$\frac{3}{15}=\frac{3:3}{15:3}=\frac{1}{5}, \quad \frac{20}{30}=\frac{20:10}{30:10}=\frac{2}{3}, \quad \frac{12}{16}=\frac{12:4}{16:4}=\frac{3}{4}.$$

Nous avons à réduire au même dénominateur les fractions suivantes :

$$\frac{1}{5}, \frac{2}{3}, \frac{3}{4}, \frac{2}{5}.$$

La première fraction et la dernière ont le même dénominateur. Nous multiplierons les deux termes de chaque fraction seulement par le produit des dénominateurs *différents*.

$$\frac{1}{5}=\frac{1\times3\times4}{5\times3\times4}=\frac{12}{60},$$

$$\frac{2}{3}=\frac{2\times5\times4}{3\times5\times4}=\frac{40}{60},$$

$$\frac{3}{4}=\frac{3\times5\times3}{4\times5\times3}=\frac{45}{60},$$

$$\frac{2}{5}=\frac{2\times3\times4}{5\times3\times4}=\frac{24}{60}.$$

408. — *Extraction des entiers*.

Soit la fraction $\dfrac{7}{3}$, qui est plus grande que l'unité.

Elle contient 6 tiers plus 1 tiers. Nous pouvons écrire :

$$\frac{7}{3}=\frac{6}{3}+\frac{1}{3}.$$

Simplifions $\dfrac{6}{3}$ en divisant ses deux termes par 3 :

$$\frac{6}{3}=\frac{6:3}{3:3}=2.$$

Donc, $\qquad \dfrac{7}{3}=2+\dfrac{1}{3}.$

On a l'habitude d'écrire $2\dfrac{1}{3}$ en supprimant le signe $+$.

Quand on calculé combien il y a d'entiers dans une

fraction plus grande que l'unité, on dit qu'on *extrait les entiers* de cette fraction.

Remarquons que **2** est le quotient du numérateur, **7**, par le dénominateur, **3**, et que le numérateur de $\frac{1}{3}$ est le reste de cette division. D'où la règle :

409. — Règle. — *Pour extraire les entiers d'une fraction, on divise le numérateur par le dénominateur et l'on ajoute au quotient une fraction ayant comme numérateur le reste et, comme dénominateur, celui de la fraction.*

Exemples.

$$\frac{39}{13} = 3 \; ; \quad \frac{65}{12} = 5 \, \frac{5}{12} .$$

Légende de la fig. 136, page 283.

La bonne est désolée : vous devinez ce qu'elle vient de faire. Les six morceaux de l'assiette gisent sur le parquet ; aucun de ces morceaux n'est un sixième d'assiette ; pourquoi ?

Au contraire, parmi les objets qui encombrent la table, vous voyez beaucoup de fractions. Nommez les fractions formées par les tranches du melon, par la tranche enlevée à l'orange, par toutes celles qui restent, par une ou plusieurs parts de la tarte, par chaque partie de la poire, par une barre de la tablette de chocolat.

Regardez maintenant l'étagère. La barre de savon étant l'unité, quelle est la fraction représentée par les morceaux qui sont immédiatement au-dessus de la barre ? par les autres ? par la totalité du savon placé sur l'étagère ?

L'horloge va bientôt sonner deux heures. Quelle fraction du cadran enfermeront alors entre elles les deux aiguilles ?

Fig. 136. — *Fractions.*

EXERCICES ORAUX

1591. — Quel nom donne-t-on à chaque partie d'une ligne quand on la divise en 2 parties égales? en 3, en 4, en 5, en 6, en 7, en 8, en 9, en 10,... en 20 parties égales?

1592. — Une tarte est partagée en 11 parties égales. Dire quelles fractions on obtient en réunissant 2 parties; 3; 4; 6; 7; 9; 10 parties.

1593. — On fait 14 parts égales d'une grosse brioche. Dire les fractions que représentent 3 parts; 5; 8; 9; 10; 12; 13 parts.

1594. — Un terrain à bâtir est partagé en 20 lots égaux. Quelles fractions du terrain représentent 3 lots? 4 lots? 7 lots? 9 lots? 11 lots?

1595. — Dire les fractions du cadran que les aiguilles d'une horloge enferment entre elles quand il est : une heure, trois heures, quatre heures, sept heures, dix heures.

1596. — Plier une feuille de cahier successivement en 2, en 4, en 8, en 16, en 32 parties égales. Combien de fois chaque nouvelle partie est-elle plus petite que la précédente?

1597. — Partager une bande de papier en 3 parties égales, puis chaque partie en 3 parties égales, puis chaque nouvelle partie en 3 parties égales. Dire les noms des parties obtenues après chaque opération et combien la bande contient alors de ces parties.

1598. — Partager une ligne en 2 parties égales, puis chaque partie en 3 parties égales et chaque nouvelle partie en 2 parties égales. Dire le nom des parties obtenues après chaque opération et combien la ligne contient alors de ces parties.

1599. — Découper une bande de papier en 8 morceaux égaux. Quelles fractions représentent un morceau? le reste? — deux morceaux? le reste? — trois morceaux? le reste? — quatre morceaux? le reste?

1600. — Un jardinier peut bêcher un jardin en 7 heures. Quelles fractions du jardin bêcherait-il en 1 heure? en 3 heures? en 5 heures?

1601. — Un robinet peut remplir un bassin en 11 heures. Quelles fractions du bassin remplit-il en 1 heure? en 3 heures? en 8 heures?

1602. — Quelles fractions d'une semaine représentent 1 jour? 2 jours? 4 jours? 5 jours? 6 jours?

1603. — Quelles fractions de l'année représentent 1 mois? 3 mois? 7 mois? 8 mois? 10 mois? 11 mois?

1604. — Quelles fractions d'heure représentent 1 minute? 3 minutes? 15 minutes? 19 minutes? 30 minutes? 55 minutes?

1605. — Quelles fractions de l'année représentent 1 jour? 3 jours? 7 jours? 18 jours? 100 jours? 250 jours?

1606. — Lire les fractions suivantes en disant ce qu'indiquent les numérateurs et les dénominateurs :

1° $\dfrac{1}{2}$, $\dfrac{2}{3}$, $\dfrac{3}{4}$, $\dfrac{4}{5}$, $\dfrac{1}{6}$, $\dfrac{5}{7}$, $\dfrac{3}{8}$, $\dfrac{4}{9}$, $\dfrac{10}{11}$, $\dfrac{7}{12}$, $\dfrac{3}{13}$, $\dfrac{5}{14}$.

2° $\dfrac{8}{15}$, $\dfrac{11}{16}$, $\dfrac{10}{17}$, $\dfrac{15}{19}$, $\dfrac{19}{20}$, $\dfrac{31}{47}$, $\dfrac{60}{61}$, $\dfrac{68}{77}$, $\dfrac{71}{90}$, $\dfrac{102}{185}$.

1607. — Lire les fractions suivantes par ordre de grandeur :

1° croissante : $\dfrac{1}{7}$, $\dfrac{5}{7}$, $\dfrac{2}{7}$, $\dfrac{9}{7}$, $\dfrac{4}{7}$, $\dfrac{3}{7}$, $\dfrac{12}{7}$, $\dfrac{6}{7}$;

2° décroissante : $\dfrac{5}{9}$, $\dfrac{13}{9}$, $\dfrac{2}{9}$, $\dfrac{9}{9}$, $\dfrac{4}{9}$, $\dfrac{10}{9}$, $\dfrac{8}{9}$, $\dfrac{14}{9}$.

1608. — Distinguer les fractions : 1° inférieures, 2° égales, 3° supérieures à l'unité :

$\dfrac{1}{4}$, $\dfrac{4}{4}$, $\dfrac{7}{4}$, $\dfrac{7}{7}$, $\dfrac{6}{7}$, $\dfrac{9}{7}$, $\dfrac{14}{11}$, $\dfrac{2}{11}$, $\dfrac{11}{11}$, $\dfrac{17}{15}$, $\dfrac{4}{15}$, $\dfrac{16}{15}$, $\dfrac{13}{13}$, $\dfrac{2}{13}$, $\dfrac{14}{13}$.

1609. — Comparer à l'unité :

$\dfrac{2}{3}$, $\dfrac{3}{5}$, $\dfrac{7}{9}$, $\dfrac{6}{6}$, $\dfrac{11}{9}$, $\dfrac{13}{11}$, $\dfrac{12}{17}$, $\dfrac{12}{12}$, $\dfrac{15}{15}$, $\dfrac{15}{19}$, $\dfrac{3}{19}$, $\dfrac{21}{19}$, $\dfrac{5}{2}$, $\dfrac{7}{6}$.

1610. — Pour faire une brioche entière, combien manque-t-il :

1° de quarts à $\dfrac{1}{4}$, à $\dfrac{3}{4}$ de brioche?

2° de cinquièmes à $\dfrac{4}{5}$, à $\dfrac{1}{5}$, à $\dfrac{3}{5}$ de brioche?

3° de septièmes à $\dfrac{5}{7}$, à $\dfrac{4}{7}$, à $\dfrac{1}{7}$, à $\dfrac{3}{7}$, à $\dfrac{2}{7}$ de brioche?

1611. — Pour faire un entier, combien manque-t-il :

1° de sixièmes à $\dfrac{5}{6}$, à $\dfrac{2}{6}$, à $\dfrac{3}{6}$, à $\dfrac{4}{6}$, à $\dfrac{1}{6}$?

2° de huitièmes à $\dfrac{1}{8}$, à $\dfrac{5}{8}$, à $\dfrac{7}{8}$, à $\dfrac{4}{8}$, à $\dfrac{3}{8}$?

3° de onzièmes à $\dfrac{10}{11}$, à $\dfrac{7}{11}$, à $\dfrac{2}{11}$, à $\dfrac{5}{11}$, à $\dfrac{3}{11}$?

1612. — Pour faire un entier, combien faut-il enlever :

1° de tiers à $\dfrac{4}{3}$, à $\dfrac{5}{3}$, à $\dfrac{8}{3}$, à $\dfrac{6}{3}$?

2° de cinquièmes à $\dfrac{7}{5}$, à $\dfrac{6}{5}$, à $\dfrac{9}{5}$, à $\dfrac{8}{5}$?

3° de neuvièmes à $\dfrac{13}{9}$, à $\dfrac{11}{9}$, à $\dfrac{17}{9}$, à $\dfrac{10}{9}$?

1613. — Dire combien il manque à chacune des fractions suivantes pour être égale à l'unité et quelle est, dans chaque groupe, la plus grande fraction.

$\dfrac{2}{5}$ et $\dfrac{5}{8}$; $\dfrac{5}{9}$ et $\dfrac{3}{7}$; $\dfrac{7}{9}$ et $\dfrac{11}{13}$; $\dfrac{3}{11}$ et $\dfrac{7}{15}$; $\dfrac{5}{14}$ et $\dfrac{4}{13}$.

1614. — Dire de combien les fractions suivantes dépassent l'unité et quelle est, dans chaque groupe, la plus petite fraction.

$\dfrac{4}{3}$ et $\dfrac{5}{4}$; $\dfrac{9}{5}$ et $\dfrac{7}{3}$; $\dfrac{11}{8}$ et $\dfrac{10}{7}$; $\dfrac{14}{5}$ et $\dfrac{17}{8}$; $\dfrac{11}{5}$ et $\dfrac{19}{13}$.

1615. — Multiplier les deux termes des fractions suivantes par **2**, par 3, par 4 :

$$\frac{2}{3},\ \frac{4}{7},\ \frac{3}{8},\ \frac{5}{6},\ \frac{3}{4},\ \frac{4}{11},\ \frac{7}{9},\ \frac{11}{12},\ \frac{9}{10},\ \frac{3}{14}.$$

1616. — Trouver des fractions dont les termes soient :

1° 5 fois plus grands : $\dfrac{2}{7},\ \dfrac{4}{9},\ \dfrac{5}{11},\ \dfrac{7}{12},\ \dfrac{8}{13},\ \dfrac{2}{3},\ \dfrac{5}{8},\ \dfrac{4}{15}$

2° 2 fois plus petits : $\dfrac{4}{6},\ \dfrac{2}{8},\ \dfrac{6}{10},\ \dfrac{8}{14},\ \dfrac{2}{12},\ \dfrac{14}{16},\ \dfrac{18}{20},\ \dfrac{14}{24}.$

1617. — Multiplier les deux termes de $\dfrac{1}{2}$ par **2**, puis les deux termes de la fraction obtenue par **2**, et ainsi de suite jusqu'à la cinquième fraction, en disant $\dfrac{1}{2} = \dfrac{2}{4} = \dots$

1618. — Même question en multipliant par **3** les deux termes de $\dfrac{2}{3}$. On dira : $\dfrac{2}{3} = \dfrac{6}{9} = \dots$

1619. — Diviser les deux termes de $\dfrac{32}{40}$ par **2**, puis les deux termes de la fraction obtenue par **2**, et ainsi de suite. On dira : $\dfrac{32}{40} = \dfrac{16}{20} = \dots$

1620. — Même question en divisant par **3** les deux termes de $\dfrac{27}{36}$. On dira : $\dfrac{27}{36} = \dots$

1621. — Simplifier les fractions suivantes en divisant les deux termes de chacune d'elles par le numérateur :

$$\frac{2}{4},\ \frac{3}{6},\ \frac{3}{9},\ \frac{3}{15},\ \frac{3}{18},\ \frac{4}{8},\ \frac{4}{12},\ \frac{4}{16},\ \frac{4}{20},\ \frac{5}{15},\ \frac{5}{25},\ \frac{6}{12},\ \frac{6}{18},\ \frac{6}{24},\ \frac{6}{36},\ \frac{6}{60}$$

1622. — Même question.

$$\frac{7}{21},\ \frac{7}{28},\ \frac{7}{35},\ \frac{8}{32},\ \frac{8}{16},\ \frac{8}{48},\ \frac{8}{64},\ \frac{8}{40},\ \frac{8}{72},\ \frac{9}{18},\ \frac{9}{45},\ \frac{9}{63},\ \frac{10}{30},\ \frac{20}{60},\ \frac{30}{120},\ \frac{50}{200}.$$

1623. — Fractions à simplifier en divisant les deux termes par **2**.

$$\frac{6}{10},\ \frac{8}{14},\ \frac{10}{12},\ \frac{4}{18},\ \frac{10}{16},\ \frac{18}{20},\ \frac{4}{22},\ \frac{26}{30},\ \frac{6}{8},\ \frac{14}{30},\ \frac{16}{14},\ \frac{28}{22}.$$

1624. — Même question. Diviser les deux termes par **3**.

$$\frac{3}{6},\ \frac{6}{9},\ \frac{9}{12},\ \frac{9}{15},\ \frac{15}{18},\ \frac{12}{15},\ \frac{9}{21},\ \frac{6}{18},\ \frac{3}{24},\ \frac{21}{18},\ \frac{30}{27},\ \frac{12}{33}.$$

1625. — Même question. Diviser les deux termes par **5**.

$$\frac{5}{10},\ \frac{15}{20},\ \frac{5}{15},\ \frac{10}{15},\ \frac{5}{20},\ \frac{10}{25},\ \frac{5}{25},\ \frac{15}{35},\ \frac{25}{30},\ \frac{20}{35},\ \frac{40}{25},\ \frac{45}{50}.$$

1626. — Même question. Diviser les deux termes par 10.

$$\frac{10}{20}, \ \frac{20}{30}, \ \frac{50}{70}, \ \frac{40}{90}, \ \frac{90}{100}, \ \frac{70}{180}, \ \frac{80}{110}, \ \frac{60}{70}, \ \frac{110}{150}, \ \frac{120}{130}, \ \frac{150}{170}, \ \frac{200}{370}.$$

1627. — Extraire les entiers des fractions suivantes :

$$\frac{3}{3}, \ \frac{5}{5}, \ \frac{7}{7}, \ \frac{8}{8}, \ \frac{11}{11}, \ \frac{15}{15}, \ \frac{17}{17}, \ \frac{23}{23}, \ \frac{6}{3}, \ \frac{8}{4}, \ \frac{15}{5}, \ \frac{24}{6}, \ \frac{21}{7}, \ \frac{63}{9}, \ \frac{48}{8}, \ \frac{39}{13}.$$

1628. — Même question.

$$\frac{3}{2}, \ \frac{8}{3}, \ \frac{7}{4}, \ \frac{15}{7}, \ \frac{14}{5}, \ \frac{20}{9}, \ \frac{29}{8}, \ \frac{24}{11}, \ \frac{25}{4}, \ \frac{34}{7}, \ \frac{42}{5}, \ \frac{41}{6}, \ \frac{50}{7}, \ \frac{59}{8}, \ \frac{70}{9}, \ \frac{82}{9}.$$

EXERCICES ÉCRITS

1629. — Tracer une ligne qui représente l'unité. Tracer d'autres lignes qui soient la moitié, le $\frac{1}{4}$, les $\frac{3}{4}$, le $\frac{1}{8}$, les $\frac{7}{8}$ de la première.

1630. — Tracer une ligne de 12 centimètres. Tracer d'autres lignes qui soient la moitié, le $\frac{1}{3}$, les $\frac{5}{6}$, les $\frac{11}{12}$ de la première.

1631. — Écrire en chiffres :

un *demi*,

deux *tiers*,

quatre *cinquièmes*,

deux *neuvièmes*,

trois *dixièmes*,

sept *onzièmes*,

treize *quatorzièmes*,

quinze *dix-neuvièmes*,

dix-sept *vingtièmes*,

huit *vingt-cinquièmes*,

douze *vingt-neuvièmes*,

onze *trentièmes*,

quatre *trente-troisièmes*,

seize *quarante-cinquièmes*,

cinquante *quatre-vingt-unièmes*,

neuf *quatre-vingt-seizièmes*.

1632. — Écrire en chiffres :

1° neuf *centièmes*,

quarante-neuf *soixante-dix-septièmes*,

soixante et onze *quatre-vingt-neuvièmes*,

cent vingt *quatre-vingt-dix-huitièmes*,

cent quarante-deux *trois cent vingt-cinquièmes*,

soixante-dix-huit *cent neuvièmes*,

deux cent quinze *trois cent douzièmes*.

2° (Quand le dénominateur est un grand nombre, on l'énonce souvent comme un nombre entier en le faisant précéder du mot sur.)

cinq cents sur *mille*,

cent quatre-vingts sur *cinq mille*,

cent vingt-cinq sur *huit mille*,

un sur *quatre-vingt mille*,

un sur *deux cent mille*,

un sur *cent vingt mille*,

un sur *cinquante mille*,

un sur *cinq cent mille*.

1633. — Classer les fractions suivantes par ordre de grandeur :

1° croissante : $\dfrac{5}{29}$, $\dfrac{1}{29}$, $\dfrac{3}{29}$, $\dfrac{8}{29}$, $\dfrac{27}{29}$, $\dfrac{18}{29}$, $\dfrac{4}{29}$, $\dfrac{2}{29}$, $\dfrac{16}{29}$, $\dfrac{28}{29}$.

2° décroissante : $\dfrac{13}{47}$, $\dfrac{13}{3}$, $\dfrac{13}{45}$, $\dfrac{13}{42}$, $\dfrac{13}{34}$, $\dfrac{13}{5}$, $\dfrac{13}{2}$, $\dfrac{13}{31}$, $\dfrac{13}{35}$, $\dfrac{13}{7}$.

1634. — Dire de combien chacune des fractions suivantes dépasse l'unité, et les classer par ordre de grandeur décroissante :

$$\frac{15}{11},\ \frac{11}{7},\ \frac{31}{27},\ \frac{7}{3},\ \frac{25}{21},\ \frac{37}{33},\ \frac{9}{5},\ \frac{13}{9},\ \frac{17}{13},\ \frac{45}{41}.$$

1635. — Dire ce qui manque à chacune des fractions suivantes pour qu'elle soit égale à l'unité et les classer par ordre de grandeur croissante :

$$\frac{2}{5},\ \frac{4}{7},\ \frac{10}{13},\ \frac{16}{19},\ \frac{20}{23},\ \frac{7}{10},\ \frac{32}{35},\ \frac{8}{11},\ \frac{5}{8},\ \frac{25}{28}.$$

Simplifier les fractions suivantes :

1636. — En divisant les deux termes par 2 :

$$\frac{4}{10},\ \frac{12}{2},\ \frac{8}{14},\ \frac{14}{16},\ \frac{20}{22},\ \frac{28}{18},\ \frac{34}{30},\ \frac{46}{50},\ \frac{20}{54},\ \frac{54}{70},\ \frac{60}{74}.$$

1637. — En divisant les deux termes par 4 :

$$\frac{4}{12},\ \frac{8}{20},\ \frac{12}{16},\ \frac{12}{20},\ \frac{16}{28},\ \frac{16}{44},\ \frac{32}{20},\ \frac{40}{52},\ \frac{56}{60},\ \frac{48}{68},\ \frac{36}{56}.$$

1638. — En divisant les deux termes par le numérateur :

$$\frac{9}{18},\ \frac{4}{28},\ \frac{8}{64},\ \frac{10}{50},\ \frac{14}{28},\ \frac{12}{60},\ \frac{12}{48},\ \frac{20}{100},\ \frac{7}{35},\ \frac{11}{44},\ \frac{13}{65}.$$

1639. — En divisant les deux termes par le plus grand nombre possible :

$$\frac{10}{25},\ \frac{9}{12},\ \frac{4}{14},\ \frac{15}{18},\ \frac{14}{35},\ \frac{27}{36},\ \frac{12}{21},\ \frac{32}{56},\ \frac{25}{35},\ \frac{14}{21},\ \frac{30}{45}.$$

1640. — Simplifier le plus possible les fractions suivantes :

$$\frac{18}{48},\ \frac{24}{60},\ \frac{25}{125},\ \frac{40}{80},\ \frac{30}{96},\ \frac{200}{420},\ \frac{360}{540},\ \frac{500}{2\,000}.$$

Fractions à réduire au même dénominateur :

1641. — 1° $\dfrac{1}{2}$ et $\dfrac{2}{3}$; 2° $\dfrac{5}{6}$ et $\dfrac{2}{7}$; 3° $\dfrac{2}{9}$ et $\dfrac{3}{4}$;

$\dfrac{3}{4}$ et $\dfrac{2}{5}$. $\dfrac{4}{5}$ et $\dfrac{3}{8}$. $\dfrac{7}{8}$ et $\dfrac{4}{9}$.

1642. — 1° $\dfrac{8}{11}$ et $\dfrac{7}{10}$; 2° $\dfrac{8}{15}$ et $\dfrac{9}{11}$; 3° $\dfrac{10}{13}$ et $\dfrac{14}{17}$;

$\dfrac{9}{13}$ et $\dfrac{5}{12}$. $\dfrac{12}{13}$ et $\dfrac{8}{9}$. $\dfrac{11}{48}$ et $\dfrac{3}{7}$.

1643. — 1° $\dfrac{1}{3}$, $\dfrac{2}{5}$ et $\dfrac{3}{4}$; 2° $\dfrac{3}{5}$, $\dfrac{2}{7}$ et $\dfrac{1}{8}$;

$\dfrac{2}{7}$, $\dfrac{1}{2}$ et $\dfrac{4}{5}$. $\dfrac{1}{4}$, $\dfrac{6}{11}$ et $\dfrac{4}{11}$.

1644. — 1° $\dfrac{3}{7}$, $\dfrac{4}{5}$ et $\dfrac{6}{7}$; 2° $\dfrac{9}{10}$, $\dfrac{2}{13}$ et $\dfrac{12}{13}$;

$\dfrac{4}{13}$, $\dfrac{1}{7}$ et $\dfrac{7}{12}$. $\dfrac{9}{7}$, $\dfrac{5}{17}$ et $\dfrac{1}{10}$.

1645. — Simplifier le plus possible les fractions suivantes, puis les réduire au même dénominateur.

1° $\dfrac{4}{10}$ et $\dfrac{3}{9}$; 2° $\dfrac{6}{8}$ et $\dfrac{4}{5}$; 3° $\dfrac{8}{14}$ et $\dfrac{12}{16}$;

$\dfrac{5}{7}$ et $\dfrac{4}{6}$. $\dfrac{10}{12}$ et $\dfrac{5}{10}$. $\dfrac{15}{45}$ et $\dfrac{8}{28}$.

1646. — Même question.

1° $\dfrac{2}{3}$, $\dfrac{3}{9}$ et $\dfrac{8}{26}$; 2° $\dfrac{5}{15}$, $\dfrac{4}{5}$ et $\dfrac{21}{28}$;

$\dfrac{10}{40}$, $\dfrac{4}{10}$ et $\dfrac{6}{9}$. $\dfrac{36}{42}$, $\dfrac{1}{2}$ et $\dfrac{12}{39}$.

1647. — Dans cette question et dans les trois suivantes, réduire les fractions au même dénominateur en prenant comme dénominateur commun le plus grand dénominateur de chaque groupe.

1° $\dfrac{1}{2}$ et $\dfrac{3}{4}$; 2° $\dfrac{3}{8}$ et $\dfrac{1}{2}$; 3° $\dfrac{3}{4}$ et $\dfrac{5}{12}$;

$\dfrac{2}{5}$ et $\dfrac{3}{10}$. $\dfrac{5}{6}$ et $\dfrac{2}{3}$. $\dfrac{11}{14}$ et $\dfrac{4}{7}$.

1648. — 1° $\dfrac{9}{20}$ et $\dfrac{3}{5}$; 2° $\dfrac{7}{10}$ et $\dfrac{11}{40}$; 3° $\dfrac{19}{20}$ et $\dfrac{7}{80}$.

$\dfrac{2}{7}$ et $\dfrac{5}{28}$. $\dfrac{17}{30}$ et $\dfrac{11}{15}$. $\dfrac{13}{30}$ et $\dfrac{19}{90}$.

1649. — 1° $\dfrac{1}{2}$, $\dfrac{1}{4}$ et $\dfrac{7}{8}$; 2° $\dfrac{11}{21}$, $\dfrac{2}{7}$ et $\dfrac{1}{3}$;

$\dfrac{2}{5}$, $\dfrac{3}{4}$ et $\dfrac{3}{20}$. $\dfrac{2}{5}$, $\dfrac{4}{15}$ et $\dfrac{2}{3}$.

1650. — 1° $\dfrac{1}{6}$, $\dfrac{5}{12}$, $\dfrac{11}{18}$ et $\dfrac{7}{36}$. 2° $\dfrac{13}{60}$, $\dfrac{7}{30}$, $\dfrac{4}{15}$ et $\dfrac{11}{12}$.

1651. — Extraire les entiers des fractions suivantes :

$$\dfrac{40}{9}, \quad \dfrac{37}{11}, \quad \dfrac{38}{13}, \quad \dfrac{42}{17}, \quad \dfrac{67}{14}, \quad \dfrac{87}{19}, \quad \dfrac{140}{27}, \quad \dfrac{295}{104}.$$

1652. — Simplifier les fractions, puis extraire les entiers.

$$\dfrac{42}{14}, \quad \dfrac{70}{50}, \quad \dfrac{99}{21}, \quad \dfrac{100}{25}, \quad \dfrac{100}{20}, \quad \dfrac{120}{35}, \quad \dfrac{240}{64}, \quad \dfrac{840}{30}.$$

ADDITION DES FRACTIONS

410. — *Les fractions ont le même dénominateur.*
On partage un gâteau en **8** morceaux égaux, c'est-à-
dire en huitièmes. On donne à Léon d'abord **4** morceaux, puis **2** morceaux et enfin **1** morceau. Quelle
fraction du gâteau a-t-il reçue?

Léon a reçu $4 + 2 + 1 = 7$ morceaux ou **7** huitièmes,
puisque chacun de ces morceaux est **1** huitième du
gâteau.

Nous avons ainsi fait la somme des trois fractions
suivantes : $\frac{4}{8}$, $\frac{2}{8}$, $\frac{1}{8}$ et nous avons obtenu $\frac{7}{8}$:

$$\frac{4}{8} + \frac{2}{8} + \frac{1}{8} = \frac{7}{8}.$$

Or, 7 est la somme des numérateurs. Donc :

411. — **Règle.** — *Pour additionner des fractions qui
ont le même dénominateur, on fait la somme des numérateurs et l'on conserve le dénominateur commun.*

Exemple.

$$\frac{4}{15} + \frac{1}{15} + \frac{7}{15} = \frac{4 + 1 + 7}{15} = \frac{12}{15} \text{ ou } \frac{4}{5}, \text{ en simplifiant.}$$

412. — *Les fractions ont des dénominateurs différents.*

Soit à additionner $\frac{2}{5}$ et $\frac{3}{7}$.

Réduisons ces deux fractions au même dénominateur :

$$\frac{2}{5} = \frac{2 \times 7}{5 \times 7} = \frac{14}{35}, \qquad \frac{3}{7} = \frac{3 \times 5}{7 \times 5} = \frac{15}{35}.$$

Les nouvelles fractions sont égales aux anciennes : il suffit donc d'ajouter les nouvelles.

$$\frac{14}{35} + \frac{15}{35} = \frac{29}{35}.$$

413. — Règle. — *Pour additionner des fractions qui ont des dénominateurs différents, on les réduit au même dénominateur et l'on est ramené au premier cas.*

Exemples.

1°
$$\frac{1}{2} + \frac{2}{3} + \frac{3}{7}$$

Réduisons ces fractions au même dénominateur :

$$\frac{1}{2} = \frac{1 \times 3 \times 7}{2 \times 3 \times 7} = \frac{21}{42}, \quad \frac{2}{3} = \frac{2 \times 2 \times 7}{3 \times 2 \times 7} = \frac{28}{42}, \quad \frac{3}{7} = \frac{3 \times 2 \times 3}{7 \times 2 \times 3} = \frac{18}{42}$$

$$\frac{21}{42} + \frac{28}{42} + \frac{18}{42} = \frac{67}{42}$$

2°
$$\frac{1}{6} + \frac{2}{7} + \frac{3}{5}.$$

Réduisons ces fractions au même dénominateur :

$$\frac{1}{6} = \frac{35}{210}, \quad \frac{2}{7} = \frac{60}{210}, \quad \frac{3}{5} = \frac{126}{210}.$$

$$\frac{35}{210} + \frac{60}{210} + \frac{126}{210} = \frac{221}{210}.$$

414. — Addition de nombres formés d'entiers et de fractions.

Soit à additionner $4\frac{2}{3}$ et $2\frac{1}{5}$.

Additionnons d'abord les entiers :

$$4 + 2 = 6;$$

puis les fractions :

$$\frac{2}{3} + \frac{1}{5} = \frac{10}{15} + \frac{3}{15} = \frac{13}{15}.$$

Enfin, ajoutons les deux résultats obtenus :

$$6 + \frac{13}{15} = 6\frac{13}{15}.$$

415. — **Règle.** — *Pour additionner des nombres formés d'entiers et de fractions, on additionne d'abord les entiers, puis les fractions et l'on fait la somme des deux résultats obtenus.*

Exemple.

$$5\frac{1}{4} + 2\frac{2}{7} + 9\frac{3}{7}.$$

Additionnons les entiers :

$$5 + 2 + 9 = 16;$$

puis les fractions, après les avoir réduites au même dénominateur :

$$\frac{1}{4} = \frac{7}{28}; \quad \frac{2}{7} = \frac{8}{28}; \quad \frac{3}{7} = \frac{12}{28},$$

$$\frac{7}{28} + \frac{8}{28} + \frac{12}{28} = \frac{27}{28},$$

$$16 + \frac{27}{28} = 16\frac{27}{28}.$$

EXERCICES ORAUX

1653. — On verse dans un vase $\frac{1}{5}$, puis $\frac{3}{5}$ d'un litre d'eau. Quelle fraction du litre contient alors le vase ?

1654. — Louis a mangé les $\frac{2}{9}$, puis les $\frac{4}{9}$ d'un gâteau. Quelle fraction du gâteau a-t-il mangée ?

1655. — Jean dépense les $\frac{3}{11}$ de son argent la 1re semaine du mois, les $\frac{2}{11}$ la semaine suivante, et les $\frac{4}{11}$ la 3e semaine. Combien de onzièmes a-t-il dépensé en tout ?

1656. — On prend les $\frac{3}{13}$ d'un coupon pour la robe de Jeanne, les $\frac{4}{13}$ pour celle de Louise et les $\frac{5}{13}$ pour celle de Marie. Quelle fraction du coupon a-t-on prise ?

1657. — Dire combien font 7 et $8\frac{3}{4}$; 15 et $2\frac{6}{7}$; $3\frac{4}{5}$ et 9.

1658. — Calculer combien font $2^m \frac{1}{5}$ et $4^m \frac{2}{5}$; $4^m \frac{3}{11}$ et $7^m \frac{2}{11}$. $15^m \frac{4}{9}$ et $9^m \frac{2}{9}$; $12^m \frac{4}{15}$ et $5^m \frac{7}{15}$.

1659. — Additions à effectuer:

1° $5 + 2\frac{3}{7} + 8\frac{1}{7}$; 2° $7 + 4\frac{3}{11} + 10\frac{7}{11}$; 3° $3\frac{4}{13} + 5\frac{1}{13} + 8\frac{3}{13}$.

1660. — On partage une tarte en 8 parts égales. On donne 1 morceau à Jean, 2 à Paul et 3 à Marie. Quelle fraction de la tarte a-t-on distribuée?

1661. — Après avoir retiré $9^l \frac{6}{17}$ d'une bonbonne, il reste encore $8^l \frac{5}{17}$. Combien contenait-elle de litres?

1662. — Un tonnelet contenait 30 litres de vin. On en a tiré successivement 7^l; 9^l et 3^l. Quelle fraction du vin a-t-on tirée?

1663. — Dans une classe de 28 élèves, 5 sont bons, 6 sont assez bons et 9 sont passables. Quelle fraction de la classe représente le total des élèves de ces trois catégories?

1664. — Additions à effectuer en prenant, dans chaque addition, le plus grand dénominateur comme dénominateur commun.

1° $\frac{1}{2} + \frac{3}{4}$; 2° $\frac{2}{5} + \frac{3}{10}$; 3° $\frac{9}{12} + \frac{5}{6}$;

$\frac{3}{8} + \frac{1}{4}$. $\frac{4}{15} + \frac{1}{5}$. $\frac{5}{18} + \frac{1}{6}$.

1665. — Même question.

1° $\frac{9}{18} + \frac{5}{36}$; 2° $\frac{8}{49} + \frac{6}{7}$; 3° $\frac{7}{30} + \frac{3}{10}$;

$\frac{3}{7} + \frac{5}{28}$. $\frac{4}{5} + \frac{8}{25}$. $\frac{3}{11} + \frac{25}{44}$.

1666. — Un ouvrier a fait le $\frac{1}{4}$, puis la moitié de son ouvrage. Quelle fraction de son ouvrage a-t-il faite?

1667. — Louis a préparé $\frac{1}{3}$ de sa composition le jeudi, $\frac{1}{6}$ le lendemain. Quelle fraction de sa composition a-t-il préparée?

1668. — On a tiré d'un tonneau $\frac{3}{4}$, puis $\frac{1}{8}$ du vin qu'il contenait. Quelle fraction du vin a-t-on tirée?

1669. — Deux ménagères achètent en commun un bidon de pétrole. L'une prend $9^l \frac{5}{7}$, l'autre $8^l \frac{2}{7}$. Quelle quantité de pétrole contenait le bidon?

1670. — Après avoir vendu $9^{kg}\frac{1}{5}$ d'un fromage, il reste encore $12^{kg}\frac{4}{5}$. Quel était le poids du fromage?

1671. — Quelle fraction d'un nombre représentent $\frac{1}{5} + \frac{7}{15}$ de ce nombre?

1672. — On vend $\frac{1}{3}$, puis $\frac{2}{9}$ d'un pain de sucre. Quelle fraction du pain a-t-on vendue?

EXERCICES ÉCRITS

Additions à effectuer; simplifier les résultats s'il y a lieu.

1673. — 1° $\frac{2}{9} + \frac{3}{9} + \frac{5}{9}$; 2° $3 + \frac{5}{11} + \frac{4}{11}$; 3° $\frac{7}{20} + \frac{19}{20} + 15$.

1674. — 1° $6\frac{2}{5} + 4\frac{1}{5} + 3$; 2° $7\frac{4}{11} + 5\frac{2}{11} + 8\frac{5}{11}$.

1675. — 1° $\frac{2}{7} + \frac{1}{2}$; 2° $\frac{3}{8} + \frac{4}{9}$; 3° $\frac{5}{7} + \frac{9}{13}$;

$\frac{5}{9} + \frac{2}{5}$. $\frac{2}{3} + \frac{3}{11}$. $\frac{8}{11} + \frac{4}{17}$.

1676. — 1° $\frac{1}{3} + \frac{1}{4} + \frac{1}{5}$; 2° $\frac{4}{15} + \frac{3}{7} + \frac{2}{13}$;

$\frac{1}{2} + \frac{2}{9} + \frac{3}{11}$. $\frac{7}{9} + \frac{4}{5} + \frac{2}{17}$.

1677. — 1° $\frac{3}{4} + \frac{2}{3} + \frac{1}{7} + \frac{1}{5}$; 2° $\frac{2}{9} + \frac{3}{5} + \frac{1}{2} + \frac{4}{7}$;

$\frac{3}{4} + \frac{2}{5} + \frac{3}{7} + \frac{1}{9}$. $\frac{4}{13} + \frac{2}{11} + \frac{1}{3} + \frac{5}{12}$.

1678. — 1° $2\frac{1}{4} + 3\frac{1}{3}$; 2° $1\frac{3}{4} + 2\frac{5}{7}$; 3° $7\frac{1}{2} + 3\frac{2}{5}$.

1679. — 1° $3\frac{9}{11} + 5 + 3\frac{1}{2}$; 2° $3\frac{2}{9} + 6 + 5\frac{3}{4}$;

$2 + 5\frac{3}{8} + 4\frac{2}{3}$. $6\frac{1}{2} + 7\frac{5}{9} + 4$.

1680. — 1° $2\frac{1}{2} + 5\frac{1}{3} + 7\frac{1}{5}$; 2° $5\frac{2}{3} + 8\frac{4}{7} + 2\frac{4}{5}$;

$9\frac{2}{5} + 4\frac{1}{7} + 1\frac{5}{6}$. $8\frac{1}{2} + 15\frac{3}{4} + 1\frac{1}{7}$.

PROBLÈMES ÉCRITS

1681. — On transporte d'abord $\frac{4}{5}$ de mètre cube de sable, puis $\frac{5}{6}$ de mètre cube. Calculer le volume total du sable transporté.

1682. — Une ouvrière fait $\frac{1}{3}$ de mètre de dentelle par heure, une autre fait $\frac{1}{11}$ de mètre de plus. Quelle fraction de mètre la deuxième fait-elle en 1 heure ?

1683. — Paul reçoit $\frac{3}{8}$ d'un gâteau et Louis en reçoit $\frac{2}{5}$. Quelle fraction du gâteau ont-ils reçue à eux deux ?

1684. — Un manœuvre faucherait un pré en 5 heures, un autre en 6 heures. Quelle fraction du pré faucheraient-ils en une heure en travaillant ensemble ?

1685. — Un robinet remplirait un bassin en 6 heures, un autre le remplirait en 7 heures. On les ouvre en même temps; quelle fraction du bassin rempliront-ils en 1 heure ?

1686. — Un cultivateur a vendu successivement $\frac{1}{7}$, $\frac{2}{5}$ et $\frac{2}{9}$ de sa récolte de blé. Quelle fraction de sa récolte a-t-il vendue ?

1687. — Un ouvrier creuserait un fossé en 8 jours, un autre le creuserait en 9 jours, et un troisième en 11 jours. On les fait travailler ensemble. Quelle fraction du fossé creuseront-ils en 1 jour ?

1688. — Quel est le périmètre d'un triangle dont les côtés ont

$$12^{cm}, \quad 8^{cm}\frac{1}{2} \quad \text{et} \quad 7^{cm}\frac{2}{3}?$$

1689. — Un jardin a la forme d'un parallélogramme dont les côtés ont $25^{m}\frac{2}{9}$ et $18^{m}\frac{1}{5}$. Quelle est la longueur de la clôture qui l'entoure ?

1690. — Un ménage achète successivement 9 quintaux, $8^{q}\frac{1}{7}$ et $7^{q}\frac{3}{4}$ de charbon. Quel est le poids total du charbon acheté ?

1691. — Louis a obtenu en composition de calcul les notes suivantes : 14, $18\frac{1}{2}$, $14\frac{1}{4}$, $17\frac{3}{4}$. Totalisez les points.

SOUSTRACTION DES FRACTIONS

416. — *Les fractions ont le même dénominateur*.
Jean avait 5 septièmes d'un gâteau ; il en a donné
3 septièmes à sa sœur. Quelle fraction du gâteau a-t-il
gardée ?

Jean a gardé 5 septièmes — 3 septièmes = 2 septièmes.

Nous avons ainsi retranché la fraction $\frac{3}{7}$ de la fraction $\frac{5}{7}$; la différence est $\frac{2}{7}$:

$$\frac{5}{7} - \frac{3}{7} = \frac{2}{7}.$$

Or, 2 est la différence des numérateurs. Donc :

**417. — Règle. — *Pour soustraire une fraction d'une
fraction qui a le même dénominateur qu'elle, on retranche
les numérateurs et l'on conserve le dénominateur commun*.**

**418. — *Les fractions ont des dénominateurs dif-
férents*.**
Soit à retrancher $\frac{2}{5}$ de $\frac{3}{4}$.

Réduisons ces fractions au même dénominateur :

$$\frac{3}{4} = \frac{3 \times 5}{4 \times 5} = \frac{15}{20} ; \qquad \frac{2}{5} = \frac{2 \times 4}{5 \times 4} = \frac{8}{20}.$$

Nous retranchons $\frac{8}{20}$ de $\frac{15}{20}$:

$$\frac{15}{20} - \frac{8}{20} = \frac{7}{20}.$$

419. — **Règle.** — *Pour soustraire une fraction d'une fraction qui a un dénominateur différent, on les réduit au même dénominateur et l'on est ramené au premier cas.*

Exemples.

$$1° \qquad \frac{2}{3} - \frac{1}{4} = \frac{8}{12} - \frac{3}{12} = \frac{5}{12}.$$

$$2° \qquad \frac{4}{9} - \frac{2}{8} = \frac{32}{72} - \frac{18}{72} = \frac{14}{72} \text{ ou } \frac{7}{36}, \text{ en simplifiant.}$$

420. — **Soustraction de nombres formés d'entiers et de fractions.**

Soit à retrancher $1\frac{2}{3}$ de $2\frac{1}{4}$.

Nous réduisons $2\frac{1}{4}$ en une fraction dont le dénominateur est 4 :

$$2\frac{1}{4} = \frac{4}{4} + \frac{4}{4} + \frac{1}{4} = \frac{9}{4}.$$

Nous réduisons $1\frac{2}{3}$ en une fraction dont le dénominateur est 3 :

$$1\frac{2}{3} = \frac{3}{3} + \frac{2}{3} = \frac{5}{3}.$$

Nous retranchons $\frac{5}{3}$ de $\frac{9}{4}$:

$$\frac{9}{4} - \frac{5}{3} = \frac{27}{12} - \frac{20}{12} = \frac{7}{12}.$$

421. — **Règle.** — *Pour faire la différence de deux nombres formés d'entiers et de fractions, on réduit ces nombres en fractions et l'on fait la différence des fractions obtenues.*

Exemple.

$$3\frac{1}{2} - 2\frac{2}{3}.$$

Nous réduisons $3\frac{1}{2}$ et $2\frac{2}{3}$ en fractions :

$$3\frac{1}{2} = \frac{2}{2} + \frac{2}{2} + \frac{2}{2} + \frac{1}{2} = \frac{7}{2}$$

$$2\frac{2}{3} = \frac{3}{3} + \frac{3}{3} + \frac{2}{3} = \frac{8}{3}$$

Nous retranchons $\frac{8}{3}$ de $\frac{7}{2}$:

$$\frac{7}{2} - \frac{8}{3} = \frac{21}{6} - \frac{16}{6} = \frac{5}{6}.$$

EXERCICES ORAUX

Soustractions à effectuer oralement.

1692. — 1° $\dfrac{4}{5} - \dfrac{2}{5}$; $\dfrac{6}{7} - \dfrac{3}{7}$; $\dfrac{8}{9} - \dfrac{4}{9}$; $\dfrac{11}{12} - \dfrac{4}{12}$.

2° $\dfrac{16}{17} - \dfrac{9}{17}$; $\dfrac{18}{25} - \dfrac{14}{25}$; $\dfrac{26}{27} - \dfrac{4}{27}$; $\dfrac{35}{47} - \dfrac{21}{47}$.

1693. — 1° $8\frac{3}{4} - 2$; $7\frac{5}{6} - 4$; $10\frac{3}{7} - 8$; $12\frac{2}{11} - 5$.

2° $19\frac{2}{3} - 12$; $21\frac{2}{13} - 18$; $30\frac{5}{8} - 24$; $45\frac{8}{25} - 40$.

1694. — 1° $1 - \frac{1}{2}$; $2 - \frac{1}{2}$; $4 - \frac{1}{2}$; $5 - \frac{1}{2}$.

2° $3 - \frac{1}{2}$; $7 - \frac{1}{2}$; $10 - \frac{1}{2}$; $15 - \frac{1}{2}$.

1695. — 1° $1 - \frac{1}{4}$; $1 - \frac{1}{3}$; $1 - \frac{1}{5}$; $1 - \frac{1}{7}$.

2° $1 - \frac{3}{4}$; $1 - \frac{2}{3}$; $1 - \frac{2}{5}$; $1 - \frac{4}{7}$.

1696. — 1° $3 - \frac{5}{8}$; $4 - \frac{7}{9}$; $6 - \frac{3}{4}$; $7 - \frac{8}{9}$.

2° $8 - \frac{5}{12}$; $10 - \frac{2}{3}$; $6 - \frac{7}{15}$; $14 - \frac{5}{6}$.

(Pour calculer $3 - \frac{5}{8}$, on peut procéder ainsi : $3 = 2 + \frac{8}{8}$ ou $2\frac{8}{8}$; on retranche $\frac{5}{8}$ de $\frac{8}{8}$, et l'on a : $2\frac{8}{8} - \frac{5}{8} = 2 + \frac{3}{8}$ ou $2\frac{3}{8}$.)

1697. — 1° $4\frac{2}{3} - 1\frac{1}{3}$; $5\frac{1}{2} - 2\frac{1}{2}$; $8\frac{5}{9} - 3\frac{1}{9}$; $10\frac{4}{7} - 8\frac{2}{7}$.

2° $10\frac{5}{8} - 4\frac{3}{8}$; $14\frac{10}{11} - 12\frac{5}{11}$; $9\frac{13}{15} - 7\frac{6}{15}$; $14\frac{9}{13} - 10\frac{4}{13}$.

(On peut retrancher séparément les entiers et les fractions.

Exemple : $4\frac{2}{3} - 1\frac{1}{3}$; $4 - 1 = 3$; $\frac{2}{3} - \frac{1}{3} = \frac{1}{3}$; réponse $3\frac{1}{3}$.)

1698. — 1° $\frac{3}{4} - \frac{1}{2}$; $\frac{1}{2} - \frac{1}{4}$; $\frac{9}{10} - \frac{2}{5}$; $\frac{3}{8} - \frac{1}{4}$.

2° $\frac{3}{4} - \frac{5}{8}$; $\frac{5}{6} - \frac{5}{12}$; $\frac{4}{7} - \frac{3}{14}$; $\frac{10}{11} - \frac{13}{22}$.

PROBLÈMES ORAUX

1699. — Léon a déjà lu les $\frac{4}{11}$ d'un livre; quelle fraction du livre a-t-il encore à lire?

1700. — Paul plie une feuille en 12 parties égales, puis il en détache 5 parties. Quelle fraction de la feuille représente ce qui reste?

1701. — André prend le train de 7 heures $\frac{1}{2}$ pour aller au lycée. À quelle heure arrive-t-il à la gare quand il attend $\frac{1}{4}$ d'heure le départ du train?

1702. — En prenant 10 minutes de récréation par heure, quelle fraction d'heure représente la récréation? le temps passé en classe?

1703. — René a 10 ans $\frac{1}{12}$, son frère a 13 ans $\frac{5}{12}$. Calculer la différence de leurs âges.

1704. — Jules habite à $\frac{3}{7}$ de kilomètre du collège, Louis à $\frac{5}{14}$ de kilomètre. Quelle fraction de kilomètre Louis parcourt-il de moins que Jules pour se rendre au collège?

1705. — D'un fût contenant $\frac{7}{12}$ d'hectolitre, on retire $\frac{1}{4}$ d'hectolitre. Quelle fraction d'hectolitre contient-il encore?

1706. — En additionnant des fractions, Paul trouve $12\frac{4}{5}$ comme total, mais il a commis une erreur de $\frac{3}{10}$ en trop. Corriger l'erreur.

1707. — Jacques a obtenu 15 points $\frac{1}{4}$ en composition de dessin, Gabriel $16\frac{1}{2}$. Calculer la différence des points.

1708. — Jeanne a 9 ans $\frac{1}{2}$. Dans combien de temps aura-t-elle 20 ans ?

1709. — Yvonne a 11 ans $\frac{7}{12}$. Quel est l'âge de sa sœur qui a 2 ans $\frac{1}{2}$ de moins ?

1710. — Robert a 10 $\frac{3}{4}$ de moyenne en composition de calcul, Pierre a 11 $\frac{1}{4}$, Léon a 9 $\frac{1}{2}$. On donne un accessit à partir de 12 points ; combien de points manque-t-il à chacun d'eux pour en obtenir un ?

1711. — On met en bouteilles d'abord $\frac{1}{3}$, puis $\frac{1}{6}$ d'un hectolitre de vin. Quelle fraction d'hectolitre reste-t-il encore ?

1712. — La somme des âges de Rose et de Pauline est 20 ans $\frac{5}{12}$. Rose a 9 ans $\frac{1}{4}$. Quel est l'âge de Pauline ?

EXERCICES ÉCRITS

Soustractions à effectuer.

1713. — 1° $\frac{3}{4} - \frac{2}{9}$;   2° $\frac{7}{8} - \frac{1}{11}$;   3° $\frac{11}{12} - \frac{3}{7}$;

$\frac{5}{6} - \frac{3}{7}$ $\frac{2}{3} - \frac{1}{13}$ $\frac{19}{20} - \frac{2}{3}$.

1714. — 1° $\frac{5}{7} - \frac{2}{9}$;   2° $\frac{3}{4} - \frac{6}{13}$;   3° $\frac{9}{11} - \frac{3}{7}$;

$\frac{6}{11} - \frac{4}{13}$. $\frac{7}{8} - \frac{4}{15}$. $\frac{15}{23} - \frac{2}{17}$.

1715. — 1° $1\frac{7}{9} - \frac{1}{4}$;   2° $4\frac{7}{8} - \frac{3}{4}$;   3° $3\frac{2}{9} - \frac{2}{11}$;

$5\frac{2}{3} - \frac{4}{7}$. $10\frac{4}{5} - \frac{6}{11}$. $5\frac{3}{4} - \frac{6}{13}$.

(On pourra retrancher la deuxième fraction de la première sans convertir l'entier en fraction.)

1716. — 1° $3\frac{2}{5} - 2\frac{1}{3}$;   2° $5\frac{3}{8} - 2\frac{1}{4}$;   3° $4\frac{5}{6} - 3\frac{7}{12}$;

$6\frac{7}{9} - 8\frac{2}{5}$. $9\frac{8}{13} - 3\frac{1}{2}$. $9\frac{8}{15} - 6\frac{3}{7}$.

(On pourra retrancher séparément les entiers et les fractions.)

1717. — $\quad 3\frac{1}{2}-1\frac{1}{4}$; $2\frac{2}{3}-1\frac{3}{4}$; $3\frac{1}{5}-2\frac{1}{3}$; $4\frac{1}{6}-2\frac{1}{7}$.

Fig. 137 (voir §§ 222 et 238). — *Le sillon*.

La jardinière a tendu une corde entre deux piquets. Maintenant, elle trace le long de la corde, à l'aide d'une serfouette, un petit sillon bien droit. Tout à l'heure, elle y sèmera les graines (pois, haricots) contenues dans le panier. Le sillon fini et les graines semées, elle aplanira de nouveau le terrain avec un des râteaux que vous voyez sur l'image; et plus tard, quand les graines auront germé, de petites plantes bien alignées sortiront de la terre. Comment appelle-t-on le triangle qui forme le cadre?

PROBLÈMES ÉCRITS

1718. — De midi à midi et demi, la grande aiguille d'une montre parcourt $\frac{1}{2}$ du cadran, la petite $\frac{1}{24}$ du cadran. Quelle fraction du cadran la grande aiguille parcourt-elle de plus que la petite?

1719. — A la fin de la première semaine de voyage, il me reste les $\frac{7}{9}$ de la somme que j'ai emportée; la deuxième semaine, je dépense les $\frac{3}{8}$ de la somme emportée. Quelle fraction de cette somme ai-je encore?

1720. — Quelle est la fraction à laquelle il manque $\frac{1}{3}$ pour égaler $\frac{9}{10}$?

1721. — Effectuer la soustraction suivante, $\frac{5}{6} - \frac{1}{7}$, puis faire la preuve en retranchant le reste de $\frac{5}{6}$.

1722. — Quelle fraction faut-il ajouter à $\frac{2}{5}$ pour obtenir $\frac{4}{7}$?

1723. — On ajoute 3 aux deux termes de $\frac{1}{4}$. De combien la fraction obtenue surpasse-t-elle $\frac{1}{4}$?

1724. — On retranche 3 de chaque terme de $\frac{5}{8}$. De combien la fraction obtenue est-elle inférieure à $\frac{5}{8}$?

1725. — Une ouvrière fait 3 mètres de dentelle en 4 jours, une autre en fait 6 mètres en 7 jours. 1° Quelle fraction de mètre chaque ouvrière fait-elle en 1 jour? 2° Quelle fraction de mètre la deuxième fait-elle de plus que la première en 1 jour?

1726. — D'un coupon de $4^{m}\frac{2}{3}$ d'étoffe, on vend $1^{m}\frac{1}{4}$. Que reste-t-il encore?

1727. — On tire $1^{hl}\frac{3}{8}$ de vin d'un tonneau qui en contenait $3^{hl}\frac{5}{7}$. Exprimer en hectolitres et fraction d'hectolitre la quantité de vin qui reste.

1728. — Un tunnel doit avoir $4^{km}\frac{1}{2}$. On en a déjà percé $2^{km}\frac{3}{5}$. Quelle longueur reste-t-il encore à percer?

1729. — Dans une composition, les trois meilleures notes sont : $16\frac{2}{3}$, $16\frac{1}{4}$, et $15\frac{2}{5}$. De combien la première note surpasse-t-elle chacune des autres ?

1730. — Un piéton fait 6^{km} la première heure, $\frac{3}{4}$ de kilomètre de moins la deuxième heure ; la troisième heure, il fait encore $\frac{2}{5}$ de kilomètre de moins que la deuxième. Calculer sa vitesse pendant la deuxième heure et pendant la troisième.

1731. — Un bidon plein d'huile pèse $19^{kg}\frac{2}{5}$; à moitié plein, il pèse $8^{kg}\frac{1}{4}$ de moins. Quel est le poids du bidon vide ?

PROBLÈMES ÉCRITS

ADDITION ET SOUSTRACTION DES FRACTIONS

1732. — Retrancher $\frac{5}{8}$ de $\frac{9}{11}$ et faire la preuve par une addition.

1733. — Dans une composition, $\frac{1}{3}$ des élèves ont eu de bonnes notes, $\frac{2}{5}$ ont eu des notes passables, les autres des notes faibles. Quelle fraction de la classe représentent ces derniers élèves ?

1734. — 3 personnes achètent en commun un wagon de charbon. La première prend le $\frac{1}{3}$, la deuxième les $\frac{2}{7}$ du charbon. Que reste-t-il pour la troisième ?

1735. — La somme des points obtenus en composition par Léon, Jacques et Louis est $45\frac{1}{2}$. Léon a eu $16\frac{3}{4}$, Louis $14\frac{5}{8}$. Quelle est la note de Jacques ?

1736. — A l'examen des bourses, 10 points sont réservés à l'orthographe, et l'on retranche 1 point par faute d'orthographe. André a fait 3 fautes $\frac{1}{2}$, Jules a fait 2 fautes $\frac{3}{4}$ de plus qu'André. Calculer les deux notes en orthographe.

1737. — Dans la même épreuve d'orthographe (voir numéro précédent), Georges a eu 3 points $\frac{2}{3}$, Léon a eu $\frac{1}{2}$ point de moins que Georges, et Robert a eu 4 points de plus que Léon. Quel est le nombre de fautes d'orthographe de chacun de ces trois candidats ?

1738. — Un cycliste a fait 54^{km} en 3 heures, un deuxième cycliste a fait 1$^{km}\frac{1}{2}$ de moins à l'heure, un troisième cycliste a fait à l'heure 2$^{km}\frac{1}{5}$ de plus que le deuxième. Calculer la vitesse à l'heure de chaque cycliste.

1739. — Un fromage pèse 6$^{kg}\frac{3}{4}$. Combien reste-t-il de kilogrammes après qu'on en a vendu 2$^{kg}\frac{2}{5}$ et 1$^{kg}\frac{1}{2}$?

1740. — Les $\frac{3}{5}$ des candidats présentés au baccalauréat ont été reçus, $\frac{1}{9}$ des candidats présentés ont réussi à l'écrit seulement. Quelle fraction des candidats représentent ceux qui ont échoué complètement?

1741. — Dans une excursion de 12 heures, les « éclaireurs » se sont reposés 1 heure $\frac{1}{5}$ à l'aller, 2 heures $\frac{1}{4}$ à l'arrivée et 1 heure $\frac{3}{4}$ pendant le retour. Combien d'heures ont-ils marché?

1742. — Léon a 1$^{m}\frac{1}{4}$, sa sœur a $\frac{1}{5}$ de mètre de plus, et son frère a $\frac{3}{20}$ de mètre de moins que lui. Calculer la taille de sa sœur et celle de son frère.

1743. — Un bassin est alimenté par deux robinets. L'un remplirait seul le bassin en 5 heures, l'autre en 7 heures. On les ouvre en même temps quand le bassin est vide. Quelle fraction du bassin rempliront-ils en 1 heure? Quelle fraction du bassin restera-t-il à remplir au bout de 1 heure?

MULTIPLICATION DES FRACTIONS

422. — *Multiplication d'une fraction par un nombre entier.*

Soit à multiplier $\frac{2}{7}$ par 3.

Nous dirons que multiplier $\frac{2}{7}$ par 3, c'est faire la somme de trois fractions égales à $\frac{2}{7}$.

Le rectangle ABCD (fig. 138) représente l'unité partagée en septièmes. La partie ombrée contient 2 septièmes.

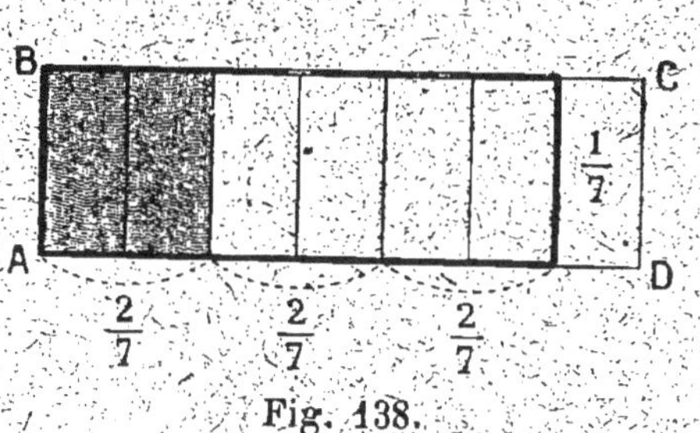

Fig. 138.

Le rectangle en trait fort contient 3 fois 2 septièmes ou 6 septièmes, c'est-à-dire le produit de 2 septièmes par 3.

Or,
$$\frac{6}{7} = \frac{2 \times 3}{7}.$$

2×3 est le produit du numérateur de la fraction par le nombre entier. Donc :

$$\frac{2}{7} \times 3 = \frac{2 \times 3}{7}.$$

423. — **Règle.** — *Pour multiplier une fraction par un nombre entier, on multiplie le numérateur de la fraction par le nombre entier et l'on conserve le dénominateur.*

Exemples.

1°
$$\frac{2}{13} \times 6 = \frac{2 \times 6}{13} = \frac{12}{13}$$

2°
$$\frac{3}{16} \times 4 = \frac{3 \times 4}{16} = \frac{3 \times 4}{4 \times 4} = \frac{3}{4}, \text{ en simplifiant.}$$

424. — **Réduction d'un nombre entier en fraction.**
Appliquons la règle précédente à la réduction d'un nombre entier en fraction.

1° Réduire 3 en quarts.

Comme $1 = \frac{4}{4}$, $3 = \frac{4}{4} \times 3 = \frac{12}{4}$.

2° Réduire $5\frac{2}{7}$ en septièmes.

Comme $1 = \frac{7}{7}$, $5 = \frac{7}{7} \times 5 = \frac{35}{7}$.

Donc $5\frac{2}{7} = \frac{35}{7} + \frac{2}{7} = \frac{37}{7}$.

425. — Multiplication d'un nombre entier par une fraction.

Soit à multiplier 2 par $\frac{3}{5}$.

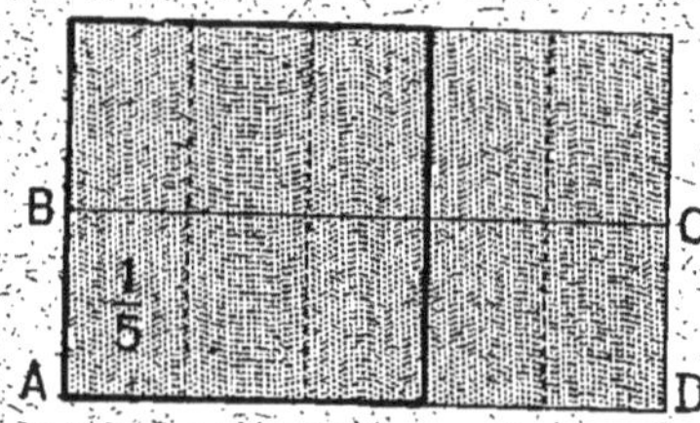

Fig. 139.

Nous dirons que multiplier 2 par $\frac{3}{5}$, c'est prendre les $\frac{3}{5}$ de 2.

Le rectangle ABCD (fig. 139) représente l'unité; le rectangle ombré égale 2 unités.

Partageons ce dernier rectangle en 5 bandes verticales égales; chacune de ces bandes est le cinquième de 2 unités. Pour prendre les 3 cinquièmes de 2 unités, il faut prendre 3 de ces bandes, c'est-à-dire le rectangle en trait fort.

Ce rectangle contient $\frac{6}{5}$ de l'unité.

Or,
$$\frac{6}{5} = \frac{2 \times 3}{5}.$$

Donc,
$$2 \times \frac{3}{5} = \frac{2 \times 3}{5}.$$

426. — Règle. — *Pour multiplier un nombre entier par une fraction, on multiplie ce nombre par le numérateur de la fraction et l'on conserve le dénominateur.*

Exemples.

1°
$$8 \times \frac{5}{9} = \frac{8 \times 5}{9} = \frac{40}{9}$$

2°
$$6 \times \frac{5}{18} = \frac{6 \times 5}{18} = \frac{5}{3},\ \text{en simplifiant.}$$

427. — Multiplication d'une fraction par une fraction.

Soit à multiplier $\frac{4}{5}$ par $\frac{2}{3}$.

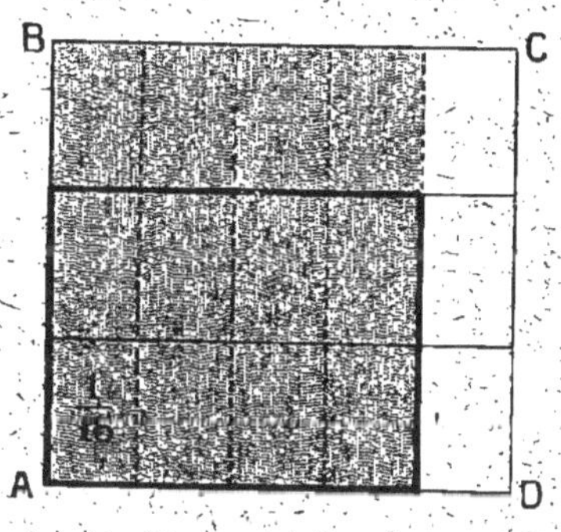

Fig. 140.

Nous dirons que multiplier $\frac{4}{5}$ par $\frac{2}{3}$, c'est prendre les $\frac{2}{3}$ de $\frac{4}{5}$.

Le rectangle ABCD (fig. 140) représente l'unité partagée en cinquièmes par des lignes verticales; la partie ombrée égale $\frac{4}{5}$.

Partageons chaque cinquième en **3** parties égales par des lignes horizontales; l'unité contient **15** de ces parties; chacune de ces parties est un quinzième de l'unité.

Ces lignes horizontales partagent le rectangle ombré en **3** bandes égales; une de ces bandes est le tiers de ce rectangle ou le tiers de $\frac{4}{5}$. Pour prendre les **2** tiers de $\frac{4}{5}$, il faut prendre deux de ces bandes, c'est-à-dire le rectangle en trait fort.

Ce rectangle contient $\frac{8}{15}$.

Or,
$$\frac{8}{15} = \frac{4 \times 2}{5 \times 3}.$$

Donc,
$$\frac{4}{5} \times \frac{2}{3} = \frac{4 \times 2}{5 \times 3}.$$

428. — **Règle.** — *Pour multiplier une fraction par une fraction, on multiplie les numérateurs entre eux et les dénominateurs entre eux.*

Exemples.

1°
$$\frac{5}{8} \times \frac{3}{4} = \frac{5 \times 3}{8 \times 4} = \frac{15}{32}.$$

2°
$$\frac{4}{9} \times \frac{6}{7} = \frac{4 \times 6}{9 \times 7} = \frac{8}{21},$$ en simplifiant.

429. — **Multiplication de nombres formés d'entiers et de fractions.**

Soit
$$1\frac{2}{3} \times 3\frac{1}{2}.$$

Convertissons les deux nombres en fractions :
$$1\frac{2}{3} = \frac{5}{3}; \quad 3\frac{1}{2} = \frac{7}{2}.$$

Puis, multiplions $\frac{5}{3}$ par $\frac{7}{2}$.
$$\frac{5}{3} \times \frac{7}{2} = \frac{5 \times 7}{3 \times 2} = \frac{35}{6}.$$

430. — **Règle.** — *Pour multiplier deux nombres formés d'entiers et de fractions, on les réduit en fractions et l'on fait le produit des deux fractions obtenues.*

Exemples.

1°
$$2\frac{3}{5}\times 1\frac{2}{7}.$$

$$2\frac{3}{5}=\frac{13}{5}\,;\quad 1\frac{2}{7}=\frac{9}{7}\,;$$

$$\frac{13}{5}\times\frac{9}{7}=\frac{13\times 9}{5\times 7}=\frac{117}{35}.$$

2°
$$3\frac{5}{7}\times 2\frac{1}{3}.$$

$$3\frac{5}{7}=\frac{26}{7}\,;\quad 2\frac{1}{3}=\frac{7}{3}.$$

$$\frac{26}{7}\times\frac{7}{3}=\frac{26\times 7}{7\times 3}=\frac{26}{3},\ \text{en simplifiant.}$$

EXERCICES ORAUX

1744. — Multiplier $\frac{1}{7}$ par 2; 3; 4; 5; 7; 9; 11; 13; 14.

1745. — $\frac{2}{5}\times 2$; $\frac{5}{13}\times 2$; $\frac{3}{17}\times 5$; $\frac{1}{6}\times 5$; $\frac{3}{11}\times 3$; $\frac{2}{9}\times 4$.

1746. — $\frac{2}{3}\times 3$; $\frac{4}{5}\times 5$; $\frac{1}{6}\times 2$; $\frac{5}{24}\times 4$; $\frac{4}{15}\times 3$; $\frac{7}{18}\times 6$.

(On pourra diviser le dénominateur par le nombre entier.)

1747. — Convertir : 1° en tiers : 1; 3; 4; 7; 10.
2° en quarts : 1; 2; 5; 8; 9.

1748. — Convertir en fractions :
$$1\frac{1}{2}\,;\ 1\frac{2}{3}\,;\ 1\frac{4}{5}\,;\ 1\frac{6}{7}\,;\ 1\frac{3}{8}.$$

1749. — Même question :
$$2\frac{3}{4}\,;\ 7\frac{2}{7}\,;\ 6\frac{2}{5}\,;\ 9\frac{1}{2}\,;\ 10\frac{4}{11}.$$

1750. — $2\times\frac{1}{3}$; $5\times\frac{3}{4}$; $4\times\frac{2}{9}$; $6\times\frac{3}{11}$; $7\times\frac{5}{12}$.

1751. — $\frac{2}{3}\times\frac{1}{5}$; $\frac{4}{7}\times\frac{3}{8}$; $\frac{5}{9}\times\frac{2}{7}$; $\frac{4}{11}\times\frac{2}{5}$; $\frac{3}{4}\times\frac{5}{7}$.

1752. — $1\frac{1}{2}\times 2$; $2\frac{1}{3}\times 3$; $2\frac{1}{4}\times 4$; $3\frac{1}{7}\times 7$; $4\frac{1}{5}\times 5$.

(On pourra multiplier séparément l'entier et la fraction et ajouter les deux produits.)

Fig. 141 (voir §§ 233, 234, p. 143). — *Angle aigu, angle obtus.*

La canne et le fil de chacun des petits pêcheurs forment un angle. Le pêcheur de devant tire un poisson qui a mordu l'hameçon et sa ligne forme un angle aigu. Celui du fond a affaire à un poisson qui résiste et veut s'échapper; sa ligne forme un angle obtus.

Montrez, dans le losange qui encadre le dessin, les deux angles aigus et les deux angles obtus.

PROBLÈMES ORAUX

1753. — Un flacon a une contenance de $\frac{1}{8}$ de litre; quelle est la contenance de 5, de 7, de 8 flacons semblables?

1754. — Quelle est la longueur de 5 rubans ayant chacun $\frac{2}{5}$ de mètre? de 8 rubans ayant chacun $\frac{1}{2}$ mètre?

1755. — Une personne boit $\frac{4}{7}$ de litre de vin par jour. Quelle quantité de vin boit-elle en une semaine?

1756. — Rendre les fractions $\frac{3}{11}$, $\frac{4}{13}$, d'abord 2 fois, puis 3 fois plus grandes.

1757. — Une cravate coûte $\frac{3}{4}$ de franc. Calculer le prix de 2, de 3, de 4, de 8 cravates.

1758. — Une boîte pèse $2^{kg}\frac{1}{2}$. Quel est le poids de 2, de 4, de 8 boîtes semblables?

1759. — Quel est le prix de 5, de 10, de 15 douzaines d'œufs à $1^f\frac{2}{5}$ la douzaine?

1760. — Quand 3^m de doublure coûtent 2^f, quel est le prix de 1^m? de 4^m? de 10^m?

1761. — Calculer $\frac{1}{3}$, $\frac{2}{3}$, $\frac{1}{4}$, $\frac{3}{4}$ de 24 quintaux.

1762. — Quelles sommes obtient-on en prenant $\frac{2}{7}$, $\frac{3}{7}$, $\frac{5}{7}$, $\frac{6}{7}$ de 28^f?

1763. — Prendre $\frac{1}{5}$, $\frac{4}{5}$, $\frac{1}{8}$, $\frac{3}{8}$, $\frac{1}{10}$ de 40 élèves.

1764. — Prendre $\frac{2}{5}$, $\frac{3}{5}$, $\frac{4}{5}$, $\frac{1}{8}$, $\frac{5}{8}$ de 80^l de vin.

1765. — Une pièce de vin vaut 250^f. Combien valent les $\frac{2}{5}$ de la pièce?

1766. — Un ouvrier gagne 9^f par jour. Combien gagne-t-il en 4 jours $\frac{1}{3}$? en 5 jours $\frac{2}{3}$?

1767. — Combien faut-il de centilitres d'eau pour remplir $\frac{1}{5}$ de litre? $\frac{3}{5}$ de litre? $\frac{1}{4}$ de litre? $\frac{3}{4}$ de litre?

1768. — Une personne devait 80^f. Elle a payé les $\frac{5}{8}$ de cette dette. Quelle somme doit-elle encore?

1769. — Sur 30 devoirs, $\frac{2}{5}$ sont bons, $\frac{1}{3}$ passables, les autres sont faibles. Quel est le nombre des devoirs de chaque catégorie?

1770. — J'avais 28^f. J'ai dépensé $\frac{3}{4}$, puis $\frac{1}{7}$ de cette somme. Quelle est ma dépense totale?

1771. — Papa a 40 ans, l'âge de Louis est les $\frac{2}{5}$ de celui de papa, l'âge de Marthe est les $\frac{3}{8}$ de celui de papa. Calculer l'âge de chacun des enfants.

1772. — On vend $\frac{5}{7}$ d'une pièce d'étoffe de 42 mètres à raison de 12ᶠ le mètre. Quelle est la recette?

EXERCICES ÉCRITS

1773. — $\frac{2}{7}\times3$; $\frac{4}{9}\times2$; $\frac{5}{29}\times4$; $\frac{2}{11}\times8$; $\frac{7}{13}\times4$.

1774. — $\frac{7}{9}\times9$; $\frac{11}{24}\times8$; $\frac{5}{42}\times6$; $\frac{11}{45}\times5$; $\frac{5}{54}\times9$.

(On pourra, dans cet exercice et les trois suivants, diviser le dénominateur par le nombre entier.)

1775. — $\frac{19}{30}\times15$; $\frac{7}{26}\times13$; $\frac{8}{35}\times5$; $\frac{5}{18}\times3$; $\frac{17}{240}\times10$.

1776. — $3\times\frac{7}{15}$; $4\times\frac{5}{12}$; $3\times\frac{7}{9}$; $4\times\frac{1}{8}$; $6\times\frac{7}{18}$.

1777. — $4\times\frac{5}{24}$; $6\times\frac{7}{60}$; $9\times\frac{4}{27}$; $4\times\frac{13}{56}$; $12\times\frac{11}{36}$.

1778. — $\frac{4}{5}\times\frac{5}{6}$; $\frac{11}{15}\times\frac{6}{7}$; $\frac{12}{13}\times\frac{7}{18}$; $\frac{13}{27}\times\frac{9}{14}$; $\frac{8}{19}\times\frac{15}{16}$.

1779. — $1\frac{1}{2}\times3$; $2\frac{1}{13}\times4$; $2\frac{3}{11}\times2$; $5\frac{3}{14}\times3$; $4\frac{5}{17}\times3$.

1780. — $2\times1\frac{2}{3}$; $5\times2\frac{3}{4}$; $3\times4\frac{1}{2}$; $4\times9\frac{2}{5}$; $8\times3\frac{2}{7}$.

1781. — $3\frac{1}{2}\times2\frac{1}{3}$; $5\frac{1}{4}\times3\frac{1}{6}$; $6\frac{1}{2}\times3\frac{1}{4}$; $4\frac{1}{7}\times5\frac{1}{3}$; $9\frac{1}{8}\times2\frac{1}{2}$.

1782. — $4\frac{2}{5}\times3\frac{4}{4}$; $2\frac{4}{5}\times3\frac{2}{7}$; $5\frac{2}{11}\times2\frac{3}{4}$; $7\frac{4}{5}\times3\frac{2}{3}$; $4\frac{2}{9}\times8\frac{3}{5}$.

1783. — $\frac{4}{5}\times\frac{1}{3}\times\frac{2}{7}$; $\frac{1}{5}\times\frac{2}{9}\times\frac{3}{4}$; $\frac{8}{9}\times\frac{2}{7}\times\frac{3}{5}$; $\frac{5}{7}\times\frac{1}{8}\times\frac{2}{3}$.

PROBLÈMES ÉCRITS

1784. — Une bouteille de bordeaux contient $\frac{3}{4}$ de litre. Quelle est la contenance de 160 bouteilles semblables?

1785. — Une petite fille fait des pas de $\frac{2}{5}$ de mètre. Elle a compté 680 pas de la maison à l'école. À quelle distance de l'école se trouve la maison?

1786. — Pour se rendre au collège, Alexandre fait 345 pas de $\frac{3}{5}$ de mètre. Quelle distance, en mètres, parcourt-il en tout pour l'aller et le retour?

1787. — Combien de litres peut fournir par heure une fontaine qui donne $12\frac{5}{6}$ par minute?

1788. — Une femme de ménage est payée $\frac{2}{5}$ de franc par heure. Que lui est-il dû pour le mois d'avril en comptant 2 heures par jour?

1789. — La monnaie d'or contient $\frac{9}{10}$ de son poids d'or pur. Quel est le poids de l'or pur contenu dans une somme qui pèse 3 100 grammes?

1790. — Quand le quintal de blé vaut 28',70, quel est le prix de $\frac{1}{4}$, de $\frac{3}{4}$, de $\frac{1}{5}$, de $\frac{4}{5}$ de quintal?

1791. — J'achète $\frac{5}{8}$ de mètre de drap à 12' le mètre et $\frac{3}{5}$ de mètre à 15' le mètre. Quelle est ma dépense?

1792. — La crème donne les $\frac{7}{10}$ de son poids de beurre; quel est le poids du beurre obtenu avec 7 248ᵍ de crème?

1793. — A l'examen écrit des bourses, Louis a obtenu les $\frac{3}{4}$ du maximum, qui est 40 points, Paul a obtenu les $\frac{4}{5}$ et Jean les $\frac{3}{8}$ de ce maximum. Quel est le nombre des points obtenus par chacun de ces candidats?

1794. — A l'examen écrit, Jacques a obtenu en français les $\frac{4}{5}$ du maximum, qui est 20 points, et en calcul, les $\frac{7}{10}$ du même maximum. Totalisez ses notes.

1795. — Dans la première composition de calcul, Léon a obtenu la note 12, dans la deuxième, sa note est les $\frac{5}{4}$ de la première, sa troisième note est les $\frac{7}{6}$ de la première. Calculer les deux dernières notes.

1796. — Dans les 6 compositions de français de l'année scolaire, Maurice a eu $15\frac{1}{8}$ en moyenne. Quel est le total des 6 notes?

1797. — Un employé gagne 280' par mois. Il dépense les $\frac{2}{5}$ de cette somme pour sa nourriture et son logement et les $\frac{3}{8}$ pour d'autres frais. Calculer sa dépense mensuelle.

1798. — Quand un hectolitre de vin coûte 120^f, quel est le prix de 5$^{hl}\frac{3}{5}$? de 9$^{hl}\frac{1}{4}$?

1799. — Le litre de cidre valant 0^f,40, combien coûtent 24 bouteilles de $\frac{4}{5}$ de litre chacune?

1800. — Une roue fait 1 tour $\frac{5}{6}$ par seconde. Combien fera-t-elle de tours en 1 minute? en 1 heure?

1801. — Un cheval consomme 2^{hl} d'avoine en 3 mois; quelle quantité d'avoine consommera-t-il en 1 mois? en 5 mois $\frac{1}{3}$? en 1 an?

1802. — Un ouvrier gagne 7^f,40 par jour. Combien lui doit-on pour 8 journées $\frac{3}{4}$?

1803. — Un mètre de mousseline coûte $\frac{4}{5}$ de franc. Quel est le prix de $\frac{1}{4}$ de mètre? de $\frac{3}{4}$ de mètre? de $\frac{2}{3}$ de mètre?

1804. — Un facteur rural fait 4 kilomètres $\frac{3}{4}$ en 1 heure. Quel trajet parcourt-il en 3 heures $\frac{2}{3}$?

1805. — Quel est le prix de la clôture d'un champ carré de 95$^m\frac{1}{4}$ de côté, le mètre de clôture coûtant 2$^f\frac{2}{5}$?

1806. — Combien faut-il revendre 125 hectolitres de vin achetés 45^f l'hectolitre pour gagner les $\frac{3}{25}$ du prix d'achat?

1807. — Un rectangle a 9$^{cm}\frac{1}{5}$ de longueur, la largeur est les $\frac{2}{3}$ de la longueur. Calculez le périmètre.

1808. — Quels sont les $\frac{2}{3}$ des $\frac{7}{8}$ d'un nombre? Vérifiez les résultats en prenant le nombre 48 comme exemple.

1809. — 1° Quelle fraction d'un héritage représentent les $\frac{2}{3}$ des $\frac{5}{7}$ de cet héritage? 2° Vérifiez en supposant un héritage de 6 300^f.

1810. — Un mètre de toile coûte $\frac{9}{5}$ de franc; quel est le prix de $\frac{5}{9}$ de mètre? Exprimer le résultat en fraction de franc, puis en francs et centimes.

1811. — Un litre de vin vaut $\frac{4}{5}$ de franc. Calculer, en francs, la recette totale faite quand on a vendu d'abord les $\frac{2}{5}$ d'une pièce de vin contenant 220 litres, puis les $\frac{3}{4}$ du reste.

1812. — Le prix d'excellence de Bernard a 280 pages. Il a lu d'abord les $\frac{2}{7}$ du livre, puis les $\frac{3}{8}$ du reste. Combien a-t-il encore de pages à lire ?

1813. — Quelle fraction d'une pièce de drap a-t-on encore après avoir vendu les $\frac{3}{7}$ de la pièce, puis les $\frac{2}{3}$ de ce qui reste ? Exprimer aussi en mètres la longueur du drap qui reste, sachant que la pièce avait 84^m.

DIVISION DES FRACTIONS

431. — Soit la fraction $\frac{2}{3}$.

Multiplions $\frac{2}{3}$ par 3 :

$\frac{2}{3} \times 3 = \frac{6}{3} = 2$, en simplifiant.

Ainsi, $\frac{2}{3} \times 3 = 2$. Donc :

Le produit d'une fraction par son dénominateur est égal à son numérateur.

Exemples : $\frac{5}{7} \times 7 = 5$; $\frac{8}{9} \times 9 = 8$.

432. — Nous avons vu que, dans une division de nombres entiers ou de nombres décimaux sans reste, si l'on multiplie le quotient par le diviseur, on retrouve le dividende.

Si l'on fait la division de 2 par 3, la division ne se fait pas sans reste, en sorte qu'il n'y a pas de nombre entier dont le produit par le diviseur 3 soit égal au dividende 2, mais puisque $\frac{2}{3} \times 3 = 2$, nous voyons que la fraction $\frac{2}{3}$

multipliée par 3 reproduit 2. Nous dirons que $\dfrac{2}{3}$ est le *quotient exact* de 2 par 3 et nous écrirons :

$$2 \quad : \quad 3 \quad = \quad \dfrac{2}{3}$$

dividende.   diviseur.   quotient.
(*numérateur.*)   (*dénominateur.*)   (*fraction.*)

Donc :

Une fraction est le quotient exact de son numérateur par son dénominateur.

Exemples : Le quotient exact de 3 par 4 est $\dfrac{3}{4}$; le quotient exact de 8 par 13 est $\dfrac{8}{13}$.

433. — **Remarque.** — Quand la division se fait sans reste, le quotient exact est le même que le quotient de la division ; par exemple, 2 est le quotient de la division de 6 par 3, c'est aussi le quotient exact, car $\dfrac{6}{3} = 2$.

434. — *Division d'une fraction par un nombre entier.*

Soit à diviser $\dfrac{5}{6}$ par 3.

Nous dirons que diviser $\dfrac{5}{6}$ par 3, c'est trouver une fraction qui, multipliée par 3, donne un produit égal à $\dfrac{5}{6}$.

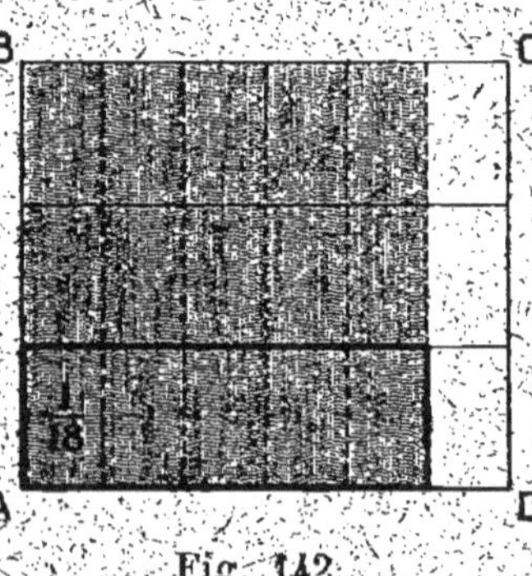

Fig. 142.

Le rectangle ABCD (fig. 142) représente l'unité partagée en 6 bandes verticales égales, c'est-à-dire en 6 sixièmes; le rectangle ombré égale 5 sixièmes.

Partageons chaque sixième en trois parties égales par

deux lignes horizontales. L'unité contient 18 de ces parties; chacune d'elles est un dix-huitième de l'unité.

Ces deux lignes horizontales partagent le rectangle ombré en 3 bandes égales; chacune de ces bandes, par exemple la bande en trait fort, contient $\dfrac{5}{18}$.

La bande en trait fort est bien le quotient de $\dfrac{5}{6}$ par 3, puisque, en ajoutant 3 fois cette bande, on retrouve le rectangle ombré ou $\dfrac{5}{6}$.

Or, $$\dfrac{5}{18} = \dfrac{5}{6 \times 3}.$$

Donc, $$\dfrac{5}{6} : 3 = \dfrac{5}{6 \times 3}.$$

6×3 est le produit du dénominateur de la fraction par le nombre entier.

435. — **Règle**. — *Pour diviser une fraction par un nombre entier, on multiplie le dénominateur de la fraction par le nombre entier et l'on conserve le numérateur.*

Exemples.

$$\dfrac{4}{9} : 3 = \dfrac{4}{9 \times 3} = \dfrac{4}{27}.$$

$$\dfrac{8}{11} : 4 = \dfrac{8}{11 \times 4} = \dfrac{2}{11}, \text{ en simplifiant.}$$

436. — *Division d'un nombre entier par une* **fraction**.

Soit à diviser 3 par $\dfrac{4}{5}$.

Nous dirons que diviser 3 par $\dfrac{4}{5}$, c'est trouver une fraction qui, multipliée par $\dfrac{4}{5}$, donne un produit égal à 3.

Si nous connaissions le quotient, en le multipliant

par $\frac{4}{5}$, c'est-à-dire en prenant les $\frac{4}{5}$ de ce quotient, nous retrouverions le dividende 3.

Le rectangle ABCD (fig. 143) représente l'unité; le rec-

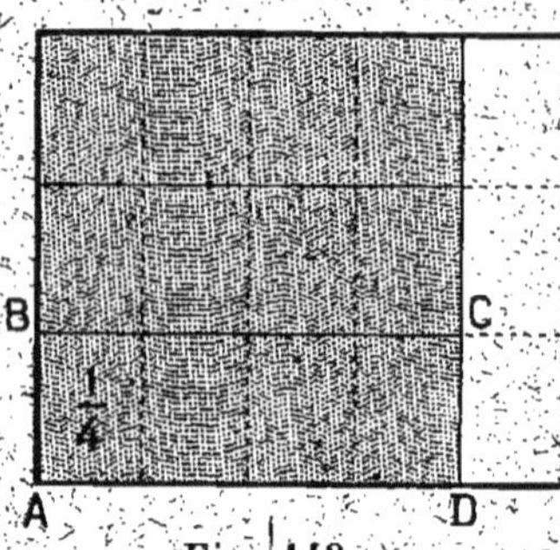

tangle ombré égale 3 unités.

Partageons le rectangle ombré, c'est-à-dire 3 unités, en 4 bandes verticales égales. Chacune de ces bandes représente 1 cinquième du quotient, puisque les 3 unités égalent les 4 cinquièmes de ce quotient.

Pour obtenir le quotient tout entier, il faut ajouter à ces 4 bandes, 1 bande semblable. Nous obtenons ainsi le rectangle en trait fort qui contient 15 petits rectangles, c'est-à-dire $\frac{15}{4}$ de l'unité.

Le rectangle en trait fort est bien le quotient de 3 par $\frac{4}{5}$, puisque, en prenant les $\frac{4}{5}$ de ce rectangle, on retrouve le rectangle ombré ou 3 unités.

Or, $$\frac{15}{4} = \frac{3 \times 5}{4} = 3 \times \frac{5}{4}.$$

Donc, $$3 : \frac{4}{5} = 3 \times \frac{5}{4}.$$

437. — **Règle.** — *Pour diviser un nombre entier par une fraction, on multiplie le nombre entier par la fraction renversée.*

Exemples.

$$3 : \frac{5}{7} = 3 \times \frac{7}{5} = \frac{21}{5}.$$

$$4 : \frac{8}{11} = 4 \times \frac{11}{8} = \frac{11}{2}, \text{ en simplifiant.}$$

438. — *Division d'une fraction par une fraction.*

Soit à diviser $\dfrac{3}{4}$ par $\dfrac{2}{5}$.

Nous dirons que diviser $\dfrac{3}{4}$ par $\dfrac{2}{5}$, c'est trouver une fraction qui, multipliée par $\dfrac{2}{5}$, donne un produit égal à $\dfrac{3}{4}$.

Si nous connaissions le quotient, en le multipliant par $\dfrac{2}{5}$, c'est-à-dire en prenant les $\dfrac{2}{5}$ de ce quotient, nous retrouverions le dividende $\dfrac{3}{4}$.

Le rectangle ABCD (fig. 144) représente l'unité partagée en 4 bandes verticales égales, c'est-à-dire en 4 quarts; le rectangle ombré égale 3 quarts.

Partageons le rectangle ombré en 2 bandes horizontales égales; chacune de ces bandes représente 1 cinquième du quotient, puisque le rectangle ombré égale les 2 cinquièmes de ce quotient.
Pour obtenir le quotient tout entier, il faut ajouter à ces 2 bandes, 3 bandes semblables. Nous obtenons ainsi le rectangle en trait fort qui contient 15 petits rectangles, c'est-à-dire $\dfrac{15}{8}$ de l'unité.

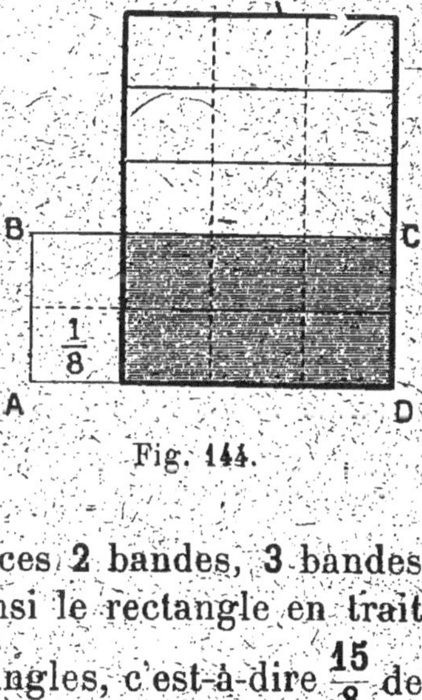

Fig. 144.

Le rectangle en trait fort est bien le quotient de $\dfrac{3}{4}$ par $\dfrac{2}{5}$, puisque, en prenant les $\dfrac{2}{5}$ de ce rectangle, on retrouve le rectangle ombré ou $\dfrac{3}{4}$.

Or,
$$\frac{15}{8} = \frac{3 \times 5}{4 \times 2} = \frac{3}{4} \times \frac{5}{2}.$$

Donc,
$$\frac{3}{4} : \frac{2}{5} = \frac{3}{4} \times \frac{5}{2}.$$

439. — **Règle.** — *Pour diviser une fraction par une fraction, on multiplie la fraction dividende par la fraction diviseur renversée.*

Exemples.

$$\frac{7}{11} : \frac{4}{5} = \frac{7}{11} \times \frac{5}{4} = \frac{35}{44}.$$

$$\frac{12}{13} : \frac{6}{7} = \frac{12}{13} \times \frac{7}{6} = \frac{12 \times 7}{13 \times 6} = \frac{14}{13}, \text{ en simplifiant.}$$

440. — **Division de nombres formés d'entiers et de fractions.**

Soit à diviser $3\frac{2}{5}$ par $1\frac{2}{3}$.

Réduisons les entiers en fractions :

$$3\frac{2}{5} = \frac{17}{5}; \quad 1\frac{2}{3} = \frac{5}{3}.$$

Nous divisons $\frac{17}{5}$ par $\frac{5}{3}$:

$$\frac{17}{5} : \frac{5}{3} = \frac{17}{5} \times \frac{3}{5} = \frac{51}{25}.$$

441. — **Règle.** — *Pour diviser deux nombres formés d'entiers et de fractions, on les convertit en fractions et l'on fait la division des deux fractions obtenues.*

Exemples.

1° $1\frac{3}{4} : 2\frac{2}{3}$.

$$1\frac{3}{4} = \frac{7}{4}; \quad 2\frac{2}{3} = \frac{8}{3}.$$

$$\frac{7}{4} : \frac{8}{3} = \frac{7}{4} \times \frac{3}{8} = \frac{21}{32}.$$

2° $4\frac{1}{2} : 3\frac{2}{7}$.

$$4\frac{1}{2} = \frac{9}{2}; \quad 3\frac{2}{7} = \frac{23}{7}.$$

$$\frac{2}{9} : \frac{23}{7} = \frac{9}{2} \times \frac{7}{23} = \frac{63}{64}.$$

Fig. 155 (voir § 241, p. 119). — Cerceau

Vous voyez le cerceau de face; c'est pourquoi il est représenté par un cercle; mais son ombre n'est pas circulaire.

Lorsque le chapeau a à peu près la forme d'un cercle, mais se voit de côté et il présente à notre œil la même forme que celle du cerceau.

EXERCICES ORAUX

Divisions à effectuer.

1816. — Dans les opérations suivantes, on pourra diviser le numérateur par le nombre entier.

$$\frac{3}{7}:3;\quad \frac{5}{11}:5;\quad \frac{6}{7}:2;\quad \frac{12}{13}:4;\quad \frac{15}{16}:3.$$

1817. — Même observation.

$$\frac{12}{11}:6;\quad \frac{22}{7}:2;\quad \frac{24}{19}:8;\quad \frac{42}{15}:6;\quad \frac{36}{25}:12.$$

1818. — $1\frac{1}{2}:3;\quad 1\frac{1}{5}:2;\quad 2\frac{1}{2}:5;\quad 2\frac{1}{4}:4;\quad 3\frac{2}{3}:2.$

1819. — $1:\frac{2}{3};\quad 1:\frac{4}{5};\quad 3:\frac{1}{2};\quad 2:\frac{1}{3};\quad 5:\frac{1}{7}.$

1820. — $2:\frac{3}{4};\quad 3:\frac{2}{5};\quad 4:\frac{2}{7};\quad 7:\frac{2}{3};\quad 11:\frac{2}{5}.$

1821. — $\frac{2}{3}:\frac{1}{4};\quad \frac{3}{5}:\frac{1}{2};\quad \frac{4}{7}:\frac{1}{3};\quad \frac{2}{9}:\frac{1}{5};\quad \frac{7}{11}:\frac{1}{2}.$

1822. — $\frac{1}{2}:\frac{4}{5};\quad \frac{2}{7}:\frac{3}{5};\quad \frac{5}{8}:\frac{2}{3};\quad \frac{7}{11}:\frac{3}{4};\quad \frac{5}{8}:\frac{6}{7}.$

PROBLÈMES ORAUX

1823. — Partager en 2 parties égales en divisant le numérateur par 2 :

$\frac{2}{3}$ de mètre, $\frac{8}{9}$ de gâteau, $\frac{6}{7}$ de litre, $\frac{4}{5}$ de pomme, $\frac{12}{11}$ d'hectolitre.

1824. — Calculer la fraction du terrain représentée par chaque lot quand on partage les $\frac{30}{31}$ d'un terrain en 10 lots, en 2 lots, en 15 lots, en 6 lots, en 3 lots, en 30 lots, en 5 lots égaux.

1825. — Calculer le tiers de $\frac{3}{4}$ de mètre, le cinquième de $\frac{1}{2}$ litre, le neuvième des $\frac{2}{5}$ de tonne, le quart des $\frac{2}{7}$ d'une somme.

1826. — En 4 heures, on transporte les $\frac{3}{5}$ d'un tas de sable. Quelle fraction du tas transporte-t-on en 1 heure?

1827. — Des ouvriers ont pavé les $\frac{5}{6}$ d'une place en 3 jours. Quelle fraction de la place ont-ils pavée en 1 jour?

1828. — 4 manœuvres ont bêché les $\frac{8}{13}$ d'un jardin. Quelle fraction du jardin chaque ouvrier a-t-il bêchée?

1829. — On remplit 5 barillets semblables avec les $\frac{3}{4}$ de 1 hectolitre de vin. Quelle est la contenance de chaque barillet?

1830. — Combien faut-il de bouteilles de $\frac{3}{4}$ de litre chacune pour contenir 6 litres de vin ?

1831. — Louise partage 3 mètres de ruban en morceaux de $\frac{3}{5}$ de mètre. Quel est le nombre des morceaux ?

1832. — J'ai tracé un polygone régulier dont le périmètre a 4^m et le côté $\frac{2}{3}$ de mètre. Comment s'appelle ce polygone ?

1833. — Avec 3^{dm} comme périmètre et $\frac{3}{4}$ de décimètre comme longueur de chaque côté, quels polygones pouvez-vous construire ?

1834. — Quel est le polygone régulier qui a un périmètre de 5 centimètres et des côtés égaux ayant chacun $\frac{5}{3}$ de centimètre ?

1835. — Les $\frac{2}{7}$ d'un nombre égalent 6. Quel est ce nombre ?

1836. — On donne 4ᶠ pour les $\frac{2}{3}$ d'une journée ; quel est le prix de la journée entière ?

1837. — Avec $\frac{3}{4}$ de litre, combien peut-on remplir de vases de $\frac{1}{4}$ de litre ?

1838. — Avec $\frac{7}{3}$ de litre, combien peut-on remplir de vases de $\frac{1}{3}$ de litre ?

1839. — Avec $\frac{1}{3}$ de litre, combien peut-on remplir de vases de $\frac{1}{6}$ de litre ?

1840. — Avec $\frac{1}{2}$ litre, combien peut-on remplir de vases de $\frac{1}{10}$ de litre ?

1841. — Avec un pain de $\frac{12}{5}$ de kilogramme, combien peut-on faire de morceaux de chacun $\frac{1}{5}$, $\frac{4}{5}$, $\frac{6}{5}$, $\frac{2}{5}$, $\frac{3}{5}$ de kilogramme ?

EXERCICES ÉCRITS

Divisions à effectuer.

1842. — $\frac{4}{5} : 6$, $\frac{5}{9} : 3$, $\frac{7}{8} : 4$, $\frac{5}{12} : 7$, $\frac{6}{7} : 8$.

1843. — Dans les opérations suivantes, on pourra diviser le numérateur par le nombre entier.

$$\frac{14}{15}:7,\quad \frac{21}{19}:3,\quad \frac{30}{13}:10,\quad \frac{16}{17}:8,\quad \frac{22}{15}:11.$$

1844. — Même question.

$$\frac{90}{91}:9,\quad \frac{55}{63}:11,\quad \frac{125}{89}:25,\quad \frac{120}{67}:40,\quad \frac{180}{97}:60.$$

1845. — $4\frac{1}{2}:5,\quad 3\frac{2}{5}:7,\quad 8\frac{2}{3}:5,\quad 7\frac{1}{3}:6,\quad 9\frac{3}{4}:8.$

1846. — $12\frac{1}{4}:3,\quad 15\frac{2}{3}:4,\quad 7\frac{5}{12}:3,\quad 14\frac{1}{6}:7,\quad 35\frac{7}{12}:9.$

1847. — $3:\frac{5}{7},\quad 2:\frac{4}{9},\quad 4:\frac{2}{5},\quad 6:\frac{3}{8},\quad 5:\frac{3}{13}.$

1848. — $7:\frac{6}{11},\quad 12:\frac{4}{15},\quad 13:\frac{6}{17},\quad 21:\frac{5}{18},\quad 43:\frac{2}{19}.$

1849. — $4:1\frac{1}{2},\quad 3:2\frac{3}{7},\quad 2:5\frac{1}{2},\quad 5:3\frac{1}{4},\quad 7:3\frac{2}{5}.$

1850. — $9:2\frac{7}{8},\quad 12:6\frac{8}{11},\quad 10:3\frac{4}{9},\quad 14:7\frac{2}{13},\quad 38:5\frac{7}{15}.$

1851. — $\frac{2}{3}:\frac{3}{5},\quad \frac{4}{5}:\frac{3}{4},\quad \frac{6}{7}:\frac{2}{9},\quad \frac{5}{6}:\frac{4}{9},\quad \frac{3}{11}:\frac{2}{7}.$

1852. — $\frac{4}{13}:\frac{3}{8},\quad \frac{5}{19}:\frac{7}{12},\quad \frac{9}{25}:\frac{12}{13},\quad \frac{26}{29}:\frac{8}{11},\quad \frac{13}{14}:\frac{25}{3}.$

1853. — $3\frac{1}{2}:\frac{5}{7},\quad 6\frac{2}{3}:\frac{8}{9},\quad 11\frac{3}{4}:\frac{3}{5},\quad 12\frac{1}{3}:\frac{7}{12},\quad 20\frac{2}{5}:\frac{7}{8}.$

1854. — $2\frac{3}{5}:4\frac{1}{2},\quad 8\frac{2}{3}:3\frac{1}{5},\quad 3\frac{2}{7}:5\frac{1}{3},\quad 8\frac{1}{5}:6\frac{3}{4},\quad 8\frac{4}{5}:9\frac{1}{2}.$

PROBLÈMES ÉCRITS

1855. — Marie partage également les $\frac{5}{8}$ de son argent entre **3** petites orphelines. Quelle fraction de son argent donne-t-elle à chaque orpheline?

1856. — **5** jours représentent les $\frac{4}{9}$ de la durée d'un voyage; quelle fraction représente **1** jour?

1857. — On partage les $\frac{3}{5}$ d'un gros gâteau en **4** parties égales, et le reste en **3** parties égales. Quelle fraction du gâteau représente chaque partie dans le premier et dans le deuxième partage?

1858. — Un bassin octogonal régulier a $29^{m}\frac{1}{3}$ de pourtour. Quelle est la longueur de chaque côté?

1859. — Une montre avance de 7 minutes $\frac{3}{4}$ en 5 jours. De combien avance-t-elle en 1 jour?

1860. — Avec $43^m \frac{1}{2}$ de toile, on peut faire 13 chemises. Quelle longueur de toile faut-il pour 1 chemise?

1861. — Avec $60^l \frac{3}{4}$ de vin, on remplit 81 bouteilles semblables. Quelle est la contenance d'une bouteille?

1862. — En travaillant 9 heures par jour, une ouvrière a fait en 3 jours $10^m \frac{4}{5}$ d'ouvrage. Combien fait-elle de mètres en 1 jour? en 1 heure?

1863. — Il faut $36^l \frac{1}{4}$ de seigle pour ensemencer 725^{m2}; quelle quantité de seigle faut-il pour ensemencer 1^{m2}? 1 are?

1864. — Un mètre de doublure coûtant $\frac{5}{4}$ de franc, combien aura-t-on de mètres pour 15 francs?

1865. — Quand les grandes roues d'une voiture font 5 tours, les petites en font $6 \frac{1}{5}$. Combien les petites font-elles de tours quand les grandes font 1 tour? 25 tours?

1866. — Un homme fait des pas de $\frac{3}{4}$ de mètre, et un enfant des pas de $\frac{2}{5}$ de mètre; combien chacun d'eux fera-t-il de pas pour parcourir 360^m?

1867. — Une montre retarde de 17 minutes en 5 jours. On la met à l'heure. Au bout de combien de jours retardera-t-elle de 1 heure $\frac{1}{2}$?

1868. — Il faut $\frac{5}{6}$ d'heure pour remplir les $\frac{2}{7}$ d'un bassin; quel temps faut-il pour le remplir complètement quand il est vide?

1869. — Un piéton fait $4^{km} \frac{1}{2}$ en $\frac{3}{4}$ d'heure. Combien peut-il parcourir de kilomètres en 1 heure? en 5 heures?

1870. — Combien faut-il de camions pour transporter 34 tonnes $\frac{2}{5}$, sachant qu'on peut charger 4 tonnes $\frac{1}{4}$ sur chaque camion?

1871. — Avec $\frac{3}{5}$ de mètre cube d'eau minérale, combien peut-on remplir de bouteilles de $\frac{3}{4}$ de décimètre cube chacune?

1872. — L'année ayant 365 jours $\frac{1}{4}$, quelles fractions de l'année représentent 7 jours ? 1 mois $\frac{1}{2}$?

1873. — Une vis avance de $\frac{2}{7}$ de millimètre par tour. Combien fait-elle de tours pour avancer de $1^{cm}\frac{1}{2}$?

1874. — Un tas de blé a un volume de 6 mètres cubes $\frac{7}{8}$. On met ce blé dans des sacs d'une contenance de $1^{hl}\frac{1}{4}$. Combien faudra-t-il de sacs ?

1875. — Les $\frac{2}{3}$ de 1 mètre de drap valent autant que 1 mètre de soie. Combien 12 mètres de drap valent-ils de mètres de soie ? Vérifier en prenant 10^f comme prix du mètre de soie.

1876. — On emploie $1^m\frac{1}{5}$ de drap pour faire 1 pantalon et $\frac{3}{4}$ de mètre pour 1 gilet. On veut faire un nombre égal de pantalons et de gilets avec $11^m\frac{7}{10}$ de drap. Calculer le nombre des gilets et celui des pantalons.

PROBLÈMES SUR LES QUATRE OPÉRATIONS

1877. — En ajoutant 15^f aux $\frac{3}{4}$ de la somme que je possède, j'obtiens 975^f. Quelle est cette somme ?

1878. — J'ai vendu les $\frac{2}{3}$ de ma récolte de blé.$3\,360^f$ à raison de 24^f l'hectolitre. Combien ai-je récolté d'hectolitres de blé ?

1879. — En revendant un chapeau 13^f, on fait un bénéfice égal aux $\frac{5}{21}$ du prix d'achat. Calculer : 1° ce prix d'achat; 2° le bénéfice sur 15 chapeaux ?

1880. — En 1915, on pouvait acheter un hectolitre de vin pour 40^f. En 1916, le prix de l'hectolitre avait augmenté des $\frac{3}{4}$. Combien pouvait-on acheter d'hectolitres en 1916 avec $1\,085^f$?

1881. — En 1916, les libraires parisiens ont augmenté leurs prix de $\frac{1}{5}$. Calculer la dépense de l'élève qui a acheté en 1916 les ouvrages suivants qui coûtaient avant l'augmentation : morceaux choisis, $1^f,50$;

fables, 0^f,75; grammaire, 1^f,50; histoire, 1^f,25; géographie, 2^f,50; arithmétique, 1^f,50; leçons de choses, 2^f,25; dictionnaire, 2^f,60.

1882. — Les $\frac{5}{8}$ d'un hectolitre de vin ont coûté 50^f. Quel est le prix de $\frac{3}{4}$ d'hectolitre?

1883. — Pour ensemencer $\frac{4}{5}$ d'hectare, on a employé 16 hectolitres de pommes de terre. Combien faut-il d'hectolitres pour ensemencer 1 hectare? 3 hectares $\frac{1}{2}$?

1884. — Une fontaine donne 4^{m3},2 en $\frac{3}{4}$ d'heure. Combien donne-t-elle de litres en 1 heure?

1885. — J'achète un chapeau 10^f,50; cette somme représente les $\frac{2}{3}$ de ce que j'avais dans mon porte-monnaie. Calculer la somme que j'avais.

1886. — Une fontaine qui donne 8^{hl},5 en $\frac{1}{4}$ d'heure remplit un bassin en 1 heure $\frac{1}{2}$. Calculer le volume du bassin en mètres cubes.

1887. — J'avais une certaine somme. J'en dépense les $\frac{3}{7}$, puis le $\frac{1}{4}$ du reste, et je possède encore 57^f. Quelle somme avais-je?

1888. — Les $\frac{5}{7}$ d'un mètre de velours coûtent 10^f,50. Quel est le prix de 3$^m\frac{2}{3}$?

1889. — Les $\frac{2}{5}$ plus les $\frac{3}{8}$ de ma récolte de vin égalent 279 hectolitres. Quelle est ma récolte?

1890. — Rempli aux $\frac{2}{3}$, un tonneau contient 35 litres de plus que lorsqu'il est rempli aux $\frac{5}{11}$. Quelle est la capacité du tonneau?

1891. — On retranche la moitié d'un nombre des $\frac{4}{5}$ de ce nombre, et l'on trouve 60. Calculer ce nombre.

1892. — Les $\frac{2}{3}$ des $\frac{3}{4}$ des élèves d'une classe égalent 12 élèves. Combien y a-t-il d'élèves dans la classe?

1893. — Louis a eu $\frac{1}{5}$ d'un héritage; Jean en a eu $\frac{1}{6}$. Sachant que Louis a touché 2 500^f de plus que Jean, calculer la part de chacun des héritiers.

1894. — La somme des âges d'Émile et de Pierre est 22 ans. L'âge d'Émile est les $\frac{5}{6}$ de celui de Pierre. Quel est l'âge de chacun d'eux?

1895. — Un terrain rectangulaire a 216^m de périmètre; la largeur est les $\frac{4}{5}$ de la longueur. Calculer : 1° les deux dimensions; 2° la surface.

1896. — La taille de Louis est les $\frac{13}{15}$ de celle de Léon, et celui-ci a 20 centimètres de plus que Louis. Calculer la taille de chacun d'eux.

1897. — Un père et son fils ont gagné ensemble 288^f en 18 jours de travail. Le salaire du fils est les $\frac{3}{5}$ de celui du père. Calculer le prix de la journée de chacun d'eux.

1898. — On a vendu les $\frac{2}{7}$ d'un terrain; la moitié du reste a une surface de 5^a,1. Quelle était la surface du terrain?

1899. — Un terrain triangulaire a 48^m de base, la hauteur est les $\frac{5}{16}$ de la base. Calculer la surface.

1900. — Une cuve contient 20^{hl} de vin. On en tire du vin pour remplir 8 tonneaux de 2$^{hl}\frac{1}{5}$ chacun, puis on met le reste dans des bouteilles de $\frac{4}{5}$ de litre. Quel est le nombre des bouteilles?

1901. — On divise 29 par un nombre entier, le quotient exact est 4$\frac{5}{6}$. Quel est le diviseur?

1902. — Un robinet remplirait un bassin en 7 heures, un autre le remplirait en 5 heures, et un troisième en 6 heures. Quel temps mettront-ils pour remplir le bassin si on les ouvre en même temps?

1903. — Un débiteur ne peut payer que les $\frac{5}{6}$ de ses dettes. S'il avait 520^f de plus, il pourrait en payer les $\frac{7}{8}$. Calculer : 1° ce qu'il doit; 2° ce qu'il possède.

1904. — La longueur d'un bassin qui a la forme d'un parallélépipède rectangle est 5^m,40, la largeur est les $\frac{2}{3}$ de la longueur, la profondeur est les $\frac{3}{8}$ de la largeur. Combien peut-il contenir d'hectolitres?

1905. — La somme des trois dimensions d'une salle est égale à 20^m. La largeur est les $\frac{7}{8}$ de la longueur, la hauteur est les $\frac{5}{7}$ de la largeur. Calculer le volume de la salle.

CONVERSION DES FRACTIONS ORDINAIRES EN FRACTIONS DÉCIMALES

442. — *Fractions ordinaires et fractions décimales.*

Dans les fractions que nous venons d'étudier, l'unité était divisée en un *nombre quelconque* de parties égales. Nous les avons représentées à l'aide de deux nombres entiers, le numérateur et le dénominateur. Ces fractions sont appelées *fractions ordinaires.*

Quand l'unité est divisée en 10, ou en 100, ou en 1000... parties égales, une de ces parties ou la réunion de plusieurs de ces parties forment une *fraction décimale.*

Ainsi, *3 dixièmes, 19 centièmes, 57 millièmes* sont des fractions décimales. On peut les représenter de deux manières :

$$\frac{3}{10}, \quad \frac{19}{100}, \quad \frac{57}{1\,000},$$

comme les fractions ordinaires, ou

$$0{,}3 ; \quad 0{,}19 ; \quad 0{,}057,$$

comme les nombres décimaux.

C'est sous la deuxième forme qu'on a l'habitude de les représenter.

443. — *Conversion d'une fraction ordinaire en fraction décimale.*

Soit à convertir $\frac{4}{5}$ en fraction décimale.

Divisons 4 par 5 : le quotient est 0,8. Ce nombre est bien égal à la fraction $\frac{4}{5}$, puisque, en le multipliant par 5, on retrouve 4.

444. — **Règle.** — *Pour convertir une fraction ordinaire en fraction décimale, on divise le numérateur par le dénominateur.*

Exemples.

1° $\dfrac{1}{2} = 0{,}5.$

$\dfrac{3}{4} = 0{,}75.$

$\dfrac{7}{8} = 0{,}875.$

$$\begin{array}{r|l} 1{,}0 & 2 \\ 0 & \overline{0{,}5} \end{array} \qquad \begin{array}{r|l} 3{,}0 & 4 \\ 20 & \overline{0{,}75} \end{array} \qquad \begin{array}{r|l} 7{,}0 & 8 \\ 60 & \overline{0{,}875} \\ 40 & \\ 0 & \end{array}$$

Dans ces exemples, la division se fait exactement; les fractions décimales obtenues ont exactement la valeur des fractions ordinaires correspondantes.

2° $\dfrac{1}{3} = 0{,}33$ à 1 centième près par défaut.

$\dfrac{8}{11} = 0{,}7272$ à 1 dix-millième près par défaut.

$\dfrac{5}{13} = 0{,}384615$ à 1 millionième près par défaut.

$$\begin{array}{r|l} 1{,}0 & 3 \\ 10 & \overline{0{,}33} \\ 1 & \end{array} \quad \begin{array}{r|l} 8{,}0 & 11 \\ 30 & \overline{0{,}7272} \\ 80 & \\ 30 & \\ 8 & \end{array} \quad \begin{array}{r|l} 5{,}0 & 13 \\ 1\,10 & \overline{0{,}384615} \\ 60 & \\ 80 & \\ 20 & \\ 70 & \\ 5 & \end{array}$$

Dans les trois derniers exemples, les divisions ne se font pas exactement; chacun des quotients est plus petit que la fraction ordinaire correspondante. Par suite, chacune des fractions décimales obtenues est plus petite que la fraction ordinaire correspondante.

Par exemple, le produit de $\dfrac{1}{3}$ par 3 est égal à 1, et le produit de 0,33 par 3 est égal à 0,99 : pour retrouver le dividende 1, il manque 0,01, qui est le reste de la division.

EXERCICES ÉCRITS

1906. — Écrire sous forme de nombres décimaux :
$$\frac{1}{10},\ \frac{3}{10},\ \frac{7}{10},\ \frac{9}{100},\ \frac{371}{1\,000},\ \frac{113}{10\,000},\ \frac{108}{100\,000},\ \frac{93}{1\,000\,000}.$$

1907. — Convertir $\frac{1}{5}$ en fraction décimale ; en déduire les fractions décimales égales à $\frac{2}{5}$, $\frac{3}{5}$, $\frac{4}{5}$.

1908. — Même question avec $\frac{1}{25}$ et $\frac{2}{25}$, $\frac{3}{25}$, $\frac{4}{25}$, $\frac{6}{25}$, $\frac{7}{25}$, $\frac{8}{25}$, $\frac{9}{25}$, $\frac{12}{25}$, $\frac{15}{25}$, $\frac{19}{25}$, $\frac{21}{25}$.

1909. — Même question avec $\frac{1}{16}$ et $\frac{3}{16}$, $\frac{5}{16}$, $\frac{7}{16}$, $\frac{9}{16}$.

1910. — Même question avec $\frac{1}{4}$ et $\frac{3}{4}$, $\frac{1}{8}$, $\frac{2}{8}$, $\frac{3}{8}$, $\frac{5}{8}$, $\frac{7}{8}$.

1911. — Convertir en fractions décimales à 1 millième près :
$$\frac{2}{3},\ \frac{5}{6},\ \frac{4}{9},\ \frac{7}{9},\ \frac{8}{9}.$$

1912. — Convertir en fractions décimales $\frac{5}{7}$, $\frac{9}{11}$, $\frac{7}{13}$, $\frac{4}{21}$, $\frac{8}{15}$.
(On s'arrêtera quand on aura obtenu un dividende déjà employé.)

1913. — Écrire sous forme de fractions ordinaires : 0,3 ; 0,7 ; 0,09 ; 0,011 ; 0,031 ; 0,0407.

1914. — Même question ; simplifier les fractions ordinaires obtenues : 0,6 ; 0,8 ; 0,15 ; 0,2 ; 0,5 ; 0,25 ; 0,4 ; 0,12 ; 0,75 ; 0,125.

RÈGLE DE TROIS

QUANTITÉS DIRECTEMENT PROPORTIONNELLES

445. — 3 mètres de toile coûtent 6^f. Calculer le prix de 6^m, de 9^m, de 12^m.

$$3^m \text{ coûtent} \dots \dots \dots \dots \dots \dots \quad 6^f;$$
$$6^m \text{ ou 2 fois } 3^m \text{ coûtent 2 fois } 6^f \text{ ou} \dots \quad 12^f;$$
$$9^m \text{ ou 3 fois } 3^m \text{ coûtent 3 fois } 6^f \text{ ou} \dots \quad 18^f;$$
$$12^m \text{ ou 4 fois } 3^m \text{ coûtent 4 fois } 6^f \text{ ou} \dots \quad 24^f.$$

Ainsi, quand le *nombre de mètres* de toile devient 2; 3; 4... *fois plus grand*, le *prix* correspondant devient 2; 3; 4... *fois plus grand*.

On dit que la *longueur* de la toile et le *prix* correspondant sont deux quantités *directement proportion-nelles*. On dit aussi que la longueur de la toile est *directement proportionnelle* à son prix.

446. — **Définition.** — *Deux quantités sont directe-ment proportionnelles quand l'une d'elles devenant 2; 3; 4... fois plus grande, l'autre devient 2; 3; 4.... fois plus grande.*

447. — **Exemples.**

1° 2^l de lait coûtent 0^f,80;
6^l ou 3 fois 2^l coûtent 3 fois 0^f,80 ou 2^f,40.

2° 5^{kg} de beurre coûtent 20^f;
10^{kg} ou 2 fois 5^{kg} coûtent 2 fois 20^f ou 40^f.

3° 3^{dal} de blé pèsent 24^{kg};
12^{dal} ou 4 fois 3^{dal} pèsent 4 fois 24^{kg} ou 96^{kg}.

4° En 2 jours, un ouvrier gagne 15^f;
en 12 jours ou 6 fois 2 jours, il gagne 6 fois 15^f ou 90.

5° En 1 heure, un cycliste parcourt 20^{km};
en 5 heures, il parcourt 5 fois 20^{km} ou 100^{km}.

448. — Ces exemples nous montrent que les quantités suivantes sont directement proportionnelles :

La *longueur*, le *volume*, ou le *poids* d'une marchandise et son *prix*.

Le *poids* d'une marchandise et son *volume*.

Le *salaire* d'un ouvrier et le *temps* pendant lequel il travaille.

L'*espace* parcouru dans un mouvement uniforme et le *temps* du parcours.

QUANTITÉS INVERSEMENT PROPORTIONNELLES

449. — Avec 24^f, combien peut-on acheter de litres de vin à 2^f le litre? à 4^f le litre? à 6^f le litre? à 8^f le litre?

Avec 24^f, quand le litre de vin coûte :

2^f, on peut en acheter	24 : 2 =	12^l;
4^f, —	24 : 4 =	6^l;
6^f, —	24 : 6 =	4^l;
8^f, —	24 : 8 =	3^l.

Ainsi, quand le prix du litre de vin devient *2; 3; 4...* fois *plus grand*, le *nombre de litres* qu'on peut acheter avec la même somme devient *2; 3; 4...* fois *plus petit*.

On dit que le *prix* du vin et le *volume* du vin qu'on peut acheter avec la même somme sont deux quantités *inversement proportionnelles*.

450. — **Définition.** — *Deux quantités sont inversement proportionnelles, quand l'une d'elles devenant 2; 3; 4... fois plus grande, l'autre devient 2; 3; 4... fois plus petite.*

451. — **Exemples.**

1° Avec **36^f**, quand le mètre d'étoffe coûte **6^f**, on peut en acheter 36 : 6 = **6^m**.

Quand le mètre coûte **12^f**, on peut en acheter 36 : 12 = **3^m**.

2° Avec 45^f, quand le quintal de charbon coûte 5^f, on peut en acheter $45 : 5 = 9^q$.

Quand le quintal coûte 15^f, on peut en acheter $45 : 15 = 3^q$.

3° Pour gagner 60^f, il faut, à un ouvrier payé 6^f par jour, $60 : 6 = 10$ jours.

Si l'ouvrier était payé 12^f par jour, il lui faudrait $60 : 12 = 5$ jours.

4° Pour parcourir 160^{km}, il faut, à un train qui fait 20^{km} à l'heure, $160 : 20 = 8$ heures.

Si le train avait une vitesse de 80^{km} à l'heure, il lui faudrait $160 : 80 = 2$ heures pour parcourir 160^{km}.

452. — Ces exemples nous montrent que les quantités suivantes sont inversement proportionnelles :

La *longueur*, le *volume* ou le *poids* d'une marchandise qu'on peut acheter avec une même somme et le *prix* de l'unité de cette marchandise.

Le *temps* qu'il faut à un ouvrier pour gagner une somme donnée et le *salaire* de l'ouvrier pendant l'unité de temps.

Le *temps* du parcours dans un mouvement uniforme et la *vitesse* du mouvement.

RÈGLE DE TROIS DIRECTE

453. — Problème.

4^m de drap coûtent $34^f,40$; quel est le prix de 7^m ?

Disposons les nombres de la façon suivante :

$$\begin{array}{ll} 4^m & 34^f,40 \\ 7^m & x \end{array}$$

x représente le prix de 7^m de drap.

Le prix du drap et sa longueur sont des quantités directement proportionnelles.

4^m coûtent $34^f,40$.

1^m coûte 4 fois moins, ou $\dfrac{34,40}{4} = 8^f,60$.

7^m coûtent 7 fois $8^f,60$, ou $8^f,60 \times 7 = 60^f,20$.

454. — Nous avons résolu ce problème par une *règle de trois*. Nous connaissons *trois* quantités : deux de même espèce, 4^m et 7^m ; la troisième, $34^f,40$, est d'espèce différente. La quantité inconnue est de même espèce que la troisième.

La règle de trois est *directe*, parce que la *longueur* du drap et le *prix* correspondant sont des quantités *directement proportionnelles*.

455. — Exemples.

1° 8^{hl} d'avoine pèsent 400^{kg} ; calculer le poids de 5^{hl}.

$$8^{hl} \qquad\qquad 400^{kg}$$
$$5^{hl} \qquad\qquad x$$

Le poids de l'avoine et son volume sont des quantités directement proportionnelles.

8^{hl} pèsent 400^{kg}.

1^{hl} pèse 8 fois moins, ou $\dfrac{400}{8} = 50^{kg}$.

5^{hl} pèsent 5 fois 50^{kg}, ou $50^{kg} \times 5 = 250^{kg}$.

2° Une automobile a parcouru 65^{km} en 1 heure et demie. Quel temps lui faudra-t-il pour parcourir 80^{km} ?

Remarquons que 1 heure et demie égale 90 minutes.

$$65^{km} \qquad\qquad 90 \text{ minutes}$$
$$80^{km} \qquad\qquad x$$

Le chemin parcouru et le temps employé pour le parcourir sont des quantités directement proportionnelles.

Pour parcourir 65^{km}, l'automobile met 90 minutes.

Pour parcourir 1^{km}, elle met 65 fois moins de temps, ou $\dfrac{90}{65}$ de minute.

Pour parcourir 80^{km}, elle mettra 80 fois $\dfrac{90}{65}$ de minute, ou $\dfrac{90 \times 80}{65}$

$= 110 \text{ minutes } \dfrac{10}{13}$.

RÈGLE DE TROIS INVERSE

456. — Problème.

J'achète 8^m d'étoffe à 9^f le mètre. Avec la même

somme, combien pourrais-je acheter de mètres d'une étoffe à 6ᶠ le mètre ?

$$9^f \qquad 8^m$$
$$6^f \qquad x$$

La longueur de l'étoffe que l'on peut acheter avec 72ᶠ est inversement proportionnelle au prix du mètre.

Quand le mètre d'étoffe coûte 9ᶠ, je peux en acheter 8ᵐ.

Si le mètre coûtait 1ᶠ, je pourrais en acheter 9 fois 8ᵐ, ou $8^m \times 9 = 72^m$.

Si le mètre coûtait 6ᶠ, je pourrais en acheter 6 fois moins, ou $\dfrac{72}{6} = 12^m$.

457. — Nous avons aussi résolu ce problème par une *règle de trois*. Nous connaissons *trois* quantités, deux de même espèce, *9ᶠ* et *6ᶠ* ; la troisième, 8ᵐ, est d'espèce différente. La quantité inconnue est de même espèce que la troisième.

La règle de trois est *inverse*, parce que la *longueur* de l'étoffe qu'on peut acheter avec une même somme et le *prix* du mètre sont des quantités *inversement proportionnelles*.

458. — **Exemples.**

1° On achète 12ᵏᵍ de café à 5ᶠ le kilogramme. Avec la même somme, combien pourrait-on acheter de kilogrammes de café à 6ᶠ le kilogramme ?

$$5^f \qquad 12^{kg}$$
$$6^f \qquad x$$

Le poids du café que l'on peut acheter avec la même somme est inversement proportionnel au prix du kilogramme.

Quand le kilogramme de café coûte 5ᶠ, on peut en acheter 12ᵏᵍ.

Si le kilogramme coûtait 1ᶠ, on pourrait en acheter 5 fois 12ᵏᵍ ou $12^{kg} \times 5 = 60^{kg}$.

Si le kilogramme coûtait 6ᶠ, on pourrait en acheter 6 fois moins, ou $\dfrac{60}{6} = 10^{kg}$.

2° Un train qui fait 50^{km} à l'heure, parcourt un certain trajet en 3 heures; s'il avait une vitesse de 40^{km} à l'heure, quel temps mettrait-il pour parcourir le même trajet?

$$50^{km} \qquad\qquad 3 \text{ heures}$$
$$40^{km} \qquad\qquad x.$$

Le temps employé pour parcourir le même trajet est inversement poportionnel à la vitesse.

Quand le train a une vitesse de 50^{km} à l'heure, il fait le parcours en 3 heures.

S'il avait une vitesse de 1^{km} à l'heure, il ferait le même parcours en 50 fois 3 heures, ou 3×50.

S'il avait une vitesse de 40^{km} à l'heure, il ferait le même parcours en 40 fois moins de temps, ou $\dfrac{3 \times 50}{40} = 3$ heures $\dfrac{3}{4}$.

459. — *Réduction à l'unité*. — Dans les problèmes de règle de trois directe, nous avons fait :

1° une *division* pour calculer :

le prix d'*un* mètre de drap,

le poids d'*un* hectolitre d'avoine,

le temps que met l'automobile pour parcourir *un* kilomètre.

2° une *multiplication*

Dans les problèmes de règle de trois inverse, nous avons fait :

1° une *multiplication* pour calculer :

la longueur de l'étoffe si le mètre coûtait *un* franc,

le poids du café si le kilogramme coûtait *un* franc,

le temps du parcours si le train avait une vitesse d'*un* kilomètre à l'heure;

2° une *division*.

Dans les deux cas, nous nous sommes occupés de l'unité des deux quantités de même espèce; c'est pourquoi cette méthode est appelée *méthode de réduction à l'unité*.

460. — *Remarque*. — Dans les problèmes de règle de trois directe, quand la division ne se fait pas exactement, il y a avantage à faire la multiplication en premier lieu.

Exemple : 3 boîtes pèsent 14^{kg}; quel est le poids de 50 boîtes semblables?

En commençant par la division, on a :
Poids d'une boîte : $14^{kg} : 3 = 4^{kg},66$ à 0,01 près.
Poids de 50 boîtes : $4^{kg},66 \times 50 = 233^{kg}$.
L'erreur est multipliée par 50.
Si l'on fait la division après la multiplication, on écrit :

Poids d'une boîte : $\dfrac{14}{3}$.

Poids de 50 boîtes : $\dfrac{14 \times 50}{3}$.

On fait d'abord la multiplication $14 \times 50 = 700$, puis on divise le produit par 3 :

$$700 : 3 = 233^{kg},33 \text{ à } 0,01 \text{ près.}$$

En comparant les deux réponses, 233^{kg} et $233^{kg},33$, on voit que la première est trop faible de $0^{kg},33$ ou 33^{dag}.

Ainsi, quand la division ne se fait pas exactement, il faut faire la multiplication en premier lieu. Quand elle se fait exactement, on peut commencer indifféremment par la division ou par la multiplication.

Nous voyons donc que, dans les problèmes de règle de trois directe, il vaut mieux faire la multiplication avant la division.

PROBLÈMES ORAUX

RÈGLE DE TROIS DIRECTE

1915. — 4 chapeaux coûtent 20^f; quel est le prix de 7 chapeaux?
1916. — 5 colis postaux pèsent 15^{kg}. Calculer le poids de 13 colis.
1917. — 3^{hl} de vin coûtent 120^f; quel est le prix de 9^{hl}?
1918. — 8 seaux de même capacité peuvent contenir 80^l d'eau. Combien 12 seaux pareils peuvent-ils en contenir?
1919. — 3 cahiers coûtent $1^f,50$. Quel est le prix de 12 cahiers semblables?

1920. — 7 timbales coûtent 35'. Quel est le prix de 3 timbales identiques?

1921. — Louis fait 480 pas en 4 minutes. Combien fait-il de pas en 6 minutes?

1922. — En 3 minutes, Jean fait 360 pas de $\frac{1}{2}$ mètre. Quelle distance parcourt-il en 10 minutes?

1923. — Un tramway fait 75^{km} en 3 heures. Combien fait-il de kilomètres en 5 heures?

1924. — Un libraire gagne 3' sur 5 ouvrages. Quel est son bénéfice sur 15 ouvrages? sur 20 ouvrages? sur 60 ouvrages?

1925. — Un marchand gagne 2',70 sur 9 cravates. Quel est son bénéfice sur une douzaine?

1926. — 6^{kg} de beurre coûtent 21'; quel est le prix de 15^{kg}?

1927. — 3^{kg} de café vert ont donné 2^{kg},40 de café torréfié. Avec 10^{kg} de café non brûlé, combien obtiendra-t-on de kilogrammes de café torréfié?

1928. — 5 pêches coûtent 0',50; quel est le prix de la douzaine?

1929. — 6 citrons coûtent 1',20; quel est le prix de 8, de 10, de 12, de 15 citrons?

1930. — 4 faux-cols coûtent 3',20; quel est le prix de 12, de 15, de 18, de 24 faux-cols?

1931. — 10 bouteilles de vin vieux en contiennent 7',50. Combien 6 bouteilles contiennent-elles de litres?

1932. — 2 oranges coûtent 0',25; quel est le prix de 80 oranges?

1933. — Un homme fume pour 1' de tabac tous les 5 jours. Quelle est sa dépense par semaine? par mois?

PROBLÈMES ÉCRITS

RÈGLE DE TROIS DIRECTE

1934. — Un coupon de drap de 6^m,40 coûte 76',80. Quel est le prix de 28^m,50 du même drap?

1935. — 12 chevaux de selle ont été vendus 16 200'. Combien a-t-on vendu 5 chevaux? 8 chevaux?

1936. — Un ouvrier devait faire un travail pour 638'. Il est tombé malade avant l'achèvement du travail. L'ouvrier qui l'a remplacé au même prix a reçu 105',60 pour 132 mètres. Combien le premier a-t-il fait de mètres?

1937. — Une montre avance de 2 minutes $\frac{1}{2}$ en 15 heures. De combien avance-t-elle en un jour?

1938. — Un commerçant fait un bénéfice de 12' sur une marchandise qu'il a payée 100'; quel sera son bénéfice sur une marchandise de même qualité payée 1 250'?

1939. — Pour fabriquer 63^{kg} de beurre, il a fallu 1 575^l de lait. Quelle quantité de lait faut-il pour fabriquer 45^{kg} de beurre?

1940. — Sur 475^f, le boulanger me fait une remise de 19^f. Quelle est la remise sur 100^f?

1941. — Un pain de sucre de 14^{kg},50 a coûté 13^f,05. Calculer le prix d'un autre pain qui pèse 13^{kg},5.

1942. — Une vis avance de 66^{mm} en 12 tours. Combien devra-t-on faire de tours pour l'enfoncer de 77^{mm}?

1943. — On a payé 136^f,80 une pièce de vin de 228^l. Que payera-t-on pour 3 pièces de 125^l chacune?

1944. — Une pompe qui aspire 9^{hl} d'eau en 12 minutes a vidé une citerne en 1 heure $\frac{1}{4}$. Quel était le contenu de cette citerne?

1945. — J'achète 3^{kg} de café que je paye 16^f,80. L'épicière s'est trompée en pesant et m'a donné 2^{hg} en moins. Quelle somme doit-elle me rendre?

1946. — On vend les $\frac{2}{5}$ d'une pièce de toile 54^f,95 à raison de 1^f,75 le mètre. Quelle est la longueur totale de la pièce?

1947. — En 15 minutes un cycliste fait 14 fois le tour d'une piste de 500^m. Combien parcourt-il de kilomètres en 50 minutes?

PROBLÈMES ORAUX

RÈGLE DE TROIS INVERSE

1948. — Quand l'hectolitre de vin coûte 30^f, on peut en acheter 6 avec une certaine somme. Avec la même somme, combien peut-on acheter d'hectolitres, quand l'hectolitre vaut 60^f? 90^f?

1949. — Avec une certaine quantité de vin, on peut servir 8 verres de 10^{cl}. Avec la même quantité de vin, combien pourrait-on servir de verres de 8^{cl}? de 16^{cl}? de 20^{cl}?

1950. — A la vitesse de 6^{km} à l'heure, un piéton met 4 heures pour faire un certain parcours. Pour faire le même parcours, quel temps lui faudrait-il à la vitesse de 4^{km} à l'heure? de 3^{km} à l'heure?

1951. — Un train faisant 40^{km} à l'heure parcourt une certaine distance en 6 heures. Quelle est la vitesse d'un train qui parcourt la même distance en 4 heures? en 3 heures?

1952. — Il faut 400 carreaux de 3^{dm2} pour paver une cuisine. Combien faudrait-il de pavés de 2^{dm2}? de 4^{dm2}?

1953. — Pour faire un certain nombre de robes, il faut 72^m d'étoffe de 8^{dm} de largeur. Quelle longueur d'étoffe faudrait-il, si la largeur avait 9^{dm}?

PROBLÈMES ÉCRITS

RÈGLE DE TROIS INVERSE

1954. — Un train parti à **13** heures arrive à Paris à **18** heures en faisant 45^{km} à l'heure. Quel temps aurait-il mis s'il avait fait 50^{km} à l'heure? (On néglige le temps des arrêts.)

1955. — Une automobile qui a une vitesse de 62^{km} à l'heure va de Paris à Orléans en **2** heures. Quelle serait sa vitesse si elle faisait ce parcours en 2 heures $\frac{1}{4}$?

1956. — Avec une certaine somme, on peut acheter **8** douzaines d'oranges au prix de 0^f,25 les **4** oranges. Avec la même somme, combien pourrait-on acheter d'oranges quand la douzaine coûte 1^f,20?

1957. — Avec une certaine quantité de laine, on fait 50^m d'une étoffe qui a 0^m,60 de large. Quelle serait la longueur de l'étoffe faite avec la même quantité de laine, si cette étoffe avait 0^m,75 de large?

1958. — Pour transporter du charbon, il faut **24** wagons chargés chacun de 4^t,5. Quel serait le nombre des wagons nécessaires pour transporter la même quantité de charbon, si chaque wagon avait une charge de 5^t,4?

1959. — En donnant 12^l par minute, un robinet remplit un bassin en **5** heures et demie. Quel devrait être le débit du robinet à l'heure pour que le bassin fût rempli en **4** heures?

INTÉRÊT SIMPLE

461. Le locataire d'une maison paye chaque année au propriétaire une somme déterminée; cette somme, qu'on appelle loyer, est le *revenu* de la maison.

De même, la personne qui emprunte de l'argent à une autre personne pour une ou plusieurs années lui paye chaque année, jusqu'à ce qu'elle lui ait rendu l'argent, une somme déterminée. Cette somme est une sorte de loyer, c'est le *revenu* de l'argent prêté.

462. — **Exemple.**

Jean emprunte 500^f à Paul pour **3** ans. Il s'engage à verser à Paul chaque année pendant 3 ans une somme calculée à raison de 4^f

pour 100ᶠ prêtés, soit 20ᶠ. A la fin de la troisième année, il remboursera les 500 francs.

Jean est l'*emprunteur* ou le *débiteur*.

Paul est le *prêteur* ou le *créancier*.

500ᶠ est le *capital*; on dit que le capital est *placé* par le prêteur, Paul, entre les mains de l'emprunteur, Jean.

20ᶠ est l'*intérêt*; on dit que 500ᶠ rapportent 20ᶠ d'intérêt.

4 *francs pour cent* est le *taux*; on écrit **4 0/0**.

463. — *Celui qui emprunte de l'argent est l'emprunteur ou le débiteur.*

Celui qui prête de l'argent est le prêteur ou le créancier.

La somme prêtée ou placée est le capital.

Le revenu du capital est l'intérêt.

L'intérêt de cent francs pendant un an est le taux du prêt.

464. — **Exemples.**

1° 600ᶠ rapportent 24ᶠ d'intérêt, un capital 2 fois ou 3 fois plus grand rapporterait 2 fois ou 3 fois 24ᶠ.

2° 800ᶠ rapportent 16ᶠ d'intérêt au taux 2 0/0; si le taux était 2 fois ou 3 fois plus grand, 800ᶠ rapporteraient 2 fois ou 3 fois 16ᶠ.

3° 500ᶠ rapportent 25ᶠ d'intérêt en 1 an; en 2 ans ou en 3 ans, 500ᶠ rapporteraient 2 fois ou 3 fois 25ᶠ.

465. — Nous voyons que l'intérêt est *directement proportionnel au capital, au taux et au temps.*

C'est ce qu'on exprime en disant que :

L'intérêt produit par un capital pendant un certain temps est proportionnel à ce capital, au taux et au temps.

CALCUL DE L'INTÉRÊT

466. — *Intérêt produit pendant un an.* — **Problème.**

Calculer l'intérêt de 4 550ᶠ placés à 4 0/0 pendant un an.

100ᶠ rapportent 4ᶠ d'intérêt;

1ᶠ rapporte $\dfrac{4}{100} = 0^f,04$;

4 550ᶠ rapportent 4 550 fois 0ᶠ,04, ou 0ᶠ,04 × 4 550 = 182ᶠ.

467. — **Rente.** — L'intérêt annuel d'un capital s'appelle la *rente* de ce capital.

Ainsi, **182^f** est la rente de **4550^f** placés à **4 0/0**.

468. — *Remarque.* — Pour calculer l'intérêt produit pendant plusieurs années, on multiplie la rente par le nombre des années.

Ainsi, l'intérêt de **4550^f** pendant **4** ans est égal à
$$182^f \times 4 = 728^f.$$

469. — *Intérêt produit pendant un mois.* — **Problème.**

Calculer l'intérêt de **8400^f** à **5 0/0** pendant **1** mois.

Cherchons d'abord l'intérêt annuel :
$$\frac{5 \times 8400}{100} \text{ ou } 5^f \times 84 = 420^f.$$

L'intérêt en **1** an ou **12** mois étant **420^f**, l'intérêt en **1** mois est le douzième de **420^f** ou **420^f** : **12** = **35^f**.

470. — *Remarque.* — Pour calculer l'intérêt produit pendant plusieurs mois, on multiplie l'intérêt mensuel par le nombre des mois.

Ainsi, l'intérêt de **8400^f** pendant **7** mois est égal à
$$35^f \times 7 = 245^f.$$

471. — *Intérêt produit pendant un jour.* — Dans les calculs d'intérêt, on compte tous les mois à *30 jours*, et par suite l'année à $30 \times 12 = 360$ *jours*.

Problème.

Calculer l'intérêt de **7200^f** à **3 0/0** pendant **1** jour.

Cherchons d'abord l'intérêt annuel : $3^f \times 72 = 216^f$.

L'intérêt en **1** an ou **360** jours étant **216^f**, l'intérêt en **1** jour est égal à **216^f** : **360** = **0^f,60**.

472. — *Remarque.* — Pour calculer l'intérêt produit pendant plusieurs jours, on multiplie l'intérêt produit en un jour par le nombre des jours.

Ainsi, l'intérêt de **7200^f** pendant **35** jours est égal à
$$0^f,60 \times 35 = 21^f.$$

473. — *Cas général*. — Problème.

Calculer l'intérêt de 5.760^f placés à 5 0/0 pendant 2 ans 5 mois 25 jours.

Nous pourrions chercher successivement l'intérêt de 5 760^f pendant 2 ans, pendant 5 mois et pendant 25 jours, et additionner les trois sommes trouvées. Mais les calculs seraient trop longs.

Après avoir calculé l'intérêt annuel, qui est égal à $\dfrac{5 \times 5\,760}{100}$ ou $5^f \times 57,6 = 288^f$, nous dirons :

$$2 \text{ ans} = 360 \times 2 = 720 \text{ jours.}$$
$$5 \text{ mois} = 30 \times 5 = 150$$
$$25 \text{ jours} = \dots\dots\dots \quad 25$$

$$\text{Total. . .} \quad 895 \text{ jours.}$$

L'intérêt en 1 jour est égal à $\dfrac{288}{360}$.

Intérêt en 895 jours : $\dfrac{288 \times 895}{360} = 716^f$.

CALCUL DU CAPITAL

474. — Problème.

Calculer le capital qui, placé à 4 0/0, rapporte 500^f de rente.

Pour avoir 4^f d'intérêt, il faut 100^f de capital.

Pour avoir 1^f d'intérêt, il faut un capital 4 fois moindre, ou $100 : 4 = 25^f$.

Pour avoir 500^f d'intérêt il faut placer 500 fois 25^f ou

$$25^f \times 500 = 12\,500^f.$$

475. — *Remarque*. — Si ce n'est pas l'intérêt annuel qui est donné, on calcule d'abord la rente et l'on est ramené au cas précédent.

Exemples.

1° Calculer le capital qui, placé à 4 0/0, rapporte 714^f d'intérêt en 3 ans.

Intérêt annuel : $714 : 3 = 238^f$.

On continue comme dans le problème précédent.

2° Calculer le capital qui rapporte 406^f d'intérêt en 1 an 7 mois 10 jours au taux 3 0/0.

Convertissons en jours :

1 an 7 mois 10 jours $= 360 + 210 + 10 = 580$ jours.

Intérêt en 1 jour : $\dfrac{406}{580}$.

Intérêt en 1 an : $\dfrac{406 \times 360}{580} = 252^f$. Etc.

CALCUL DU TAUX

476. — Problème.

4 700^f rapportent 164^f,50 de rente. Quel est le taux?

La question revient à chercher l'intérêt annuel de 100 francs.

4 700^f rapportent 164^f,50 d'intérêt.

1 franc rapporte $\dfrac{164,5}{4\,700}$

100 francs rapportent $\dfrac{164,5 \times 100}{4\,700} = 3^f,50$.

Le taux est 3^f,50.

477. — Remarque. — Si ce n'est pas l'intérêt annuel qui est donné, on calcule d'abord la rente et l'on est ramené au cas précédent.

Exemple.

7 420^f rapportent 148^f,40 d'intérêt en 8 mois. Quel est le taux?

Intérêt en 1 mois : $\dfrac{148,4}{8}$.

Intérêt en 1 an : $\dfrac{148,4 \times 12}{8} = 222^f,60$.

On continue comme dans le problème précédent.

EXERCICES ORAUX

Calcul de l'intérêt.

1960. — Calculer les rentes des capitaux suivants placés à 4 0/0 :

200^f; 500^f; 400^f; 900^f; 1 000^f; 7 000^f; 9 000^f; 12 000^f; 18 000^f.

Multiplier le taux par le nombre des centaines. Ex. : L'intérêt de 900^f égale $4 \times 9 = 36^f$.

1961. — Calculer les rentes des capitaux suivants placés :

1° à 5 0/0 : 1 800^f; 1 700^f; 1 900^f; 1 200^f; 2 000^f;

2° à 3 0/0 : 200^f; 400^f; 300^f; 1 500^f; 1 600^f.

1962. — Même question :

1° taux 3,5 0/0 : 300^f; 800^f; 500^f; 700^f; 2 000^f;

2° taux 2,5 0/0 : 1 000^f; 4 000^f; 3 000^f; 6 000^f; 9 000^f.

1963. — Calculer l'intérêt de 1 200^f à 5 0/0 pendant :

1° 1 an; 2 ans; 3 ans; 4 ans; 6 ans; 7 ans; 9 ans; 10 ans;

2° 6 mois; 3 mois; 9 mois; 4 mois; 8 mois; 2 mois; 1 mois.

1964. — Calculer l'intérêt de 6 000ᶠ à 3 0/0 pendant 1 an; pendant 6 mois; 3 mois; 1 mois; 4 mois; 2 mois; 8 mois; 10 mois.

1965. — Intérêt de 2 400ᶠ à 5 0/0 pendant 1 an; 1 an $\frac{1}{2}$; 1 an $\frac{1}{4}$;
1 an $\frac{3}{4}$; 1 an $\frac{1}{3}$; 1 an $\frac{2}{3}$; 2 ans $\frac{1}{2}$; 2 ans $\frac{1}{4}$; 2 ans $\frac{1}{3}$.

1966. — Quelle est la rente de 3 000ᶠ à 5 0/0? En déduire les intérêts annuels à 5 0/0 de 6 000ᶠ; 9 000ᶠ; 15 000ᶠ; 12 000ᶠ; 21 000ᶠ.

1967. — 1º Calculer les intérêts annuels des sommes suivantes au taux 2 $\frac{1}{2}$ 0/0 : 500ᶠ; 600ᶠ; 800ᶠ; 900ᶠ; 1 200ᶠ; 1 400ᶠ; 1 600ᶠ.

1968. — 1º Calculer les rentes rapportées par les sommes suivantes placées à 5 0/0 : 800ᶠ; 1 200ᶠ; 1 400ᶠ; 1 800ᶠ; 2 200ᶠ; 3 600ᶠ.

2º En déduire les rentes des mêmes sommes au taux 2 $\frac{1}{2}$ 0/0.

Calcul du capital.

1969. — Calculer les capitaux qui, placés à 4 0/0, rapportent en 1 an :
8ᶠ; 20ᶠ; 16ᶠ; 28ᶠ; 40ᶠ; 36ᶠ; 48ᶠ; 60ᶠ.

1970. — Même question :
24ᶠ; 240ᶠ; 200ᶠ; 360ᶠ; 480ᶠ; 52ᶠ; 520ᶠ; 56ᶠ.

1971. — Calculer les capitaux qui produisent à 5 0/0 des rentes de : 10ᶠ; 100ᶠ; 45ᶠ; 450ᶠ; 55ᶠ; 550ᶠ; 75ᶠ; 750ᶠ.

1972. — Calculer le capital qu'il faut placer à 3 0/0 pour avoir 6ᶠ d'intérêt annuel. Déduire, de la réponse obtenue, les capitaux qui, placés à 3 0/0, rapportent des intérêts annuels de : 18ᶠ; 12ᶠ; 24ᶠ; 60ᶠ; 30ᶠ; 36ᶠ; 42ᶠ; 72ᶠ.

1973. — Pour avoir 120ᶠ d'intérêt annuel, quels capitaux faut-il placer à 3 0/0? à 4 0/0? à 5 0/0?

1974. — Calculer les capitaux qui, placés à 4,5 0/0, rapportent en un an : 9ᶠ; 18ᶠ; 36ᶠ; 2ᶠ,25; 45ᶠ.

1975. — Calculer les capitaux qui, placés à 4 0/0, rapportent pendant 2 ans : 2ᶠ; 80ᶠ; 20ᶠ; 96ᶠ; 64ᶠ; 88ᶠ; 72ᶠ; 160ᶠ.

1976. — Quels sont les capitaux qui, placés pendant 6 mois, rapportent : 33ᶠ d'intérêt au taux 3 0/0? 52ᶠ d'intérêt au taux 4 0/0? 55ᶠ d'intérêt au taux 5 0/0?

Calcul du taux.

1977. — A quels taux faut-il placer 1 000ᶠ pour avoir des intérêts annuels de : 50ᶠ? 20ᶠ? 40ᶠ? 35ᶠ?

1978. — A quels taux faut-il placer 400ᶠ pour avoir en 2 ans des intérêts de : 32ᶠ? 40ᶠ? 24ᶠ? 18ᶠ?

1979. — A quel taux faut-il placer 1 200ᶠ pour lui faire rapporter 162ᶠ en 3 ans?

1980. — 800^f rapportent 2^f $\frac{2}{3}$ d'intérêt mensuel. Quel est le taux du placement?

Fig. 146 (voir § 247, p. 150). — *Arcs.*

Les bordures de l'allée et des plates-bandes, les bords de la marche et du banc de marbre dessinent des courbes agréables à l'œil, des arcs arrondis.

Regardez le personnage en costume du Directoire; les contours de son chapeau forment des lignes du même genre.

EXERCICES ET PROBLÈMES ÉCRITS

Calculer les intérêts rapportés par les capitaux suivants

	Capital.	Taux.	Temps.
1981. —	1 450^f	5 0/0	1 an.
1982. —	1 240^f	4 0/0	1 an.
1983. —	1 960^f	3 0/0	1 an.
1984. —	2 380^f	4 $\frac{1}{2}$ 0/0	1 an.
1985. —	2 730^f	3 $\frac{1}{2}$ 0/0	1 an.
1986. —	5 600^f	2 $\frac{1}{3}$ 0/0	1 an.

1987. — 7 400ᶠ	5 0/0	2 ans.
1988. — 9 800ᶠ	3 0/0	3 ans.
1989. — 985ᶠ	4 0/0	2 ans.
1990. — 8 200ᶠ	5 0/0	6 mois.
1991. — 6 540ᶠ	4 0/0	4 mois.
1992. — 12 880ᶠ	3 0/0	3 mois.
1993. — 3 800ᶠ	5 0/0	85 jours.
1994. — 18 400ᶠ	4 0/0	130 jours.
1995. — 34 000ᶠ	3 0/0	1 an 9 mois.
1996. — 14 600ᶠ	4 0/0	3 ans 5 mois.
1997. — 28 400ᶠ	5 0/0	2 ans 4 mois 25 jours.
1998. — 19 800ᶠ	3 0/0	1 an $\frac{3}{4}$
1999. — 24 600ᶠ	4 0/0	2 ans $\frac{4}{5}$

Calculer les capitaux qui rapportent les intérêts suivants :

	Intérêt.	*Taux.*	*Temps.*
2000. — 125ᶠ	5 0/0	1 an.
2001. — 84ᶠ	4 0/0	1 an.
2002. — 28ᶠ,50	3 0/0	1 an.
2003. — 295ᶠ,50	3 0/0	2 ans.
2004. — 366ᶠ	4 0/0	3 ans.
2005. — 21ᶠ,50	5 0/0	6 mois.
2006. — 159ᶠ,50	5 0/0	1 trimestre.
2007. — 7ᶠ	$3\frac{1}{2}$ 0/0	1 jour.
2008. — 55ᶠ	$2\frac{1}{2}$ 0/0	75 jours.
2009. — 1 118ᶠ	$4\frac{1}{2}$ 0/0	2 ans 4 mois 20 jours.

Calculer à quels taux il faut placer les capitaux suivants :

	Capital.	*Intérêt.*	*Temps.*
2010. — 4 600ᶠ	138ᶠ	1 an.
2011. — 4 860ᶠ	729ᶠ	3 ans.
2012. — 7 500ᶠ	150ᶠ	6 mois.
2013. — 5 600ᶠ	49ᶠ	1 trimestre.
2014. — 4 680ᶠ	0ᶠ,65	1 jour.
2015. — 36 000ᶠ	5 985ᶠ	3 ans 8 mois 10 jours.

2016. — Quelle est la rente d'une personne qui a placé 29 540ᶠ à 4 0/0 et 54 600ᶠ à 3 0/0 ?

2017. — Je dispose d'un capital de 45 800ᶠ. J'en place les 4/5 à 4 1/2 0/0 et le reste à 4 0/0. Quel est l'intérêt annuel total ?

2018. — Louis emprunte 4 830ᶠ ; il s'engage à rendre dans 3 ans le capital augmenté de ses intérêts à 4 0/0. Quelle somme rendra-t-il ?

2019. — On place la moitié de 12 700ᶠ à 3,5 0/0 et le reste à 4 0/0. Calculer l'intérêt total au bout de 2 ans. —

2020. — Une personne place les 3/8 d'une somme à 4,5 0/0 et le reste de la somme, soit 15 400ᶠ, à 5 0/0. Calculer la rente totale.

2021. — J'avais emprunté 4 500ᶠ pour 6 mois avec intérêt à 5 0/0, mais je n'ai rendu la somme qu'au bout de 275 jours. De combien l'intérêt a-t-il été augmenté ?

2022. — Un capital placé à 4 0/0 rapporte 45ᶠ d'intérêt par mois. Quel est ce capital ?

2023. — L'emprunt national de 1915 à 5 0/0 a été émis au cours de 88ᶠ [1]. Quel capital fallait-il verser pour s'assurer 235ᶠ de rente ?

2024. — Quand 88ᶠ rapportent 5ᶠ d'intérêt annuel, quel intérêt 100ᶠ rapportent-ils en un an ?

2025. — Pour l'emprunt national de 1916, il fallait verser 88ᶠ,75 pour avoir 5ᶠ de rente. Quelle rente s'est assurée une personne qui a souscrit à l'emprunt pour une somme de 4 437ᶠ,50 ?

2026. — Quel capital faut-il placer à 4 0/0 pour avoir un revenu mensuel de 150ᶠ ?

2027. — On place 4 600ᶠ à 5 0/0 pendant un an. Quel capital faut-il placer à 4 0/0 pour avoir le même intérêt annuel ?

2028. — Deux capitaux égaux sont placés l'un à 3 0/0, l'autre à 4 0/0 et rapportent 1 715ᶠ de rente en tout. Calculer ces capitaux.

2029. — On vend un champ et l'on place à 4,5 0/0 les 3/4 du produit de la vente ; on a ainsi un revenu annuel de 2 970ᶠ. Calculer le prix de vente du champ.

2030. — Quel capital faut-il placer à 5 0/0 pour s'assurer 5ᶠ d'intérêt par jour ?

2031. — Le 1ᵉʳ janvier, j'ai placé 2 480ᶠ dans une banque. Le 1ᵉʳ mai suivant, j'ai placé de nouveau 2 550ᶠ. Quelle somme retirerai-je à la fin de l'année, capital et intérêts compris ? (taux $2\frac{1}{2}$ 0/0.)

2032. — Un cultivateur a 250 quintaux de blé à vendre. Le 1ᵉʳ septembre, on lui en offre 26ᶠ le quintal ; il refuse. Le 1ᵉʳ mars suivant il le vend 28ᶠ le quintal. Combien a-t-il gagné ou perdu en supposant que son argent aurait pu être placé à 5 0/0 ?

2033. — Quel est le capital qui, placé à 4 0/0, rapporte 60ᶠ d'intérêt par mois ? Pour avoir le même intérêt, quel capital faudrait-il placer à 3 0/0 ? — à 5 0/0 ?

2034. — Une personne a souscrit pour une somme de 1 989ᶠ,40 à l'emprunt national de 1917 et s'est assuré ainsi 116ᶠ de rente. A quel taux a-t-elle placé son argent ?

2035. — Le quart d'une somme est placé à 4 0/0 et rapporte 840ᶠ d'intérêt en 6 mois ; le reste rapporte 4 410ᶠ d'intérêt par an. Calculer : 1° la somme totale ; 2° le taux du deuxième placement.

---

1. Cela veut dire que 88ᶠ rapportent 5ᶠ d'intérêt annuel.

2036. — Je prête 4 850ᶠ pour 2 ans. Au bout de ce temps, on me rend le capital augmenté des intérêts, soit 5 189ᶠ,50. Calculer le taux du prêt.

2037. — En ajoutant à un capital placé à 4 0/0 ses intérêts pendant un an, on obtient 7 519ᶠ,20. Quel est ce capital?

2038. — Un capital placé à 5 0/0 pendant 8 mois est devenu, avec ses intérêts, 1 302ᶠ. Trouver ce capital.

2039. — Un capital placé pendant 9 mois est devenu, avec ses intérêts, 2 502ᶠ,90. Le même capital, après 15 mois, est devenu 2 551ᶠ,50. Calculer : 1° le capital ; 2° le taux.

2040. — On achète une propriété pour 128 500ᶠ. On en paye les 2/5 comptant et le reste 8 mois plus tard avec les intérêts à 4 0/0 de la somme due. A combien revient la propriété?

2041. — J'ai payé une maison 45 700ᶠ. J'ai fait faire, dans cette maison, pour 3 200ᶠ de réparations, et je la loue 3 400ᶠ. A quel taux mon argent est-il ainsi placé?

2042. — La moitié d'une somme est placée à 5 0/0, l'autre moitié à 4 1/2 0/0. Calculer cette somme, sachant que le premier placement rapporte 48ᶠ de plus que l'autre.

REVISION GÉNÉRALE

Les quatre opérations.

2043. — De combien le produit 5462 × 437 sera-t-il augmenté si l'on ajoute 15 au deuxième facteur 437 ?

2044. — Une fermière a 65 poules qui pondent chacune en moyenne 84 œufs par an. Elle vend les œufs 1ᶠ,05 la douzaine et donne, avec chaque douzaine, un treizième œuf en plus. Quel produit retirera-t-elle de la vente de ses œufs, la nourriture des poules lui coûtant 0ᶠ,85 par jour?

2045. — Une fermière porte des œufs au marché. Elle voulait les vendre 8 centimes la pièce, mais elle en casse 5 en route et ne peut vendre les autres que 7 centimes. Elle rapporte ainsi 95 centimes de moins qu'elle n'espérait. Combien avait-elle emporté d'œufs?

2046. — On achète pour 53ᶠ,60 une pièce de calicot de 23ᵐ,20 et une pièce de toile de 42ᵐ,80. Sachant que le mètre de toile vaut 0ᶠ,25 de plus que le mètre de calicot, calculer le prix du mètre de calicot et celui du mètre de toile.

2047. — Pour mesurer la longueur d'une rue, deux personnes la parcourent en comptant le nombre de leurs pas et la première trouve 12 pas de plus que la seconde. Sachant que les pas de la première ont 0ᵐ,77 et ceux de la seconde 0ᵐ,80, calculer la longueur de la rue.

2048. — On a acheté 22^m,80 de drap. Si le mètre de cette étoffe avait coûté 1^f,50 de moins, on aurait pu en acheter 5^m,70 de plus pour la même somme. Calculer le prix du mètre et vérifier le résultat.

2049. — Deux ouvriers, Charles et Louis, travaillent dans une usine. Louis gagne, par jour, 2 francs de moins que Charles. Pour 15 journées de travail de Charles et 12 journées de Louis, ces deux ouvriers reçoivent en totalité 219^f. Combien chacun d'eux gagne-t-il par jour ? Vérification.

2050. — Un ouvrier a travaillé pendant 45 jours successivement chez deux patrons ; le premier le payait 5^f,25 par jour et le second le payait 6^f,20 par jour. Il a gagné en tout 252^f,40. Combien de jours a-t-il travaillé chez chaque patron ?

2051. — Une personne achète 6 kilogrammes de café et 4 kilogrammes de chocolat pour 54^f. Si elle avait acheté 1 kilogramme de café de moins et 1 kilogramme de chocolat de plus, elle aurait payé 4 francs de moins. Dites le prix d'un kilogramme de chaque marchandise.

2052. — Une propriété a été vendue 50 696^f,80. Elle se compose de 16^{ha},35 de terres labourables et de 12^{ha},40 de bois. Un hectare de bois vaut le double d'un hectare de terre. Quel est le prix de vente d'un hectare de terre et celui d'un hectare de bois ?

2053. — Un cultivateur possède 3 champs. Le premier et le deuxième contiennent ensemble 71 ares ; le deuxième et le troisième contiennent ensemble 62 ares ; le premier et le troisième contiennent ensemble 83 ares. Quelle est la contenance de chaque champ ?

2054. — Une mère et ses deux filles doivent faire 200 mètres de dentelle. En travaillant ensemble, elles auraient fini au bout de 25 jours. Après 5 jours de travail, la mère tombe malade et la dentelle est achevée en 40 jours par les deux filles. Combien la mère faisait-elle de mètres de dentelle par jour ? Combien en faisait par jour chacune des deux sœurs, sachant que l'aînée en faisait trois fois autant que la cadette ?

2055. — Deux trains marchant en sens contraires partent en même temps de Poitiers, l'un se dirigeant sur Paris avec une vitesse de 48^{km} à l'heure, l'autre se dirigeant sur Bordeaux avec une vitesse de 36^{km} à l'heure. Ces deux trains arrivent en même temps, le premier à Paris, le second à Bordeaux. Sachant que la distance de Paris à Bordeaux en passant par Poitiers est de 588^{km}, trouver la distance de Poitiers à Paris.

Système métrique.

2056. — On a construit un réservoir de 1^m,80 de longueur sur 1^m,25 de largeur qui contient 1 755 litres. Quelle profondeur lui a-t-on donnée ? Le réservoir a la forme d'un parallélépipède rectangle.

2057. — Un jardin rectangulaire a 6^{dam},5 de long sur 48^m,20 de large. On le fait entourer d'un treillage en fil de fer qui a 8^{dm} de haut. Ce treillage est vendu 38^f,50 le quintal et pèse 3^{hg},5 par mètre carré. Quelle est la dépense?

2058. — A l'intérieur d'un jardin rectangulaire qui a 45^m,80 de long sur 2^{dam},75 de large, on creuse un bassin carré de 4^m,8 de côté. La terre extraite de ce bassin a été répandue sur le reste du terrain dont elle a élevé le niveau de 4 centimètres. Quelle est la profondeur de ce bassin?

2059. — On admet que la houille donne, à poids égal, deux fois autant de chaleur que le bois. La houille coûte 5^f,50 le quintal; le stère de bois, qui pèse autant que 48 décalitres d'eau, coûte 13^f,65. Quel est le mode de chauffage le plus économique?

2060. — Un champ a été acheté 11 284^f à raison de 5 425^f l'hectare. Il a produit 19^{hl},5 de blé par hectare et les frais de culture se sont élevés à 240^f,50. Combien doit-on vendre l'hectolitre de blé pour que le champ rapporte, tous frais payés, un revenu égal au $\frac{1}{02}$ du prix d'achat?

2061. — On refuse de vendre 84 hectolitres de pommes de terre au prix de 1^f,84 le double décalitre. Deux mois plus tard, on les vend 1^f,92 le double décalitre, mais il s'en est gâté $\frac{1}{8}$. Combien a-t-on gagné ou perdu en refusant la première vente?

Fractions.

2062. — Pour faire une douzaine de chemises, il faut 30^m de calicot à 1^f,20 le mètre; le prix de la façon est égal aux $\frac{2}{5}$ du prix du calicot. A combien revient une chemise?

2063. — Un jardin et un pré ont été achetés pour un prix total de 4 900^f. Le jardin vaut les $\frac{5}{9}$ du pré. Dites la valeur du pré et celle du jardin.

2064. — Trois personnes se partagent une pièce de toile. La première en prend les $\frac{2}{5}$ plus 6 mètres; la seconde en prend le $\frac{1}{3}$ plus 7 mètres; enfin la troisième prend les 11 mètres qui restent. Calculer la longueur de la pièce et les parts des deux premières personnes.

2065. — Un horloger cherche à se défaire de deux montres d'argent qu'il a payées le même prix. Il vend l'une d'elles avec $\frac{1}{5}$ de bénéfice sur le prix d'achat et cède l'autre au prix qu'elle lui avait coûté. Il reçoit ainsi 44 francs en tout. Combien avait-il payé chacune des montres?

2066. — Un employé dépense $\frac{5}{12}$ de ce qu'il gagne pour sa nourriture, $\frac{3}{8}$ pour ses vêtements et son logement, $\frac{1}{9}$ pour d'autres frais. Il économise chaque année 350 francs. Combien gagne-t-il par mois?

2067. — Un grainetier a vendu le $\frac{1}{5}$, puis les $\frac{2}{3}$ d'un sac de blé. Il vend ensuite la moitié du reste 1',60 à raison de 4' le double décalitre. Combien le sac contenait-il de litres de blé?

2068. — On achète pour 1 440' un cheval, une voiture et des harnais. Le prix des harnais est le $\frac{1}{6}$ du prix de la voiture et le prix de la voiture est les $\frac{2}{3}$ du prix du cheval. Dites le prix du cheval, celui de la voiture, celui des harnais.

Règle de trois, intérêt.

2069. — Une ferme est louée 3 600'. Les impôts s'élèvent à 300', les frais d'entretien à 150' par an. Le propriétaire vend sa ferme 80 000' et place l'argent à 4 0/0. Son revenu a-t-il augmenté ou diminué et de combien?

2070. — Une personne place les $\frac{2}{5}$ de sa fortune à 5 0/0, le $\frac{1}{3}$ à 4 0/0 et le reste, soit 9 000', à 3 0/0. Calculer : 1° la fortune de cette personne; 2° son revenu annuel.

2071. — J'ai acheté un jardin rectangulaire ayant 124ᵐ de long sur 85ᵐ de large à raison de 75' l'are. J'ai payé le terrain au bout de 2 mois 15 jours avec les intérêts à 5 0/0. Quelle somme ai-je payée?

2072. — Il faut 1ᵏᵍ,125 de peinture pour couvrir un panneau carré de 1ᵐ,50 de côté. Quel est le poids de la même peinture nécessaire pour couvrir un panneau carré de 3ᵐ,20 de côté?

2073. — Pendant la guerre, à la personne qui souscrivait pour 475' de bons de la Défense nationale, l'État remboursait au bout d'un an 500', capital et intérêts compris. A quel taux l'argent était-il placé?

2074. — J'ai acheté une maison 9 000', j'ai payé 1 200' pour les frais. L'entretien de la maison me coûte annuellement 240'. Je la loue 750' par an. Quel taux représente le revenu net de la maison?

2075. — Quelle est la valeur d'une maison qui est louée 480' et rapporte ainsi 4 0/0 de sa valeur?

2076. — Un capital placé pendant 8 mois est devenu avec ses intérêts 2 554',40. Après 15 mois, ce capital est devenu 2 619',50. Calculer le capital et le taux.

2077. — Une personne a laissé la moitié de sa fortune à sa sœur, les $\frac{2}{5}$ à son frère et le reste à sa nièce. Celle-ci a placé sa part à 4 0/0; elle en retire un revenu annuel de 1 447ᶠ. Quelle était la fortune de cette personne? Quelles sont les trois parts?

EXAMEN DES BOURSES
DE L'ENSEIGNEMENT SECONDAIRE

GARÇONS (1ʳᵉ SÉRIE)[1]

2078. — La houille prise à la mine coûte 1ᶠ,20 les 100 kilogrammes. Le droit de transport par les chemins de fer est de 95 centimes par tonne et par kilomètre. On paie, en outre, un droit fixe de 1ᶠ,75 par wagon contenant 3 500 kilogrammes. A combien reviendront 3 258 tonnes transportées à 18ᵏᵐ,89?   (*1890.*)

2079. — I. — Dans un orage il est tombé une hauteur d'eau de 5 millimètres un quart. Quel est le nombre d'hectolitres d'eau tombée sur une étendue de 3 kilomètres carrés?

2080. — II. — On a deux pièces de drap de même qualité : la première a coûté 158ᶠ, et la deuxième, qui contient 3ᵐ,25 de plus, a coûté 169ᶠ,05. Combien la première pièce contient-elle de mètres?
                    (*1891.*)

2081. — I. — Exprimer en décilitres la différence entre le décimètre cube et le dixième de mètre cube.

2082. — II. — Un train qui parcourt 27ᵏᵐ à l'heure est parti à 10 heures du matin : à quelle heure se trouvera-t-il à 126 kilom. du point de départ?   (*1892.*)

2083. — I. — Un commis voyageur a 0ᶠ,37 pour cent sur toutes les marchandises qu'il vend : combien a-t-il gagné dans une journée, s'il a vendu 748ᵐ,25 d'étoffe à 4ᶠ,35 le mètre?

2084. — II. — Exprimer 37 ares 5 centiares en décimètres carrés.

2085. — III. — Une feuille de papier a 125 millimètres de largeur et 23 centimètres de hauteur : quelle est sa superficie en millimètres carrés?
                    (*1892.*)

2086. — I. — Quel est le nombre dont les sept dixièmes surpassent de 672 les quatre centièmes?

2087. — II. — Un fermier vend 48 sacs de blé contenant chacun un hectolitre et demi à raison de 29ᶠ,75 le quintal : il reçoit ainsi 1 499ᶠ,40; combien pèse l'hectolitre de blé?   (*1893.*)

---

1. Durée de l'épreuve : 1 heure et demie (depuis 1904), non compris le temps de la dictée.

2088. — Sur une ligne de chemin de fer, le transport du vin coûte 0f,025 par myriamètre et par quintal métrique. On a payé 1 180f,50 pour le transport, de Cette à Paris, de 240 barriques de vin pesant chacune 250 kilogrammes ; calculer la distance de Cette à Paris par la voie ferrée.   (1894.)

2089. — I. — Un cultivateur compte sur sa récolte de blé pour payer une somme qu'il doit. S'il vend l'hectolitre de blé 19f, il payera sa dette et il lui restera 62f. S'il le vend 17f, il lui manquera 134f pour s'acquitter. Quel est le nombre d'hectolitres de blé qu'il a récoltés et quelle somme doit-il ?

2090. — II. — Un chef d'usine a payé à ses ouvriers 19 008f pour les salaires d'une semaine, à raison de 8f par jour, le dimanche non compris. Combien a-t-il d'ouvriers ? Il est obligé d'en renvoyer le tiers et de réduire de 1 franc le salaire de chacun de ceux qu'il conserve ; combien aura-t-il à payer pour les salaires d'une semaine ?
                           (1895.)

2091. — Un boulanger fabrique 428kg de pain par jour. Il paie la farine 40f les 100kg, et 75kg de farine donnent 100kg de pain. Les frais journaliers de fabrication s'élèvent à 8f,50, et il vend chaque jour pour 1f,80 de braise. Combien ce boulanger doit-il vendre le kilogramme de pain s'il veut gagner 14f,70 par jour ?   (1896.)

2092. — Une pièce de vin de 210l a coûté 186f,35 fût compris. On met ce vin dans des bouteilles contenant 0l,75 chacune. Le cent de bouteilles coûte 17f,50 et le cent de bouchons coûte 1f,25. On a payé 5f,45 pour la mise en bouteilles et le fût vide a été vendu 6f,30. Combien faut-il vendre la bouteille de ce vin pour gagner 28f sur toute la pièce ?
                           (1897.)

2093. — On a acheté une propriété de 54ha à raison de 1 285f l'hectare. Après y avoir fait des améliorations qui ont coûté 6 345f,75, on partage la propriété en quatre lots d'égale contenance. On vend d'abord trois lots, le premier pour une somme totale de 12 917f,25, le deuxième à raison de 1 370f,80 l'hectare, et le troisième à raison de 1 200f l'hectare. Combien faut-il vendre l'hectare du quatrième lot pour réaliser un bénéfice total de 9 484f,80 ?   (1897.)

2094. — I. — Un négociant a en caisse 5 847f,25. Il vend au comptant 148m d'étoffe à 17f,80 le mètre, puis il paie une facture dont le montant est de 1 562f,30 et achète ensuite 487m,50 de drap. Après avoir payé cet achat, il lui reste en caisse 825f,60. Combien lui a coûté le mètre de drap ?

2095. — II. — Chaque fois qu'un élève est premier ou second en composition, il reçoit de son père une somme de 5f, mais lorsqu'il a une autre place, il donne 1f,25 à son père. Au bout de 29 compositions, l'élève, tout compte fait, possède 70f. Combien de fois a-t-il été premier ou second ?
                           (1898.)

2096. — I. — Un fermier a ensemencé en blé un champ de 142ᵃ,50; chaque hectare donne 18ʰˡ de blé pesant chacun 84ᵏᵍ. La récolte est vendue 25ᶠ les 100ᵏᵍ de blé. Ce fermier paie annuellement 107ᶠ pour la location de ce champ, et il a consacré 89 jours de travail à sa culture. Combien gagne-t-il par jour de travail?

2097. — II. — Les fortunes de deux personnes sont actuellement de 32 450ᶠ et de 8.650ᶠ. Chaque année, la première personne dépense 860ᶠ, et la deuxième économise 540ᶠ. Dans combien d'années les fortunes de ces deux personnes seront-elles égales? *(1898.)*

2098. — I. — Un négociant a acheté 409ᵏᵍ,250 de café au prix de 5ᶠ,80 le kilogramme. Il en vend d'abord 185ᵏᵍ,500 à 5ᶠ,90 le kilogramme, puis 68ᵏᵍ à 6ᶠ,50 le kilogramme. Combien doit-il vendre le kilogramme de ce qui lui reste pour gagner 221ᶠ,90 en totalité?

2099. — II. — Un enfant cherche à ranger ses billes en tas égaux contenant chacun 19 billes; il lui en reste 17. Alors il essaye de mettre 3 billes de plus à chaque tas, et il lui manque 4 billes. Combien cet enfant a-t-il de billes? *(1899.)*

2100. — I. — Un domaine se compose de 19ʰᵃ,05 de terres labourables valant 1 908ᶠ,20 l'hectare, de 8ʰᵃ,79 de vignes valant 2041ᶠ l'hectare et d'une maison estimée 17 400ᶠ. On échange ce domaine contre une forêt d'une superficie de 37ʰᵃ,25, et on réalise ainsi un bénéfice de 5 083ᶠ,30. Combien vaut un hectare de cette forêt?

2101. — II. — Un père et son fils travaillent ensemble dans une usine. Au bout de 20 jours de travail, ils reçoivent en totalité 192ᶠ. On sait que le prix de 3 journées de travail du père est le même que celui de 5 journées de travail du fils. Combien chacun d'eux gagne-t-il par jour? *(1900.)*

2102. — I. — Combien d'hectolitres d'olives sont nécessaires pour fabriquer 906ᶠ d'huile, sachant que l'olive donne 12 0/0 de son poids d'huile, que l'hectolitre d'olives pèse 45ᵏᵍ,3 et que 912ˡ d'huile pèsent autant que 1 mètre cube d'eau pure?

2103. — II. — On appelle *lustre* une période de cinq années consécutives. Dire combien de lustres se sont écoulés depuis l'origine de l'ère chrétienne. Quel est le numéro du lustre dans lequel nous sommes actuellement? Quelle est la date du dernier jour de ce lustre? *(1900.)*

2104. — I. — Un cultivateur possède un champ de 2 hectares 8 ares qui vaut 48ᶠ,75 l'are. Il l'échange contre une propriété composée d'une maison et d'un jardin de 60 décamètres carrés. La maison vaut 4 500ᶠ. Combien vaut le mètre carré du jardin?

2105. — II. — 8 personnes devaient payer en commun une somme de 230ᶠ; mais plusieurs d'entre elles n'ayant pu payer, les autres sont obligées de donner chacune 17ᶠ,25 de plus que leur part. Combien de personnes n'ont pu payer? *(1901.)*

2106. — I. — Un journalier est chargé d'enlever un tas de sable. Il transporte par heure 9 brouettées de chacune 125^{dm3}, et est payé pour ce travail à raison de 4^f,50 la journée de 10 heures. Il a reçu 17^f,10 pour son travail; calculer, en mètres cubes, le volume du tas de sable.

2107. — II. — Les grandes roues d'une voiture ont 2^m,47 de circonférence et les petites n'ont que 1^m,71. Combien, sur une route, les petites roues font-elles de tours pendant que les grandes en font 234?

(1901.)

2108. — I. — On a acheté, à 6^f,75 le mètre, 729^m,48 d'étoffe dont 47^m,73 se sont trouvés endommagés. A quel prix a-t-on revendu les autres pour gagner 966^f,33?

2109. — II. — Pour bêcher un jardin de 360^{m2}, un jardinier demande 45 heures, un second 60 heures, et un troisième 36 heures. On les fait travailler tous les trois ensemble. Au bout de combien d'heures auront-ils fini ce travail?

(1902.)

2110. — I. — Un marchand achète 7 pièces d'étoffe pour la somme de 3 341^f,80; il en revend la moitié 2 102^f,10 et gagne ainsi 3^f,20 par mètre. Quelle était la longueur de chaque pièce?

2111. — II. — Un vigneron a employé deux ouvriers tout le mois de septembre et les a payés au même prix. A la fin du mois, il a donné à l'un 4 hectolitres de vin et 53^f, et à l'autre 2^{hl},5 de vin et 77^f. Trouver le salaire journalier de ces ouvriers, sachant qu'ils se sont reposés 4 jours dans le mois.

(1902.)

2112. — I. — On a acheté une pièce de drap de 45^m,20 pour 576^f,30; mais, plus tard, on s'aperçoit qu'il en manque 14^{dm}. Combien a-t-on payé en trop, et combien doit-on revendre le mètre d'étoffe si l'on veut gagner 102^f,60?

2113. — II. — Un jardin carré a 1^{ha} de superficie. On l'entoure d'un treillage qui vaut 2^f le mètre courant. Quelle sera la dépense?

(1903.)

2114. — I. — Un cultivateur dispose d'une somme de 8 250^f. Avec cette somme, il achète à son voisin 72^a,48 de terrain à 96^f,75 l'are; il voudrait encore acheter une autre pièce de 35^a,80, mais il lui manquerait 434^f,30. Combien coûte un are du second terrain?

2115. — II. — Un homme de peine peut traîner dans une voiture à bras 6 petits tonneaux pleins de vin. Le poids d'un tonneau plein est de 60^{kg}; le fût vide pèse 12^{kg}. Combien pourrait-il en mettre dans sa voiture, sans augmenter la charge, si chaque tonneau n'était rempli qu'à moitié?

(1904.)

2116. — I. — Un négociant achète 65^{hl},4 de vin à 35^f,60 l'hectolitre et 89^{hl},6 d'un autre vin à 58^f,25 l'hectolitre. Il les mélange et revend le tout avec un bénéfice de 817^f,78. Quel est le prix de vente d'un hectolitre, sachant que, pendant la vente, 2^{hl},35 ont été perdus?

2117. — II. — Pierre, Paul et Henri ont à se partager **120** billes. Pierre et Paul doivent en avoir **70** à eux deux; Paul et Henri en auront ensemble **86**. Combien chacun aura-t-il de billes?   (*1905.*)

2118. — I. — En 9 jours, **2** ouvriers ont moissonné un champ de blé qui a **2** hectomètres et demi de long sur $7^{dam},24$ de large. Pour les payer, on leur donne **16** doubles décalitres de blé par hectare. Ce blé valant $19^f,75$ l'hectolitre, on demande combien chaque ouvrier a gagné par jour en moyenne.

2119. — II. — L'huile contenue dans une barrique pleine vaut 405^f. Si l'on en tire **75** litres, le reste ne vaut plus que 270^f. Quelle est la contenance de la barrique?   (*1906.*)

2120. — I. — Une garnison se compose de **1 500** hommes auxquels on distribue une ration quotidienne de 8^{hg} de pain. On sait que 1^{kg} de farine donne 131^{dag} de pain. Quelle sera la dépense pour une année, si la farine coûte $23^f,50$ le quintal?

2121. — II. — Trois chasseurs conviennent de se partager également le gibier qu'ils tueront. A la fin de la journée, ils n'ont tué qu'un perdreau et un lièvre. Le premier prend le perdreau; le second prend le lièvre et donne 1^f au premier et 3^f au troisième. De cette façon, les parts sont égales. A quel prix ont été estimés le perdreau et le lièvre?   (*1907.*)

2122. — I. — On a acheté un terrain de forme rectangulaire mesurant $3^{hm},48$ de long et $12^{dam},5$ de large à raison de $7\,840^f$ l'hectare. On l'a fait entourer d'un treillage qui vaut $0^f,75$ le mètre courant, et on y a fait planter **3** pommiers par are, à raison de $1^f,75$ par pommier. Quand toutes les dépenses sont payées, à combien revient le mètre carré de terrain?

2123. — II. — En revendant une pièce de drap 15^f le mètre, on gagnerait 56^f; en la revendant seulement 13^f, on perdrait 12^f. Quelle est la longueur de la pièce?   (*1908.*)

2124. — I. — Un champ d'une superficie de $13^{ha},5$ a produit du blé vendu à raison de $22^f,50$ le quintal métrique. Sachant qu'on a retiré de la vente de ce blé $4\,203^f,25$ et qu'un hectolitre de blé pèse 76^{kg}, quelle est, en décalitres, la production par hectare?

2125. — II. — Un cycliste part de Paris à **8** heures du matin et se dirige sur Orléans, faisant 20^{km} à l'heure. A **10** heures du matin, une automobile part du même point et s'engage sur la même route, faisant 40^{km} à l'heure. On demande à quelle heure et à quelle distance de Paris l'automobile rejoindra le cycliste.   (*1909.*)

2126. — I. — Une salle de bain mesure $5^m,8$ de long sur $4^m,95$ de large. On veut en faire recouvrir les murs de carreaux de faïence jusqu'à une hauteur de $1^m,25$. Quelle sera la dépense, sachant que le maçon demande, pour ce travail, $12^f,75$ par mètre carré et que la porte de la salle a 9^{dm} de largeur?

2127. — II. — Un cultivateur a planté 1 260 pieds de vigne dans trois champs. Le 1ᵉʳ en contient deux fois plus que le 2ᵉ, et le 2ᵉ deux fois plus que le 3ᵉ. Combien y a-t-il de pieds de vigne dans chaque champ ?   (1910.)

2128. — I. — Pour faire 6 tasses de café, un aubergiste emploie un demi-hectogramme de café valant 0ᶠ,65 les 125 grammes. Il y ajoute une quantité de chicorée évaluée à 0ᶠ,05 et fournit 18 morceaux de sucre de 8 grammes chacun, à 0ᶠ,75 le kilogramme. Il vend chaque tasse 0ᶠ,20. Combien gagne-t-il sur les 6 tasses ?

2129. — II. — Une mère de famille achète à chacun de ses deux enfants une chaîne et une montre. La montre de l'aîné vaut 2 fois autant que celle du cadet, mais les deux chaînes sont semblables. Combien coûte chaque chaîne et chaque montre, sachant qu'on a dépensé 62ᶠ pour l'aîné et 37ᶠ pour le cadet ?   (1911.)

2130. — I. — Un grainetier avait acheté 17 quintaux d'avoine à 19ᶠ,75 le quintal et du blé à 26ᶠ,75 le quintal. Il a revendu le tout pour 800ᶠ. Dites combien il avait acheté de quintaux de blé, sachant que son bénéfice s'est élevé à 63ᶠ.

2131. — II. — Une personne achète du café à 6ᶠ le kilogramme et du sucre à 1ᶠ,05 le kilogramme. Sa dépense totale s'élève à 40ᶠ,50, et on sait que le poids du sucre acheté est le double du poids du café. Combien cette personne a-t-elle acheté de kilogrammes de chaque marchandise ?   (1912.)

2132. — I. — Un restaurateur achète une pièce de vin de 228ˡ pour 96ᶠ. Il en soutire la moitié dans des bouteilles de 7ᵈˡ,5 et l'autre moitié dans des bouteilles de 37ᶜˡ,5. Dites : 1° Combien il lui faudra de bouteilles de chaque sorte ; 2° A quel prix il devra vendre une bouteille de chaque sorte pour gagner 25ᶠ,60 sur la pièce de vin.

2133. — II. — J'ai acheté pour 54ᶠ deux coupons d'étoffe. Le premier est 3 fois plus long que le deuxième et coûte 5ᶠ le mètre ; le deuxième vaut 3ᶠ le mètre. Quelle est la longueur de chaque coupon ?   (1913.)

2134. — I. — Un cultivateur va au marché pour vendre sa récolte de blé qui s'élève à 148ʰˡ,5. On lui offre d'abord 20ᶠ,80 de l'hectolitre pesant 76ᵏᵍ. Un second acheteur lui offre 26ᶠ,50 par quintal. Quelle est l'offre la plus avantageuse et de combien ?

2135. — II. — Un père de famille voulait acheter à chacun de ses enfants une paire de sabots valant 2ᶠ,75, mais il lui manquait 1ᶠ. Alors il prend des sabots à 1ᶠ,95 la paire, et de cette façon, il lui reste 2ᶠ,20. Combien cet homme a-t-il d'enfants ? Quelle somme avait-il dans sa bourse ?   (1914.)

2136. — I. — Un fermier a un champ de 14ʰᵃ,85 qui a produit 26ʰˡ,8 d'avoine par hectare. Il conserve 180ʰˡ de cette avoine pour ses chevaux et vend le reste 18ᶠ,75 le quintal. L'hectolitre d'avoine pesant 49ᵏᵍ, dites à combien s'élève le prix de l'avoine vendue.

2137. — II. — Une mère partage 32 noisettes entre ses deux enfants. Si l'aîné en avait 4 de plus, sa part serait double de celle de son frère. Combien chaque enfant a-t-il de noisettes?   *(1915.)*

2138. — I. — Dans un champ de 4 hectares 8 ares, on a récolté en moyenne 23^{hl},6 de blé par hectare. Combien pourra-t-on faire de farine avec ce blé, sachant que le double décalitre pèse 14^{kg},8 et que 400^{kg} de blé donnent 68^{kg} de farine?

2139. — II. — Avec 37 litres d'huile, on a rempli deux bidons. Si l'on retirait 3 litres du premier et 8 litres du second, il resterait la même quantité d'huile dans chaque bidon. Calculer la capacité de chacun d'eux.   *(1916.)*

2140. — I. — Un commerçant achète 4 pièces de vin de 228 litres chacune à 54^f,60 l'hectolitre. Pendant le transport, 4^{dal},8 de vin se sont trouvés perdus. Combien le commerçant devra-t-il vendre le litre du vin qui reste pour gagner 64^f,65 sur le tout?

2141. — II. — Un horloger a acheté 12 montres en or et 15 montres en argent pour une somme totale de 1 260 francs. Sachant qu'une montre en or coûte 4 fois plus qu'une montre en argent, dites le prix d'une montre de chaque sorte.   *(1917.)*

2142. — I. — On offre de me vendre pour 30 000^f un terrain rectangulaire de 24^{dam},75 de long sur 1^{hm}78^{dm} de large. Je veux faire entourer ce terrain d'une clôture qui coûte 6^f,50 le mètre courant. A combien me reviendra l'are du terrain quand la clôture sera posée?

2143. — II. — On a partagé 40 billes entre 3 enfants. Le premier en a reçu 2 fois plus que le second, et celui-ci en a reçu 4 de moins que le troisième. Combien chaque enfant a-t-il reçu de billes?

(1918.)

EXAMEN DES BOURSES
DE L'ENSEIGNEMENT SECONDAIRE
JEUNES FILLES (1re SÉRIE)[1].

2144. — On a acheté deux fûts d'un vin qui revient à 70^f l'hectolitre. Le prix de l'un des fûts surpasse de 21^f le prix de l'autre, et l'on sait que les $\frac{7}{12}$ de la contenance de l'un valent les $\frac{5}{9}$ de la contenance de l'autre. Calculer les contenances de ces fûts.

(1890.)

2145. — I. — Après avoir vendu $\frac{1}{20}$, puis $\frac{1}{4}$ et enfin $\frac{1}{6}$ d'une pièce d'étoffe, il en est resté 40 mètres. Quelle était la longueur de la pièce?

1. Durée : 1 heure, non compris le temps de la dictée.

2146. — II. — Une personne qui avait 38ᶠ en monnaie de bronze, et 762ᶠ en monnaie d'argent a échangé le tout contre de la monnaie d'or; de quel poids s'est-elle déchargée ?   (1891.)

2147. — I. — Deux associés ont fait un bénéfice de 65 000ᶠ. Quelle est la part de chacun, sachant que la mise de l'un des associés est les $\frac{3}{7}$ de la mise de l'autre ?

2148. — II. — Un terrain, dont la superficie est 4 hectares 3 ares, a été payé 24 180ᶠ. Combien devra-t-on revendre le mètre carré de ce terrain pour faire un bénéfice de 15 0/0 sur le prix d'achat ?   (1982.)

2149. — Une personne ayant prêté une somme à 5 0/0 (intérêt simple), reçoit au bout de 2 ans, intérêt et capital compris, une somme qui, placée à 7 0/0, produit un intérêt annuel de 2 926ᶠ. Quelle était la somme prêtée ?   (1893.)

2150. — Un cultivateur vend 4 sacs de blé, contenant chacun 6 doubles décalitres, à raison de 16ᶠ,25 l'hectolitre, et 5 sacs d'avoine, contenant chacun 7 doubles décalitres, à raison de 0ᶠ,95 le décalitre. Avec le produit de cette vente, il achète une pièce de vin de 208 litres à 0ᶠ,45 le litre et 6ᵐ,25 de drap; puis il paie une dette s'élevant à 8ᶠ,75 et il lui reste 12ᶠ,15. Combien a-t-il payé le mètre de drap ?   (1896.)

2151. — Une ouvrière, pour tricoter des bas, emploie de la laine qui lui coûte 7ᶠ,50 le kilogramme. Elle fait 5 bas en 6 jours, et, avec 3ᵏᵍ,840 de laine, elle peut faire 30 paires de bas. Combien doit-elle vendre la paire de bas pour gagner 1ᶠ,35 par jour de travail ? Combien lui restera-t-il à la fin de l'année, si elle dépense par jour 0ᶠ,85 pour sa nourriture ? (On supposera qu'il s'agit d'une année bissextile et qu'il y a 60 jours pendant lesquels cette ouvrière n'a pas travaillé.)   (1897.)

2152. — I. — Dans un ménage, on a le choix entre l'éclairage à l'huile et l'éclairage à la bougie. Si on emploie l'huile, il en faudra 340 grammes pour 2 jours, et le kilogramme d'huile coûte 1ᶠ,40. Le paquet de 8 bougies coûte 1ᶠ,20, et il faudra 4 bougies tous les 3 jours. Quel est le mode d'éclairage le plus économique ? En le choisissant, quelle économie réalisera-t-on au bout d'une année de 365 jours ?

2153. — II. — Une personne achète 5 kilogrammes de café et 3 kilogrammes de sucre pour 24ᶠ,60. On sait que 2 kilogrammes de café coûtent autant que 7 kilogrammes de sucre. Combien a-t-elle payé le kilogramme de café et celui de sucre ?   (1898.)

2154. — I. — Une mère de famille achète 35ᵐ,25 de drap. Elle remarque que si elle revendait 14ᵐ,75 de ce drap pour 118ᶠ, elle gagnerait 1ᶠ,20 par mètre. Combien a-t-elle payé son achat primitif ?

2155. — II. — Une propriété, valant en totalité 14 778ᶠ,70, se compose d'une maison et d'une pièce de terre contenant 3ʰᵃ,26. En retranchant 1 392ᶠ de la valeur de la maison, on obtient la valeur de 2 hectares de terre. Quel est le prix de la maison et celui de la pièce de terre ? *(1899.)*

2156. — I. — Un négociant achète une pièce de drap ayant 135ᵐ,60 de longueur. Il en vend d'abord 79ᵐ à 8ᶠ,45 le mètre, puis 27ᵐ,35 à 9ᶠ le mètre et enfin le reste est vendu à raison de 12ᶠ,80 le mètre. Ce négociant réalise ainsi un bénéfice total de 101ᶠ,60. Combien avait-il payé le mètre de drap ?

2157. — II. — Un tailleur d'habits veut vendre un lot de gilets pour acheter un tonneau de vin. S'il les vend 7ᶠ pièce, il lui restera 38ᶠ; mais s'il ne les vend que 5ᶠ pièce, il lui manquera 10ᶠ. Quel est le prix du tonneau de vin ? *(1900.)*

2158. — I. — Un propriétaire achète un terrain de 729 ares pour 27 000ᶠ. Il revend 2ʰᵃ,4725 à raison de 64ᶠ l'are. Combien doit-il vendre le mètre carré du reste pour gagner 4 240ᶠ sur le tout ?

2159. — II. — Une marchande portait au marché des œufs qu'elle se proposait de vendre 0ᶠ,08 la pièce. En route, elle a cassé 9 de ces œufs, et, pour faire la même recette, a vendu 0ᶠ,10 la pièce ceux qui lui restaient. Combien portait-elle d'œufs ? *(1901.)*

2160. — I. — Une modiste achète trois rubans. Le premier a $2^m\frac{2}{3}$ de longueur, le second a $2^m\frac{5}{6}$, et le troisième $3^m\frac{7}{8}$. Elle les paye à raison de 0ᶠ,80 le mètre et les revend avec un bénéfice égal au tiers du prix d'achat. Quelle somme recevra-t-elle ?

2161. — II. — Deux ouvrières doivent faire chacune une douzaine et demie de chemises. La première fait 6 chemises en 5 jours; la seconde en fait 8 en 9 jours. Combien de jours la seconde doit-elle travailler de plus que la première ? *(1902.)*

2162. — I. — Une chambre a 5ᵐ,40 de long, 4ᵐ,20 de large et 2ᵐ,50 de haut. On veut la tapisser de cretonne ayant 8ᵈᵐ de large et valant 0ᶠ,95 le mètre. A combien s'élèvera la dépense ?

2163. — II. — Une petite fille voulait acheter 25 oranges, mais il lui manquait 0ᶠ,15. Alors elle n'en prend que 20, et il lui reste ainsi 0ᶠ,35. Quel est le prix d'une orange ? Combien la petite fille a-t-elle dans sa bourse ? *(1903.)*

2164. — I. — Une lingère voudrait confectionner des chemises de calicot, les vendre 4ᶠ,50 la pièce et gagner 10 0/0 sur le prix de vente. Chaque chemise exige 3ᵐ,10 de calicot et coûte 1ᶠ,25 de façon. A quel prix doit-elle acheter le mètre d'étoffe ?

2165. — II. — Deux jeunes filles travaillant ensemble ourleraient un certain nombre de mouchoirs en 4 heures. L'une d'elles mettrait 6 heures pour faire à elle seule le travail. Combien de temps fau-

...ait-il à l'autre pour ourler, à elle seule, la même quantité de mouchoirs?   *(1904.)*

2166. — I. — Une boîte de plumes qui en contient 12 douzaines coûte 0^f,75. On revend ces plumes à raison de 9 pour 0^f,10. Combien faut-il vendre de boîtes pour réaliser un bénéfice de 4^f,25?

2167. — II. — Deux personnes ont à elles deux 40^f. Si la première avait 5^f de plus et la seconde 1^f de moins, elles auraient la même somme. Combien chacune a-t-elle?   *(1905.)*

2168. — I. — Le café vert perd un cinquième de son poids par la torréfaction. Un épicier achète 145^{kg} de café vert à raison de 3^f,20 le kilogramme et désire avoir comme bénéfice $\frac{1}{10}$ du prix d'achat. Combien devra-t-il vendre le kilogramme de café brûlé?

2169. — II. — On achète 5^m de drap et 4^m de lainage pour 78^f. Combien coûte le mètre de chaque étoffe, sachant que 8^m de lainage valent autant que 3^m de drap?   *(1906.)*

2170. — I. — On a doublé un tapis de 24 décim. de long sur 1^m,75 de large avec une étoffe dont la valeur est les $\frac{2}{7}$ de celle du tapis, et on l'a bordé d'une frange qui coûte 1^f,20 le mètre. La dépense totale est de 40^f,20. A quel prix avait-on acheté le mètre carré de tapis non doublé?

2171. — II. — Deux personnes possèdent l'une 18 450^f, l'autre 9 450^f. Chaque année, la première prend 860^f sur son avoir, tandis que la seconde augmente le sien de 540^f. Au bout de combien de temps les fortunes de ces deux personnes seront-elles égales? *(1907.)*

2172. — I. — Une ménagère achète 28^m,50 de toile à 1^f,95 le mètre et 34^m de calicot à 0^f,95 le mètre. Elle paye comptant, et on lui fait une remise de 2^f,50 pour cent sur la toile et de 3^f,50 pour cent sur le calicot. Combien aura-t-elle à payer réellement?

2173. — II. — Deux ouvrières doivent faire chacune une douzaine et demie de chemises. La première en fait 6 en 5 jours, la seconde en fait 9 en 8 jours. Laquelle travaille le plus vite? Combien chacune gagne-t-elle par jour, si la douzaine est payée 24^f?   *(1908.)*

2174. — I. — Une ménagère veut se rendre compte de la pureté du lait qu'elle a acheté. Sa boîte à lait contient 24 décilitres. Quand elle est pleine de lait, elle pèse 3 kilog., et quand elle est vide 5^{hg},37. Sachant que le litre de lait pur pèse 103 décag., dites si le lait acheté contient de l'eau, et quelle quantité en volume.

2175. — II. — Une mère partage un sac de bonbons entre ses enfants et chacun en reçoit 12. Mais l'aîné ayant abandonné sa part à ses frères et sœurs, chacun de ceux-ci a alors 15 bonbons. Combien la mère avait-elle d'enfants? Combien le sac contenait-il de bonbons?   *(1909.)*

2176. — I. — Pour faire des confitures, une ménagère achète 46^{kg},8 de groseilles à 0^f,45 le kilog. Les groseilles ont fourni la moitié de leur poids en jus. A ce jus, la ménagère ajoute un poids égal de sucre valant 0^f,75 le kilog. Elle obtient ainsi 18 pots de confitures. A combien lui revient chaque pot?

2177. — II. — Pour faire des rideaux, on achète 2 pièces de mousseline d'égale longueur. Dans la première, on coupe des rideaux de 2^m,20 de longueur, dans la seconde, des rideaux de 2^m,40. On obtient ainsi un rideau de plus dans un cas que dans l'autre. Quelle est la longueur de chaque pièce? Combien chaque pièce fournit-elle de rideaux?   *(1910.)*

2178. — I. — Un marchand vend les $\frac{2}{9}$ d'une pièce de flanelle qu'il avait achetée à raison de 2^f,50 le mètre. On lui donne en payement un billet de 50^f sur lequel il rend 1^f,40. Sachant que le bénéfice du marchand est de 8 0/0 sur le prix d'achat, on demande quelle était la longueur de la pièce.

2179. — II. — Pour payer ses dépenses du mois, une employée n'a qu'à ajouter 6^f à la moitié de son salaire mensuel. Il lui reste ainsi 54^f. Dites combien elle gagne et combien elle dépense par mois. *(1911.)*

2180. — I. — Pour faire 2 douzaines de chemises, une lingère a employé 59 mètres de percale à 1^f,45 le mètre et 1^f,95 de fil. Sachant qu'elle a mis 15 jours à les faire et qu'elle demande 2^f,50 par journée de travail, calculez le prix de revient d'une chemise.

2181. — II. — Une paysanne a vendu au marché pour 8^f de légumes. Avec cet argent, elle voudrait acheter 6 mètres de toile et 2 paires de sabots. Si elle achète d'abord la toile, il lui manquera 1^f,45 pour acheter une seule paire de sabots; si elle prend d'abord les sabots, il ne lui restera que 1^f,10 pour la toile. Dites le prix d'un mètre de toile et celui d'une paire de sabots.   *(1912.)*

2182. — I. — Dans une famille, on a employé pour le chauffage, du 1er novembre 1912 au 31 mars 1913, 14^{hl},5 de coke à 1^f,85 l'hectolitre, 960^{kg} de houille à 5^f,75 le quintal et 1^{hl} et demi de charbon de bois à 0^f,35 le décalitre. Combien a-t-on dépensé en moyenne, par jour, pour le chauffage?

2183. — II. — On a payé une somme de 265^f avec des pièces de 5^f et des pièces de 2^f. Le nombre des pièces de 2^f surpasse de 17 le nombre des pièces de 5^f. Combien y a-t-il de pièces de chaque sorte?   *(1913.)*

2184. — I. — Un épicier a acheté 1485^{kg} d'huile à 178^f,40 le quintal; il voudrait gagner 15 0/0 sur le prix d'achat. On demande 1° à quel prix il devra revendre les 500^g d'huile; 2° quel sera le bénéfice total.

2185. — II. — Un sac contient trois sommes ayant toutes trois le même poids et valant ensemble 662^f. L'une des sommes est en argent, l'autre en or, la troisième en monnaie de bronze. Quel est le poids total du sac?   *(1914.)*

2186. — I. — Pour s'éclairer du 1ᵉʳ novembre au 31 mars, pendant 4 heures par jour en moyenne, une famille peut employer soit un bec de gaz brûlant 135 litres à l'heure, soit une lampe dépensant à l'heure 9 centilitres de pétrole. Quel sera le procédé le moins coûteux, si l'on paie le gaz 0ᶠ,20 le mètre cube et le pétrole 0ᶠ,35 le litre? Quelle sera l'économie réalisée?

2187. — II. — J'ai acheté une armoire, un fauteuil et 6 chaises pour 275ᶠ. L'armoire veut 3 fois plus que le fauteuil et le fauteuil vaut autant que 4 chaises. Dites le prix de l'armoire, celui du fauteuil et celui d'une chaise. *(1915.)*

2188. — I. — Une ménagère voulait acheter une douzaine et demie de chemises à 5ᶠ,95 la pièce; mais elle préfère acheter de la toile à 1ᶠ,20 le mètre et les faire confectionner par une ouvrière qu'elle paye 2ᶠ,25 par jour et qui fait deux chemises en une journée. Quelle économie fait cette ménagère, sachant qu'il faut compter pour une chemise 2ᵐ,50 de toile et 0ᶠ,35 de fournitures?

2189. — II. — Un marchand de nouveautés achète une pièce d'étoffe pour 192ᶠ. Par suite d'un accident, il est obligé d'en vendre le tiers au prix coûtant et le reste avec 0ᶠ,40 de perte par mètre. Le prix de vente de la pièce se trouve ainsi réduit à 179ᶠ,20. On demande combien elle contenait de mètres. *(1916.)*

2190. — I. — Un marchand a acheté 235 mètres d'étoffe; il en revend 85ᵐ,50 pour 472ᶠ,40, puis le reste à 5ᶠ,80 le mètre. Il gagne ainsi en moyenne 0ᶠ,90 par mètre. Quel était le prix d'achat d'un mètre d'étoffe?

2191. — II. — Pour sarcler un champ, un homme mettrait 5 heures, une femme 6 heures, un enfant 10 heures. Combien mettraient-ils de temps pour faire l'ouvrage, s'ils travaillaient tous les trois ensemble? *(1917.)*

2192. — I. — Une dactylographe qui travaille 9 heures par jour a mis 16 jours pour copier un manuscrit et a reçu 216ᶠ pour ce travail. Combien aurait-elle dû travailler d'heures par jour pour augmenter de 0ᶠ,75 son gain quotidien?

2193. — II. — Une ménagère achète 18ᵐ de calicot et 24ᵐ de toile pour 96ᶠ. Sachant que le prix d'un mètre de calicot est les $\frac{4}{5}$ du prix d'un mètre de toile, dire le prix du mètre d'étoffe de chaque sorte. *(1918.)*

NOTE SUR LE SYSTÈME MÉTRIQUE[1]

De nouvelles mesures du méridien terrestre, faites depuis l'établissement de l'étalon du mètre, déposé aux Archives nationales, ont montré que cet étalon n'est pas exactement la dix-millionième partie du quart du méridien terrestre. Il n'est donc pas exact de définir le mètre, ainsi qu'on le faisait jadis, comme étant la dix-millionième partie du quart de ce méridien.

D'autre part, la Conférence générale des Poids et Mesures, tenue à Paris en 1889, a sanctionné les étalons internationaux du mètre et du kilogramme qui ont été exécutés en prenant comme point de départ les étalons des Archives. Elle a aussi fixé les signes abréviatifs internationaux des unités du système métrique. (Ces signes abréviatifs sont obligatoires dans l'enseignement, en France, depuis le 1er octobre 1907.)

L'adoption des décisions de la Conférence générale a entraîné, en France, des modifications aux lois antérieures sur le système métrique. Ces modifications font l'objet de la loi du 11 juillet 1903 et du décret du 28 juillet 1903.

Loi du 11 juillet 1903.

ARTICLE PREMIER. — L'article 2 de la loi du 19 frimaire an VIII est remplacé par la disposition suivante :

« Les étalons prototypes du Système métrique sont le mètre international et le kilogramme international qui ont été sanctionnés par la Conférence générale des Poids et Mesures, tenue à Paris en 1889, et qui sont déposés au Pavillon de Breteuil, à Sèvres.

1. Les tableaux avec les notes en renvoi ont été empruntés à l'*Annuaire du Bureau des Longitudes*, année 1917, p. 391 et suiv.

« Les copies de ces prototypes internationaux, déposées aux Archives nationales (mètre n° 8 et kilogramme n° 35), sont les étalons légaux pour la France. »

Décret du 28 juillet 1903.

ARTICLE PREMIER. — « Le tableau des mesures légales, annexé à la loi du 4 juillet 1837, est remplacé par le tableau ci-après. » (Voir p. 368 et 369.)

TABLEAU DES MESURES LÉGALES

NOMS	VALEURS	SIGNES ABRÉVIATIFS

Mesures de longueur.

NOMS	VALEURS	SIGNES ABRÉVIATIFS
Myriamètre	Dix mille mètres.	Mm.
Kilomètre	Mille mètres.	km.
Hectomètre	Cent mètres.	hm.
Décamètre	Dix mètres.	dam.
MÈTRE [1]	*Unité fondamentale.*	m.
Décimètre	Dixième du mètre.	dm.
Centimètre	Centième du mètre.	cm.
Millimètre	Millième du mètre.	mm.

Mesures agraires.

NOMS	VALEURS	SIGNES ABRÉVIATIFS
Hectare.	Cent ares ou dix mille mètres carrés.	ha.
ARE	Cent mètres carrés.	a.
Centiare	Centième de l'are ou mètre carré.	ca ou m².

Mesures des bois.

NOMS	VALEURS	SIGNES ABRÉVIATIFS
Décastère	Dix stères.	das.
STÈRE	Mètre cube.	s ou m³.
Décistère . . .	Dixième du stère.	ds.

1. Le *mètre* est la longueur, à la température de zéro, du prototype international, en platine iridié, sanctionné par la Conférence générale des Poids et Mesures tenue à Paris en 1889 et déposé au Pavillon de Breteuil, à Sèvres.

La copie n° 8 de ce prototype international, déposée aux Archives nationales, est l'étalon légal pour la France.

La longueur du mètre est très approximativement la dix-millionième partie du quart du méridien terrestre, qui a été prise comme point de départ pour l'établir. (« D'après l'ensemble des déterminations les plus modernes, la dix-millionième partie du quart du méridien terrestre est plus longue que le mètre de 0^{mm},187. »)

L'unité de *surface* et l'unité de *volume* sont respectivement le mètre carré (m²) et le mètre cube (m³). On donne à la première le nom de *centiare* quand elle s'applique à la mesure des terrains, et à la seconde le nom de *stère* quand elle s'applique à la mesure des bois.

TABLEAU DES MESURES LÉGALES (Suite.)

NOMS	VALEURS	SIGNES ABRÉVIATIFS
Mesures de masse ou de poids [1]		
Tonne	Mille kilogrammes.	t.
Quintal métrique	Cent kilogrammes.	q.
KILOGRAMME [2]	*Unité fondamentale.*	kg.
Hectogramme	Cent grammes.	hg.
Décagramme	Dix grammes.	dag.
GRAMME	Millième du kilogramme.	g.
Décigramme	Dixième du gramme.	dg.
Centigramme	Centième du gramme.	cg.
Milligramme	Millième du gramme.	mg.
Mesures de capacité		
Kilolitre	Mille litres.	kl.
Hectolitre	Cent litres.	hl.
Décalitre	Dix litres.	dal.
LITRE [3]		l.
Décilitre	Dixième du litre.	dl.
Centilitre	Centième du litre.	cl.
Millilitre	Millième du litre.	ml.
Monnaies.		
FRANC	Cinq grammes d'argent au titre légal (900 millièmes de métal fin et 100 millièmes d'alliage).	
Décime	Dixième du franc.	
Centime	Centième du franc.	

1. La *masse* d'un corps correspond à la quantité de matière qu'il contient; son *poids* est l'action que la pesanteur exerce sur lui. En un même lieu, ces deux grandeurs sont proportionnelles l'une à l'autre; dans le langage courant, le terme *poids* est employé dans le sens de *masse*.

2. Le *kilogramme* est la masse du prototype international, en platine iridié, qui a été sanctionné par la Conférence générale des Poids et Mesures tenue à Paris en 1889, et qui est déposé au Pavillon de Breteuil, à Sèvres.

La copie n° 35 de ce prototype international, déposée aux Archives nationales, est l'étalon légal pour la France.

La masse du kilogramme est très approximativement celle de 1 décimètre cube d'eau à son maximum de densité, qui a été prise comme point de départ pour l'établir.

3. Le *litre* est le volume occupé par un kilogramme d'eau pure à son maximum de densité et sous la pression atmosphérique normale. Le volume du litre est très approximativement égal à 1 décimètre cube.

D'après les mesures les plus précises, on a :
$$1 \text{ litre} = 1{,}000\,027 \text{ décimètres cubes.}$$

TABLE DES MATIÈRES

8-17. — Coulommiers. Imp. PAUL BRODARD. — 10-18.

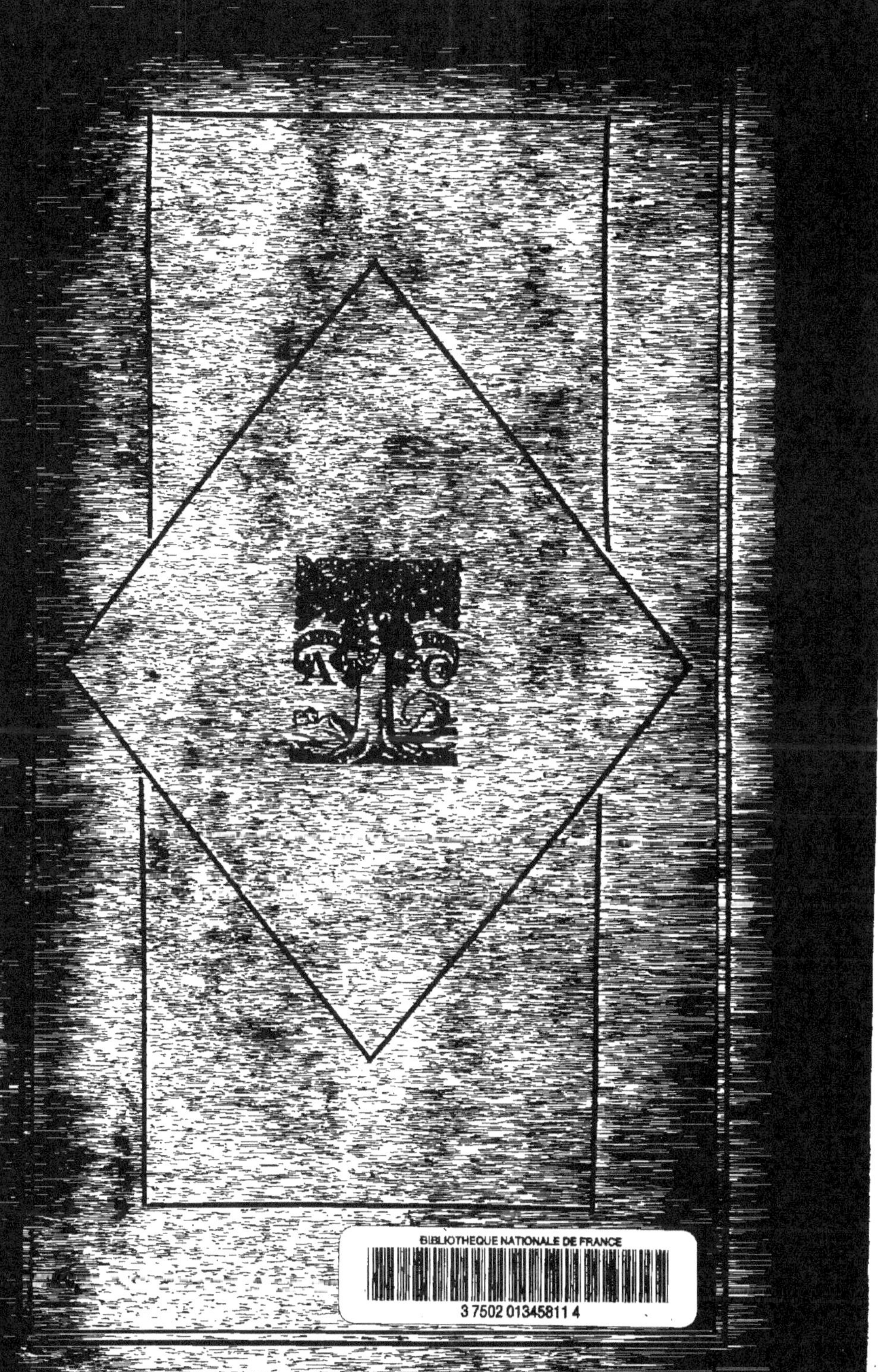